职业教育示范性规划教材

机械制图与AutoCAD项目课程

实训教程

主　编：李晓方　孙伟国

参　编：王　璐　金雯岚　胡靖宇

主　审：大连德尔达科技有限公司

電子工業出版社

Publishing House of Electronics Industry

北京 • BEIJING

内 容 简 介

本教材主要阐述识读工程图的基本知识及使用 AutoCAD 软件绘制工程图的技巧。全书介绍了 8 个实际工程项目，从项目的技能实训开始，经过项目的计划与决策、项目的实施，最后对项目成果进行评价。全书图文并茂，注重理论联系实际，具有良好的可操作性。

本教材适合作为高职、中职院校学生的教材或参考书，也可作为工程技术人员学习的培训教材和参考工具书。

图书在版编目（CIP）数据

机械制图与 AutoCAD 项目课程实训教程 / 李晓方，孙伟国主编. —北京：电子工业出版社，2014.6
职业教育示范性规划教材

ISBN 978-7-121-23303-6

Ⅰ. ①机… Ⅱ. ①李… ②孙… Ⅲ. ①机械制图—计算机制图—AutoCAD 软件—中等专业学校—教材
Ⅳ.①TH126

中国版本图书馆 CIP 数据核字（2014）第 107455 号

策划编辑：白　楠
责任编辑：郝黎明
印　　刷：三河市鑫金马印装有限公司
装　　订：三河市鑫金马印装有限公司
出版发行：电子工业出版社
　　　　　北京市海淀区万寿路 173 信箱　邮编　100036
开　　本：787×1 092　1/16　印张：20　字数：512 千字
版　　次：2014 年 6 月第 1 版
印　　次：2021 年 1 月第 8 次印刷
定　　价：37.00 元

凡所购买电子工业出版社图书有缺损问题，请向购买书店调换。若书店售缺，请与本社发行部联系，联系及邮购电话：（010）88254888，88258888。

质量投诉请发邮件至 zlts@phei.com.cn，盗版侵权举报请发邮件至 dbqq@phei.com.cn。

本书咨询联系方式：（010）88254592，bain@phei.com.cn。

前　言

机械制图是工程技术人员交流技术思想的一种语言，工程图样是工程设计人员表达设计意图的重要技术文件，是工程制造的重要依据。所有的工程图样都是运用机械制图的基本理论和基本方法绘制的，都必须符合国家统一技术标准。随着科学进步，计算机技术的普及，AutoCAD 软件在工程设计领域得到了大规模的应用。使用 AutoCAD 软件绘制工程图样的课程成为工程类专业的一门专业基础课。通过该课程的学习，使学生明确机械制图的国家标准，掌握有关识图与绘图（包括利用绘图工具手绘图形和利用 AutoCAD 软件绘图）的技术及其综合应用，如能识读与绘制平面图形、能识读与绘制三视图、能识读与绘制零件图、能绘制轴测图、能创建立体模型等。通过实践训练，学生能够将所学知识技巧与实际工作需求融合，提高工程识图与绘图的综合能力，适应企业中工程绘图员的岗位需求。

本教材引入现代职业教育思想，打破传统的章节引导方式，以项目引导，在每个项目中讲解完成本项目所需要的机械制图的基本知识和 AutoCAD 绘图的技巧。每个项目完成后，均安排了拓展训练，以帮助学生即时巩固在该项目中所学的内容。

本教材安排了挂轮架图形绘制、曲柄扳手图形绘制、棘轮图形绘制、轴承座三视图绘制、垫块正等轴测图的绘制、支架三维实体模型绘制、传动轴零件图的绘制、千斤顶装配图绘制等共 8 个教学单元，约 160 学时。在学时分配时可根据学生的实际情况适当增减，尤其是表中带*的部分可作为选学内容。各单元的教学要求及参考课时如下表所示：

序号	教学单元	教学要求	参考学时
1	项目 1　挂轮架图形的绘制	掌握制图的基本规定和几何作图的基本技能，利用绘图工具正确绘制挂轮架图形	18
2	项目 2　曲柄扳手图形的绘制	明确 AutoCAD 用户界面的使用和绘制二维图形、编辑二维图形的 AutoCAD 基础操作命令。利用 AutoCAD 软件正确绘制曲柄扳手图形	18
3	项目 3　棘轮图形的绘制	进行一步掌握 CAD 的绘图命令，掌握 CAD 中图形基本尺寸的标注方法，利用 AutoCAD 软件正确绘制棘轮图形图形，并完整地进行尺寸标注	14
4	项目 4　轴承座三视图的绘制	掌握三视图的投影规律及组合体三视图的画法和 CAD 绘制三视图的功能命令、标写文字、尺寸标注方法，利用 AutoCAD 软件正确绘制轴承座三视图	40
5	项目 5　垫块正等轴测图的绘制	掌握正等轴测图的画法和 CAD 中轴测图绘制命令、尺寸标注方法，利用 AutoCAD 软件正确绘制垫块的正等轴测图	12
6	项目 6　创建支架三维模型	掌握 CAD 软件中三维实体模型创建的相关命令和操作方法、布尔运算等，利用 AutoCAD 软件正确创建支架三维实体模型	10
7	项目 7　传动轴零件图的绘制	明确零件图的基本内容和要求，掌握图样的基本表示法和零件图上的技术要求，CAD 中创建和使用图块的命令及尺寸公差、形位公差的标注方法，利用 AutoCAD 软件正确绘制传动轴零件图	16
8	*项目 8　千斤顶装配图的绘制	掌握装配图的表达方案、画法规定、标准件和常用件的画法及装配图的尺寸注法、零部件序号、明细栏和技术要求，利用 AutoCAD 软件正确绘制千斤顶装配图	14
*机动课时			18
课时总计			160

本教材由李晓方、孙伟国统稿，项目 1、项目 4 由李晓方编写，项目 2、项目 3 由孙伟国编写，项目 7 由王璐编写，项目 5、项目 6 由金雯岚编写，项目 8 由胡靖宇编写。

本教材在编写过程中还得到大连德尔达科技有限公司的大力支持和帮助，提供了大量的参考资料，并由该公司的技术人员进行了认真的审核，此外他们还对本书书稿提出了许多宝贵意见，在此一并表示衷心的感谢。

由于时间仓促，编者水平所限，书中存在很多错误和不妥之处，望读者批评指正。

编　者

目　录

挂轮架图形的绘制

工程图样是工程设计人员表达设计意图和交流设计思想的重要技术文件，是工程制造的重要依据。所有的工程图样都是运用机械制图的基本理论和基本方法绘制的，都必须符合国家统一的《技术制图》、《机械制图》标准和相关的技术标准。尽管工程图样的轮廓形状各不相同，但都是由直线、圆、圆弧、椭圆和一些曲线组成的几何图形，熟练掌握和运用几何作图的绘制方法是机械制图中的主要技能。

项目任务分析

本项目将通过挂轮架图形的绘制，使读者逐步掌握制图国家标准中有关图纸幅面、格式、比例、字体、图线、尺寸注法的规定及几何作图的方法和技能。本项目任务是使用绘图工具绘制挂轮架图形的图纸。图纸采用国标 A4 图幅竖版，1∶1 比例绘制，图框格式为留装订边，如图 1-1 所示。

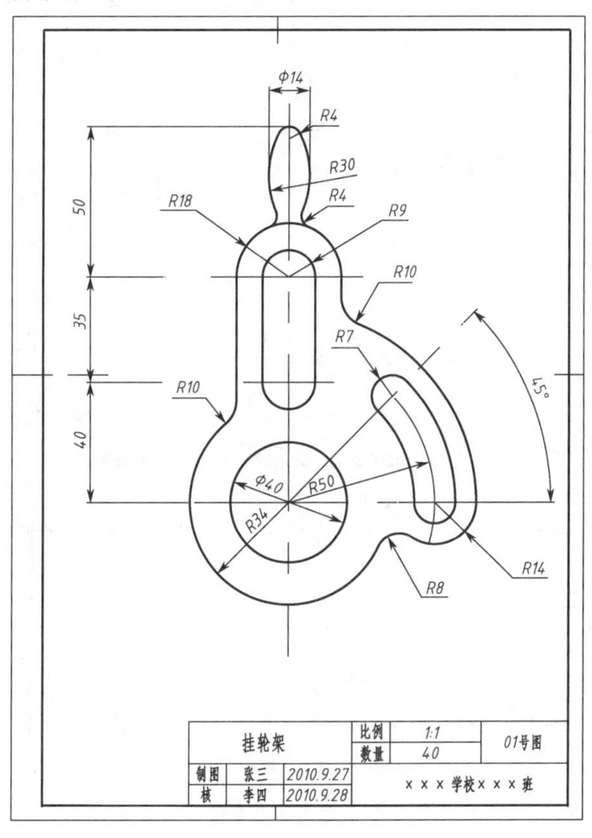

图 1-1　挂轮架图纸

任务1　技能实训

技能1　认识制图国家标准

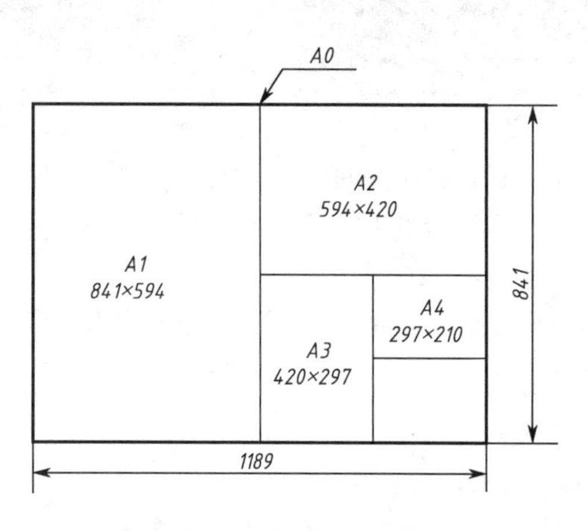

图1-2　图纸的5种基本幅面

一、图纸幅面和格式

图纸幅面和格式是指绘图时所用图纸的长、宽大小，图纸的放置方式及图框的大小，应遵守国家标准GB/T 14689-1993。

1. 图纸幅面

绘图时应优先采用5种基本幅面，幅面代号分别为A0、A1、A2、A3、A4。其中，A0（幅面尺寸为1189mm×841mm）是全张，A1～A4依次是前一种幅面大小的1/2，如图1-2所示。必要时，也允许选用国家标准所规定的加长幅面，即由基本幅面的短边成整数倍地增加后得到的幅面。

2. 图框格式

在图纸上必须用粗实线画出图框，图框有不留装订边和留装订边两种格式。如图1-3（a）所示是不留装订边的图纸，其四周边框的宽度相同（均为*e*），如图1-3（b）所示是留装订边的图纸，其装订边一侧宽度为25mm，其他三个边宽度相同（均为*c*），具体尺寸如表1-1所示。

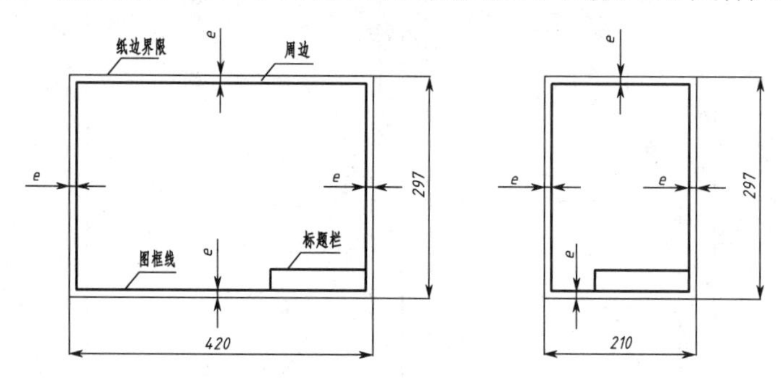

（a）不留装订边的图纸（左侧为A3图纸横放，右侧为A4图纸竖放）

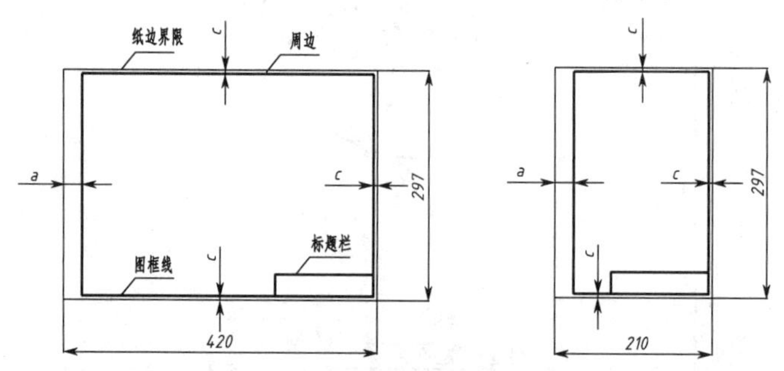

（b）留装订边的图纸（左侧为A3图纸横放，右侧为A4图纸竖放）

图1-3　图框格式

表 1-1 基本幅面的图框尺寸（mm）

幅面代号	A0	A1	A2	A3	A4
e	20		10		
c	10			5	
a	25				

3. 标题栏

在每张图纸右下角必须画出标题栏，如图 1-3 所示，这时读图的方向与看标题栏的方向一致。国家标准中对标题栏的内容、尺寸和格式等做了明确的规定。本项目中采用如图 1-4 所示的简化格式。

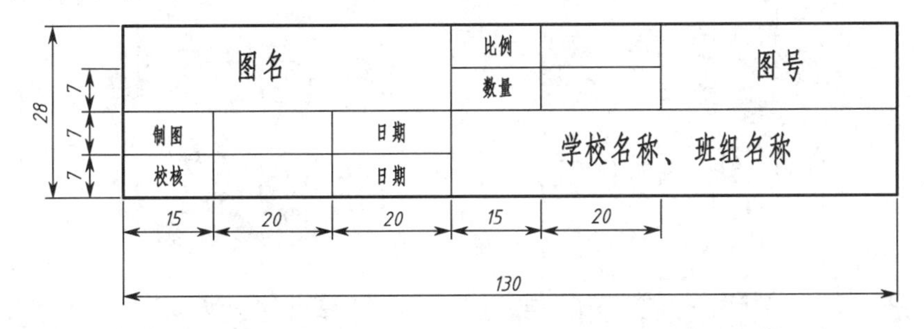

图 1-4 标题栏简化格式

二、比例

如果要表达的机件相对于所选用图纸的幅面过大或过小，图纸将无法合理清晰表达此机件图形，此时，应采用适当的比例来绘图。比例的选择应遵守国标 GB/T 14690-1993。

比例是指图样上的图形与其实物相应要素的线性尺寸之比。

比值为 1 的比例，即 1∶1，称为原值比例，采用原值比例绘制的图形与真实机件大小一致。

比值小于 1 的比例（如 1∶2），称为缩小比例，采用缩小比例绘制的图形比真实机件小。

比值大于 1 的比例（如 2∶1），称为放大比例，采用放大比例绘制的图形比真实机件大。

无论采用何种比例绘图，图样中标注的尺寸数值均为机件的真实大小，与绘图比例无关，如图 1-5 所示。

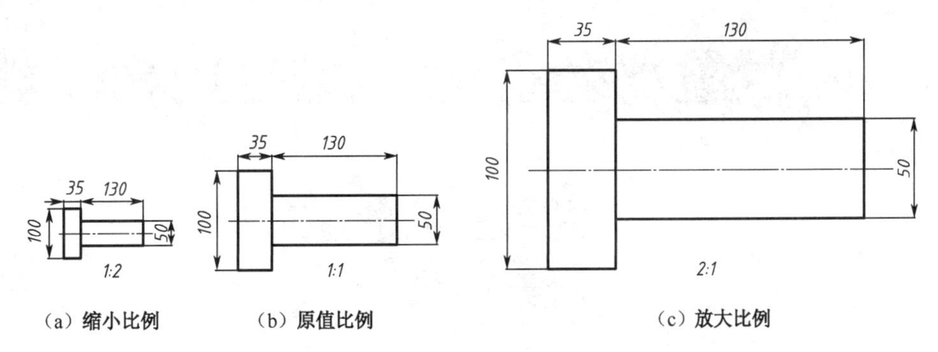

（a）缩小比例 （b）原值比例 （c）放大比例

图 1-5 比例的概念

三、字体

图样上除了绘制机件的图形外，还要用汉字和字母、数字填写标题栏、技术要求、标注尺寸等。在工程图样中注写文字应符合国家标准 GB/T 146919-1993 的规定，书写的文字必须做到字体工整、笔画清楚、间隔均匀、排列整齐。文字字号数，即文字的高度分为 8 种：1.8mm、2.5mm、3.5mm、5mm、7mm、10mm、14mm、20mm。

1. 汉字

汉字应写成长仿宋体字，字高 h 不应小于 3.5mm，字宽一般为 0.7h。长仿宋体字例如图 1-6 所示 。

（1）10 号字。

字体工整　笔画清楚
间隔均匀　排列整齐

（2）7 号字。

字体工整 笔画清楚 间隔均匀 排列整齐

（3）5 号字。

字体工整　笔画清楚　间隔均匀　排列整齐

图 1-6　长仿宋体汉字示例

2. 数字和字母

阿拉伯数字、罗马数字和拉丁字母等数字和字母，可写成正体和斜体（一般用斜体）。斜体字字头向右倾斜，与水平基线成 75°，数字和字母示例如图 1-7 所示。

阿拉伯数字　0123456789

罗马数字　I II III IV V VI VII VIII IX X

大写拉丁字母　ABCDEFGHIJKLMNO　PQRSTUVWXYZ

小写拉丁字母　abcdefghijklmnopq
rstuvwxyz

图 1-7　斜体阿拉伯数字、罗马数字及拉丁字母示例

四、图线

在工程图样中，图线极为重要，不同形式、不同粗细的图线代表图样的不同部分。例如，一般用粗实线表示图样的可见轮廓线，用细虚线表示图样的不可见部分，细点画线表示轴线或对称中心线等。使用图线应符合国家标准 GB/T 17450-1998、GB/T 4457.4-2002 中的规定。

1. 图样中常用的图线

图样中常用图线的名称、线型、宽度及用途如表 1-2 所示，其具体应用如图 1-8 所示。

表 1-2 常用图线的名称、线型、宽度及用途

图线名称	图线线型	图线宽度	图线用途
粗实线	━━━━━━━━	*d* 约为 0.5～2mm	可见轮廓线、可见棱边线等
细实线	────────	*d*/2	过渡线、尺寸线、尺寸界线、剖面线、指引线和基准线等
波浪线	～～～～	*d*/2	断裂处边界线，视图与剖视图分界线等
双折线	─╱╲─╱╲─	*d*/2	断裂处边界线，视图与剖视图分界线等
细虚线	- - - - - - - -	*d*/2	不可见轮廓线、不可见棱边线
细点画线	—·—·—·—	*d*/2	轴线、对称中心线、剖切线
粗点画线	━·━·━·━	*d*	限定范围表示线
细双点画线	—··—··—··	*d*/2	可动零件的极限位置轮廓线、相邻辅助零件的轮廓线

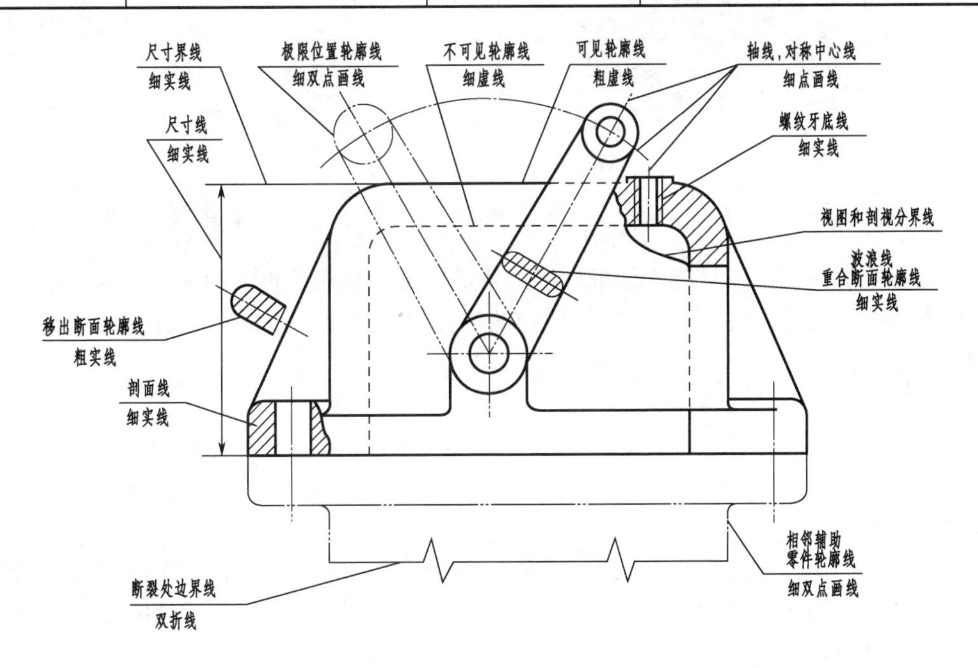

图 1-8 各种线型应用实例

2. 图线的宽度

所有线型的图线宽度应按图样类型和尺寸大小在下列数系中选择：

0.13mm、0.18mm、0.25mm、0.35mm、0.5mm、0.7mm、1.0mm、1.4mm、2.0mm。

工程图样中的图线分为粗、细两种，粗线宽度优先采用 0.5mm 或 0.7mm，细线宽度为粗线的 1/2。

3. 图线的画法

（1）同一图样中，同类图线的宽度应基本一致，虚线、点画线、双点画线中的线段长度与间隔应大致相等。

（2）图线相交时，以画相交，而不应该是点或间隔。

（3）当虚线为粗实线的延长线时，虚、实线之间要留间隙。

（4）画圆的中心线时，细点画线的两端要超出圆外2～5mm；当圆的图形较小，画细点画线有困难时，可用细实线代替。图线画法的具体示例如图 1-9 所示。

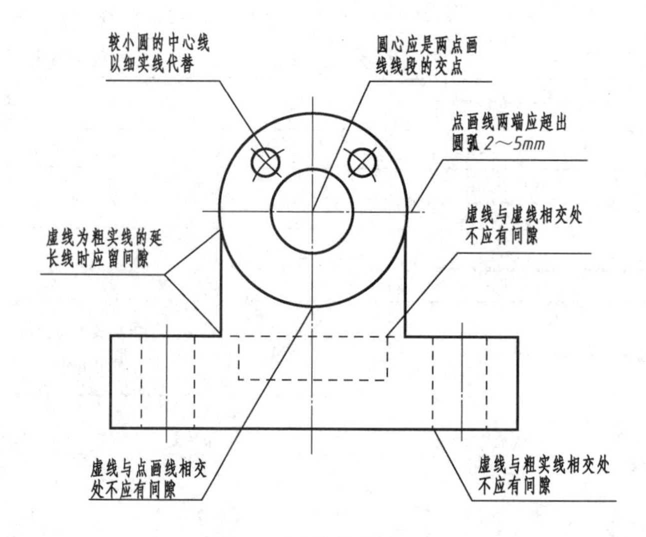

图 1-9　图线的画法示例

五、尺寸标注

在工程图样中，图形只能表达机件的形状，要定量地表述机件的大小，就一定要在绘制完图形后进行尺寸标注。尺寸是工程图样的重要组成部分，尺寸标注应符合国家标准 GB 4458.4-2003 中的规定。

1. 基本规定

（1）图样上标注的尺寸大小应反映机件的真实大小，与图形的大小及绘图的准确度无关。

（2）一般情况下，图样中不需注明尺寸单位，此时，均以毫米（mm）为单位，如采用其他单位时，则必须注明。

（3）图样中所标注的尺寸应为图样所示机件最后完工时的尺寸，否则，要另加说明。

（4）图样中的每一尺寸只标注一次，并标注在反映该结构最清晰的视图上。

2. 尺寸组成

一个完整的尺寸应由尺寸线、尺寸界线、尺寸线终端符号和尺寸数字组成，如图 1-10

所示。

（1）尺寸线。

尺寸线用于表示尺寸标注的方向。用细实线绘制，必须以直线或圆弧形式单独画出，不能被其他线条替代或重合。

（2）尺寸界线。

尺寸界线用于表示尺寸标注的范围，由图形的轮廓线、轴线或对称中心线处引出，用细实线绘制，可单独画出，也可利用轮廓线、轴线或对称中心线作为尺寸界线。尺寸界线通常与尺寸线垂直，并超出尺寸线终端 2～3mm。

（3）尺寸线终端符号。

尺寸线终端符号用于表示尺寸标注的起始和终止位置。机械图样中主要用箭头来表示，尖端应与尺寸界线接触，如图 1-11（a）所示，当尺寸过小时也可用点来代替箭头。建筑图样中用斜线符号来表示，如图 1-11（b）所示。

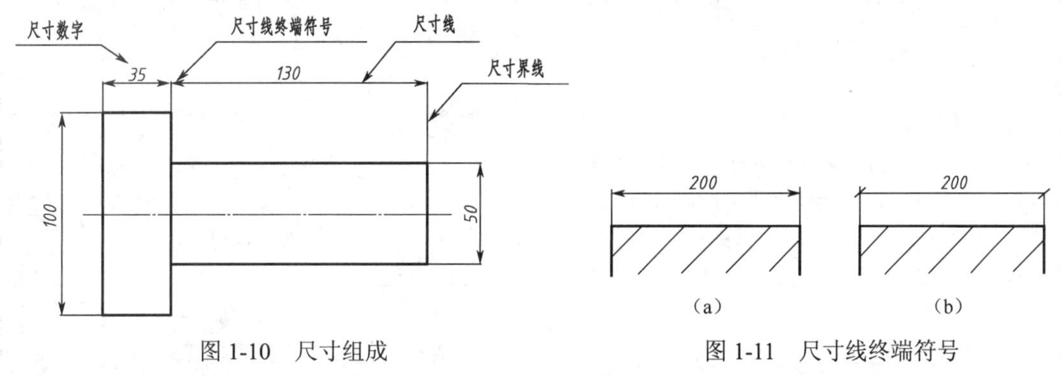

图 1-10　尺寸组成

图 1-11　尺寸线终端符号

（4）尺寸数字。

尺寸数字用于表示尺寸的具体大小，应注写在尺寸线的上方或尺寸线的中断处，位置不够可引出标注。尺寸数字不可以被任何图线所通过，否则，必须把图线断开。

国家标准中规定了一些注写在尺寸数字前的加注符号，以区别不同类型的尺寸，如“ϕ”表示直径；“R”表示半径；“S”表示球面；“⌒”表示弧长；“□”表示正方形；“▷”表示锥度；“∠”表示斜度；“t”表示板状零件的厚度等。

3. 常见尺寸标注

常见尺寸注法如表 1-3 所示。

表 1-3　常见尺寸注法

标 注 内 容	说　　明	图　　例
线性尺寸	线性尺寸数字一般应按右图（a）所示方向注写，并尽可能避开图示的 30°范围，当无法避开时，可按图（b）形式标注	30° 16 16 16 16 16 16 16 16 16 16 16 16 30° （a） 16 16 16 （b）

续表

标注内容	说明	图例
圆和圆弧的注法	圆和大于半圆的圆弧应标注直径，在尺寸数字前加“ϕ”，半圆和小于半圆的圆弧应标注半径，在尺寸数字前加“R”，如右图（a）所示；当圆弧半径过大且需要标注圆心时可按图（b）形式标注，不需标注圆心时可按图（c）形式标注	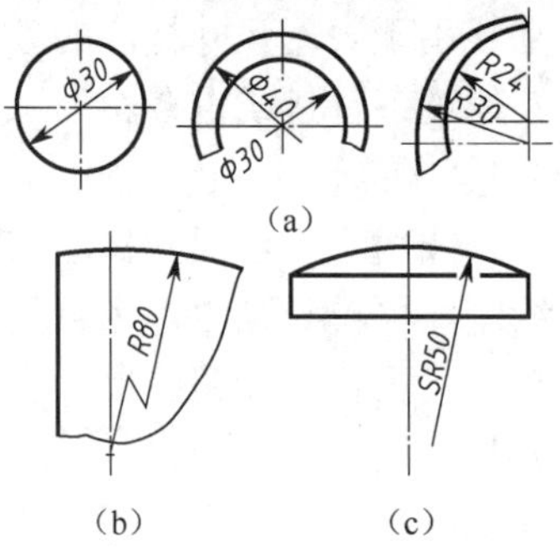
球面注法	标注球面直径或半径时，需在尺寸数字前加“$S\phi$”或“SR”。在不致于引起误解的情况下（如螺钉头部，轴或螺杆的端部等），可以省略“S”	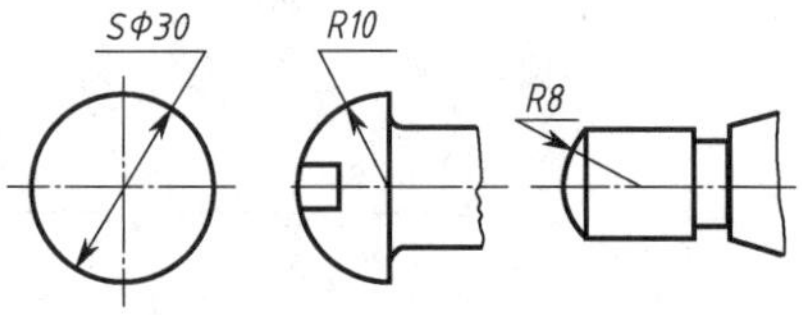
角度注法	尺寸界线应沿径向引出，尺寸线以角度顶点为圆心画弧。尺寸数字水平注写，一般注写在尺寸线的中断处，必要时也可按右图形式标注	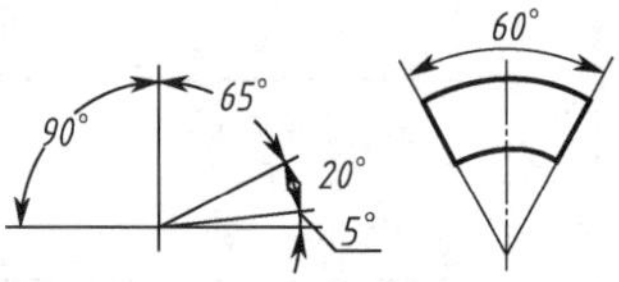
对称图形的尺寸注法	当对称机件的图形只画出 1/2 或略大于 1/2 时，尺寸线应略超过对称中心线的断裂处的边界，此时，仅在尺寸线的一端画出箭头	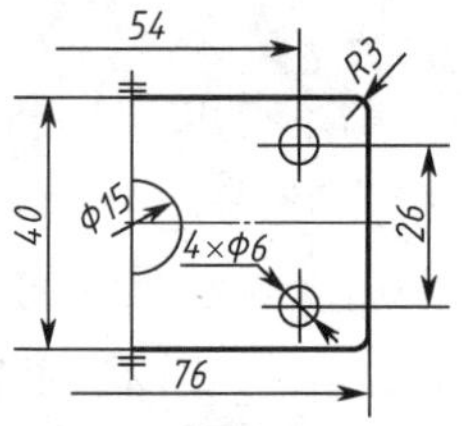
狭小部位的注法	在狭小部位标注尺寸时，由于没有足够的位置画箭头或注写尺寸数字，箭头可以画在外面，或用小圆点代替两个箭头，尺寸数字也可采用旁注或引出标注	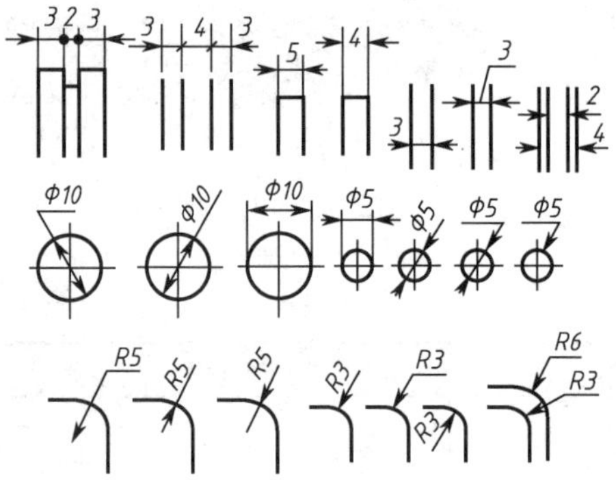
光滑过渡处的尺寸注法	用细实线将轮廓线延长，从它们的交点处引出尺寸界线	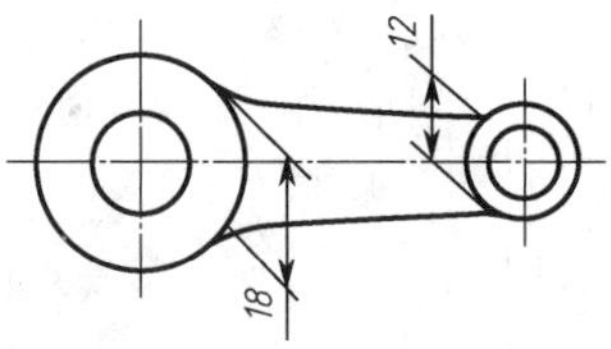

技能2　几何作图的基本技巧

一、认识常用的手工绘图工具

在手工绘制图样过程中，正确使用绘图工具可以提高图样质量，加快绘图速度。因此，在作图之前先要认识常用的绘图工具，明确其使用方法。

1. 图板、丁字尺和三角板

图板是铺放图纸用的，板面必须平整，图板左侧边是丁字尺的导边，要求平直，图纸要用胶带纸固定在图板左下方适当位置，使用方法如图1-12所示。

丁字尺由尺头和尺身两部分组成，其头部必须紧靠图板左边。用于画水平线时，先用左手推动尺头沿图板上下移动到准确位置，然后压住丁字尺从左向右画水平线，使用方法如图1-13所示。丁字尺与三角板配合可以自下向上画垂直线，使用方法如图1-14所示。三角板由45°和30°～60°两块组成一组，用三角板与丁字尺配合也可以画各种15°倍数角的斜线，使用方法如图1-15所示。

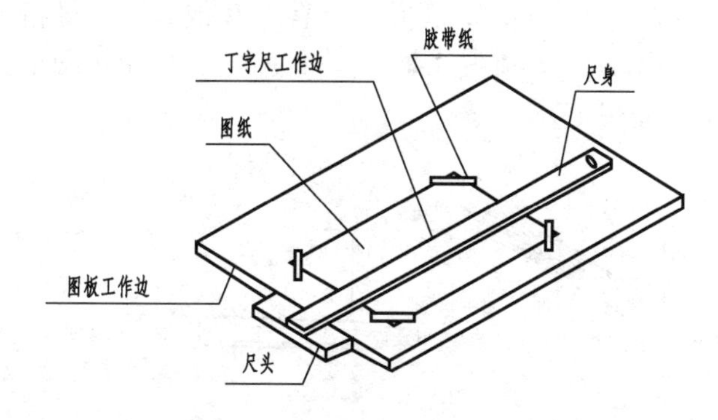

图1-12　图板、丁字尺及图纸

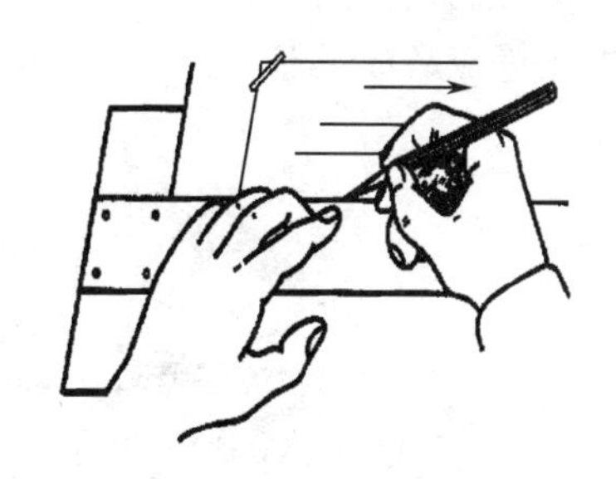

图1-13　丁字尺画直线

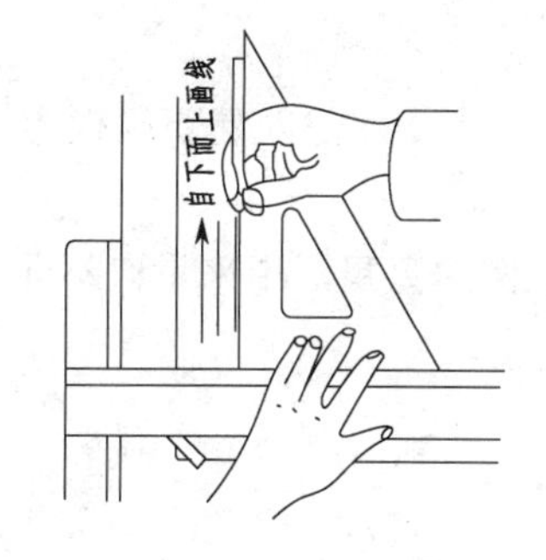

图1-14　丁字尺与三角板画垂直线

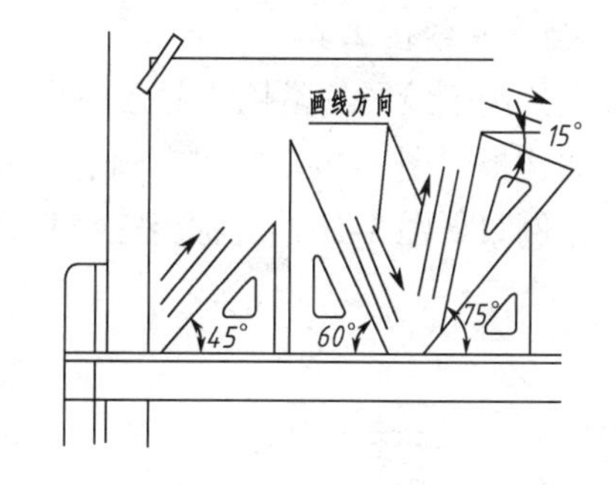

图1-15　丁字尺与三角板画15°倍数角的斜线

2. 圆规和分规

圆规是用来画圆和圆弧的。圆规上的一条腿装有小钢针，用来定圆心，另一条腿上安装铅芯，用来画圆和圆弧线。画图时应尽量使钢针和铅芯都垂直纸面，使用方法如图1-16所示。

分规用来量取线段长度或等分已知线段，分规两腿的针尖应平齐，使用方法如图1-17所示。

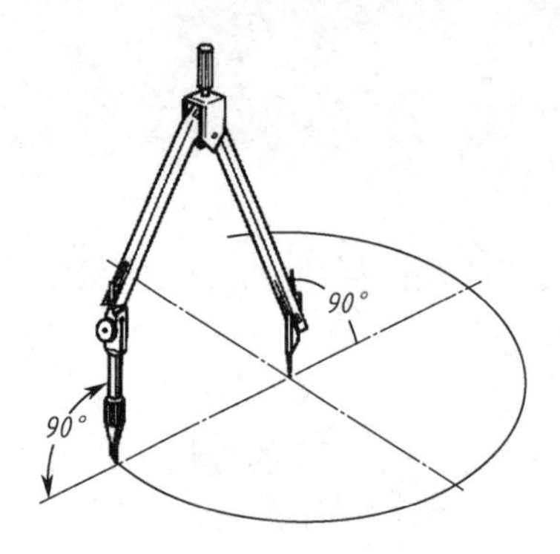

图 1-16　圆规的用法

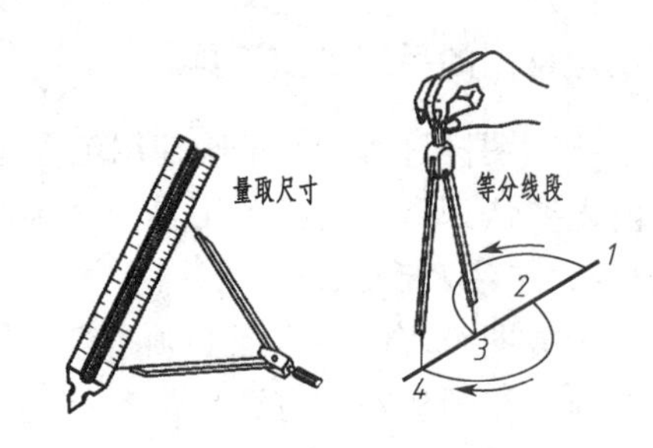

图 1-17　分规的用法

3. 绘图铅笔

绘图铅笔铅芯用 B 和 H 表示软、硬程度，铅笔的标号因而不同；标号 B、2B、6B 表示软铅芯，数字越大表示铅芯越软；标号 H、2H、6H 表示硬铅芯，数字越大，铅芯越硬；标号 HB 表示中软。绘图时，根据不同要求使用不同软、硬度的铅笔，2B 或 B 用于画粗实线，HB 或 H 用于画箭头和书写文字，H 或 2H 用于画各种细线和画底稿。其中用于画粗实线的铅笔应磨成矩形，其余磨成圆锥形，如图 1-18 所示。

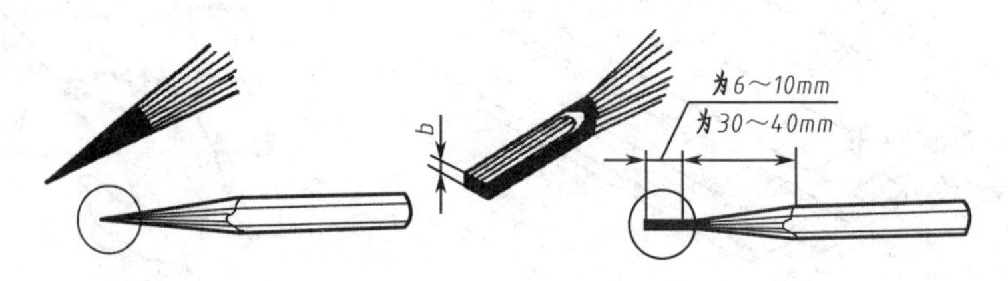

图 1-18　铅芯的形状

4. 其他常用绘图工具

工程上，用于绘图的常用工具还有曲线板、比例尺、绘图墨水笔及建筑模板等。

（1）曲线板（图 1-19）是用来画非圆曲线的。

（2）比例尺（图 1-20）又称为三棱尺，是刻有不同比例的直尺，用来量取不同比例的尺寸。

图 1-19　曲线板

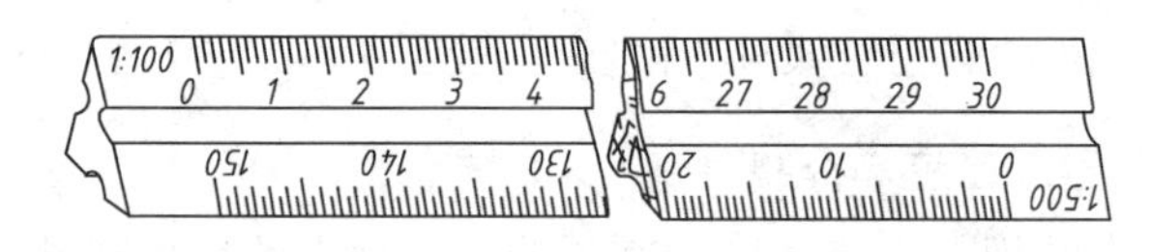

图 1-20　比例尺

（3）绘图墨水笔（图 1-21）是针管笔，其笔尖是一支细的针管，主要用来描图。

（4）建筑模板（图 1-22）是用来画各种建筑标准图例和常用的符号，如柱、墙、门开启线、详图索引符号、轴线圆圈等。

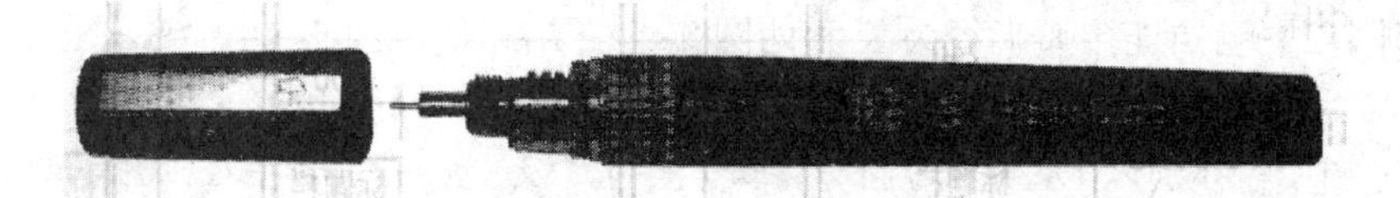

图 1-21 绘图墨水笔

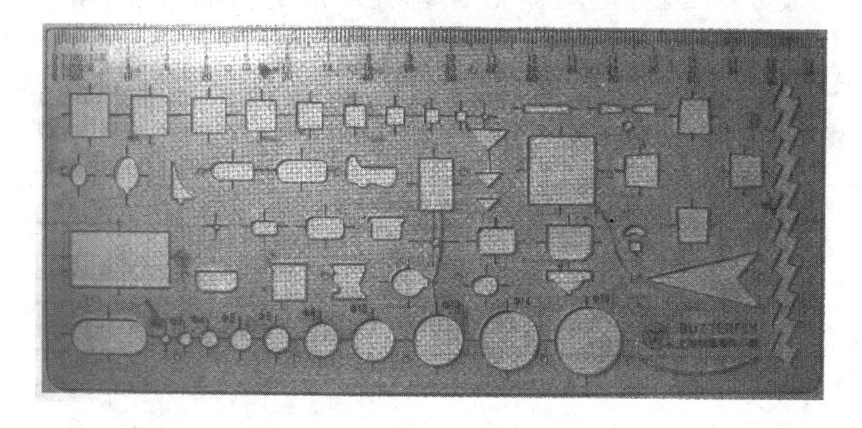

图 1-22 建筑模板

二、圆弧连接的基本技巧

画图时，经常需要用一圆弧光滑地连接相邻两已知线段（直线或圆弧）。这种作图方法称为圆弧连接，起连接作用的圆弧称为连接弧。要做到连接光滑，必须使连接弧与已知线段（直线或圆弧）相切。因此，圆弧连接的作图可归结如下：

（1）求连接圆弧的圆心；

（2）找出连接点，即切点的位置；

（3）在两连接点之间画出连接圆弧。

【实例 1-1】 已知两相交直线 *AB*、*CD*，连接弧半径为 *R*。求作以 *R* 为半径的圆弧与两已知直线相切，如图 1-23（a）所示。作图步骤如下：

（1）定圆心：以 *R* 为间距，分别作两已知直线 *AB*、*CD* 的平行线，两平行线的交点 *O*，即为所求连接弧的圆心，如图 1-23（b）所示。

（2）定连接切点：由 *O* 点向两已知直线 *AB*、*CD* 作垂线，垂足 *F*、*E* 点为切点，如图 1-23（c）所示。

（3）画连接弧：以 *O* 为圆心，以 *R* 为半径自 *E*～*F* 点画圆弧，即为所求，如图 1-23（c）所示。

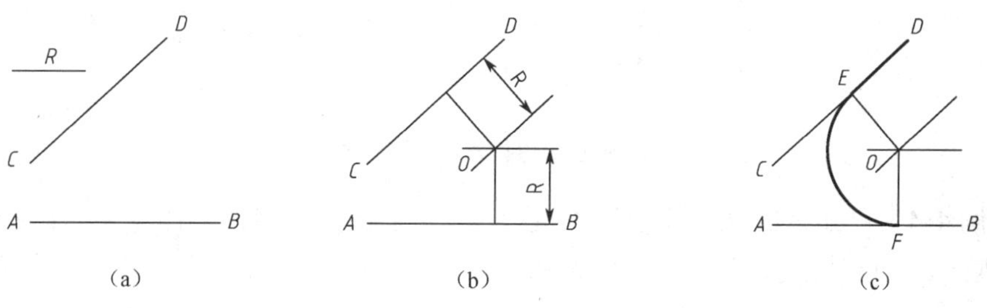

图 1-23 两直线间的圆弧连接画法

【实例 1-2】已知连接弧半径为 R 和两圆弧半径 R_1、R_2，圆心 O_1、O_2。求作以 R 为半径的圆弧与两已知圆弧外切，如图 1-24（a）所示。作图步骤如下：

（1）定圆心：分别以 O_1、O_2 为圆心，以（R_1+R）及（R_2+R）为半径画弧，两弧交点 O，即为所求的连接弧的圆心，如图 1-24（b）所示。

（2）定连接切点：连接 OO_1、OO_2。分别与两已知弧相交于 M、N 点，M、N 点为切点，如图 1-24（c）所示。

（3）连接弧：以 O 为圆心，以 R 为半径自 M～N 点画圆弧，即为所求，如图 1-24（c）所示。

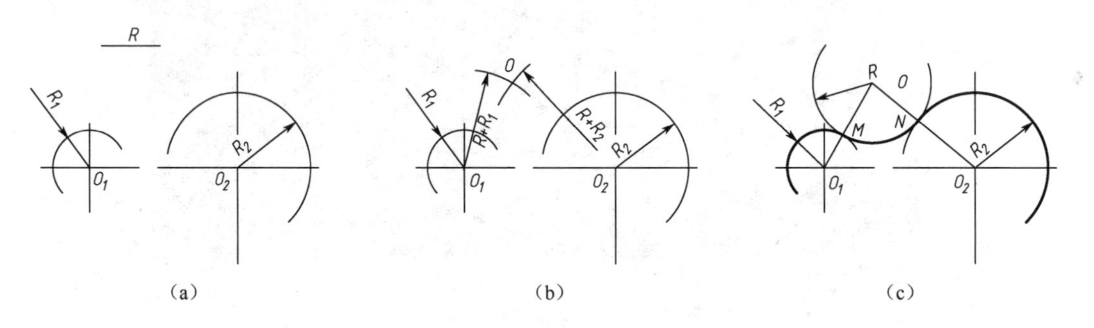

图 1-24　两圆弧间的圆弧连接（外切）的画法

【实例 1-3】已知连接弧半径为 R 和两圆弧半径 R_1、R_2，圆心 O_1、O_2。求作以 R 为半径的圆弧与两已知圆弧内切，如图 1-25（a）所示。作图步骤如下：

（1）定圆心：分别以 O_1、O_2 为圆心，以（R-R_1）及（R-R_2）为半径画弧，两弧交点 O，即为所求的连接弧的圆心，如图 1-25（b）所示。

（2）定连接切点：连接 OO_1、OO_2，分别与两已知弧相交于 M、N 点，M、N 点为切点，如图 1-25（c）所示。

（3）画连接弧：以 O 为圆心，以 R 为半径自 M～N 点画圆弧，即为所求，如图 1-25（c）所示。

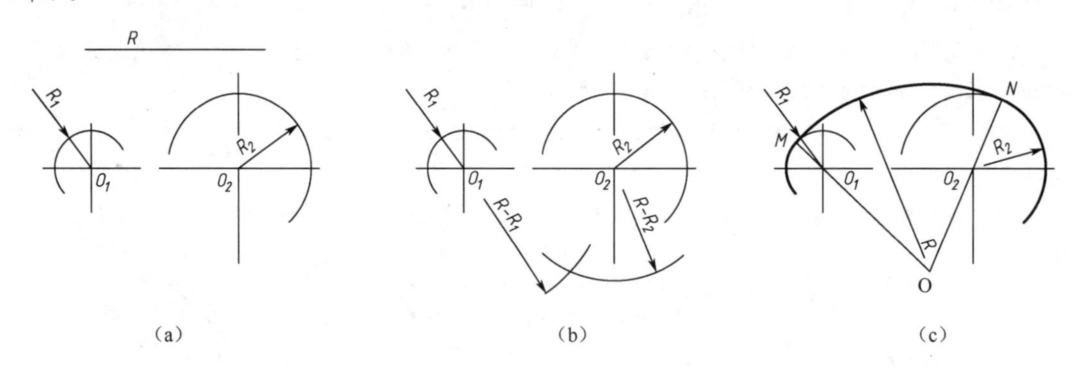

图 1-25　两圆弧间的圆弧连接（内切）的画法

【实例 1-4】已知直线 AB，圆弧的圆心 O_1、半径 R_1，连接弧半径为 R。求作以 R 为半径的圆弧外切于已知圆弧 O_1，并与直线 AB 相切，如图 1-26（a）所示。作图步骤如下：

（1）定圆心：以 R 为间距作 AB 的平行线，以 O_1 为圆心，以 R_1+R 为半径画圆弧，平

行线与圆弧的交点 O，即为连接弧的圆心，如图 1-26（b）所示。

（2）定连接切点：过点 O 作 AB 的垂线 ON 得交点 N，画连接 OO_1，与已知弧相交于点 M，M、N 点为切点，如图 1-26（c）所示。

（3）画连接弧：以 O 为圆心，以 R 为半径自 M～N 点画圆弧，即为所求，如图 1-26（c）所示。

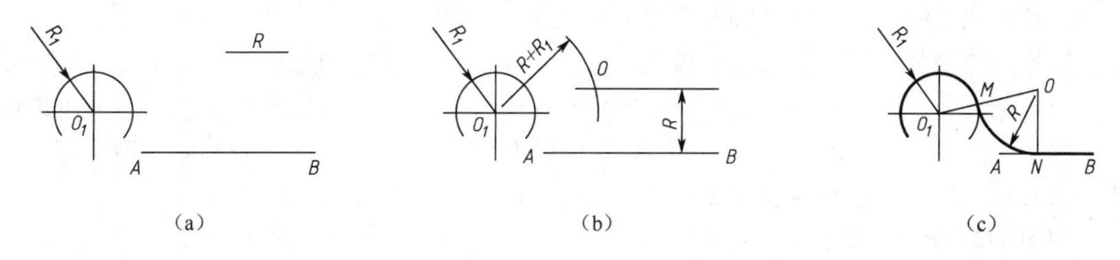

图 1-26 两圆弧间的圆弧连接（内切）画法

三、平面图形作图的基本技巧

平面图形是由各种直线或圆弧连接而成的，这些线段间的相对位置和连接关系由给定的尺寸来确定。作图前，必须分析尺寸和线段间的关系，从而确定出正确的作图步骤。

1. 基准

在标注和分析平面图形中的尺寸时，必须先确定基准。图形中，标注尺寸的起点称为基准。一个平面图形应有水平和垂直两个方向的基准。一般的平面图形常以对称中心线、主要的垂直或水平轮廓直线、较大的圆的中心线、较长的直线等为尺寸基准。

如图 1-27 所示的手柄图形是以水平轴线作为垂直方向的尺寸基准，以中间铅垂线作为水平方向的尺寸基准。

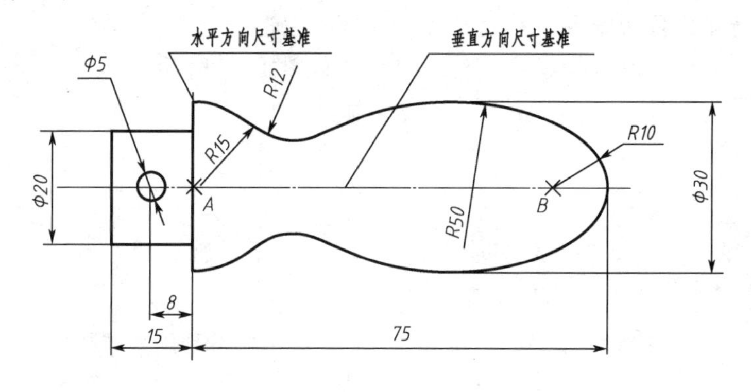

图 1-27 手柄图形

2. 尺寸分析

尺寸按其在图形中所起的作用可分为定形尺寸和定位尺寸两类。

确定图形中各部分几何形状大小的尺寸称为定形尺寸，如直线的长度、倾斜线的角度、圆或圆弧的直径和半径等。确定图形中各个组成部分与基准之间相对位置的尺寸称为定位尺寸。

如图 1-27 所示的手柄图形中用 ϕ20 和 R15 确定矩形的大小，ϕ5 确定小圆的大小，R10 和 R15 确定圆弧半径的大小，这些都是定形尺寸。尺寸 8 确定了 ϕ5 小圆的位置，ϕ30 是以水平对称轴线为基准确定 R50 圆弧的位置，这些尺寸都是定位尺寸。

尺寸分析时，往往会遇到同一尺寸既是定形尺寸又是定位尺寸。如图 1-27 所示，尺寸 75 既是确定手柄长度的定形尺寸，也是用于确定 *R*10 圆弧圆心的定位尺寸。

3. 线段分析

线段按其在图形中所给尺寸齐全与否可分为三类：已知线段、中间线段和连接线段。下面就圆弧连接的情况进行线段分析。

凡具有完整的定形尺寸（圆的直径或弧的半径）和定位尺寸（圆心的两个定位尺寸）能直接画出的圆弧，称为已知弧。仅知道圆弧的定形尺寸（圆的直径或弧的半径）和圆心的一个定位尺寸，圆心的另一定位尺寸需借助与其相切的已知线段求出，然后才能画出的圆弧称为中间弧。只有定形尺寸（圆的直径或弧的半径），无定位尺寸，圆心的两个定位尺寸需借助与其相切的已知线段求出，然后才能画出的圆弧称为连接弧。

如图 1-27 所示，*R*15 是已知弧，其定形尺寸是半径 15，圆心定位尺寸是水平方向基准与垂直方向基准的交点 *A*；*R*10 也是已知弧，其定形尺寸是半径 10，圆心定位尺寸是在垂直基准线上距 *A* 点 65（水平方向 75 – 10=65）处的点 *B*；*R*50 是中间弧，其定形尺寸是半径 50，圆心的一个定位尺寸，即铅垂方向的定位尺寸 35（铅垂方向 50 – 15=35）是已知的，而圆心的另一个定位尺寸需要借助与其相切的已知圆 *R*10 才能定出。*R*12 是连接弧，圆心的两个定位尺寸都不知道，需借助与其相切的圆弧 *R*15 和 *R*50 来确定。

从上述分析可知，画平面图形时，必须首先进行基准、尺寸和线段的分析，再按先画出图形中的已知弧，再画中间弧，最后画连接弧的顺序完成图形的绘制。

【实例 1-5】绘制如图 1-27 所示的手柄平面图形。作图步骤如下：

（1）画出基准线和定位线，如图 1-28（a）所示。

（2）画出已知线段，如图 1-28（b）所示。

（3）画出中间线段 *R*50，如图 1-28（c）所示。

（4）画出连接线段 *R*12，如图 1-28（d）所示。

（5）擦除辅助线，加深轮廓线，标注尺寸，如图 1-27 所示。

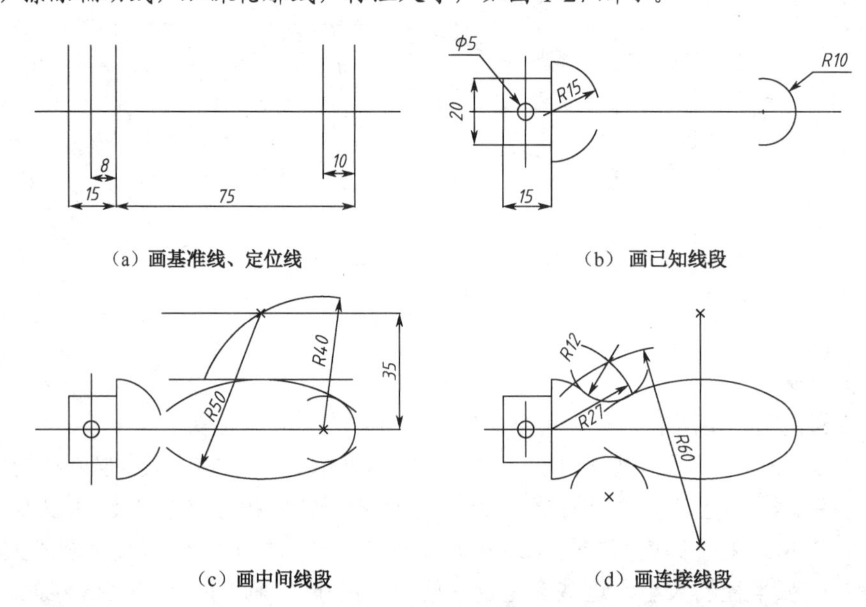

图 1-28　手柄图形作图步骤

任务 2　项目的计划与决策

一、项目计划

有了计划，工作就有了明确的目标和具体的步骤，就能使工作有条不紊进行。根据在任务 1 中掌握的各种技能制订绘制挂轮架图纸（图 1-1）的步骤，填写表 1-4。

表 1-4　项目计划表

组　名		组　长		组　员		
作图前分析	基准	定形尺寸	定位尺寸	已知线段	中间线段	连接线段
挂轮架图形作图步骤						

二、项目决策

挂轮架图纸作图的一般程序如下：

1. 分析图形

分析挂轮架图形的基准线、定形尺寸、定位尺寸及已知弧、中间弧、连接弧。如图 1-29 所示，其中未作标识的尺寸为定形尺寸，未作标识的圆弧为连接弧。

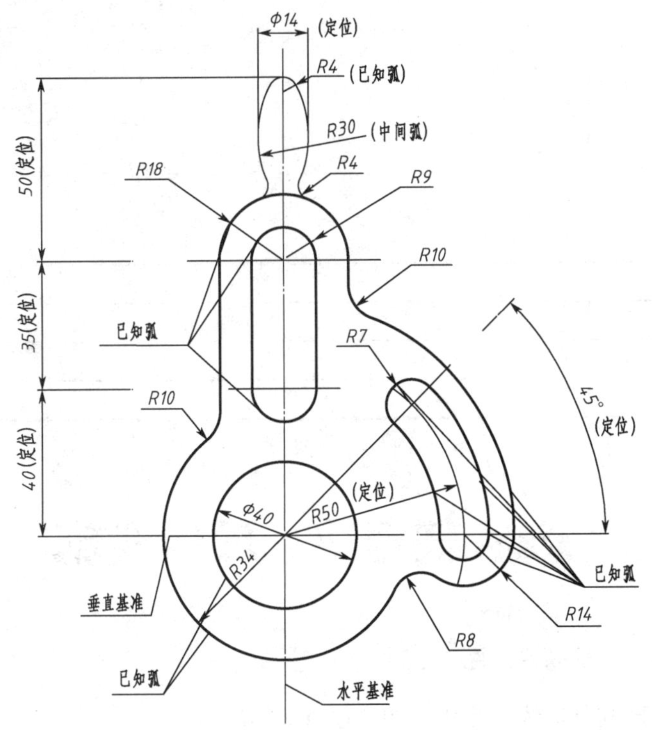

图 1-29　挂轮架图形分析

2. 绘制底稿

（1）画图框和标题栏，挂轮架图纸采用 A4 图幅，竖放，并带有装订边，标题栏采用图 1-4 的简化格式；

（2）画图形的基准线、对称线及圆的中心线、定位线等；

（3）按已知线段、中间线段、连接线段的顺序，画出图形；

（4）画出尺寸界线、尺寸线。

3. 检查底稿

4. 加深底稿

在画底稿时使用 H 系列的铅笔，在此过程中用 B 系列的铅笔描深轮廓线。

5. 画箭头、标注尺寸、填写标题栏

6. 校对及修饰图形

实施步骤中具体的作图方法由学生讨论决策，并填写表 1-5。

表 1-5　项目实施中具体的作图方法决策表

<table>
<tr><th colspan="2">组　名</th><th></th><th>组　长</th><th></th><th>组　员</th><th></th></tr>
<tr><td colspan="2">图幅、图框尺寸（mm×mm）</td><td colspan="2"></td><td>标题栏尺寸（mm）</td><td colspan="2"></td></tr>
<tr><td colspan="2">中间弧 $R30$ 的作图步骤</td><td colspan="5"></td></tr>
<tr><td rowspan="4">连接弧作图步骤</td><td>弧 $R4$</td><td colspan="5"></td></tr>
<tr><td>弧 $R10$</td><td colspan="5"></td></tr>
<tr><td>弧 $R10$</td><td colspan="5"></td></tr>
<tr><td>弧 $R8$</td><td colspan="5"></td></tr>
</table>

任务 3　项目实施

步骤 1　画图框和标题栏（图 1-30）；

步骤 2　画图形的基准线、定位线等（图 1-31）；

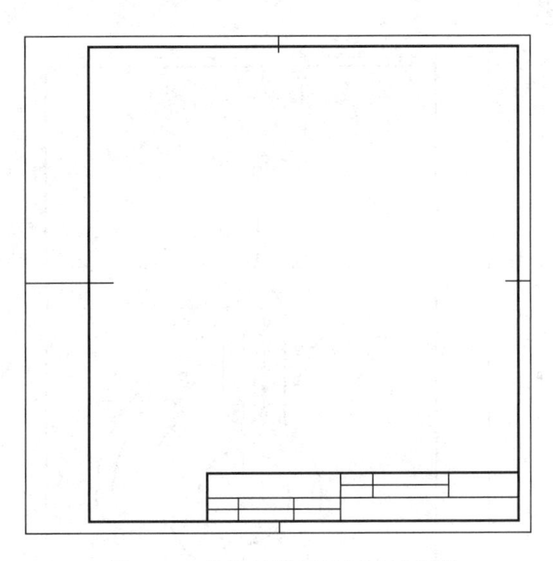

图 1-30 挂轮架图纸图框及标题栏

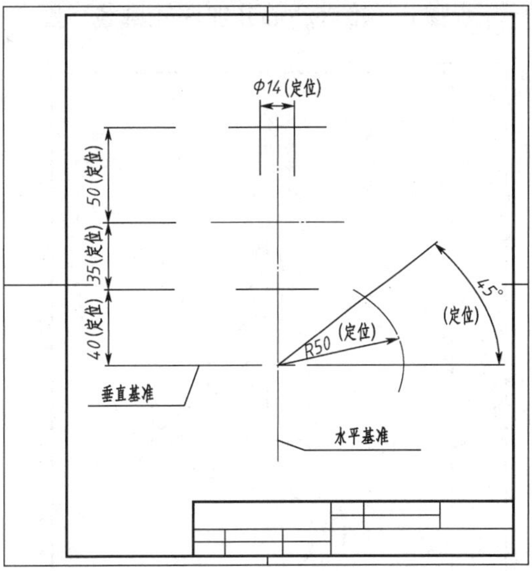

图 1-31 挂轮架图形基准线、定位线

步骤 3 画已知线段（图 1-32）；

步骤 4 画中间线段（图 1-33）；

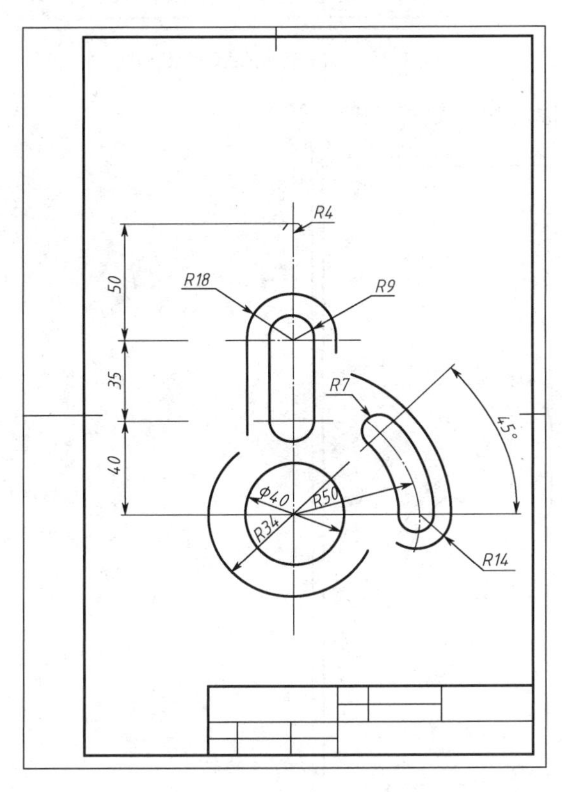

图 1-32 挂轮架图形的已知线段

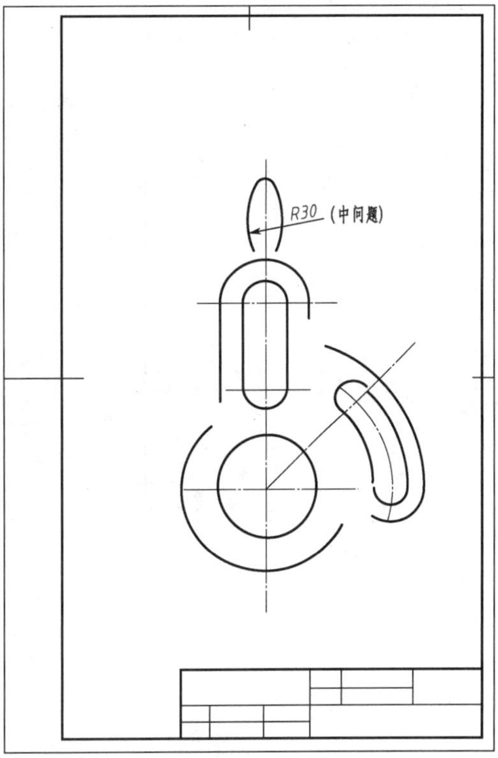

图 1-33 挂轮架图形的中间线段

步骤 5 画连接线段，完成图形底稿（图 1-34）；

步骤 6　检查底稿并加深轮廓线（图 1-35）；

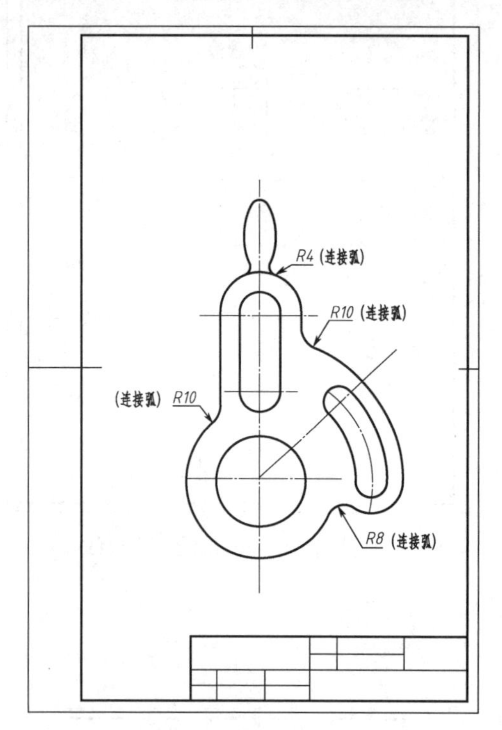

图 1-34　挂轮架图形的连接线段

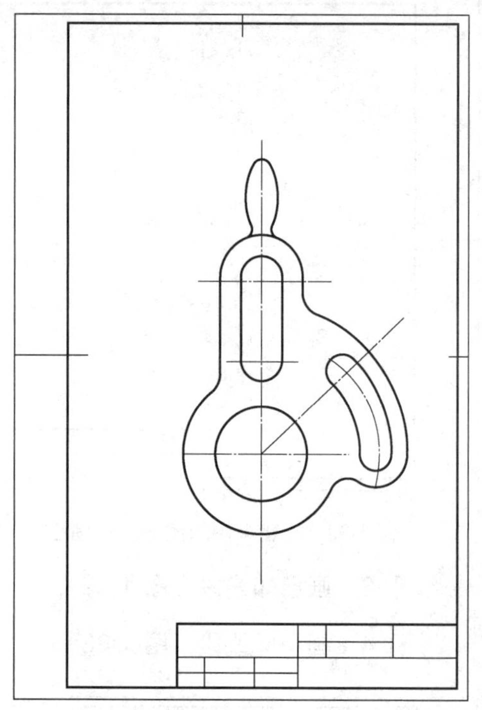

图 1-35　加深挂轮架图形轮廓线

步骤 7　画尺寸界线、尺寸线、箭头、标注尺寸数字（图 1-36）；

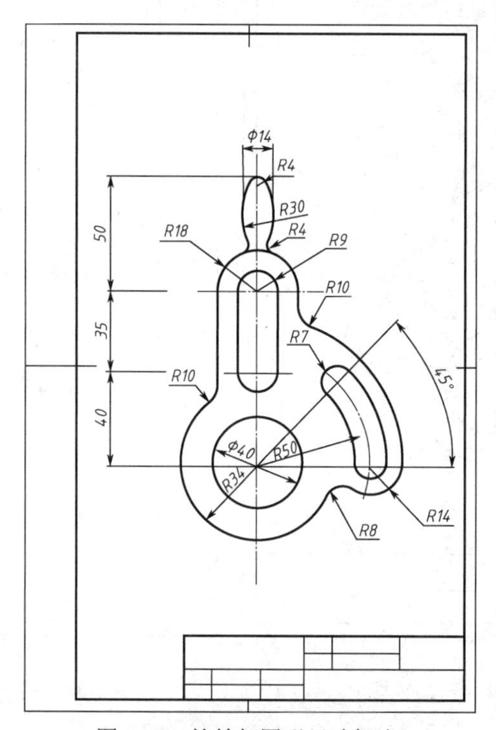

图 1-36　挂轮架图形尺寸标注

步骤 8　填写标题栏，校对及修饰图形，完成挂轮架图纸的绘制（图 1-1）。

在项目实施过程中，必须严格按照工程制图国家标准中的规定，使用绘图工具进行图形的绘制，标题栏文字的书写采用长仿宋体，尺寸标注的箭头绘制要规范。

任务 4　项目验收与评价

一、项目验收

将完成的图形与所给项目任务进行比较，检查其质量与要求相符合的程度，并结合项目评分标准表，如表 1-6 所示，验收所绘图纸的质量。

二、项目评价

针对项目工作综合考核，如表 1-7 所示，给出学生在完成整个项目过程中的综合成绩。

表 1-6　评分标准表

序号	评分点	分值	得分条件	扣分情况
1	图框与标题栏	20	图框绘制符合国家标准（5 分）	各项得分条件错一处扣 1 分，扣完为止；中间线段错一条扣 2 分；连接弧错一条扣 3 分，扣完为止。图面不清洁扣 5 分
			标题栏绘制符合国家标准（10 分）	
			用标准字体填写标题栏（5 分）	
2	图形绘制	40	基准线、定位线绘制准确（6 分）	
			已知线段绘制准确（15 分）	
			中间线段绘制准确（4 分）	
			连接线段绘制准确（15 分）	
3	尺寸标注	20	尺寸标注准确无遗漏（16 分）	
			箭头符合规定，大小一致（4 分）	
4	布置图形	20	图形在图纸的位置合理（5 分）	
			粗线、细线分清（5 分）	
			各种不同线型分明（5 分）	
			整个图面清洁（5 分）	

表 1-7　项目工作综合考核表

		考核内容	项目分值	自我评价	小组评价	教师评价
考核事项	专业能力 60%	1．工作准备 绘图工具准备是否妥当，图纸识读是否正确，项目实施的计划是否完备	10			
		2．工作过程 主要技能应用是否准确，工作过程是否认真、严谨，安全措施是否到位	10			
		3．工作成果 根据表 1-6 的评分标准评估工作成果质量	40			

续表

		考核内容	项目分值	自我评价	小组评价	教师评价
考核事项	综合能力 40%	1．技能点收集能力 是否明确本项目所用的技能点，并准确收集这些技能的操作方法	10			
		2．交流沟通能力 在项目计划、实施及评价过程中与他人的交流沟通是否顺利、得当	10			
		3．分析问题能力 对图纸的识读是否准确，在项目实施过程中是否能发现问题、分析问题并解决问题	10			
		4．团结协作能力 是否能与小组其他成员分工协作、团结合作完成任务	10			
备注	图样的绘制必须严格按国家标准完成，使用绘图工具。本项目以个人形式完成					

项 目 小 结

工程图样是用于指导现代生产和进行技术交流的重要技术文件，也是一种工程语言。本项目通过绘制挂轮架图纸，使学生熟悉制图国家标准，学会根据图形尺寸选择适当幅面、图框及绘图比例，掌握各种圆弧连接的绘制技巧，明确平面图形绘制的一般程序。

拓 展 训 练

使用合理的绘图工具，完成下面 4 个图形（如图 1-37、图 1-38、图 1-39、图 1-40 所示）的绘制。按国标要求，自行选择图幅和适当的绘图比例，自行设计图框、标题栏等。

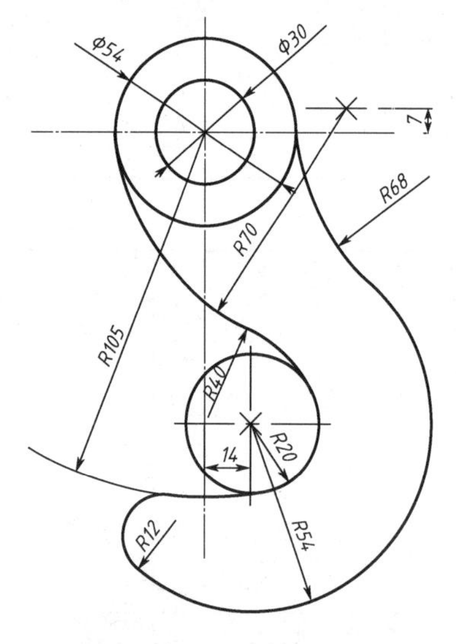

图 1-37　拓展图形一

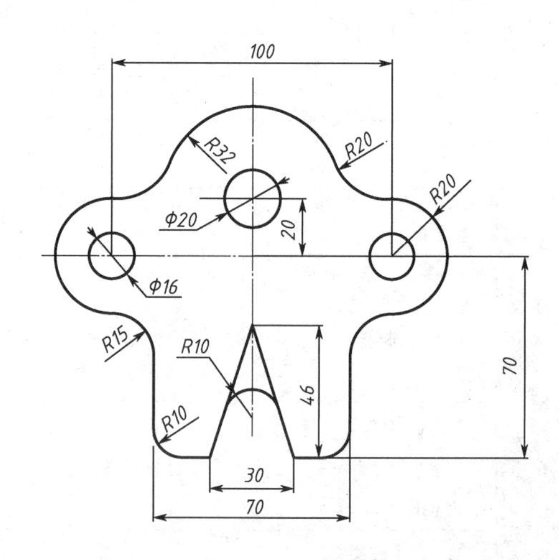

图 1-38　拓展图形二

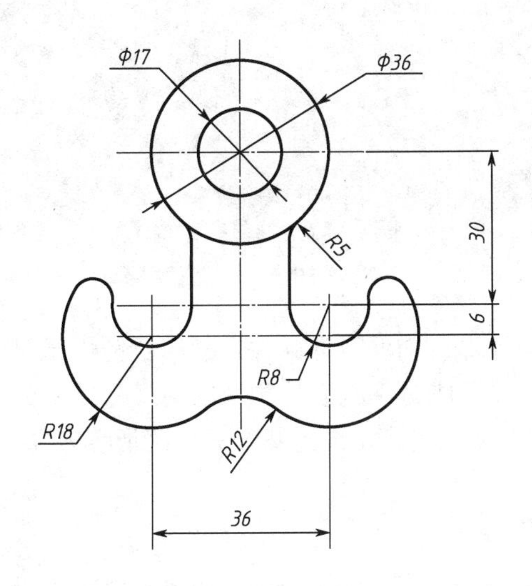

图 1-39 拓展图形三

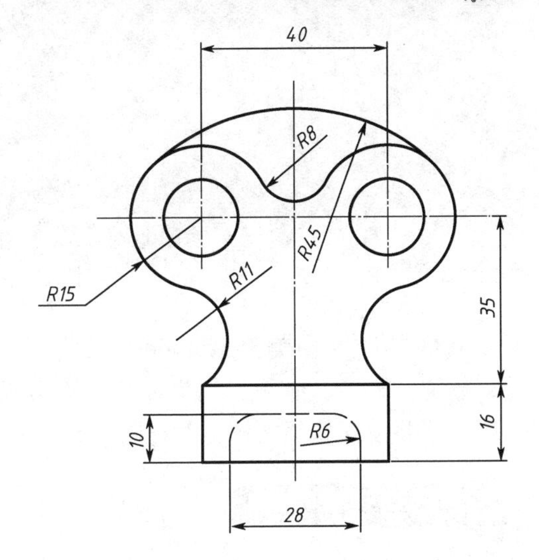

图 1-40 拓展图形四

项目 2 曲柄扳手图形的绘制

AutoCAD 是由美国 Autodesk 公司开发的自动计算机辅助设计软件，被广泛应用于机械、建筑、电子、航天、气象和纺织等领域。该软件已成为工程设计领域应用最为广泛的计算机辅助设计软件之一，主要用于绘制二维图形、设计文档和设计基本三维图形等方面。

项目任务分析

本项目将通过曲柄扳手图纸的绘制，使读者逐步学会 AutoCAD 软件的基本应用，其中包括软件的启动与退出、文件的保存、基本二维绘图命令及部分二维编辑命令的应用与操作，以及尺寸标注的相关技巧。项目任务是使用 AutoCAD 软件，绘制曲柄扳手图形，如图 2-1 所示。

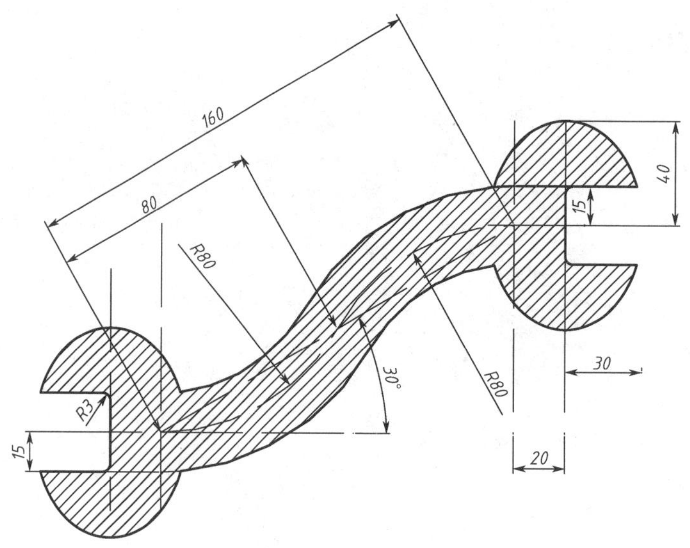

图 2-1 曲柄扳手图形

任务 1 技能实训

技能 1 AutoCAD 用户界面的使用

一、AutoCAD 2010 的用户界面的启动

1. *启动 CAD 用户界面*

在“开始”菜单的“程序”选项中，单击“Autodesk/AutoCAD 2010-simplifide Chinese/

AutoCAD2010”菜单命令，或双击桌面上的 AutoCAD2010，即可启动 AutoCAD 2010。

2. CAD 用户界面组成

启动 AutoCAD 2010 后，系统进入到 AutoCAD 2010 的工作空间。在 AutoCAD 2010 中为用户提供了 4 种工作空间，即“二维草图与注释”、“三维基础”、“三维建模”、“AutoCAD 经典”。切换工作空间的方法有以下两种。

（1）菜单：“工具/工作空间”。

（2）工具栏：单击“工作空间”工具栏中的下拉三角形图标。

本教材采用的工作空间为“AutoCAD 经典”，如图 2-2 所示。用户界面主要由标题栏、菜单栏、各种工具栏、绘图区域、光标、命令行、状态栏、坐标系图标等组成。

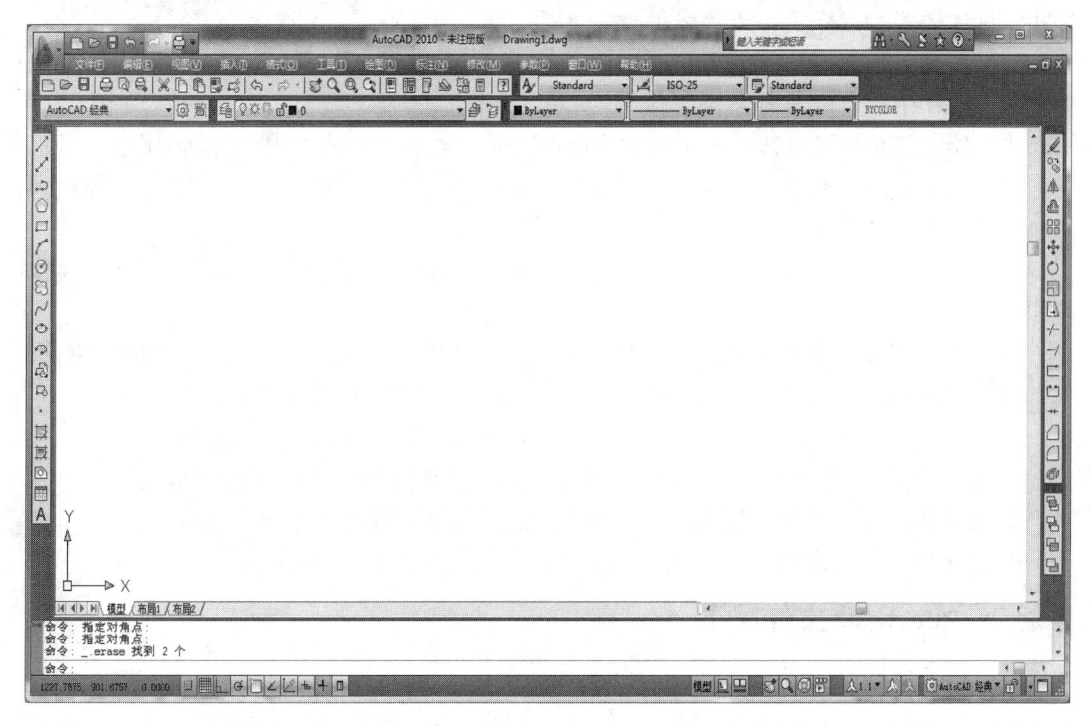

图 2-2 AutoCAD 2010 的用户界面

二、AutoCAD 2010 的用户界面的操作

1. 标题栏

标题栏位于应用程序窗口的最上面，用于显示当前正在运行的程序名及文件名等信息，如果是 AutoCAD 默认的图形文件，其名称为 DrawingN.dwg（N 是数字）。单击标题栏右端的按钮，可以最小化、最大化或关闭应用程序窗口。标题栏最左边是应用程序的小图标，单击它将会弹出一个 AutoCAD 窗口控制下拉菜单，可以进行最小化或最大化窗口、恢复窗口、移动窗口、关闭 AutoCAD 等操作。

标题栏位于 AutoCAD 2010 窗口界面的最上方。在标题栏中除了显示当前软件名称，还可显示新建的或打开的文件名称等。

2. 菜单栏

菜单栏位于标题栏的下方，共有 11 个主菜单，其功能描述如下：

（1）文件菜单：该菜单用于图形文件的管理，包括新建、打开、保存、输出、关闭窗口、页面设定、打印和图形属性等。

（2）编辑菜单：该菜单用于对文件进行常规编辑操作，包括复制、剪切、粘帖、链接、编辑、基点复制及粘贴到原坐标等。

（3）视图菜单：该菜单用于管理操作界面，如图形缩放、图形平移、视窗设置、着色及渲染等操作。

（4）插入菜单：该菜单主要用于在当前CAD绘图状态下，插入所需的图块或其他格式的文件，包括图面布置、超级连接、外部参考管理器和图像管理器等。

（5）格式菜单：该菜单用于设置与绘图环境有关的参数，如图层、颜色、线型、文字样式、标注样式、点样式、线宽格式、打印样式设定等。

（6）工具菜单：该菜单为用户设置了一些辅助绘图工具，如拼写检查、快速选定、物体属性、设计中心，以及向导等。

（7）绘图菜单：通过该菜单中的各项命令可对二维和三维图形进行绘制操作。

（8）标注菜单：通过该菜单的各项命令可对用户所绘制的图形进行尺寸标注，该菜单中包含了所有形式的标注命令。

（9）修改菜单：该菜单用于对不同图形对象和三维实体进行复制、旋转、平移等编辑操作。

（10）窗口菜单：该菜单提供对同时打开的多个图形窗口进行层叠、平铺、切换等操作。

（11）帮助菜单：该菜单用于提供用户在使用AutoCAD 2010时所需的帮助信息。

单击主菜单的某一项，会显示出相应的下拉菜单。下拉菜单有如下特点：

- 菜单项后面有“…”省略号时，表示单击该选项后，会打开一个对话框。
- 菜单项后面有“▼”黑色的小三角时，表示该选项还有子菜单。
- 菜单项为浅灰色时，表示在当前条件下，这些命令不能使用。

技能2　AutoCAD文件操作

一、打开文件

【命令功能】

打开已经存在的图形文件。

【输入命令】

菜单栏：选择“文件”→“打开”命令。
工具栏：单击“标准”工具栏中的“打开”按钮。
命令行：OPEN。

【操作步骤】

执行上述任一种“打开”命令后，系统弹出“选择文件”对话框，如图2-3所示，在“选择文件”对话框中选定一个或多个文件后，单击“打开”按钮，即可打开所选定的一个或多个图形文件。如果打开了多个图形文件，可使用Ctrl+F6键或Ctrl+Tab键或利用“窗口”菜单，在打开的图形文件之间切换。

图 2-3 “选择文件”对话框

二、新建文件

【命令功能】

建立新的图形文件。

【输入命令】

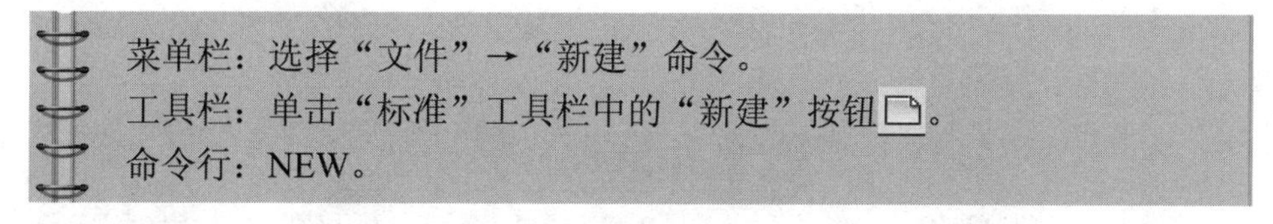

菜单栏：选择“文件”→“新建”命令。
工具栏：单击“标准”工具栏中的“新建”按钮。
命令行：NEW。

【操作步骤】

执行上述任一种“新建”命令后，系统弹出“选择样板”对话框，如图 2-4 所示，在“选择样板”对话框中选定 acad.dwt 图形样板文件后，单击“打开”按钮，即可新建一个图形文件。

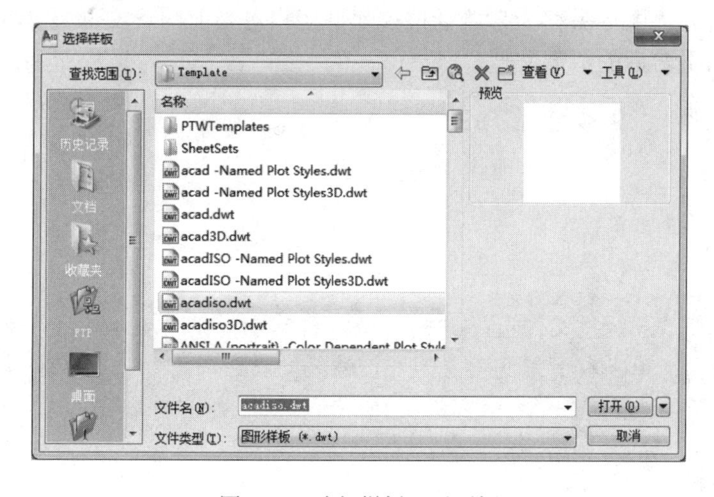

图 2-4 “选择样板”对话框

三、保存文件

【命令功能】

保存图形文件。

【输入命令】

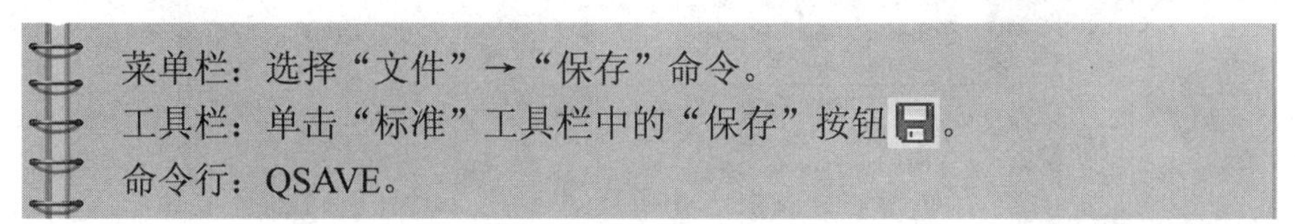

菜单栏：选择“文件”→“保存”命令。

工具栏：单击“标准”工具栏中的“保存”按钮。

命令行：QSAVE。

【操作步骤】

执行上述任一种“保存”命令后，若文件已命名，则AutoCAD自动保存；若文件尚未命名，则系统将打开“图形另存为”对话框，如图2-5所示，用户可以利用该对话框中指定要保存的文件夹、文件名和文件类型等。

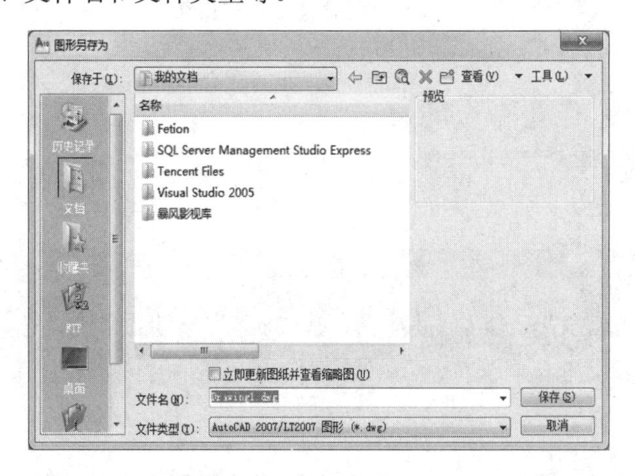

图2-5 “图形另存为”对话框

如果希望将当前文件以其他名称保存，可选择“文件”菜单中的“另存为”命令，此时，系统也将打开“图形另存为”对话框，允许用户对当前图形文件另外赋名保存，则当前图形文件变为更名后的图形文件。

四、关闭文件

【命令功能】

关闭图形文件。

【输入命令】

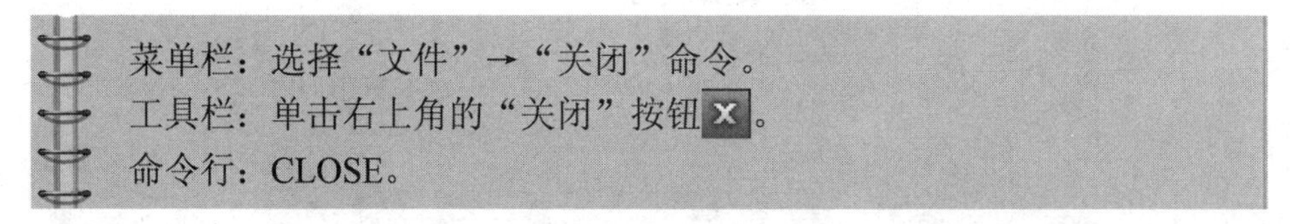

菜单栏：选择“文件”→“关闭”命令。

工具栏：单击右上角的“关闭”按钮。

命令行：CLOSE。

【操作步骤】

执行上述任一种“关闭”命令后，如果当前文件已经保存，系统会自动关闭图形文件，如

果当前文件还没有保存，则会弹出一个对话框，如图 2-6 所示，询问用户是否保存已做的改动，用户可根据需要以保存或不保存方式关闭图形文件。

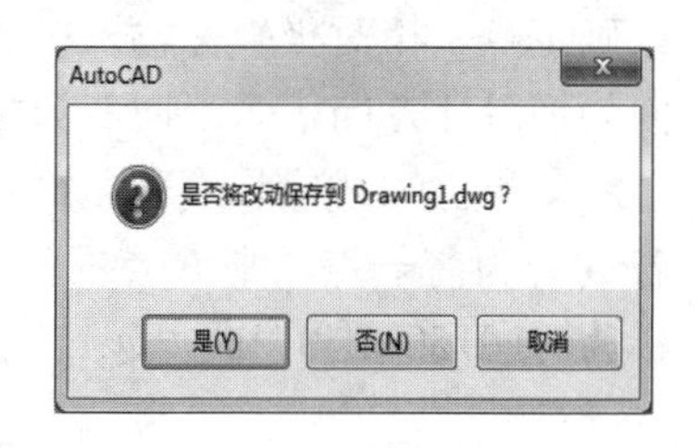

图 2-6　提示保存对话框

技能 3　AutoCAD 绘图基础操作

一、点的坐标输入

绘图时，需要对点或线进行位置的确定，此时，系统提示输入确定位置的参数。常用的方法如下。

1. 鼠标输入法

鼠标输入法是指移动鼠标，直接在绘图的指定位置单击来拾取点坐标。当移动鼠标时，十字光标和坐标值随着变化，状态栏左边的坐标显示区将显示当前位置。

2. 键盘输入法

键盘输入法是通过键盘在命令行输入参数值来确定位置坐标，如图 2-7 所示，位置坐标一般有两种方式，即绝对坐标和相对坐标。

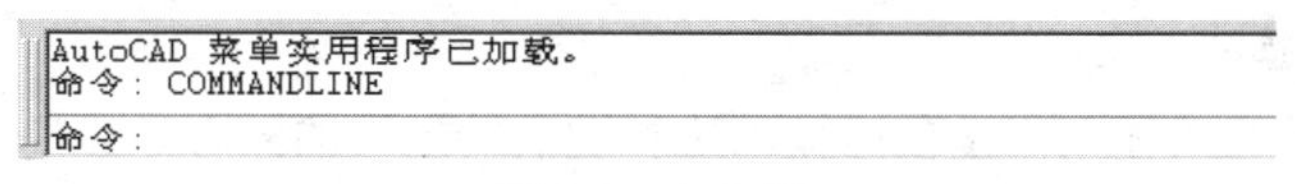

图 2-7　命令行

1）绝对坐标

绝对坐标是指相对于坐标系原点（0，0，0）的坐标。在二维空间中，绝对坐标可以用绝对直角坐标和绝对极坐标来表示。

（1）绝对直角坐标的输入格式。

当命令行提示输入点时，可以直接在命令行输入点的“*X*，*Y*”坐标值，坐标值之间要用逗号隔开，例如，“80，100”。

（2）绝对极坐标的输入格式。

当命令行提示输入点时，直接输入“距离<角度”。例如，“150<80”表示该点距坐标原点的距离为 150，与 *X* 轴正方向夹角为 80°，如图 2-8 所示。

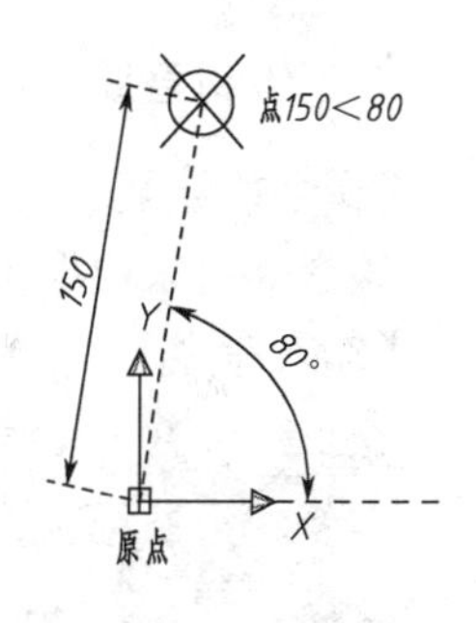

图 2-8　点的绝对极坐标

2）相对坐标

相对坐标指相对于前一点位置的坐标。相对坐标也有相对直角坐标和相对极坐标两种表示方式。

（1）相对直角坐标。

相对直角坐标输入格式为“@X，Y”。例如，前一点的坐标为“30，80”，新点的相对直角坐标为“@40，90”，则新点的绝对坐标为“70，170”。相对前一点，*X* 坐标向右为正，向左为负；*Y* 坐标向上为正，向下为负。

如果已知 *X*、*Y* 两方向尺寸的线段，利用相对直角坐标法绘制较为方便，如图 2-9 所示。若 *A* 点为前一点，则 *B* 点的相对坐标为“@75，130”；若 *B* 点为前一点，则 *A* 点的相对坐标为“@－75，－130”。

（2）相对极坐标。

相对极坐标是相对于前一点的坐标，是指定该点到前一点的距离，以及与 *X* 轴的夹角来确定点。相对极坐标输入格式为“@距离<角度”。在 AutoCAD 中默认设置的角度正方向为逆时针方向，水平向右为零角度。

如果已知线段长度和角度尺寸，可以利用相对极坐标方便绘制线段，如图 2-10 所示。若 *A* 点为前一点，则 *B* 点的相对坐标为“@150<60”；若 *B* 点为前一点，则 *A* 点的相对坐标为“@150<240”或“@150<－120”。

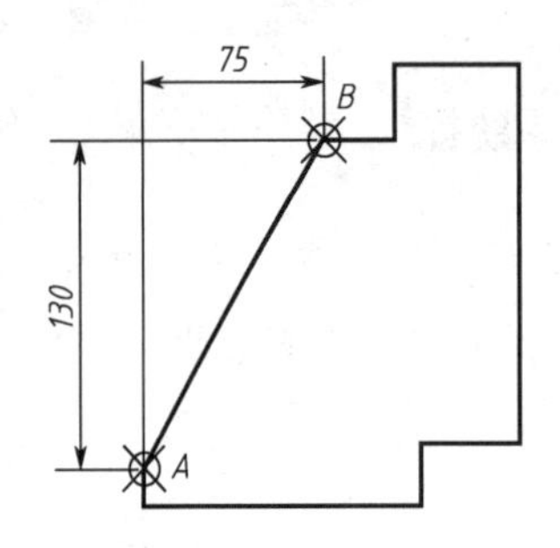

图 2-9　用相对直角坐标输入尺寸示例

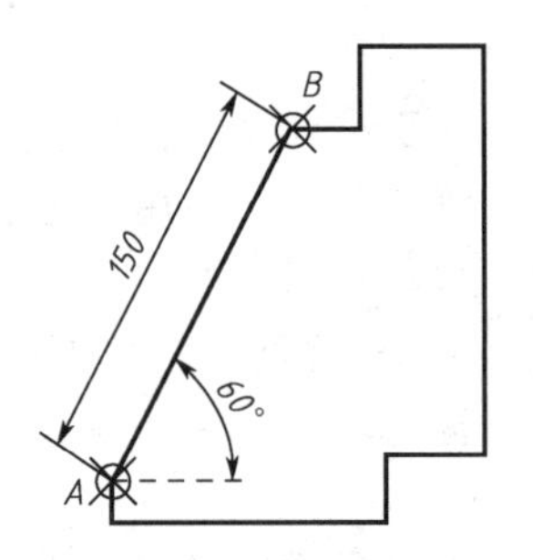

图 2-10　用相对极坐标输入尺寸示例

3. 用给定距离的方式输入

用给定距离的方式输入，是鼠标输入法和键盘输入法的结合。当提示输入一个点时，将鼠标移到输入点的附近（不要单击）用来确定方向，使用键盘直接输入一个相对前一点的距离，按 Enter 键确定。

二、绘制直线

【命令功能】

该命令用来根据已知的两点坐标或线段长度绘制直线。

【输入命令】

菜单栏：选择“绘图”→“直线”命令；
工具栏：单击“绘图”工具栏中的“直线” 按钮；
命令行：LINE。

【实例 2-1】绘制如图 2-11 所示图形。

命令行窗口的操作步骤如下：

命令: _line 指定第一点://选择长为 40 和 150 的两线交点
指定下一点或 [放弃(U)]: 115
指定下一点或 [放弃(U)]: 15
指定下一点或 [闭合(C)/放弃(U)]: @150<60
指定下一点或 [闭合(C)/放弃(U)]: 30
指定下一点或 [闭合(C)/放弃(U)]: 30
指定下一点或 [闭合(C)/放弃(U)]: 50
指定下一点或 [闭合(C)/放弃(U)]: 150
指定下一点或 [闭合(C)/放弃(U)]: 40

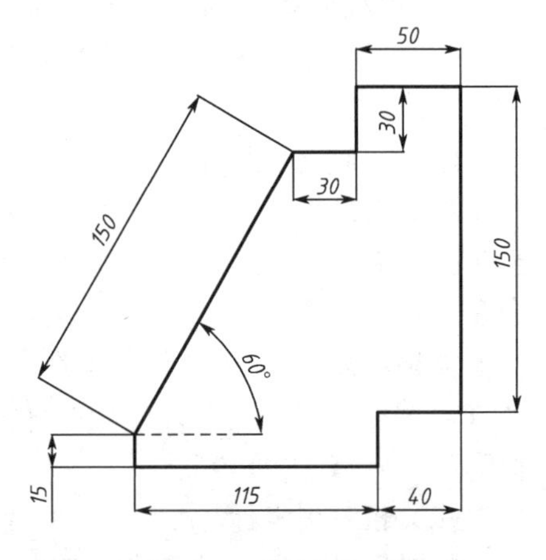

图 2-11　绘制直线实例

指定下一点或 [闭合(C)/放弃(U)]:c

三、对象选择

【命令功能】

用户在使用编辑命令时，需先选取一个或多个对象构成选择集后，再进行编辑动作。

【操作方法】

1. 逐个拾取对象方式

单击鼠标即可逐个拾取对象，这种方法在选择对象不多的情况下使用。

2. 窗口方式

当提示“选择对象”时，在默认状态下，用鼠标指定窗口的一个顶点，然后移动鼠标，再单击确定一个矩形窗口，如图 2-12 所示。如果鼠标从左向右移动来确定矩形，则完全处在窗口内的对象被选中，如图 2-12 所示的 C_1。如果鼠标从右向左移动来确定矩形，则全处在窗口内的对象和与窗口相交的对象均被选中，如图 2-12 所示的 C_1、L。

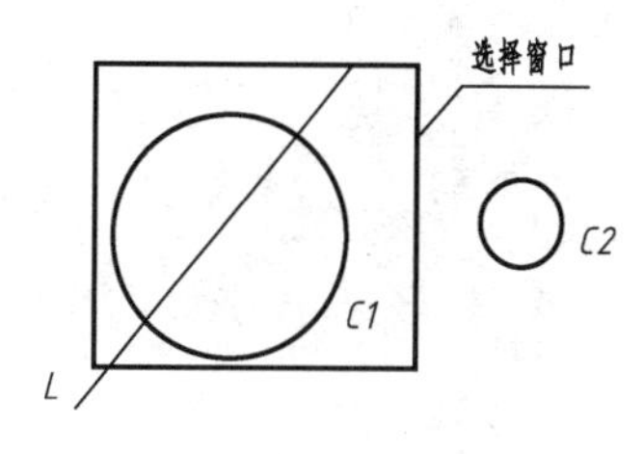

图 2-12 用“窗口方式”选择对象示例

3. 全部方式

当提示“选择对象”时，输入“ALL”后按 Enter 键，即可选中绘图区中的所有对象。

4. 扣除方式

在已经加入到选择集的情况下，输入“REMOVE”后再按 Enter 键，进入扣除方式，在提示“扣除对象”时，可以选择扣除对象，将其移出选择集。在扣除方式下输入“ADD”后按 Enter 键，然后提示“选择对象”，即可重新选择对象。要扣除已加入选择集中的对象，也可按住 Shift 键后，用鼠标单击该对象，从而将其移出选择集。

四、对象删除

【命令功能】

该命令用于删除指定对象。

【输入命令】

菜单栏：选择“修改”→“删除”命令。
修改工具栏：单击“删除”按钮。
命令行：ERASE。

【操作格式】

命令：(输入命令)。
选择对象：选择要删除的对象。
选择对象：按 Enter 键或继续选择对象。
结束删除命令。

当需要恢复被删除的对象时，可以输入“OOPS”命令，按Enter键，则最后一次删除的对象被恢复，并且在“删除”命令执行一段时间以后，仍然可以恢复。

技能4　辅助绘图工具的使用

一、正交模式

【命令功能】

在正交模式下，可以方便绘制与*X*轴或*Y*轴平行的水平线或垂直线。但正交模式不能控制由键盘输入的坐标点，只能控制鼠标拾取点的位置。

【输入命令】

状态栏：单击“正交”按钮，按钮凹下为打开状态，按钮凸起为关闭状态。
功能键：F8。
命令行：ORTHO。

【实例2-2】

在正交和非正交状态下绘制如图2-13所示的图形。

命令行窗口的操作步骤如下：

命令: _line 指定第一点: //指定A点

指定下一点或 [放弃(U)]: <正交 开> 200//打开正交，光标指向B点，输入长度200

指定下一点或 [放弃(U)]: 140 //光标指向C点，输入长度140

指定下一点或 [闭合(C)/放弃(U)]: <正交 关> //关闭正交

>>输入 ORTHOMODE 的新值 <0>:

正在恢复执行 LINE 命令。

指定下一点或 [闭合(C)/放弃(U)]: @-300,60 //输入D点极坐标

指定下一点或 [闭合(C)/放弃(U)]: C //输入C，线段闭合

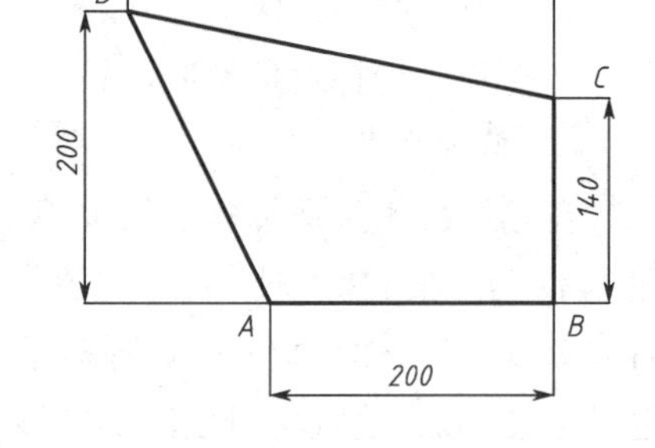

图2-13　在正交和非正交状态下绘制图形

二、极轴追踪

【命令功能】

极轴追踪功能可以在系统要求指定一个点时，按预先设置的角度增量显示一条辅助线，用户可以沿辅助线追踪得到所需要的点。

【输入命令】

菜单栏：选择“工具”→“草图设置”命令，选择“极轴追踪”选项卡。
状态栏：右击“极轴”按钮，选中“设置”命令。

【实例2-3】利用“极轴追踪”命令绘制如图2-14所示的图形。

1．设置极轴追踪角度

执行上述任一种方法，系统将弹出“草图设置”对话框，如图 2-15 所示。

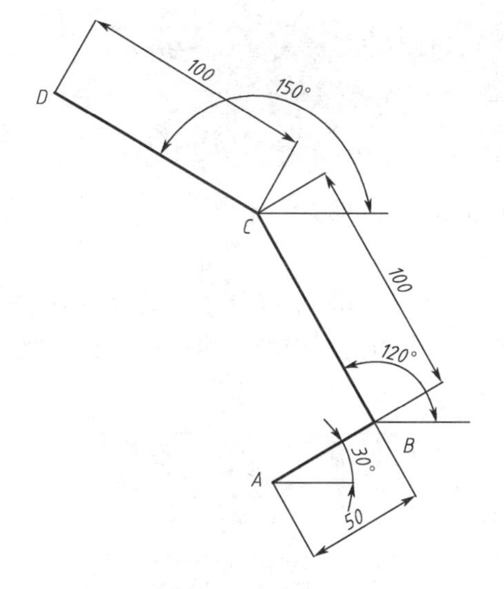

图 2-14 利用“极轴追踪”绘制图形

图 2-15 “草图设置”对话框

选择“极轴追踪”选项卡，通过“增量角”下拉列表可确定一个角度增量值 30°，默认的增量角为 90°。选中“极轴角测量”中的“绝对”单选按钮，可以基于当前坐标系确定极轴追踪角度为 30° 的倍数，当角度为 30° 的倍数时显示一条辅助线，用户可以沿辅助线追踪得到所需要的点。

2．打开或关闭“极轴追踪”

打开或关闭“极轴追踪”可以通过以下几种方法：

（1）单击“状态栏”中的“极轴”按钮，按钮凸起为关闭状态，按钮凹下为打开状态。

（2）按 F10 功能键。

（3）选中“极轴追踪”选项卡的中“启用极轴追踪”复选框。

3．绘制图形

命令行窗口的操作步骤如下：

命令:_line 指定第一点: //指定 A 点

指定下一点或 [放弃(U)]: 50 //移动光标，当出现极轴辅助线（30° 虚线）后，输入直线 AB 长度 50

指定下一点或 [放弃(U)]: 100 //移动光标，当出现极轴辅助线（120° 虚线）后，输入直线 BC 长度 100

指定下一点或 [闭合(C)/放弃(U)]: 100//移动光标，当出现极轴辅助线（150° 虚线）后，输入直线 CD 长度 100

指定下一点或 [闭合(C)/放弃(U)]: //按 Enter 键，结束命令

三、对象捕捉

【命令功能】

利用对象捕捉功能可以在绘图的过程中，迅速准确捕捉到线段的端点或中点、圆（圆

弧）的圆心或象限点、两个对象的交点等这样一些特殊点，从而精确绘制图形。

【输入命令】

> 菜单栏：选择“工具”→“草图设置”命令，选择“对象捕捉”选项卡。
> 状态栏：右击“对象追踪”按钮□，然后选择“设置”命令。
> 命令行：OSNAP。

【实例 2-4】利用“对象捕捉”命令绘制如图 2-16 所示的图形。

1. 设置“对象捕捉”类型

执行上述任一种方法，系统将弹出“草图设置”对话框，如图 2-17 所示。选择“对象捕捉”选项卡，单击捕捉类型对应的复选框就可以设置相应的捕捉类型。如果要全部选取或全部取消对象捕捉类型，可单击对话框中的“全部选择”或“全部清除”按钮。

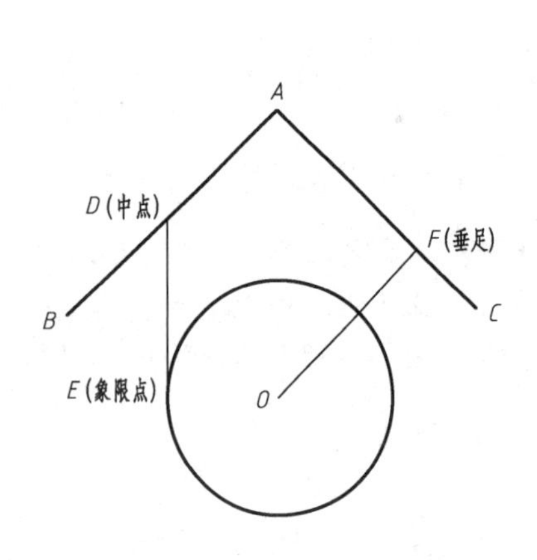

图 2-16　利用“对象捕捉”绘制图形

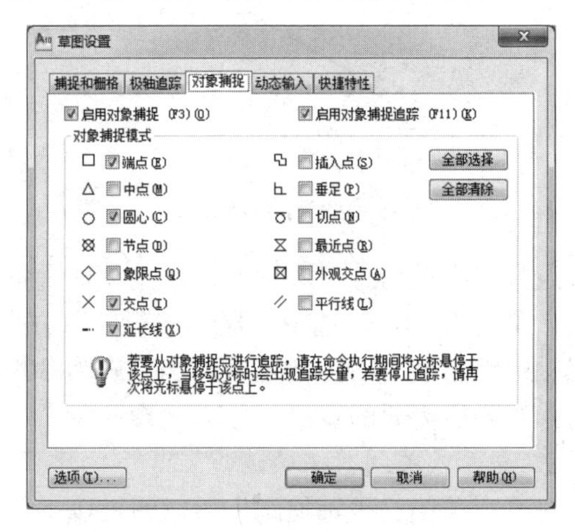

图 2-17　“草图设置”对话框

2. 打开或关闭“对象捕捉”

（1）单击状态栏中的“对象捕捉”按钮，按钮凸起为关闭状态，按钮凹下为打开状态。

（2）按 F3 键。

（3）选中“对象捕捉”选项卡中的“启用对象捕捉”复选框。

3. 绘制图形

命令行窗口的操作步骤如下：

命令: _line 指定第一点: //指定 A 点
指定下一点或 [放弃(U)]:
指定下一点或 [放弃(U)]://绘制线段 AB
命令:
命令:LINE 指定第一点: /指定 A 点
指定下一点或 [放弃(U)]:
指定下一点或 [放弃(U)]: //绘制线段 AC
命令:
命令: _circle 指定圆的圆心或 [三点(3P)/两点(2P)/相切、相切、半径(T)]:

指定圆的半径或 [直径(D)]: //绘制圆 O
命令:
命令: _line 指定第一点: //光标移至 D 点附近，当出现捕捉中点标记后，单击确认 D 点
指定下一点或 [放弃(U)]: //光标移至 E 点附近，当出现捕捉象限点标记后，单击确认 E 点
指定下一点或 [放弃(U)]: // 按 Enter 键结束命令
命令:
命令:LINE 指定第一点://光标移至 O 点附近，当出现捕捉圆心点标记后，单击确认 O 点
指定下一点或 [放弃(U)]: //光标移至 F 点附近，当出现捕捉垂足点标记后，单击确认 F 点
指定下一点或 [放弃(U)]: // 按 Enter 键结束命令

1. 对象捕捉方式

AutoCAD 提供了两种对象捕捉方式：“自动对象捕捉”方式和“单点对象捕捉”方式。

（1）“自动对象捕捉”方式。

在“草图设置”对话框的“对象捕捉”选项卡中，事先设置一些经常要捕捉的点，并打开对象捕捉功能。这时系统只要在命令状态需要输入点时，就自动选择相应的特殊点，并显示相应标记。如果把光标放在捕捉点上多停留一会儿，系统还会显示捕捉的提示。对象捕捉功能始终起作用，直至关闭对象捕捉功能。

（2）“单点对象捕捉”方式。

在系统要求指定一个点时，可临时指定一种捕捉类型来捕捉特殊点，当捕捉到这个特殊点时，对象捕捉功能就关闭。在“自动对象捕捉”方式下，也可以设置“单点对象捕捉”，当捕捉到单点对象时，系统自动恢复到“自动对象捕捉”方式。“单点对象捕捉”优先于“自动对象捕捉”。

2. “单点对象捕捉”功能的打开或关闭

在系统要求输入一个点时，可以通过以下三种方式启动“单点对象捕捉”。

（1）按住 Shift 键的同时右击，弹出“对象捕捉”快捷菜单，如图 2-18 所示。选择相应的捕捉类型后，把光标移到图形对象附近，即可捕捉到相应的特殊点。

（2）在工具栏空白处右击，在弹出菜单中选中“对象捕捉”，如图 2-19 所示，打开“对象捕捉”工具栏，如图 2-20 所示，单击“对象捕捉”工具栏中相应的按钮。

图 2-18 “对象捕捉”快捷菜单

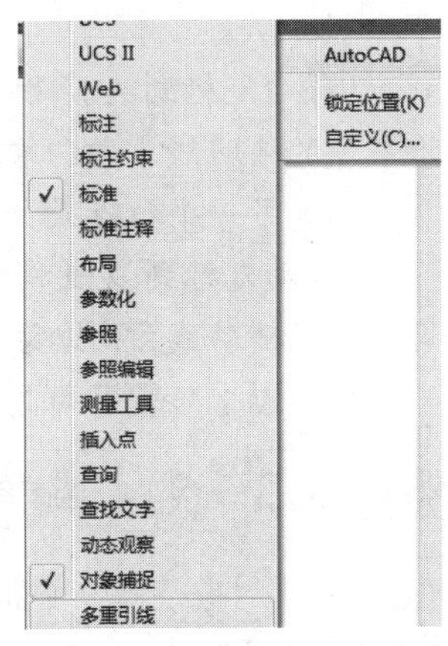

图 2-19 弹出菜单中选中“对象捕捉”

（3）在命令行输入捕捉类型的关键词。

图 2-20 “对象捕捉”工具栏

四、对象追踪

【命令功能】

对象追踪功能是利用点与其他实体对象之间特定的关系来确定追踪方向，在画三视图的“三等”关系时非常重要。

【输入命令】

菜单栏：选择“工具”→“草图设置”命令，选择“对象捕捉”选项卡的“启用捕捉追踪”复选框。

状态栏：右击“对象捕捉”按钮∠，然后选择“设置”命令。

功能键：F11。

【实例 2-5】 利用“对象追踪”命令绘制如图 2-21 所示的图形。

命令行窗口的操作步骤如下：

命令: _rectang //绘制左侧矩形

指定第一个角点或 [倒角(C)/标高(E)/圆角(F)/厚度(T)/宽度(W)]:

指定另一个角点或 [面积(A)/尺寸(D)/旋转(R)]:

命令: <对象捕捉追踪 开> //打开对象追踪

命令: _rectang //绘制右侧矩形

指定第一个角点或 [倒角(C)/标高(E)/圆角(F)/厚度(T)/宽度(W)]:

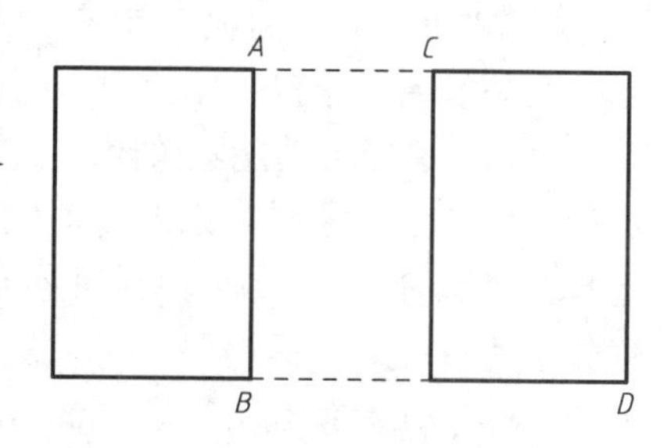

图 2-21 利用“对象追踪”绘制图形

//移动光标到 A 点稍停片刻不要拾取该点，就将显示一条基于此点的临时水平辅助线，沿显示的辅助线方向向右移动光标直至 C 点，单击确认 C 点

指定另一个角点或 [面积(A)/尺寸(D)/旋转(R)]:

//移动光标到 B 点稍停片刻不要拾取该点，就将显示一条基于此点的临时水平辅助线，沿显示的辅助线方向向右移动光标直至 D 点，单击确认 D 点

通过以上步骤即可画出右边的矩形，并保证和左边的矩形“高平齐”。

（1）“对象追踪”必须与“对象捕捉”同时工作，在追踪对象捕捉点之前，必须先打开“对象捕捉”。

（2）使用对象追踪的步骤如下：先执行一个要求输入点的绘图命令或编辑命令；然后移动光标到一个对象捕捉点并临时获取点（注意：不要拾取该点，在该点停顿片刻就可以简单获取此对象捕捉点）。当获取一个（或多个）点后，移动光标时，被获取的点显示“+”标记。如果希望清除已获取的点，可将光标再移回到获取标记上，则系统自动清除已获取的点。

（3）使用“临时追踪点”和“捕捉自”功能绘图。在“对象捕捉”工具栏中还有两个非常有用的对象捕捉工具，即“临时追踪点”和“捕捉自”工具。

① “临时追踪点”按钮 可以在一次操作中创建多条追踪线，并根据这些追踪线确定所要定位的点。

② “捕捉自”按钮 可以确定相对于基点的某一个点。系统要求输入一个点时启用“捕捉自”功能，可指定一个基点作为临时参照点，相对该基点来确定要输入的点。它不是“对象捕捉”方式，但经常与“对象捕捉”方式一起使用。

五、图形显示控制

1. 实时缩放

【命令功能】

实时缩放是指利用鼠标的上下移动来控制放大或缩小图形。

【输入命令】

菜单栏：选择“视图”→“缩放”→“实时”命令。
工具栏：单击按钮。
命令行：ZOOM。

【实例 2-6】执行上述任一种方法后，命令行窗口的操作步骤如下：

命令: '_zoom

指定窗口的角点，输入比例因子 (nX 或 nXP)，或者

[全部(A)/中心(C)/动态(D)/范围(E)/上一个(P)/比例(S)/窗口(W)/对象(O)] <实时>://按 Esc 或 Enter 键退出，或右击显示快捷菜单

执行命令后，鼠标显示为放大镜图标，如图 2-22 所示，按住鼠标左键向上移动图形放大显示；向下移动图形则缩小显示。

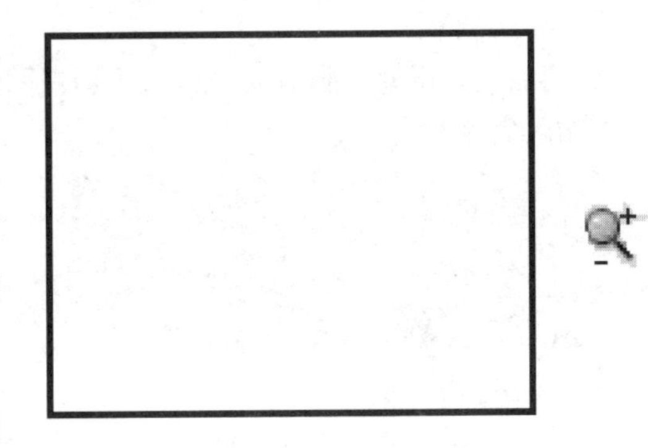

图 2-22 实时缩放示例

【选项说明】

（1）全部：用于显示整个图形的内容。当图形超出图纸界线时，显示包括图纸边界以外的图形。

（2）中心点：以用户定义的点作为显示中心，同时输入新的缩放倍数。执行该选项后

系统提示“指定中心点”，定义显示缩放的中心点后，系统再提示“输入比例或高度：”，可以给出缩放倍数或图形窗口的高度。

（3）动态：进行动态缩放图形。选择该选项后，绘图区出现几个不同颜色的视图框。白色或黑色实线框为图形扩展区，绿色虚线框为当前视区，图形的范围用蓝色线框表示，移动视图框可实行平移功能，放大或缩小视图框可实现缩放功能。

（4）范围：用于最大限度将图形全部显示在绘图区域。

（5）上一个：用于恢复前一个显示视图，但最多只能恢复当前十个显示视图。

（6）比例：根据用户定义的比例值缩放图形。

（7）窗口：以窗口的形式定义的矩形区域，该窗口是以两个对角点来确定的，它是用户对图形进行缩放的常用工具。

（8）实时：它是系统默认的选项，可按操作格式执行。

2. 窗口缩放

【命令功能】

窗口缩放是指放大指定矩形窗口中的图形，使其充满绘图区。

【输入命令】

菜单栏：选择“视图”→“缩放”→“窗口”命令。
工具栏：单击按钮。
命令行：ZOOM。

【操作格式】

（1）执行上面前两项命令后，单击鼠标左键确定放大显示的第一个角点，然后拖动鼠标框取要显示在窗口中的图形，再单击鼠标左键确定对角点，即可将图形放大显示。

（2）执行“ZOOM”命令后，按Enter键，再输入“W”命令，即可按上述操作格式执行，完成窗口缩放。

3. 返回缩放

【命令功能】

返回缩放是指返回到前面显示的图形视图。

【输入命令】

菜单栏：选择“视图”→“缩放”→“上一步”命令。
工具栏：单击按钮。
命令行：ZOOM。

【操作格式】

单击工具栏中的 按钮，可快速返回上一个状态；或执行“ZOOM”命令后，按Enter键，输入“P”命令，即返回上一个状态。

4. 平移缩放

【命令功能】

实时平移可以在任何方向上移动观察图形。

【输入命令】

菜单栏：选择“视图”→“平移”命令。
工具栏：单击按钮。
命令行：PAN。

【实例 2-7】执行上述任一种方法后，光标显示为一个小手，按住鼠标左键拖动即可实时平移图形。

5. 缩放与平移的切换和退出

1）缩放与平移的快速切换

使用“缩放”按钮 和“平移”按钮 进行切换。

利用右键快捷菜单可以实施缩放与平移之间的切换。

例如，在“缩放”显示状态中，右击快捷菜单，选择“平移”选项，即可切换至“平移”显示状态。

2）返回全图显示

执行“ZOOM”命令后，按 Enter 键，再输入“A”，按 Enter 键，系统从“缩放”或“平移”状态返回到全图显示。

3）退出缩放和平移

按 Esc 或 Enter 键可以退出缩放和平移的操作。

右击快捷菜单，选择“退出”命令也可以退出显示操作。

技能 5 图层、颜色、线型、线宽设置

一、图层的设置

【命令功能】

图层是 AutoCAD 提供的一个管理图层对象的工具。一个 AutoCAD 图层看做是由多张透明的图纸重叠在一起而成的，每一张透明的图纸可以认为是一个图层，可以将不同的对象（图线、文字、标注等）画在不同的图层上，AutoCAD 可以根据图层来对对象归类管理。

【输入命令】

菜单栏：选择“格式”→“图层”命令。
工具栏：单击图层工具栏中“图层特性管理器”按钮。
命令行：LAYER。

【实例 2-8】按表 2-1 设置图层。

表 2-1 设置图层

图 层	颜 色	线 型	线 宽
中心线	红色	Center	0.3mm
实线	黑色	Continues	0.3mm
填充线	黑色	Continues	默认

当输入命令后，系统打开“图层特性管理器”对话框，如图 2-23 所示。

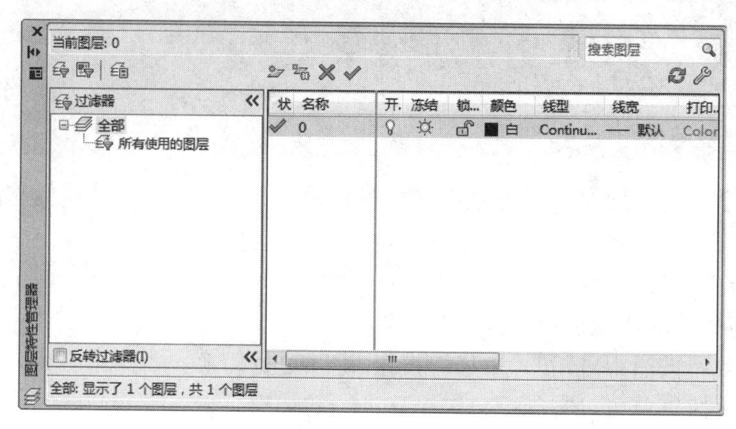

图 2-23 “图层特性管理器”对话框

AutoCAD 会自动创建一个名为“0”的特殊图层，颜色为白色或黑色（由背景颜色决定），线型为 Continues（实线），线宽为默认值。该图层不能删除或重命名。

1. 创建中心线图层

在“图层特性管理器”对话框中，单击“新建图层”工具按钮，在图层列表中创建一个名为“图层 1”的新图层，默认情况下，新图层与当前图层的状态、颜色、线型及线宽等设置相同。在名称处输入新的图层名称“中心线”，如图 2-24 所示。对于已经建立的图层，用户想要改变其名称，可先选中该图层，然后再单击图层名称，就可以输入一个新的名称，最后按 Enter 键即可修改成功。

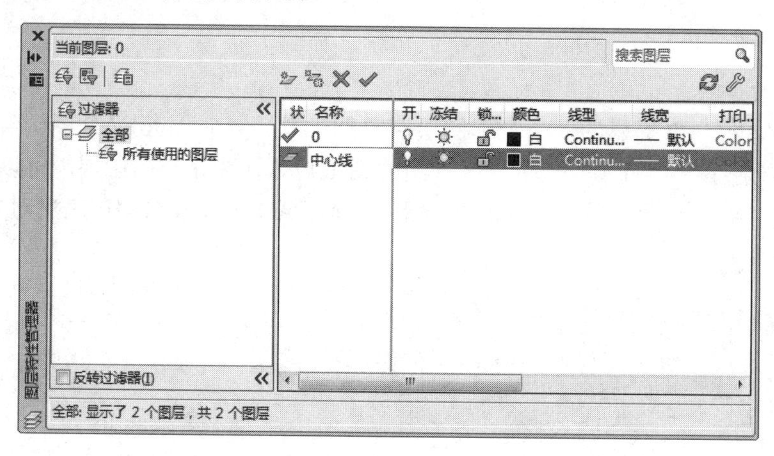

图 2-24 设置“中心线”图层

2. 改变中心线图层的颜色

要改变中心线图层的颜色，可在“图层特性管理器”对话框中，单击“颜色”列表中对应的小方格图标■ 白色，弹出“选择颜色”对话框，如图 2-25 所示。从中选择“红色”颜色，然后单击“确定”按钮即可。其他两个图层颜色同理进行设置即可。

3. 设置中心线图层线型

单击“图层特性管理器”对话框中“线型”对应的“Continues”，弹出“选择线型”对话框，如图 2-26 所示。默认情况下，在“选择线型”对话框的“已加载的线型”列表中只有 Continues 一种线型，如果要使用其他线型，必须先将其添加到“已加载的线型”列表中。

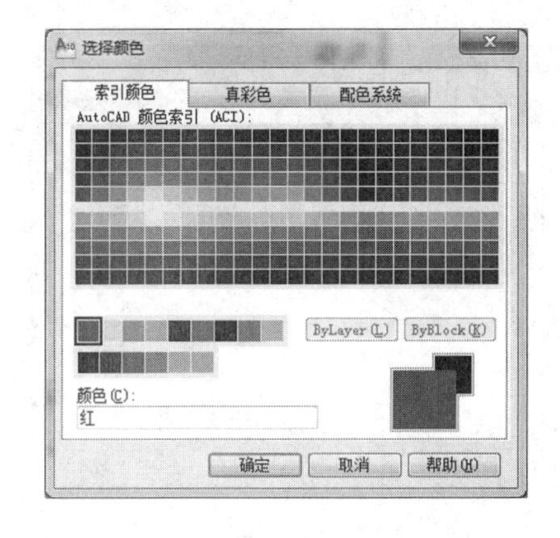

图 2-25 “选择颜色”对话框

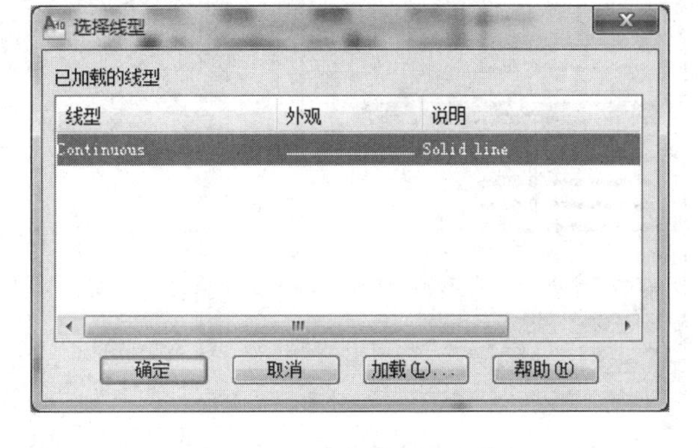

图 2-26 “选择线型”对话框

单击“选择线型”对话框中的“加载…”按钮，打开“加载或重载线型”对话框，如图 2-27 所示。从“可用线型”列表中选择 Center 线型，然后单击“确定”按钮，返回“选择线型”对话框，此时，Center 线型已经出现在“已加载的线型”列表中，如图 2-28 所示。在此列表框中，选择 Center 线型，然后单击“确定”按钮，返回“图层特性管理器”对话框，如图 2-29 所示，设置完成。

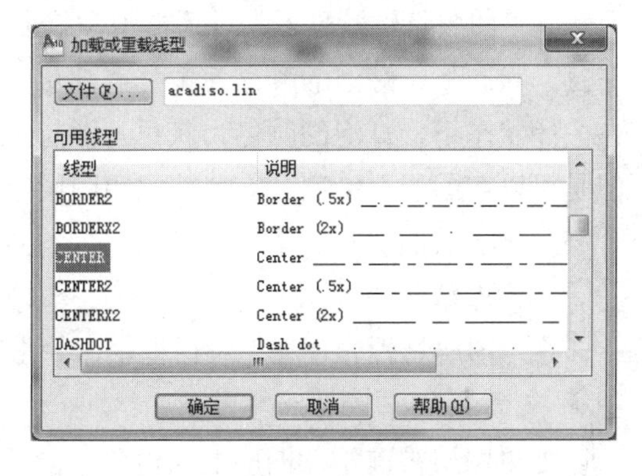

图 2-27 “加载或重载线型”对话框

4. 设置中心线图层线宽

单击“图层特性管理器”对话框中“线宽”列对应的线宽值，弹出“线宽”对话框，如图 2-30 所示，选择相应的线宽，然后单击“确定”按钮。

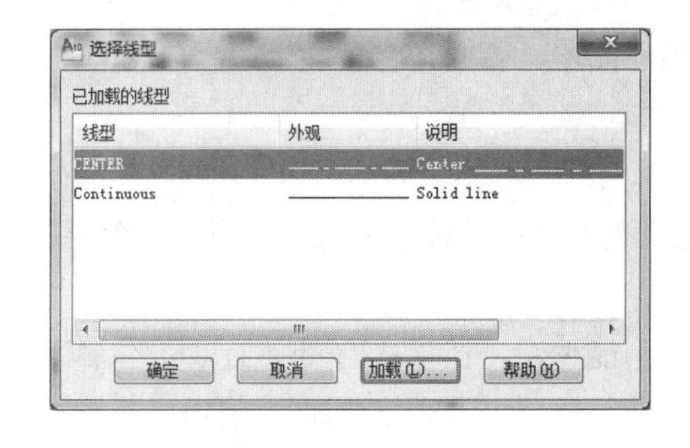

图 2-28 加载 Center 线型

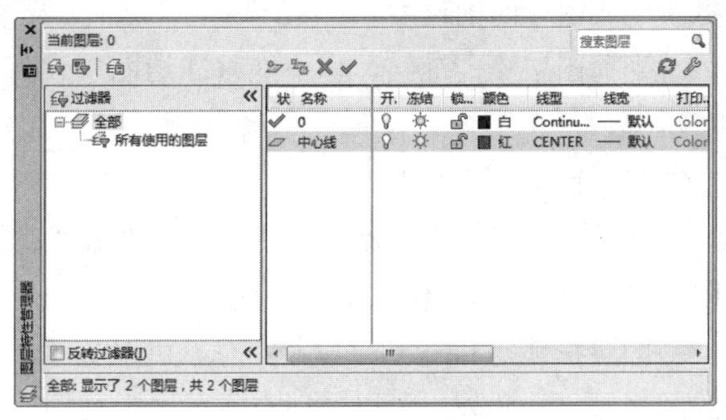

图 2-29 “中心线”图层设置结果

同理，可重复上述步骤继续创建细实线及填充线图层。创建完成后的效果如图 2-31 所示。

5. 改变图层特性的状态

AutoCAD 的每一个图层都有“状态”、“名称”、“开”/“关”、“冻结”/“解冻”、“锁定”/

“解锁”等特性，这些特性在“图层特性管理器”对话框的图层列表中显示。

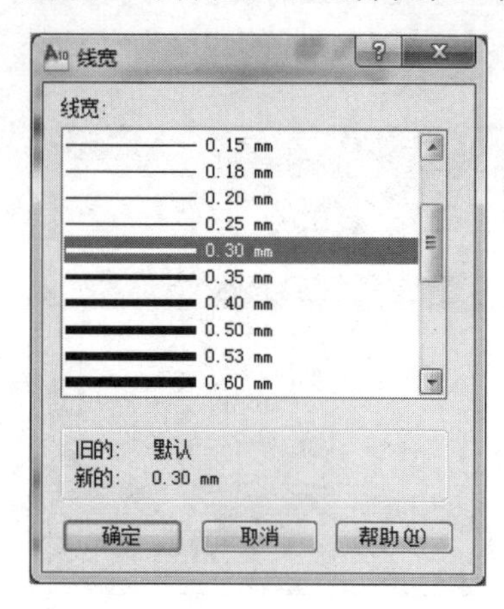

图 2-30 “线宽”对话框

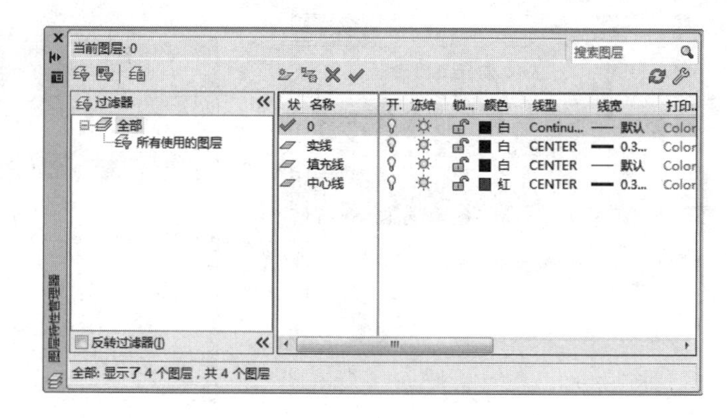

图 2-31 创建完成后的效果

1）“开”/“关”

在“图层特性管理器”对话框中，单击“开”列对应的图标，可以打开或关闭图层。在打开状态下，灯泡的颜色为黄色，图层上的对象可以显示，也可以在输出设备上打印；在关闭状态下，灯泡的颜色为灰色，图层上的对象不能显示，也不能在输出设备上打印，但是可以在图层上绘制对象，被关闭图层上的对象参加处理过程中的运算。

关闭当前图层时，系统将显示一个消息对话框，提示正在关闭当前图层。

2）“冻结”/“解冻”

在“图层特性管理器”对话框中，单击“冻结”列对应的图标，可以冻结或解冻图层。图标表示解冻，图标表示冻结。

如果图层被冻结，图层上的对象不能显示，不能在输出设备上打印，也不能在图层上编辑对象。被解冻的图层可以显示，可以打印输出，也可以在图层上编辑对象。被冻结的对象也不能参加处理过程中的运算，所以，在复杂图形中冻结不需要的图层可以加快系统重新生成图形时的速度。

当前图层不能冻结，也不能将冻结图层设为当前图层，否则，将会显示“警告信息”对话框。

3）“锁定”/“解锁”

在“图层特性管理器”对话框中，单击“锁定”列对应的图标，可以锁定或解锁图层。图标表示解锁，图标表示锁定。

图层在锁定状态下，其上的对象可以显示，但不能编辑。在锁定的图层上可以绘制新的图形对象。此外，可以在锁定的图层上使用“查询”命令和“对象捕捉”功能。

二、颜色的设置

【命令功能】

该命令用于设置图形对象的颜色。

【输入命令】

> 菜单栏：选择“格式”→“颜色”命令。
> 命令行：COLOR。

【实例 2-9】设置对象颜色。

输入命令后，直接打开“选择颜色”对话框，在该对话框中选择所需颜色，然后单击“确定”按钮即可，但此操作不能改变原图层设置的颜色。

“选择颜色”对话框中包括一个 255 种颜色的调色板，其中，标准颜色分别如下所示。

1：红色。

2：黄色。

3：绿色。

4：青色。

5：蓝色。

6：橙色。

7：白色。

8 和 9：不同的灰色。

用户可以通过鼠标单击对话框中的“随层”（Bylayer）按钮、“随块”（Byblock）按钮或指定某一具体颜色来进行选择。

（1）随层：所绘制对象的颜色总是与当前图层的绘制颜色相一致，这是最常用的方式。

（2）随块：选择此项后，绘图颜色为白色，“块”成员的颜色将随块的插入而与当前图层的颜色相一致。

（3）选择某一具体颜色为绘图颜色后，系统将以该颜色绘制对象，不再随所在图层的颜色变化。

三、线型的设置

【命令功能】

绘制图形时，经常要根据绘图标准使用不同的线型绘图，用户可以使用线型管理器来设置和管理线型。

【输入命令】

> 菜单栏：选择“格式”→“线型”命令。
> 命令行：LINETYPE。

【实例 2-10】设置绘图线型。

输入命令后，系统打开“线型管理器”对话框，如图 2-32 所示。

1.“线型管理器”对话框主要选项的功能

（1）线型过滤器：该选项组用于设置过滤条件，以确定在线型列表中显示哪些线型。下拉列表中有三个选项。“显示所有线型”、“显示所有使用的线型”、“显示所有依赖于外部参照的线型”，可供用户选择，如果从中选择后，系统在线型列表中只显示满足条件的线型。如果选择以上三个选项之一后，再选择左面的“反向过滤器（I）”选项，其结果与选项结果相反。

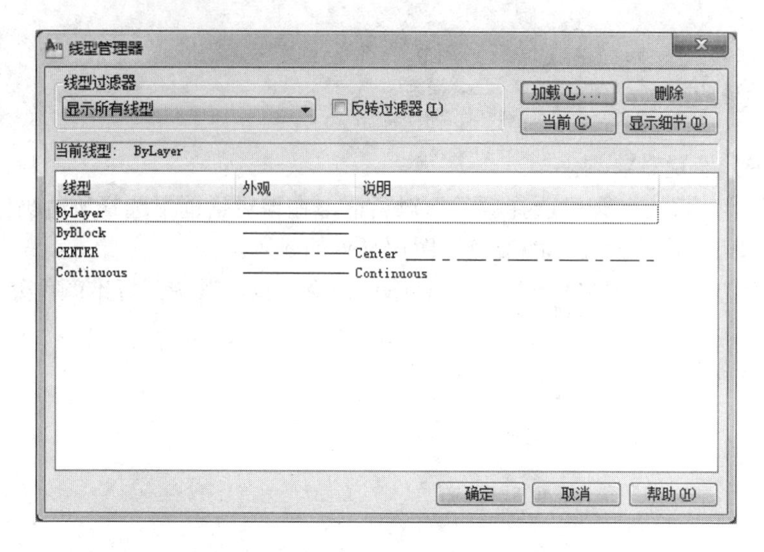

图 2-32 “线型管理器”对话框

（2）“加载（L）”按钮：用于加载新的线型。单击该按钮，打开“加载或重载线型”对话框，该对话框列出了以.lin为扩展名的线型库文件，选择要输入的新线型，单击“确定”按钮，完成加载线型操作，返回“线型管理器”对话框。

（3）“当前（C）”按钮：用于指定当前使用的线型。在线型列表中选择某线型，单击“当前”按钮，则此线型为当前层所使用的线型。

（4）“删除”按钮：用于从线型列表中删除没有使用的线型，即当前图形中没有使用到该线型，否则，系统拒绝删除此线型。

（5）“显示（隐藏）细节（D）”按钮：用于显示或隐藏“线型管理器”对话框中的“详细信息”，如图2-33所示。

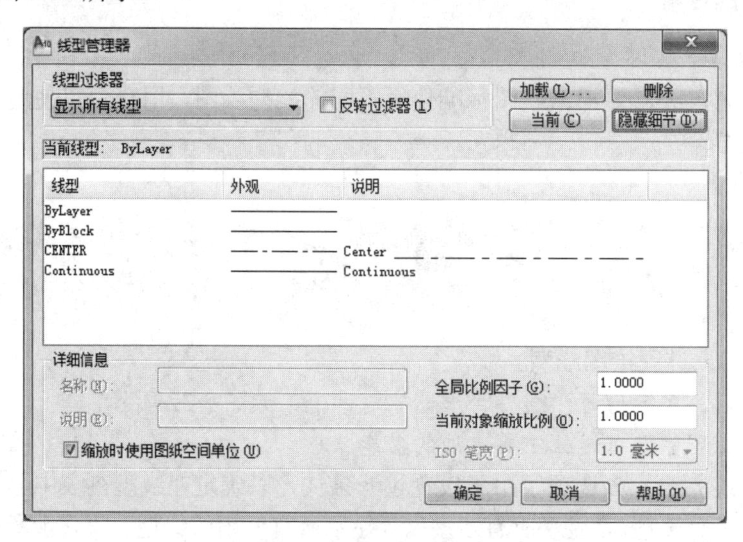

图 2-33 对话框中的“详细信息”

“详细信息”包括如下三个选项。

①“全局比例因子（G）”：用于设置全局比例因子。它可以控制线型的长短、点的大小、线段的间隔尺寸，全局比例因子将修改所有新的和现有的线型比例。

②“当前对象缩放比例（O）”：用于设置当前对象的线型比例。该比例因子与全局比例因子的乘积为最终比例因子。

③“缩放时使用图纸空间单位（U）”：用于在各个视口中绘图的情况。该项关闭时，模型空间和图纸空间的线型比例都由整体线型比例控制；该项打开时，对图纸空间中不同比例的视窗，用视窗的比例调整线型的比例。

2. 线型库

AutoCAD 标准线型库提供的 45 种线型中包含多个长短、间隔不同的虚线和点画线。只有适当选择它们，并在同一线型比例下，才能绘制出符合制图标准的图线。在线型库单击选择要加载的某一种线型，再单击“确定”按钮，则线型被加载并在“选择线型”对话框显示该线型，再次选定该线型，单击“选择线型”对话框中的“确定”按钮，完成改变线型的操作。

四、线宽的设置

【命令功能】

该命令可以设置绘图线型的宽度。

【输入命令】

菜单栏：选择“格式”→“线宽”命令。
命令行：LWEIGHT。

【实例 2-11】设置对象线宽。

执行上面命令之一后，打开“线宽设置”对话框，如图 2-34 所示。主要选项功能如下：

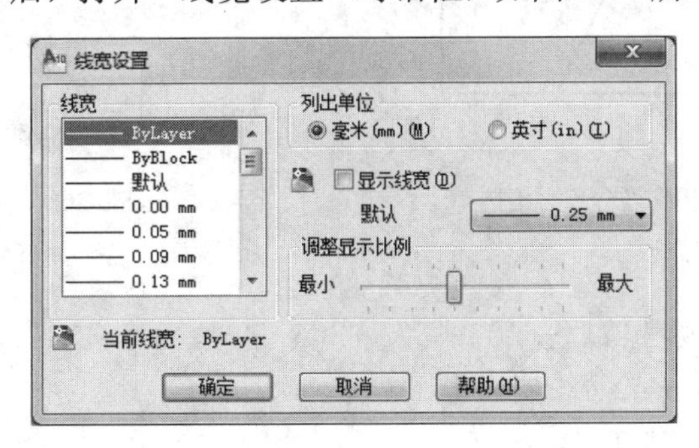

图 2-34 “线宽设置”对话框

（1）“线宽”列表框：用于设置当前所绘图形的线宽。

（2）“列出单位”选项组：用于确定线宽单位。

（3）“显示线宽”复选框：用于在当前图形中显示实际所设线宽。

（4）“默认”下拉列表框：用于设置图层的默认线宽。

（5）“调整显示比例”：用于确定线宽的显示比例。当需要显示实际所设的线宽时，显示比例应调至最小。

技能6　二维绘图命令

一、绘制点

【命令功能】

（1）绘制单点。

（2）可将线、圆弧、圆等对象等分成数段。

（3）指定一个分段长度，可画出对象上的等间距点。

【输入命令】

菜单栏：选择“绘图”→“点”命令，选择相应的方式。

工具栏：在“绘图”工具栏中单击“点”按钮 ▪ 。

命令行：POINT。

【实例2-12】绘制如图2-35所示的平面图形。绘制矩形，将线段*BC*等分成4份。

1. 设置点样式

选择菜单栏“格式”→“点样式”，打开“点样式”对话框，选择其中一种样式，单击“确定”按钮，如图2-36所示。AutoCAD默认状态下，点样式为第一行第二列的样式。

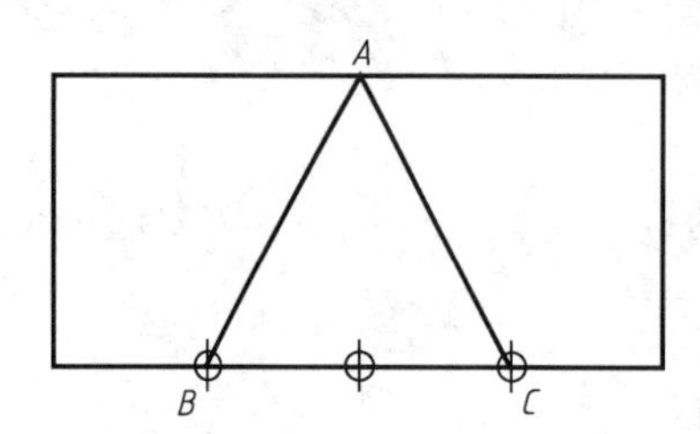

图2-35 “定数等分”示例

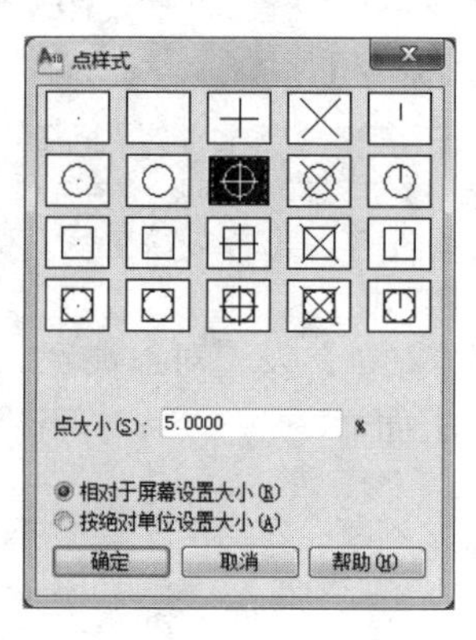

图2-36 “点样式”对话框

2. 绘制图形

命令行窗口的操作步骤如下：

命令: _line 指定第一点: //绘制矩形

指定下一点或 [放弃(U)]:

指定下一点或 [放弃(U)]:

指定下一点或 [闭合(C)/放弃(U)]:

指定下一点或 [闭合(C)/放弃(U)]:

指定下一点或 [闭合(C)/放弃(U)]:

命令: _divide

选择要定数等分的对象: //选择BC水平线段

输入线段数目或 [块(B)]: 4 //将 BC 等分成 4 份
命令: _line 指定第一点: >> // 打开对象捕捉，选择中点、节点
正在恢复执行 LINE 命令
指定第一点: //指定 A 点
指定下一点或 [放弃(U)]: //指定 B 点
命令: _line 指定第一点: //指定 A 点
指定下一点或 [放弃(U)]: //指定 C 点
指定下一点或 [放弃(U)]: //按 Enter 键

【实例 2-13】 绘制如图 2-37 所示的平面图形。已知一条线段长为 500，将线段进行等分，每段长度为 100。

图 2-37 定距等分示例

命令行窗口的操作步骤如下：
命令: _line 指定第一点:
指定下一点或 [放弃(U)]: 500
指定下一点或 [放弃(U)]:
命令: _measure
选择要定距等分的对象: //选择直线
指定线段长度或 [块(B)]: 100 //输入每段长度

二、绘制圆

【命令功能】

AutoCAD 提供了 5 种绘制圆形的方式：
（1）指定圆心、半径。
（2）指定圆心、直径。
（3）指定直径的两端点。
（4）指定圆上的三点。
（5）选择两个对象（可以是直线、圆弧、圆）和指定半径。

【输入命令】

菜单栏：选择“绘图”→“圆”命令，选择相应的方式。
工具栏：在“绘图”工具栏中单击“圆”按钮。
命令行：CIRCLE。

【实例 2-14】 绘制如图 2-38 所示的平面图形。
命令行窗口的操作步骤如下：
命令: _line 指定第一点:
指定下一点或 [放弃(U)]: //绘制点 A

指定下一点或 [放弃(U)]: //绘制点 B

指定下一点或 [闭合(C)/放弃(U)]: //绘制点 C

命令: _circle 指定圆的圆心或 [三点(3P)/两点(2P)/相切、相切、半径(T)]: >> //打开对象捕捉，选择切点

正在恢复执行 CIRCLE 命令

指定圆的圆心或 [三点(3P)/两点(2P)/相切、相切、半径(T)]: t

指定对象与圆的第一个切点: //捕捉切点 1

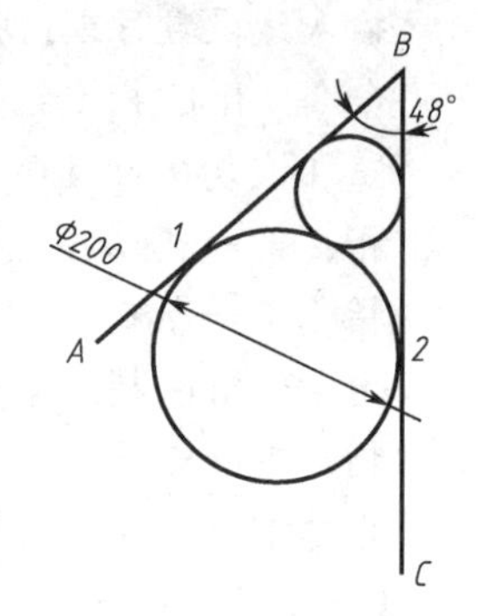

图 2-38　绘制圆示例

指定对象与圆的第二个切点: //捕捉切点 2

指定圆的半径: 100 //输入圆半径

命令: _circle 指定圆的圆心或 [三点(3P)/两点(2P)/相切、相切、半径(T)]: _3p //绘制小圆

指定圆上的第一个点: _tan 到 //分别捕捉三个切点

指定圆上的第二个点: _tan 到

指定圆上的第三个点: _tan 到

三点(P)
起点、圆心、端点(S)
起点、圆心、角度(T)
起点、圆心、长度(A)
起点、端点、角度(N)
起点、端点、方向(D)
起点、端点、半径(R)
圆心、起点、端点(C)
圆心、起点、角度(E)
圆心、起点、长度(L)
继续(O)

图 2-39 “圆弧”子菜单

三、绘制圆弧

【命令功能】

AutoCAD 提供了 11 种绘制圆弧的方式，圆弧的子菜单列出后，其显示如图 2-39 所示。

【输入命令】

菜单栏：选择“绘图”→“圆弧”命令，选择相应的方式。
工具栏：在“绘图”工具栏中单击“圆弧”按钮。
命令行：ARC。

【实例 2-15】用三点方式绘制圆弧，如图 2-40 所示。

命令行窗口的操作步骤如下：

命令: _arc 指定圆弧的起点或 [圆心(C)]://指定 A 点

指定圆弧的第二个点或 [圆心(C)/端点(E)]://指定 B 点

指定圆弧的端点: //指定 C 点

【实例 2-16】用起点、圆心、端点方式绘制圆弧，如图 2-41 所示。

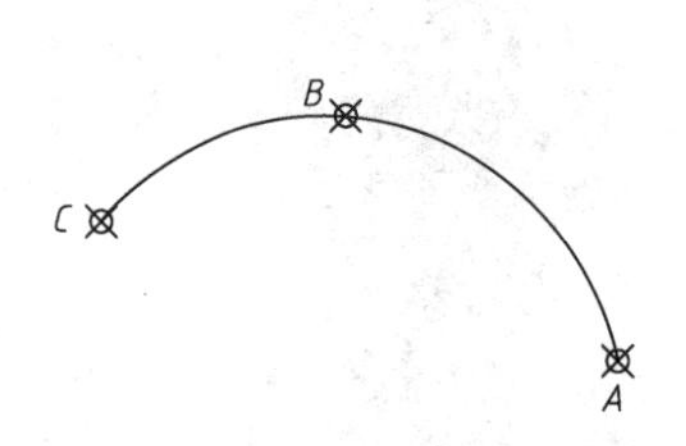

图 2-40　用三点方式绘制圆弧

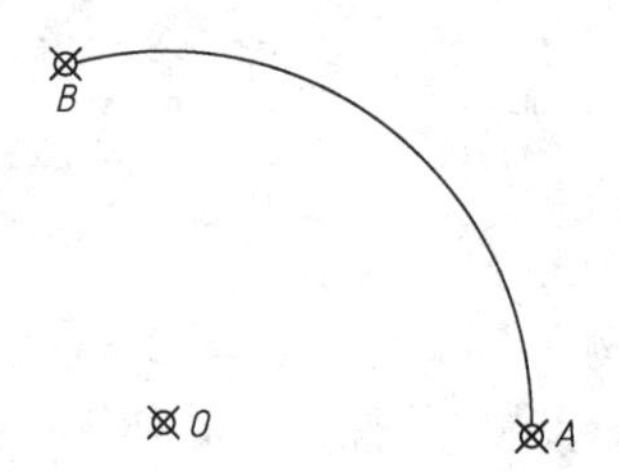

图 2-41　用起点、圆心、端点方式绘制圆弧

命令行窗口的操作步骤如下:

命令: _arc 指定圆弧的起点或 [圆心(C)]: //指定 A 点

指定圆弧的第二个点或 [圆心(C)/端点(E)]: _c 指定圆弧的圆心://指定 O 点

指定圆弧的端点或 [角度(A)/弦长(L)]: //指定 B 点

【实例 2-17】用起点、圆心、角度方式绘制圆弧，如图 2-42 所示。

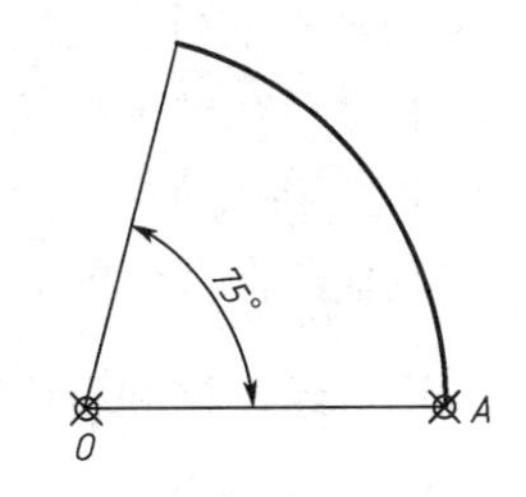

图 2-42 用起点、圆心、角度方式绘制圆弧

命令行窗口的操作步骤如下:

命令: _arc 指定圆弧的起点或 [圆心(C)]: //指定 A 点

指定圆弧的第二个点或 [圆心(C)/端点(E)]: c//指定圆心方式

指定圆弧的圆心: //指定 O 点

指定圆弧的端点或 [角度(A)/弦长(L)]: a //指定角度方式

指定包含角: 75 //指定圆心角 75°

【实例 2-18】用起点、圆心、长度方式绘制圆弧，如图 2-43 所示。

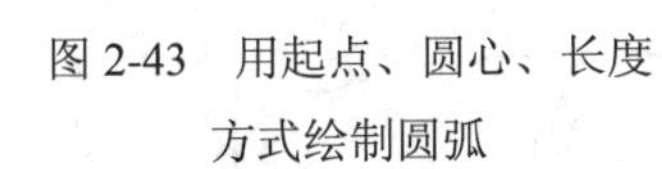

图 2-43 用起点、圆心、长度方式绘制圆弧

命令行窗口的操作步骤如下:

命令: _arc 指定圆弧的起点或 [圆心(C)]: //指定 A 点

指定圆弧的第二个点或 [圆心(C)/端点(E)]: _c 指定圆弧的圆心: c //指定圆心方式

指定圆弧的圆心: //指定 O 点

指定圆弧的端点或 [角度(A)/弦长(L)]: _l 指定弦长: 200 //指定弦长为 200

【实例 2-19】用起点、端点、方向方式绘制圆弧，如图 2-44 所示。

命令行窗口的操作步骤如下:

命令: _arc 指定圆弧的起点或 [圆心(C)]: //指定 A 点

指定圆弧的第二个点或 [圆心(C)/端点(E)]: e//指定端点方式

指定圆弧的端点: //指定 B 点

指定圆弧的圆心或 [角度(A)/方向(D)/半径(R)]: d //指定方向方式

指定圆弧的起点切向: //指定圆弧的方向点，不同的方向产生的圆弧半径不同

【实例 2-20】用起点、端点、半径方式绘制圆弧，如图 2-45 所示。

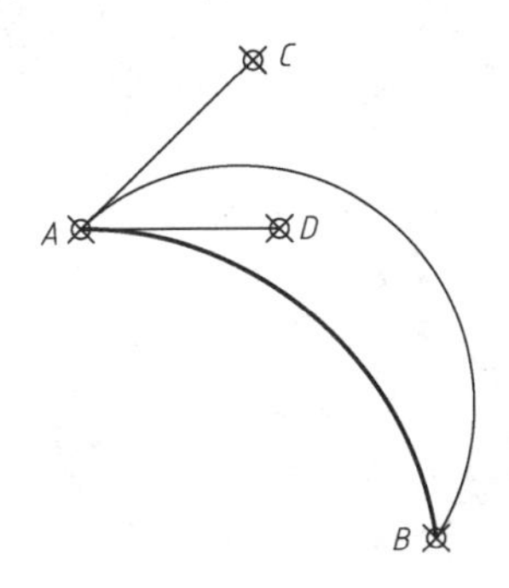

图 2-44 用起点、端点、方向方式绘制圆弧

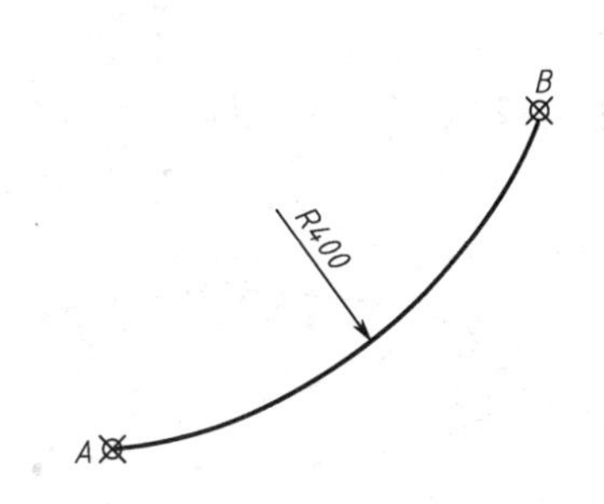

图 2-45 用起点、端点、半径方式绘制圆弧

命令行窗口的操作步骤如下：

命令: _arc 指定圆弧的起点或 [圆心(C)]: //指定 A 点

指定圆弧的第二个点或 [圆心(C)/端点(E)]: e //指定端点方式

指定圆弧的端点: //指定 B 点

指定圆弧的圆心或 [角度(A)/方向(D)/半径(R)]: r //指定半径方式

指定圆弧的半径: 400 //输入半径 400

其他绘制圆弧的方式以此类推。

四、绘制椭圆及椭圆弧

【命令功能】

绘制椭圆。

【输入命令】

菜单栏：选择“绘图”→“椭圆”命令，选择相应的方式。

工具栏：在“绘图”工具栏中单击“椭圆”按钮。

命令行：ELLIPSE。

【实例 2-21】用轴端点方式绘制椭圆，如图 2-46 所示。

命令行窗口的操作步骤如下：

命令: _ellipse

指定椭圆的轴端点或 [圆弧(A)/中心点(C)]: //指定 A 点

指定轴的另一个端点: 200 //指定 B 点确定长轴长度

指定另一条半轴长度或 [旋转(R)]: 30 //指定 C 点确定短轴长度

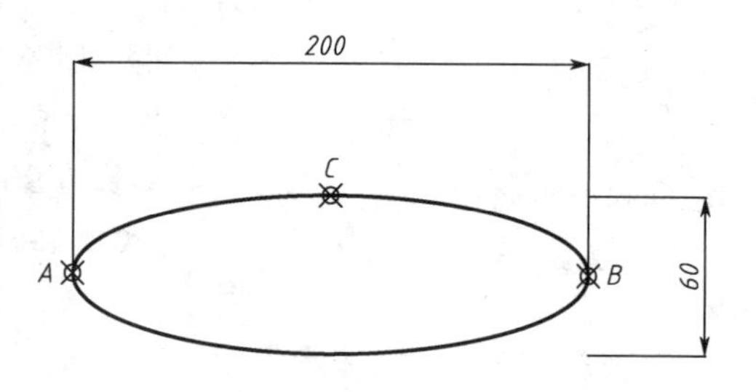

图 2-46 用轴端点方式绘制椭圆

【实例 2-22】用中心点方式绘制椭圆，如图 2-47 所示。

命令行窗口的操作步骤如下：

命令: _ellipse

指定椭圆的轴端点或 [圆弧(A)/中心点(C)]: c //指定中心点方式

指定椭圆的中心点: //指定圆心 O 点

指定轴的端点: //指定长轴端点 A

指定另一条半轴长度或 [旋转(R)]: //指定短轴端点 C

【实例 2-23】绘制椭圆弧，如图 2-48 所示。

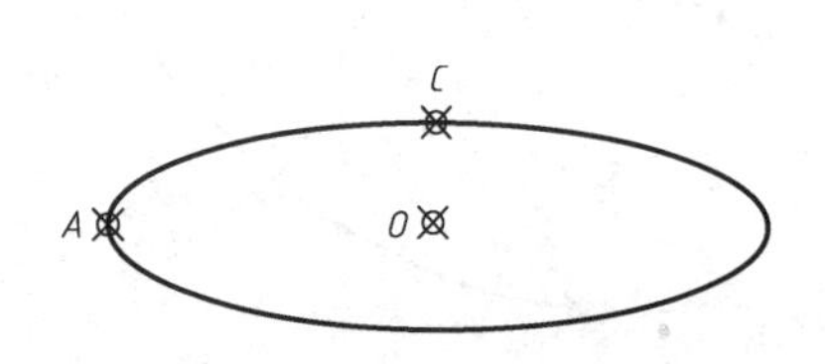

图 2-47 用中心点方式绘制椭圆

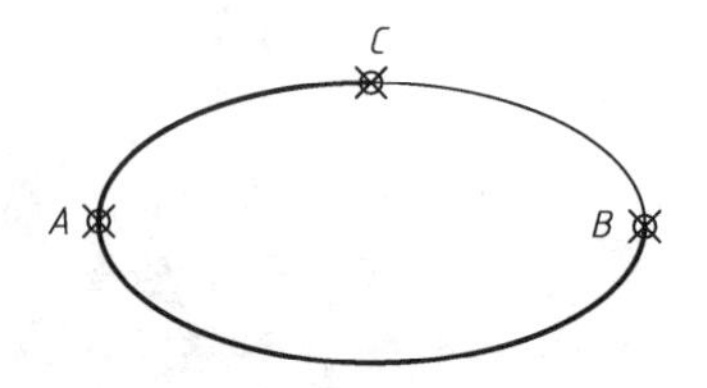

图 2-48 绘制椭圆弧

命令行窗口的操作步骤如下：

命令: _ellipse

指定椭圆的轴端点或 [圆弧(A)/中心点(C)]: _a // 指定椭圆弧方式

指定椭圆弧的轴端点或 [中心点(C)]://确定长轴端点 A

指定轴的另一个端点: //确定长轴端点 B

指定另一条半轴长度或 [旋转(R)]: //确定短轴端点 C

指定起始角度或 [参数(P)]://指定圆弧起始点 C

指定终止角度或 [参数(P)/包含角度(I)]: //指定圆弧端点 B

五、图案填充及编辑

【命令功能】

将某种图案填充到某一封闭区域，用来更形象地表示零件剖面图形，以体现材料种类、表面纹理等。

【输入命令】

菜单栏：选择“绘图”→“图案填充”命令。

工具栏：在“绘图”工具栏中单击“图案填充”按钮。

命令行：BHATCH（图案填充）或 HATCHEDIT（图案填充及编辑）。

【实例 2-24】绘制如图 2-49（a）所示的图形，并按照如图 2-49（b）所示的图案进行填充。

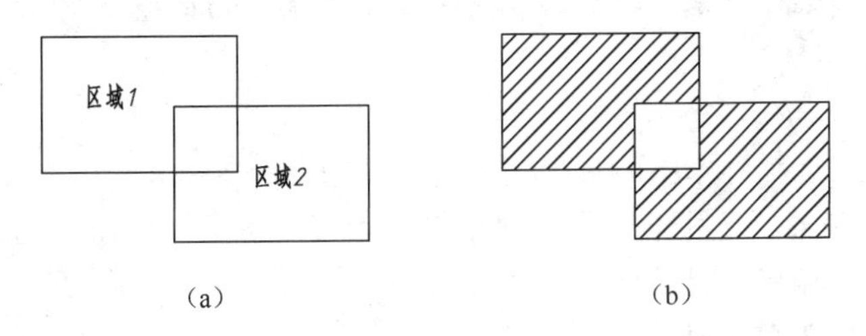

图 2-49 图案填充

图形绘制过程省略。

图案填充操作步骤如下：

（1）执行“图案填充”命令，打开“图案填充和渐变色”对话框，如图 2-50 所示。

（2）设置“填充类型”和“填充图案”。

在“类型和图案”选项区的“类型”下拉列表中选择“预定义”选项。单击“图案”后的按钮...，打开“填充图案选项板”对话框。单击“ANSI”选项，并选择“ANSI31”图案，如图 2-51 所示。单击“确定”按钮，返回“图案填充和渐变色”对话框。

（3）设置“填充边界”。

单击边界选项区域的“添加：拾取点”按钮，临时切换到绘图屏幕。

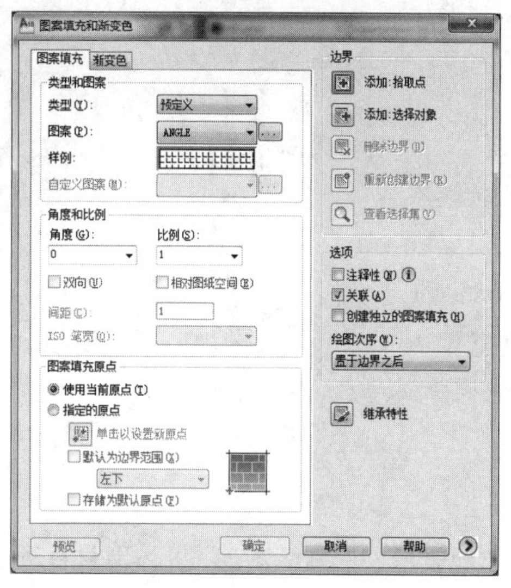

图 2-50 “图案填充和渐变色”对话框

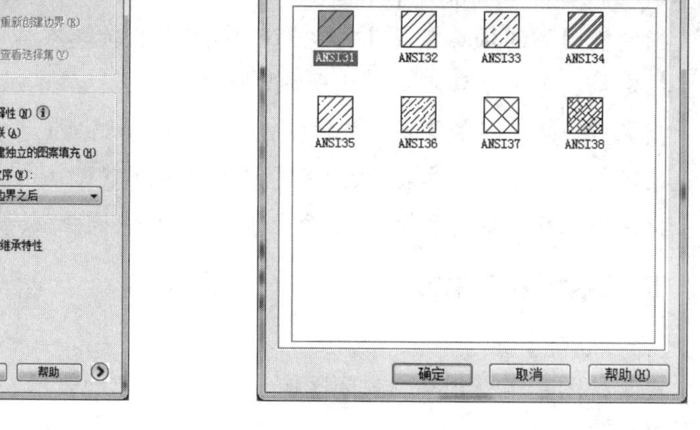

图 2-51 “填充图案选项板”对话框

此时命令行提示如下：

拾取内部点或 [选择对象(S)/删除边界(B)]:　正在选择所有对象...

//在要填充的区域 1 内拾取一点，围绕该区域的边界呈高亮显示

正在选择所有可见对象...

正在分析所选数据...

正在分析内部孤岛...

拾取内部点或 [选择对象(S)/删除边界(B)]://在要填充的区域 2 内拾取一点，围绕该区域的边界呈高亮显示

正在分析内部孤岛...

拾取内部点或 [选择对象(S)/删除边界(B)]: //按 Enter 键确定

（4）返回到“图案填充和渐变色”对话框，单击“确定”按钮，完成图案的填充。

【实例 2-25】 绘制并分别填充如图 2-52（a）所示的左右两侧图案，再进行“图案填充编辑”，结果如图 2-52（b）所示。

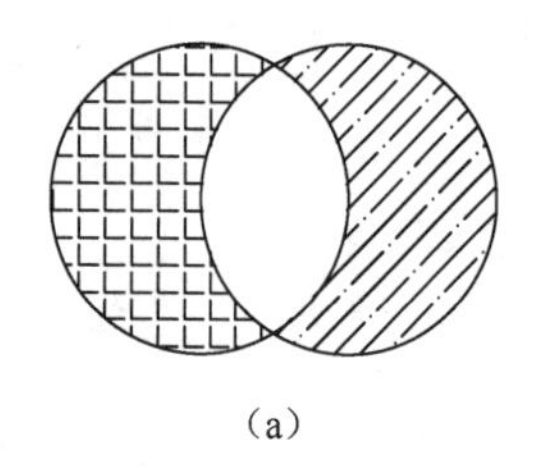

（a）

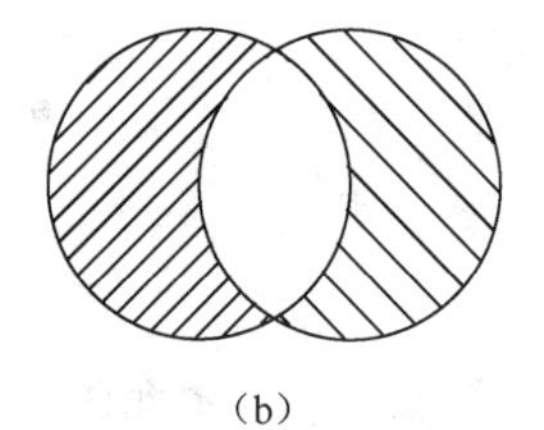

（b）

图 2-52　图案填充编辑

其操作步骤如下：

（1）执行“图案填充编辑”命令，先选择所要编辑的左侧图案，打开“图案填充编辑”对话框，与“图案填充”对话框相似。

（2）选取图案类型为“ANSI31”，“角度”为“0°”，“比例”为“3”，单击“确定”按

钮完成左侧图案修改。

（3）右侧图案的编辑方法同上，选取图案类型为“ANSI31”，“角度”为“90°”，“比例”为“5”。

注意事项

（1）图案填充的比例值可以调整，为避免填充过密，在无法确定填充比例时，建议先选择较大的比例，然后逐渐减小。

（2）在图案填充过程中，如果拾取的填充边界是不封闭的，则系统会出现“边界定义错误”对话框。此时，用户应检查填充边界是否封闭，或重新拾取填充边界。

（3）“ANSI31”图案本身是斜线，其填充“角度”设置示例如图 2-53 所示。

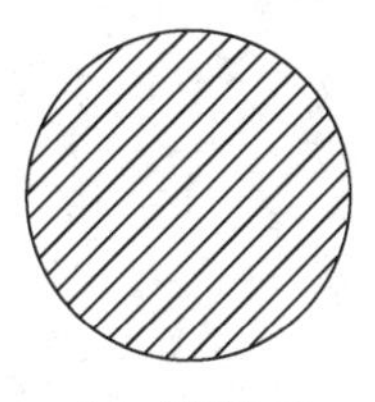

（a）角度为0°

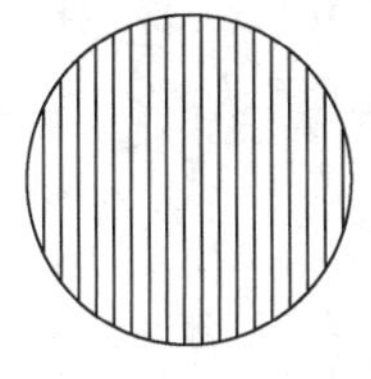

（b）角度为45°

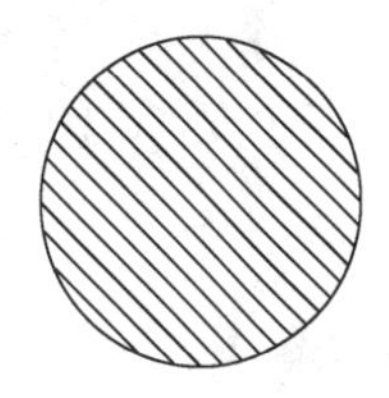

（c）角度为90°

图 2-53　填充图案“角度”设置示例

技能 7　二维编辑命令

一、复制命令

【命令功能】

该命令可以复制对象。

【输入命令】

菜单栏：选择“修改”→“复制”命令。
工具栏：单击按钮。
命令行：COPY。

【实例 2-26】绘制如图 2-54 所示的图形。

1. 绘制大圆

命令行窗口的操作步骤如下：

circle 指定圆的圆心或 [三点(3P)/两点(2P)/相切、相切、半径(T)]:

指定圆的半径或 [直径(D)]: 100

2. 绘制同心小圆

命令行窗口的操作步骤如下：

circle 指定圆的圆心或 [三点(3P)/两点(2P)/相切、相切、半径(T)]:

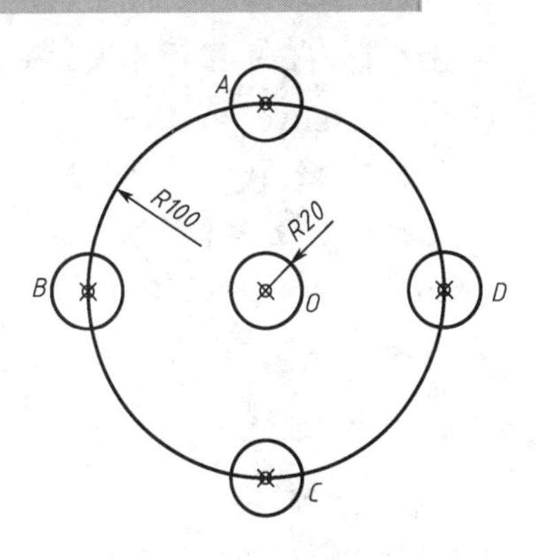

图 2-54　复制命令示例

指定圆的半径或 [直径(D)]: 20

3. 将同心小圆复制到大圆的四个象限点上

命令行窗口的操作步骤如下：

命令: _copy

选择对象: 找到 1 个//选择同心小圆

选择对象: //回车

指定基点或 [位移(D)] <位移>: //指定圆心 O

指定第二个点或 <使用第一个点作为位移>: //指定象限点 A

指定第二个点或 [退出(E)/放弃(U)] <退出>: //指定象限点 B

指定第二个点或 [退出(E)/放弃(U)] <退出>: //指定象限点 C

指定第二个点或 [退出(E)/放弃(U)] <退出>://指定象限点 D

指定第二个点或 [退出(E)/放弃(U)] <退出>: // 按 Enter 键结束命令

二、移动命令

【命令功能】

该命令可以将对象移动到指定位置。

【输入命令】

菜单栏：选择“修改”→“移动”命令。
工具栏：单击按钮。
命令行：MOVE。

【实例 2-27】绘制如图 2-55 所示的图形。

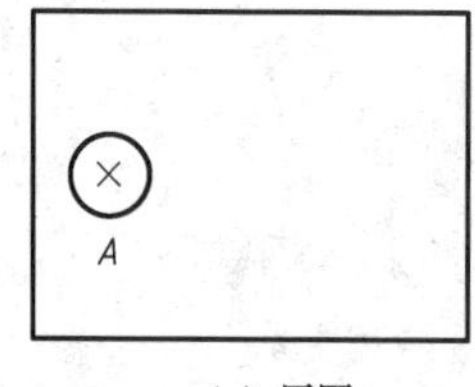

（a）原图

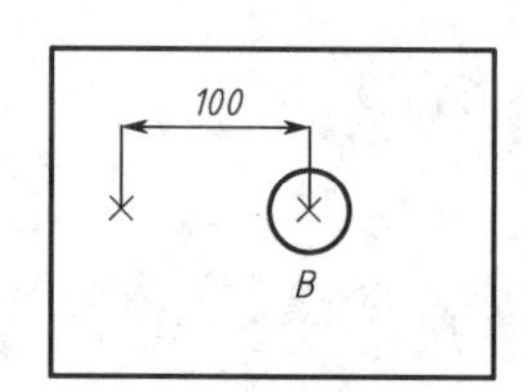

（b）移动后的结果

图 2-55　移动命令示例

命令行窗口的操作步骤如下：

命令: _move

选择对象: 找到 1 个//选中圆

选择对象: //结束对象选择

指定基点或 [位移(D)] <位移>: //指定 A 点

指定第二个点或 <使用第一个点作为位移>: 100 //输入移动距离 100，即 B 点

三、倒（圆）角

【命令功能】

倒角：给对象加倒角效果，即由原来的一个角增加到两个角。

倒圆角：给对象加圆角效果。

【输入命令】

菜单栏：选择“修改”→“倒角”命令或选择“修改”→“圆角”命令。
工具栏：单击“倒直角”按钮或单击“圆角”按钮。
命令行：CHAMFER（倒直角）或 FILLER（圆角）。

【实例 2-28】绘制如图 2-56 所示的图形。

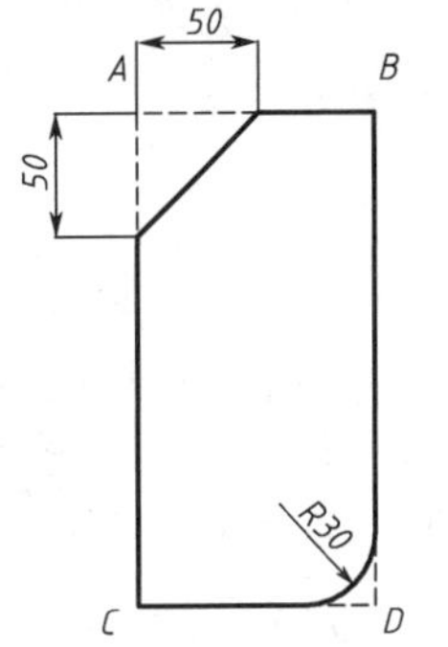

命令行窗口的操作步骤如下：

命令: _chamfer //倒直角

（“修剪”模式）当前倒角距离 1 = 0.0000，距离 2 = 0.0000

选择第一条直线或 [放弃(U)/多段线(P)/距离(D)/角度(A)/修剪(T)/方式(E)/多个(M)]: d//设置倒角距离

指定第一个倒角距离 <0.0000>: 50 //设置倒角距离

指定第二个倒角距离 <5.0000>: 50 //设置倒角距离

选择第一条直线或 [放弃(U)/多段线(P)/距离(D)/角度(A)/修剪(T)/方式(E)/多个(M)]: //选择线段 AB

选择第二条直线，或按住 Shift 键选择要应用角点的直线://设置线段 AC

命令: _fillet //倒圆角

当前设置: 模式 = 修剪，半径 = 0.0000

选择第一个对象或 [放弃(U)/多段线(P)/半径(R)/修剪(T)/多个(M)]: r

指定圆角半径 <0.0000>: 30 //设置圆角半径

选择第一个对象或 [放弃(U)/多段线(P)/半径(R)/修剪(T)/多个(M)]://选择线段 DB

选择第二个对象，或按住 Shift 键选择要应用角点的对象: //选择线段 DC

图 2-56 倒角命令示例

四、偏移和编辑多段线

【命令功能】

（1）偏移：是指将选定的线、圆、弧等对象进行同形偏移复制，根据偏移距离的不同，形状不发生变化，但其大小重新计算。

（2）编辑多段线：可以编辑、修改多段线。

【输入命令】

1. 偏移

菜单栏：选择“修改”→“偏移”命令。
工具栏：单击按钮。
命令行：OFFSET。

2. 编辑多段线

菜单栏：选择“修改”→“对象”→“编辑多段线”命令。
命令行：PEDIT。

【实例 2-29】绘制如图 2-57（b）所示的图形。

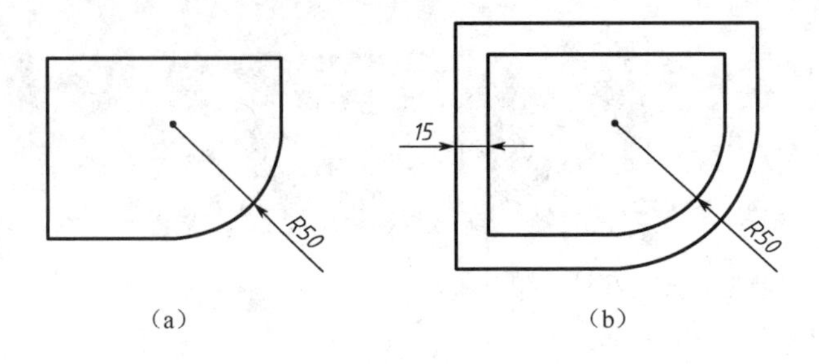

图 2-57　偏移和编辑多段线

1. 绘制矩形

命令行窗口的操作步骤如下：
命令: _line 指定第一点:
指定下一点或 [放弃(U)]:
指定下一点或 [放弃(U)]:
指定下一点或 [放弃(U)]:
指定下一点或 [放弃(U)]:

2. 绘制圆角

命令行窗口的操作步骤如下：
命令: _fillet
当前设置: 模式 = 修剪，半径 = 3.0000
选择第一个对象或 [放弃(U)/多段线(P)/半径(R)/修剪(T)/多个(M)]: r
指定圆角半径 <3.0000>: 50
选择第一个对象或 [放弃(U)/多段线(P)/半径(R)/修剪(T)/多个(M)]:
选择第二个对象，或按住 Shift 键选择要应用角点的对象:

3. 编辑多段线

命令行窗口的操作步骤如下：
命令: _pedit 选择多段线或 [多条(M)]:
选定的对象不是多段线
是否将其转换为多段线? <Y>
输入选项
[闭合(C)/合并(J)/宽度(W)/编辑顶点(E)/拟合(F)/样条曲线(S)/非曲线化(D)/线型生成(L)/放弃(U)]: j //将所有线段及圆弧合并成一条多段线
选择对象: 找到 1 个
选择对象: 指定对角点，找到 0 个
选择对象: 找到 1 个，总计 2 个
选择对象: 指定对角点，找到 0 个
选择对象: 找到 1 个，总计 3 个
选择对象: 找到 1 个，总计 4 个

选择对象:
4 条线段已添加到多段线
输入选项
[打开(O)/合并(J)/宽度(W)/编辑顶点(E)/拟合(F)/样条曲线(S)/非曲线化(D)/线型生成(L)/放弃(U)]:
4. 偏移矩形
命令行窗口的操作步骤如下:
命令: _offset
当前设置: 删除源=否 图层=源 OFFSETGAPTYPE=0
指定偏移距离或 [通过(T)/删除(E)/图层(L)] <通过>: 15
选择要偏移的对象或[退出(E)/放弃(U)] <退出>:
指定要偏移的那一侧上的点或 [退出(E)/多个(M)/放弃(U)] <退出>:

五、修剪命令

【命令功能】
该命令可以将对象修剪到指定边界。
【输入命令】

菜单栏:选择“修改”→“修剪”命令。
工具栏:单击按钮。
命令行:TRIM。

【实例 2-30】绘制如图 2-58(b)所示的图形。

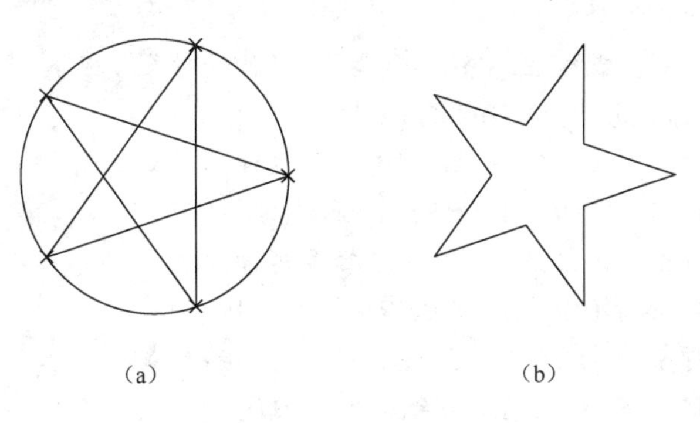

(a) (b)

图 2-58 修剪命令示例

1. 绘制圆
命令行窗口的操作步骤如下:
命令: _circle 指定圆的圆心或 [三点(3P)/两点(2P)/相切、相切、半径(T)]:
指定圆的半径或 [直径(D)] <130.0000>:
2. 设置点样式
3. 将圆等分为 5 份
命令行窗口的操作步骤如下:

命令: _divide
选择要定数等分的对象:
输入线段数目或 [块(B)]: 5
4. 连接5个等分点，如图2-53（a）所示
命令行窗口的操作步骤如下:
命令:LINE 指定第一点:
指定下一点或 [放弃(U)]:
指定下一点或 [放弃(U)]:
指定下一点或 [闭合(C)/放弃(U)]:
指定下一点或 [闭合(C)/放弃(U)]:
指定下一点或 [闭合(C)/放弃(U)]:
指定下一点或 [闭合(C)/放弃(U)]:
5. 删除圆
命令行窗口的操作步骤如下:
命令: _erase
选择对象: 找到 1 个，总计 1 个
选择对象:
6. 修剪多余线段
命令行窗口的操作步骤如下:
命令: _trim
当前设置:投影=UCS，边=无
选择剪切边...
选择对象或 <全部选择>:
选择要修剪的对象，或按住 Shift 键选择要延伸的对象，或
[栏选(F)/窗交(C)/投影(P)/边(E)/删除(R)/放弃(U)]:
选择要修剪的对象，或按住 Shift 键选择要延伸的对象，或
[栏选(F)/窗交(C)/投影(P)/边(E)/删除(R)/放弃(U)]:
选择要修剪的对象，或按住 Shift 键选择要延伸的对象，或
[栏选(F)/窗交(C)/投影(P)/边(E)/删除(R)/放弃(U)]:
选择要修剪的对象，或按住 Shift 键选择要延伸的对象，或
[栏选(F)/窗交(C)/投影(P)/边(E)/删除(R)/放弃(U)]:
选择要修剪的对象，或按住 Shift 键选择要延伸的对象，或
[栏选(F)/窗交(C)/投影(P)/边(E)/删除(R)/放弃(U)]:
选择要修剪的对象，或按住 Shift 键选择要延伸的对象，或
[栏选(F)/窗交(C)/投影(P)/边(E)/删除(R)/放弃(U)]:

六、延伸命令

【命令功能】

该命令可以将对象修剪到指定边界。

【输入命令】

菜单栏：选择“修改”→“延伸修剪”命令。
工具栏：单击--/按钮。
命令行：EXTEND。

【实例 2-31】绘制如图 2-59（b）所示的图形。

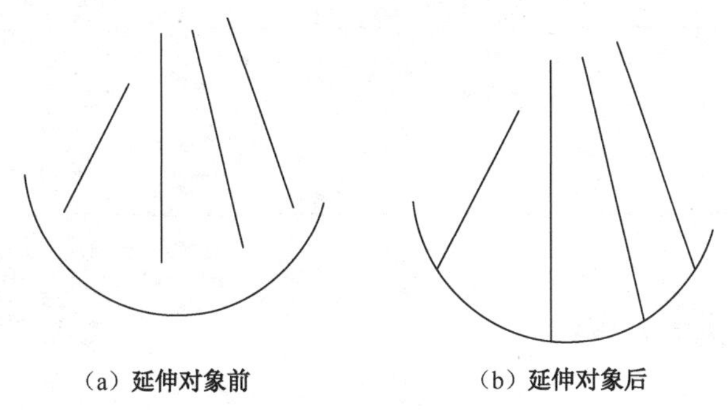

图 2-59 修剪命令示例

命令行窗口的操作步骤如下：
命令: _extend
当前设置:投影=UCS，边=无
选择边界的边...
选择对象或 <全部选择>: 找到 1 个//选择圆弧
选择对象:
选择要延伸的对象，或按住 Shift 键选择要修剪的对象，或
[栏选(F)/窗交(C)/投影(P)/边(E)/放弃(U)]: //选择要延伸的直线
选择要延伸的对象，或按住 Shift 键选择要修剪的对象，或
[栏选(F)/窗交(C)/投影(P)/边(E)/放弃(U)]: //选择要延伸的直线
选择要延伸的对象，或按住 Shift 键选择要修剪的对象，或
[栏选(F)/窗交(C)/投影(P)/边(E)/放弃(U)]: //选择要延伸的直线
选择要延伸的对象，或按住 Shift 键选择要修剪的对象，或
[栏选(F)/窗交(C)/投影(P)/边(E)/放弃(U)]: //选择要延伸的直线
选择要延伸的对象，或按住 Shift 键选择要修剪的对象，或
[栏选(F)/窗交(C)/投影(P)/边(E)/放弃(U)]: //按 Enter 键结束命令

任务 2 项目的计划与决策

一、项目计划

无论个人或单位，办任何事之前都应该有一定的安排和打算，计划是提高工作效率的

有效手段。根据在任务1中掌握的各种技能制订绘制曲柄扳手图纸（图2-1）的步骤，填写表2-2。

表2-2　项目计划表

组名		组长		组员		
作图前分析	基准	定形尺寸	定位尺寸	已知线段	中间线段	连接线段
使用CAD绘制曲柄扳手图形步骤						

二、项目决策

项目实施的一般程序如下：

1．新建文件

打开CAD软件绘制图形时，建立新文件，新文件的文件名为“曲柄扳手.Dwg”。

2．设置绘图环境

采用CAD软件绘制图形时，首先要根据图形的需要建立图层，设置合理的线型、颜色，以及线宽等。

3．绘制曲柄扳手图形

根据图形尺寸，分析绘制图形时所需的命令，进行图形绘制。

4．保存文件

每项实施步骤中的具体内容由学生讨论决策，并填写表2-3。

表2-3　项目实施中具体的作图方法决策表

组名		组长		组员	
设置绘图环境		图层名	图层颜色	图层线型	图层线宽
CAD绘制曲柄扳手图形使用的命令和技巧	绘制中心线				
	绘制S曲线				
	绘制扳手头部				
	剖面线填充				

任务3　项目实施

步骤1　新建文件，以“曲柄扳手.Dwg”为名保存

（1）启动AutoCAD 2010，单击菜单的“文件/新建”选项，打开“创建新图形”对话框，单击“确定”按钮，创建新的绘图文件，采用默认的绘图环境。

（2）单击菜单的“文件/保存”选项，打开“图形另存为”对话框，将文件名改为“曲柄扳手”，保存于桌面，单击“确定”按钮。

步骤 2　设置绘图环境：图层、线型、颜色

（1）选择菜单的“格式/图层”选项，打开“图层特性管理器”。

（2）在“图层特性管理器”中按照表 2-4 所示设置绘图环境。设置结果如图 2-60 所示。

表 2-4　设置绘图环境

图　　层	颜　　色	线　　型	线　　宽
中心线	红色	Center	默认
细实线	白色	Continuous	默认
填充线	白色	Continuous	默认

状	名称	开	冻结	锁定	颜色	线型	线宽	打印样式	打	说明
	0				白色	Con…ous	—— 默认	Color_7		
	填充线				白色	Con…ous	—— 默认	Color_7		
	细实线				白色	Con…ous	—— 默认	Color_7		
✓	中心线				红色	CENTER	—— 默认	Color_1		

图 2-60　设置绘图环境

步骤 3　绘制中心线，等分线段

（1）绘制中心线。

设置中心线为当前层。命令行窗口的操作步骤如下：

命令: _line 指定第一点: 120,120 //绘制水平线

指定下一点或 [放弃(U)]: @100,0

指定下一点或 [放弃(U)]:按 Enter 键

命令: _line 指定第一点: 140,160 //绘制垂直线

指定下一点或 [放弃(U)]: 140,70

指定下一点或 [放弃(U)]:按 Enter 键

命令: _line 指定第一点://捕捉水平线与垂直线的交点

指定下一点或 [放弃(U)]: @160<30 //绘制斜线

指定下一点或 [放弃(U)]: 按 Enter 键

命令: _copy

选择对象: 找到 1 个//选取水平线

选择对象: 找到 1 个，总计 2 个//选取垂直线

选择对象:回车

指定基点或 [位移(D)] <位移>://捕捉斜线左端点

指定第二个点或 <使用第一个点作为位移>: //捕捉斜线右端点

指定第二个点或 [退出(E)/放弃(U)] <退出>: //按 Enter 键

绘制完成的中心线如图 2-61 所示。

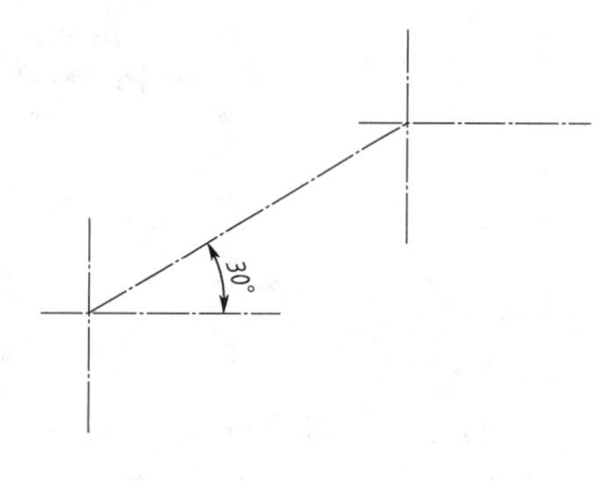

图 2-61　绘制完成的中心线

（2）等分线段。

单击菜单的“格式/点样式”选项，打开“点样式”对话框，选取新点样式“×”，单击“确定”按钮。“点样式”对话框如图 2-62 所示。

单击菜单“绘图/点”选项，选择“定数等分”选项。命令行窗口的操作步骤如下：

命令: _divide

选择要定数等分的对象: //选取斜线

输入线段数目或 [块(B)]: 4 //将线段 *AB* 等分成 4 段

斜线 *AB* 被等分后，如图 2-63 所示。

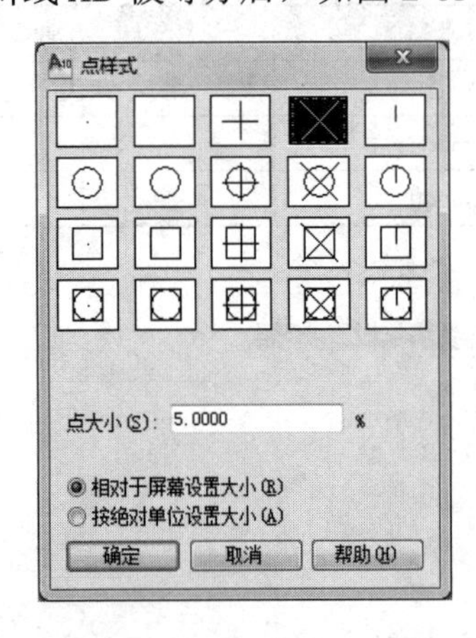

图 2-62 “点样式”对话框

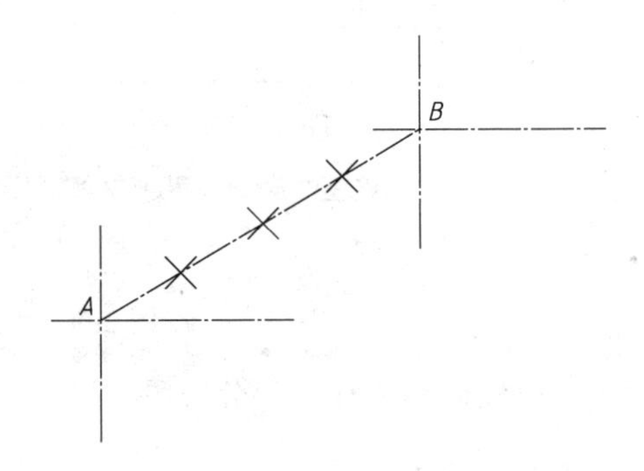

图 2-63 斜线 *AB* 被等分后

步骤 4 绘制 S 曲线

（1）打开对象捕捉，设置如图 2-64 所示。

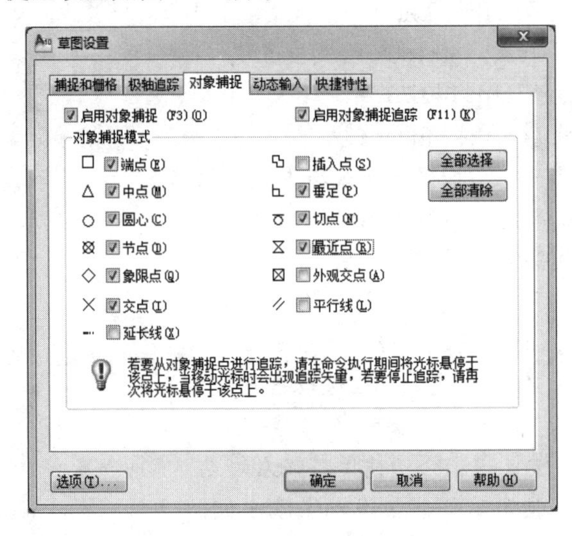

图 2-64 对象捕捉设置

（2）设置“细实线”为当前图层。向 *AB* 作垂线 *CD* 和 *EF*。

命令行窗口的操作步骤如下：

命令: _line 指定第一点: C

指定下一点或 [放弃(U)]: D //捕捉垂足点，可能不在 D 点

指定下一点或 [放弃(U)]: 按 Enter 键

命令: _move

选择对象: 找到 1 个

选择对象: 按 Enter 键

指定基点或 [位移(D)] <位移>: 指定第二个点或 <使用第一个点作为位移>://移动垂线到节点 D 的位置

命令: _copy

选择对象: 找到 1 个 //选择线段 CD

选择对象: 按 Enter 键

指定基点或 [位移(D)] <位移>: 指定第二个点或 <使用第一个点作为位移>: //选择 C 点

指定第二个点或 [退出(E)/放弃(U)] <退出>: //复制到 F 点

绘制完成的垂线 *CD*、*EF*，如图 2-65 所示。

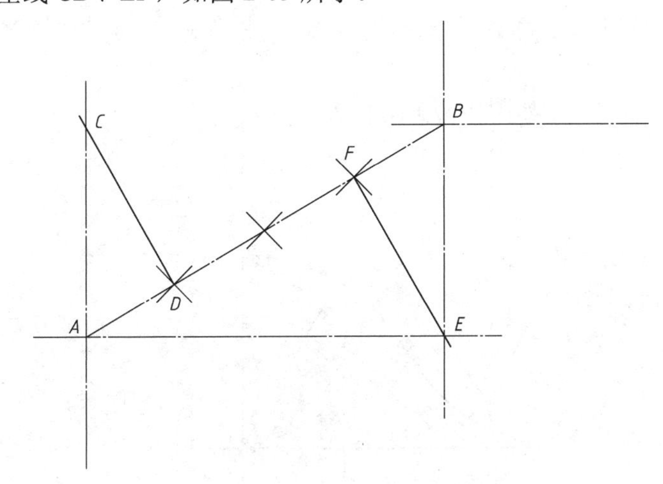

图 2-65 绘制完成的垂线 *CD*、*EF*

（3）绘制 S 形曲线。以点 *C* 为圆心，*AC* 为半径绘制圆；以点 *E* 为圆心，*EB* 为半径绘制，两个圆相交于 *G* 点。绘制完成的切圆，如图 2-66 所示。

（4）先修剪，编辑多段线，绘制 S 形曲线。

命令行窗口的操作步骤如下：

命令: _pedit 选择多段线或 [多条(M)]: //选取弧 AG

选定的对象不是多段线

是否将其转换为多段线? <Y> //按 Enter 键

输入选项

[闭合(C)/合并(J)/宽度(W)/编辑顶点(E)/拟合(F)/样条曲线(S)/非曲线化(D)/线型生成(L)/放弃(U)]: j //合并选项

选择对象: 指定对角点: 找到 1 个 //选取弧 GB

选择对象:

1 条线段已添加到多段线

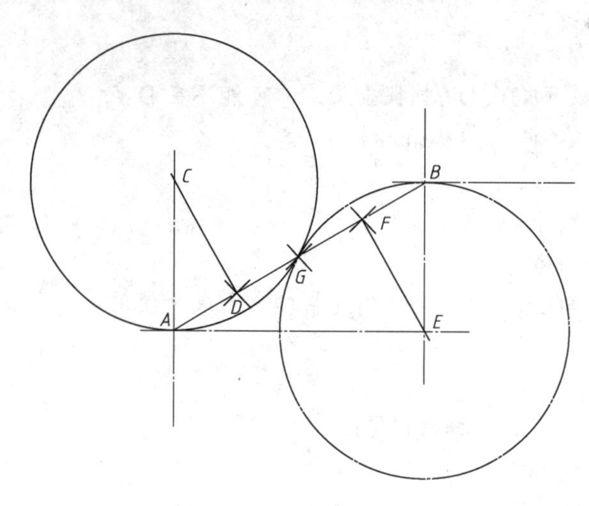

图 2-66　绘制完成的切圆

输入选项

[闭合(C)/合并(J)/宽度(W)/编辑顶点(E)/拟合(F)/样条曲线(S)/非曲线化(D)/线型生成(L)/放弃(U)]:

绘制完成的 S 形曲线，如图 2-67 所示。

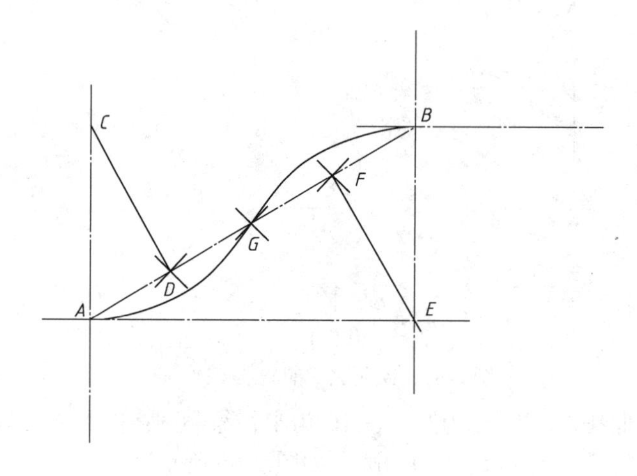

图 2-67 绘制完成的 S 形曲线

（5）偏移多段线。

命令行窗口的操作步骤如下：

命令: _offset

当前设置: 删除源=否　图层=源　OFFSETGAPTYPE=0

指定偏移距离或 [通过(T)/删除(E)/图层(L)] <通过>:　15 //输入偏移距离

选择要偏移的对象，或 [退出(E)/放弃(U)] <退出>:　//选择曲线 AB

指定要偏移的那一侧上的点，或 [退出(E)/多个(M)/放弃(U)] <退出>: //上面单击

选择要偏移的对象，或 [退出(E)/放弃(U)] <退出>: //选择曲线 AB

指定要偏移的那一侧上的点，或 [退出(E)/多个(M)/放弃(U)] <退出>: //下面单击

选择要偏移的对象，或 [退出(E)/放弃(U)] <退出>: 按 Enter 键

绘制完成偏移的多段线，如图 2-68 所示。

步骤 5 绘制曲柄扳手头部

（1）偏移垂线。

命令行窗口的操作步骤如下：

命令: _offset

当前设置: 删除源=否

图层=源 OFFSETGAPTYPE=0

指定偏移距离或 [通过(T)/删除(E)/图层(L)] <201.0000>: 20

选择要偏移的对象，或 [退出(E)/放弃(U)] <退出>: //选择线段 AC

指定要偏移的那一侧上的点，或 [退出(E)/多个(M)/放弃(U)] <退出>: //线段 AC 左侧单击

选择要偏移的对象，或 [退出(E)/放弃(U)] <退出>: //选择线段 EB

指定要偏移的那一侧上的点，或 [退出(E)/多个(M)/放弃(U)] <退出>: //线段 EB 右侧单击

选择要偏移的对象，或 [退出(E)/放弃(U)] <退出>: //按 Enter 键

绘制完成偏移的中心线，如图 2-69 所示。

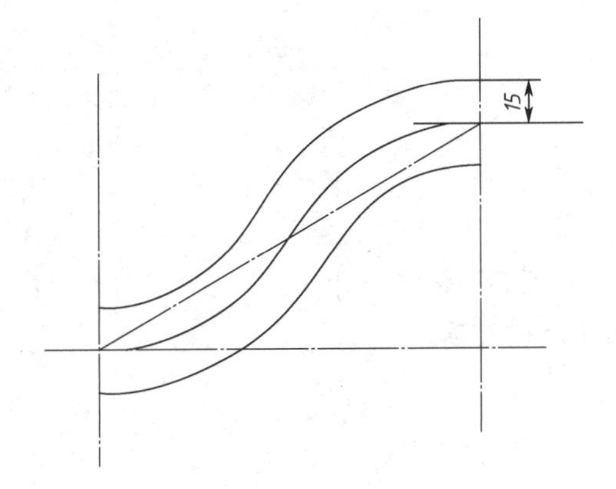

图 2-68 绘制完成偏移的多段线

图 2-69 绘制完成偏移的中心线

（2）绘制椭圆。

命令行窗口的操作步骤如下：

命令: _ellipse

指定椭圆的轴端点或 [圆弧(A)/中心点(C)]: c //绘制右端椭圆

指定椭圆的中心点: //选择 H 点

指定轴的端点: 30 //短轴长度

指定另一条半轴长度或 [旋转(R)]: 40 //长轴长度

命令: _copy //绘制左端椭圆

选择对象: 找到 1 个 //选择右端椭圆

选择对象: 按 Enter 键

指定基点或 [位移(D)] <位移>: 指定第二个点或 <使用第一个点作为位移>: //选择H点

指定第二个点或 [退出(E)/放弃(U)] <退出>: //选择 I 点

绘制完成的椭圆，如图 2-70 所示。

（3）绘制扳手开口线。

命令行窗口的操作步骤如下：

命令: _line 指定第一点: //指定 H 点

指定下一点或 [放弃(U)]: 15 //向上

指定下一点或 [放弃(U)]: //向右与椭圆相交

指定下一点或 [闭合(C)/放弃(U)]: 按 Enter 键

命令: _line 指定第一点: //指定 H 点

指定下一点或 [放弃(U)]: 15 //向下

指定下一点或 [放弃(U)]: //向右与椭圆相交

指定下一点或 [闭合(C)/放弃(U)]: 按 Enter 键

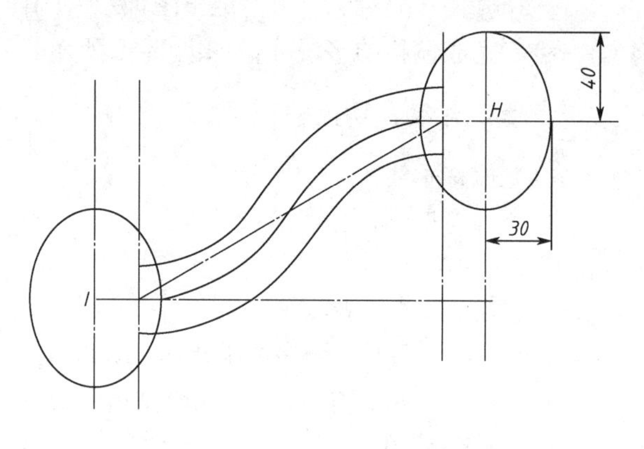

图 2-70　绘制完成的椭圆

用同样的方法绘制左侧扳手开口线。

（4）修剪多余线段，并绘制圆角。

命令行窗口的操作步骤如下：

命令: _fillet

当前设置: 模式 = 修剪，半径 = 0.0000

选择第一个对象或 [放弃(U)/多段线(P)/半径(R)/修剪(T)/多个(M)]: r

指定圆角半径 <0.0000>: 3

选择第一个对象或 [放弃(U)/多段线(P)/半径(R)/修剪(T)/多个(M)]:

选择第二个对象，或按住 Shift 键选择要应用角点的对象:

绘制完成的扳手开口线，如图 2-71 所示。

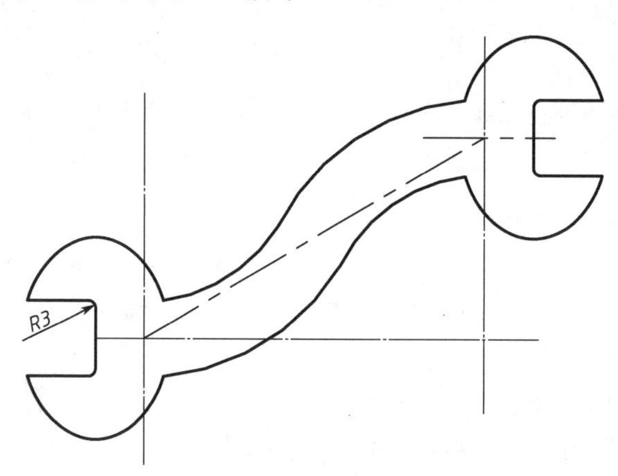

图 2-71　绘制完成的扳手开口线

步骤 6　剖面线填充

设置填充线为当前图层。单击菜单的“绘图/图案填充”选项，打开“图案填充和渐变色”对话框，如图 2-72 所示。

在“图案”选项中选择“ANSI31”选项。单击“添加：拾取点”按钮，在曲柄图形内部单击鼠标，系统自动完成边界定义。单击“预览”按钮，观察填充效果，单击“确定”按钮完成剖面线填充，如图 2-73 所示。

图 2-72　图案填充和渐变色”对话框

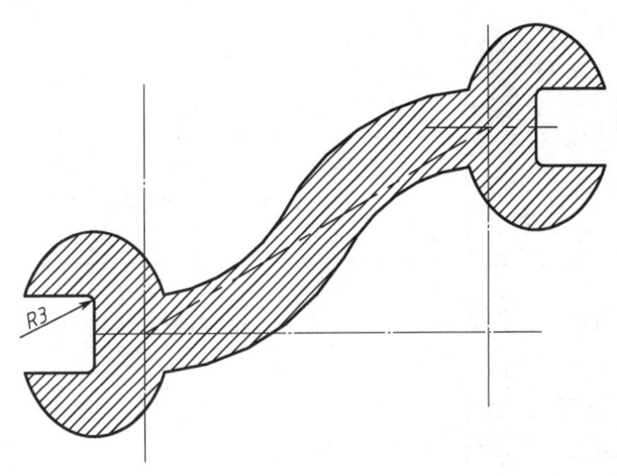

图 2-73　曲柄扳手的完成图

步骤 7　保存图形文件

单击菜单的“文件/保存”选项，完成图形文件的保存。

任务 4　项目验收与评价

一、项目验收

将完成的图形与所给项目任务进行比较，检查其质量与要求相符合的程度，并结合项目评分标准表，如表 2-5 所示，验收所绘图纸的质量。

表 2-5　评分标准表

序号	评分点	分值	得分条件	扣分情况
1	新建文件	2	新建文件正确（2 分 ）	各项得分条件错一处扣 1 分，扣完为止
2	设置绘图环境	40	图层合理（15 分）	
			线型正确（15 分）	
			图层颜色，线宽合理（10 分）	
3	绘制图形	50	按所给图形尺寸正确绘制图形（30 分）	
			粗线、细线等线型分清（20 分）	
4	文件保存	8	文件保存路径正确（4 分）	
			文件名正确（4 分）	

二、项目评价

针对项目工作综合考核表，如表2-6所示，给出读者在完成整个项目过程中的综合成绩。

表2-6　项目工作综合考核表

		考核内容	项目分值	自我评价	小组评价	教师评价
考核事项	专业能力60%	1．工作准备 绘图工具准备是否妥当、图纸识读是否正确、项目实施的计划是否完备	10			
		2．工作过程 主要技能应用是否准确、工作过程是否认真、安全措施是否严谨到位	10			
		3．工作成果 根据表2-5的评分标准评估工作成果质量	40			
	综合能力40%	1．技能点收集能力 是否明确本项目所用的技能点，并准确收集这些技能的操作方法	10			
		2．交流沟通能力 在项目计划、实施及评价过程中与他人的交流沟通是否顺利、得当	10			
		3．分析问题能力 对图纸的识读是否准确，在项目实施过程中是否能发现问题、分析问题并解决问题	10			
		4．团结协作能力 是否能与小组其他成员分工协作、团结合作完成任务	10			
备注	图样的绘制必须严格按国家标准，使用绘图工具完成。本项目以个人形式完成					

项 目 小 结

AutoCAD 是目前比较流行的一种绘制工程图形的软件。本项目通过曲柄板手图形绘制，使学生熟悉AutoCAD用户操作界面和基础操作，掌握AutoCAD软件常用绘图命令和技巧，例如，绘制直线、点、圆和圆弧、椭圆和椭圆弧、图案填充。并掌握复制、移动、偏移、圆角、倒角、延伸、修剪等编辑命令，学会使用AutoCAD软件绘制简单的工程图形。

拓 展 训 练

熟练使用所掌握的CAD各种功能命令，完成下面图形（如图2-74、图2-75、图2-76、

图 2-77 所示）的绘制。

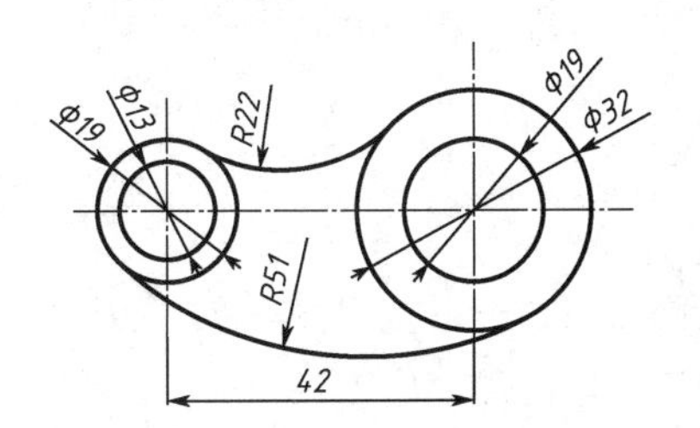

图 2-74 完成的图形一

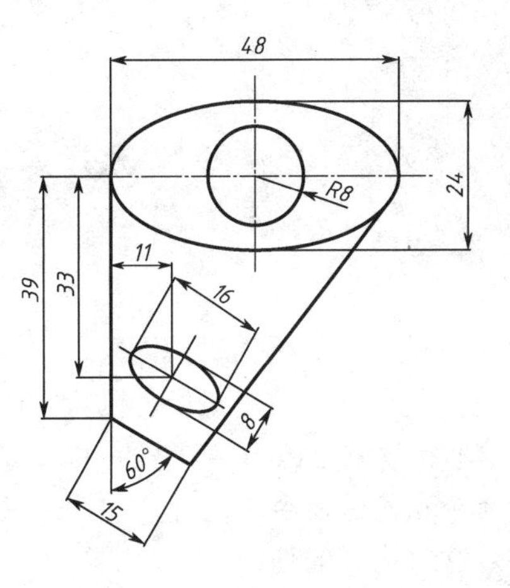

图 2-75 完成的图形二

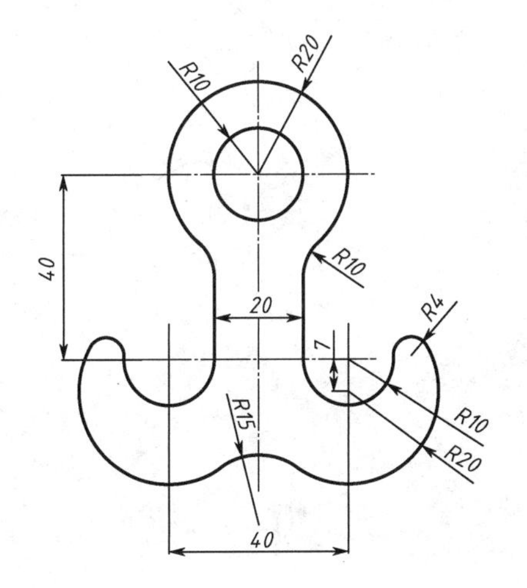

图 2-76 完成的图形三

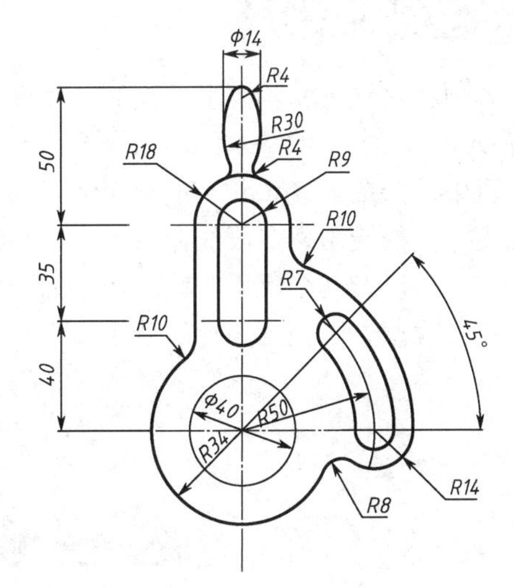

图 2-77 完成的图形四

项目 3

棘轮图形的绘制

图 3-1 是一个简单的机械图形，在该图中用的最多的是多段线、修剪、镜像、阵列、打断等相关命令，这些命令在 AutoCAD 绘图中是最常用的基本绘图命令和修改命令，因此，在项目 3 中我们主要讲解对这些命令的使用。

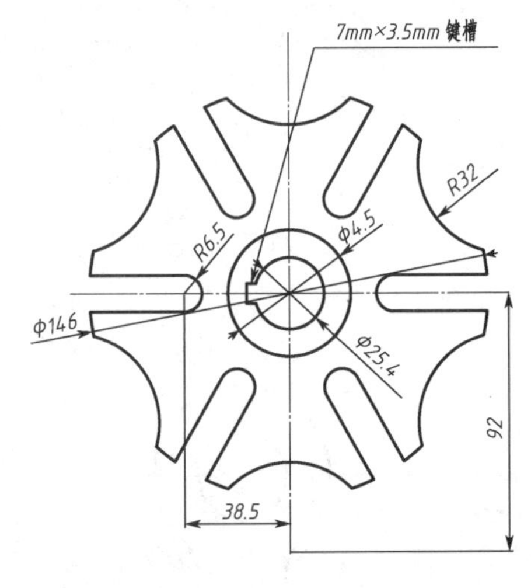

图 3-1　棘轮图形

项目任务分析

本项目将通过棘轮图形的绘制，使读者进一步明确 AutoCAD 中的基本绘图命令及修改命令。在本项目中，介绍了 AutoCAD 绘图环境的设置、栅格捕捉方式的应用、多段线命令的应用与绘制多段线的方式，以及几个实用的修改命令的应用，同时还介绍了线型、半径、直径等几个基本尺寸标注命令的应用。

任务 1　技能实训

技能 1　AutoCAD 绘图环境设置

一、设置图形界限

【命令功能】

该命令用来确定绘图的范围，相当于确定手工绘图时图纸的大小（图幅）。设定合适的绘图界限，有利于确定图纸绘制的大小、比例、图形之间的距离，可以检查图纸是否超出“图框”，避免盲目绘图。

【输入命令】

菜单栏：选择“格式”→“图形界限”命令。
命令行：LIMIT。

【实例 3-1】将图纸幅面设为 A4 图纸的大小（长为 297mm，宽为 210mm）。

执行上述任一命令后，命令行窗口的操作步骤如下：

命令: '_limits

重新设置模型空间界限:

指定左下角点或 [开(ON)/关(OFF)] <0.0000,0.0000>:

//通常不改变图形界限左下角的位置，按 Enter 键

指定右上角点 <420.0000,297.0000>: 297,210

//输入图形界限右上角的坐标值“297,210”，即区域的宽度和高度值，按 Enter 键结束

【说明】

系统“指定左下角点或 [开(ON)/关(OFF)] <0.0000,0.0000>”时如下所示：

（1）若输入“ON”，则用户只能在指定的图形界限内绘图，一旦绘制的图形超出其界限，系统将提示用户绘制的图形超出了图形界限，且不予响应。

（2）若输入“OFF”，则用户绘图不受指定图形界限的限制。

二、设置绘图单位

【命令功能】

该命令用来设置绘图的长度、角度单位和数据精度。

【输入命令】

菜单栏：选择“格式”→“单位”命令。

命令行：UNITS。

【实例 3-2】设置绘图单位为“小数”，“精度”为“0.00”；“角度”为“度/分/秒”，“精度”为“0d0'00"”，“角度基准”为“东”，“角度方向”为“逆时针”。

执行上述任一命令后，系统弹出“图形单位”对话框，如图 3-2 所示。

（1）单击“图形单位”对话框中“长度”选项区域下“类型”下拉列表的下三角按钮，选择绘图所使用的单位类型，如“分数”、“工程”、“建筑”、“科学”、“小数”（默认选择，符合我国国标的长度单位类型）。

（2）单击“图形单位”对话框中“长度”选项区域下的“精度”下拉列表的下三角按钮，选择长度单位的精度。对于机械图，通常选择“0.00”，以精确到小数点后两位。

（3）单击“图形单位”对话框中“角度”选项区域下的“类型”下拉列表的下三角按钮，可选择角度的“类型”为“度/分/秒”。

（4）单击“图形单位”对话框中“角度”选项区域下的“精度”下拉列表的下三角按钮，可选择角度的“精度”为“0d0'00"”。

（5）默认角度计算方向以逆时针为正。若选中“顺时针”复选框，表示角度计算方向以顺时针为正。

（6）单击“图形单位”对话框底部的“方向”按钮，弹出“方向控制”对话框，如图 3-3 所示，用户可以通过该对话框定义起始角度（零度）的方向。

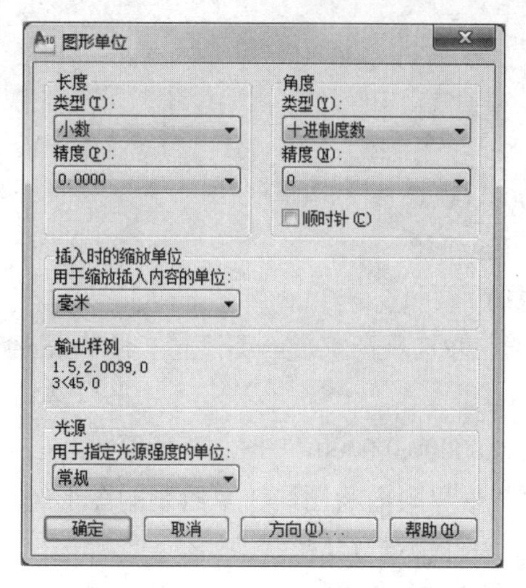

图 3-2 “图形单位”对话框

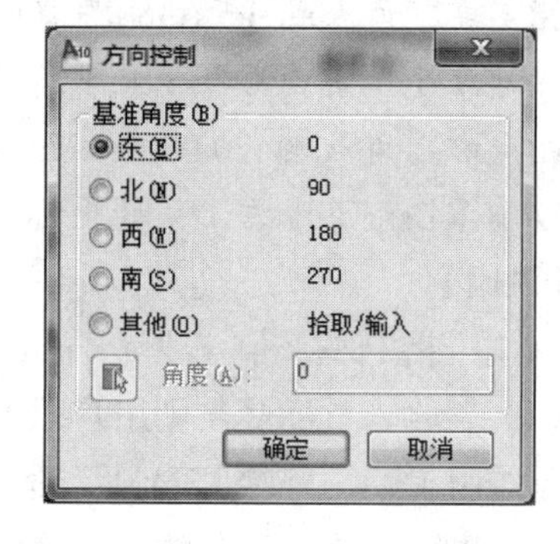

图 3-3 “方向控制”对话框

三、栅格显示

【命令功能】

栅格是可以显示在绘图工作区、具有指定间距的点，该命令用于修改栅格间距并控制是否在屏幕上显示栅格。栅格显示如图 3-4 所示。

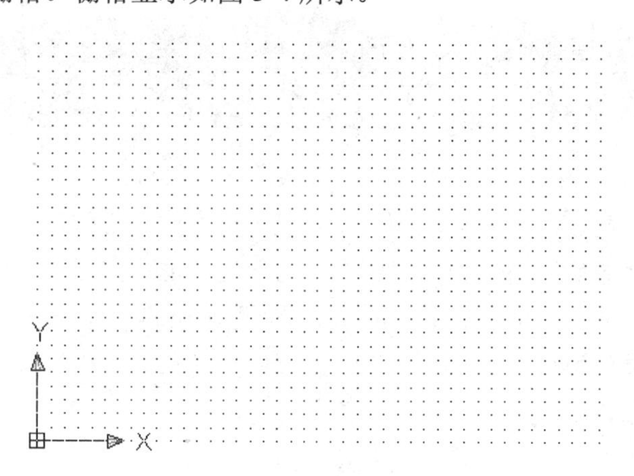

图 3-4 栅格显示

【输入命令】

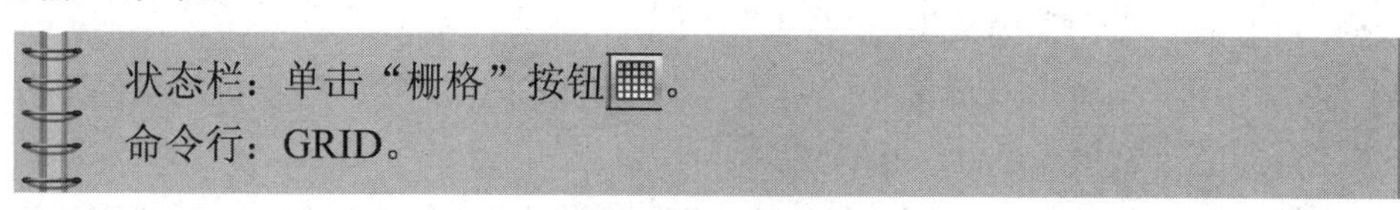

【命令操作】

在命令行输入命令时，命令行窗口的操作步骤如下：

命令:grid //输入命令

指定栅格间距 (X) 或 [开(ON)/关(OFF)/捕捉(S)/纵横向间距(A)] <10.0000>://指定间距

或选项

【说明】

命令中各选项功能如下：

（1）指定间距：用于指定显示栅格的 X、Y 方向间距，默认项为 10mm。

（2）开：用于打开栅格，状态栏“栅格”按钮为凹下。

（3）关：用于关闭栅格，状态栏“栅格”按钮为凸起。

（4）捕捉：用于设置栅格显示与挡墙捕捉栅格分辨率相等（当捕捉栅格改变时，显示栅格分辨率点也同时改变）。

（5）纵横向间距：用于将栅格设置成不相等的 X 和 Y 值。

选项后，出现提示行，如下：

（1）指定水平间距 (X) <0.0000>: 用于给出 X 间距。

（2）指定垂直间距 (Y) <0.0000>: 用于给出 Y 间距。

四、栅格捕捉

【功能】

栅格捕捉命令与栅格显示命令是配合使用的。打开它将使鼠标所给的点都落在栅格捕捉间距所定的点上。

【输入命令】

状态栏：单击“捕捉”按钮 。

命令行：SNAP。

【命令操作】

在命令行输入命令时，命令行窗口的操作步骤如下：

命令：snap //输入命令

指定捕捉间距或 [开(ON)/关(OFF)/纵横向间距(A)/旋转(R)/样式(S)/类型(T)] <10.0000>:　　//指定间距或选项

【说明】

命令中各选项功能如下：

（1）“指定捕捉间距”：指定捕捉 X、Y 方向间距。

（2）“开”：用于打开栅格捕捉。

（3）“关”：用于关闭捕捉。

（4）“纵横向间距”：用于将栅格设成不相等的 X 和 Y 值。

（5）“旋转”：将显示的栅格及捕捉方向同时旋转一个指定的角度。

选项后，出现提示行。其中：

（1）指定基点 <0.0000,0.0000>：指定旋转基点。

（2）指定旋转角度<0>：指定旋转角度。

（3）“样式”：用于在标准模式和等轴模式中选择一项，标准模式指通常的矩形栅格（默认模式）；等轴模式指为画正等轴测图而设计的栅格捕捉。

（4）“类型”：用于指定捕捉模式。

【提示】

栅格显示与栅格捕捉功能的设置如下：

（1）在菜单栏选择“工具”→“草图设置”命令，打开“草图设置”对话框，如图 3-5 所示。

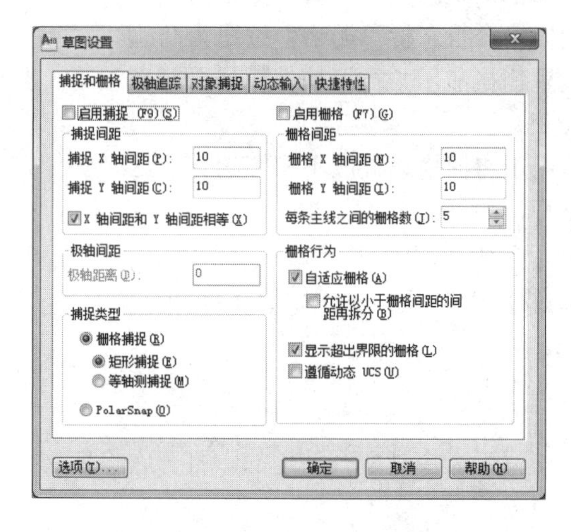

图 3-5 “草图设置”对话框

（2）单击“捕捉和栅格”选项卡，如图 3-5 所示。对话框中各选项的功能如下：

① 启动捕捉：用于控制打开和关闭捕捉功能。

② 启动栅格：用于控制打开和关闭栅格显示。

③ 捕捉 X 轴间距、捕捉 Y 轴间距：设定捕捉在 X 方向和 Y 方向的间距。

④ 栅格 X 轴间距、栅格 Y 轴间距：设定栅格在 X 方向和 Y 方向的间距。

⑤ 角度：用来设定捕捉角度。

⑥ X 基点、Y 基点：用来设定栅格基点的 X、Y 坐标，默认为“0”。

⑦ 捕捉类型和样式：有 4 个选项可供选择，“栅格捕捉”、“矩形捕捉”、“等轴测捕捉”、“极轴捕捉”。选择“极轴捕捉”选项后，“极轴间距”选项有效，而捕捉选项组无效。

（3）根据需要设置各项后，单击“确定”按钮。

技能 2　二维绘图命令

一、绘制多段线

多段线是由一组等宽或不等宽的直线或圆弧构成的连续线条，是一个单独的图表对象。

【命令功能】

该命令绘制任意宽度的直线、任意宽度及任意形状的曲线或直线与曲线的任意结合。

【输入命令】

> 菜单栏：选择“绘图”→“多段线”命令。
> 工具栏：单击“绘图”工具栏中的“多段线”按钮。
> 命令行：PLINE。

【实例 3-3】绘制如图 3-6 所示的图形。

命令行窗口的操作步骤如下：

命令: _pline

指定起点: //指定 A 点

当前线宽为 0.0000

图 3-6　利用多段线构图（一）

指定下一个点或 [圆弧(A)/半宽(H)/长度(L)/放弃(U)/宽度(W)]: w //设置 AB 的宽度

指定起点宽度 <0.0000>: 5 //输入起点 A 的宽度

指定端点宽度 <5.0000>: 5 //输入端点 B 的宽度

指定下一个点或 [圆弧(A)/半宽(H)/长度(L)/放弃(U)/宽度(W)]: 12 //输入 AB 的长度

指定下一点或 [圆弧(A)/闭合(C)/半宽(H)/长度(L)/放弃(U)/宽度(W)]: w //设置 BC 的宽度

指定起点宽度 <5.0000>: 10 //输入起点 B 的宽度

指定端点宽度 <10.0000>: 0 //输入端点 C 的宽度

指定下一点或 [圆弧(A)/闭合(C)/半宽(H)/长度(L)/放弃(U)/宽度(W)]: 15 //输入 BC 的长度

指定下一点或 [圆弧(A)/闭合(C)/半宽(H)/长度(L)/放弃(U)/宽度(W)]: //按 Enter 键，结束命令

【实例 3-4】绘制如图 3-7 所示图形。

命令行窗口的操作步骤如下：

命令: _pline

指定起点://指定 A 点

当前线宽为 0.0000

指定下一个点或 [圆弧(A)/半宽(H)/长度(L)/放弃(U)/宽度(W)]: 66 //指向 B 点，输入长度

指定下一点或 [圆弧(A)/闭合(C)/半宽(H)/长度(L)/放弃(U)/宽度(W)]: 53//指向 C 点，输入长度

指定下一点或 [圆弧(A)/闭合(C)/半宽(H)/长度(L)/放弃(U)/宽度(W)]: 38//指向 D 点，输入长度

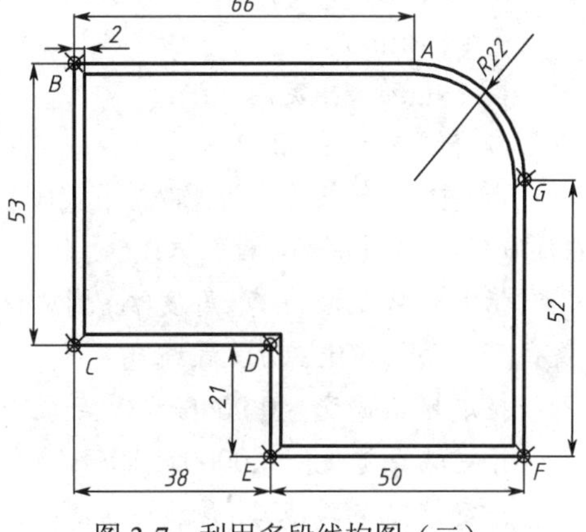

图 3-7　利用多段线构图（二）

指定下一点或 [圆弧(A)/闭合(C)/半宽(H)/长度(L)/放弃(U)/宽度(W)]: 21//指向 E 点，输入长度

指定下一点或 [圆弧(A)/闭合(C)/半宽(H)/长度(L)/放弃(U)/宽度(W)]: 50//指向 F 点，输入长度

指定下一点或 [圆弧(A)/闭合(C)/半宽(H)/长度(L)/放弃(U)/宽度(W)]: 52//指向 G 点，输入长度

指定下一点或 [圆弧(A)/闭合(C)/半宽(H)/长度(L)/放弃(U)/宽度(W)]: A//选择圆弧选项

指定圆弧的端点或[角度(A)/圆心(CE)/闭合(CL)/方向(D)/半宽(H)/直线(L)/半径(R)/第二个点(S)/放弃(U)/宽度(W)]: R

指定圆弧的半径: 22 //输入圆弧半径

指定圆弧的端点或 [角度(A)]: //指定 A 点

指定圆弧的端点或[角度(A)/圆心(CE)/闭合(CL)/方向(D)/半宽(H)/直线(L)/半径(R)/第二

个点(S)/放弃(U)/宽度(W)]: //按 Enter 键，结束命令

命令: _offset

当前设置: 删除源=否　图层=源　OFFSETGAPTYPE=0

指定偏移距离或 [通过(T)/删除(E)/图层(L)] <通过>:　2 //设置偏移距离

选择要偏移的对象，或 [退出(E)/放弃(U)] <退出>:

指定要偏移一侧上的点，或 [退出(E)/多个(M)/放弃(U)] <退出>://选择已经绘制好的多段线

选择要偏移的对象，或 [退出(E)/放弃(U)] <退出>://在封闭空间内指定一点

【实例 3-5】绘制如图 3-8 所示图形。

命令行窗口的操作步骤如下：

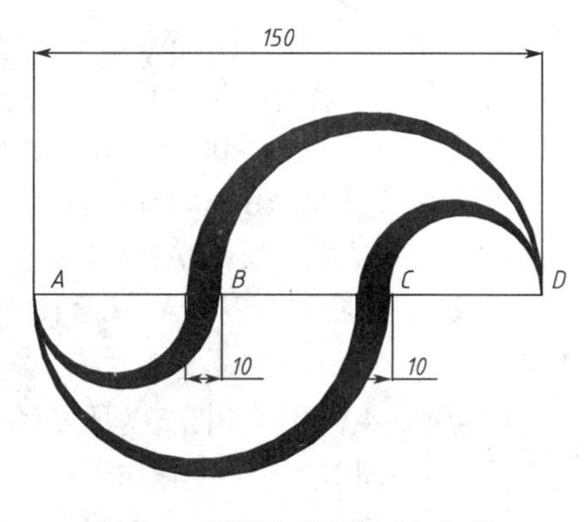

图 3-8　利用多段线构图（三）

命令: _line 指定第一点: //绘制 AD 线段

指定下一点或 [放弃(U)]: 150

指定下一点或 [放弃(U)]:

命令: _divide//执行定数等分

选择要定数等分的对象:

输入线段数目或 [块(B)]: 3 //将线段 AD 等分成 3 份

命令: _pline

指定起点: //指定 A 点

当前线宽为 0.0000

指定下一个点或 [圆弧(A)/半宽(H)/长度(L)/放弃(U)/宽度(W)]: a //绘制圆弧 AB

指定圆弧的端点或[角度(A)/圆心(CE)/方向(D)/半宽(H)/直线(L)/半径(R)/第二个点(S)/放弃(U)/宽度(W)]: w //设置线宽

指定起点宽度 <0.0000>://A 点线宽为 0

指定端点宽度 <0.0000>: 10//B 点线宽为 10

指定圆弧的端点或[角度(A)/圆心(CE)/方向(D)/半宽(H)/直线(L)/半径(R)/第二个点(S)/放弃(U)/宽度(W)]: d //确定圆弧方向

指定圆弧的起点切向://十字光标垂直向下，单击鼠标左键

指定圆弧的端点://指定 B 点

指定圆弧的端点或[角度(A)/圆心(CE)/闭合(CL)/方向(D)/半宽(H)/直线(L)/半径(R)/第二个点(S)/放弃(U)/宽度(W)]: w

指定起点宽度 <10.0000>:// B 点线宽为 10

指定端点宽度 <10.0000>: 0// D 点线宽为 0

指定圆弧的端点或[角度(A)/圆心(CE)/闭合(CL)/方向(D)/半宽(H)/直线(L)/半径(R)/第二个点(S)/放弃(U)/宽度(W)]: //指定 D 点

指定圆弧的端点或[角度(A)/圆心(CE)/闭合(CL)/方向(D)/半宽(H)/直线(L)/半径(R)/第二个点(S)/放弃(U)/宽度(W)]: w

指定起点宽度 <0.0000>:// D 点线宽为 0

指定端点宽度 <0.0000>: 10// C 点线宽为 10

指定圆弧的端点或[角度(A)/圆心(CE)/闭合(CL)/方向(D)/半宽(H)/直线(L)/半径(R)/第二个点(S)/放弃(U)/宽度(W)]: d //绘制圆弧 DC，确定圆弧方向

指定圆弧的起点切向: //十字光标垂直向上，单击鼠标左键

指定圆弧的端点://指定 C 点

指定圆弧的端点或[角度(A)/圆心(CE)/闭合(CL)/方向(D)/半宽(H)/直线(L)/半径(R)/第二个点(S)/放弃(U)/宽度(W)]: w

指定起点宽度 <10.0000>:// C 点线宽为 10

指定端点宽度 <10.0000>: 0//A 点线宽为 0

指定圆弧的端点或[角度(A)/圆心(CE)/闭合(CL)/方向(D)/半宽(H)/直线(L)/半径(R)/第二个点(S)/放弃(U)/宽度(W)]: //指定 A 点

指定圆弧的端点或[角度(A)/圆心(CE)/闭合(CL)/方向(D)/半宽(H)/直线(L)/半径(R)/第二个点(S)/放弃(U)/宽度(W)]: //按 Enter 键，结束命令

技能 3　二维编辑命令

一、阵列

【命令功能】

该命令是一种快速、高效的复制方法，它可以在矩形阵列或环形阵列中创建对象的副本，而且对象之间的间距保持一致。对于创建多个定位间距的对象，阵列比复制要快。

【输入命令】

菜单栏：选择“修改”→“阵列”命令。

工具栏：单击“修改”工具栏中的“阵列”按钮。

命令行：ARRAY。

【实例 3-6】绘制如图 3-9 所示的图形。

（1）绘制半径为 40、60、80 的同心圆。

命令行窗口的操作步骤如下：

命令: _circle 指定圆的圆心或 [三点(3P)/两点(2P)/相切、相切、半径(T)]:

指定圆的半径或 [直径(D)]: 40

CIRCLE 指定圆的圆心或 [三点(3P)/两点(2P)/相切、相切、半径(T)]:

指定圆的半径或 [直径(D)] <40.0000>: 60

CIRCLE 指定圆的圆心或 [三点(3P)/两点(2P)/相切、相切、半径(T)]:

指定圆的半径或 [直径(D)] <60.0000>: 80

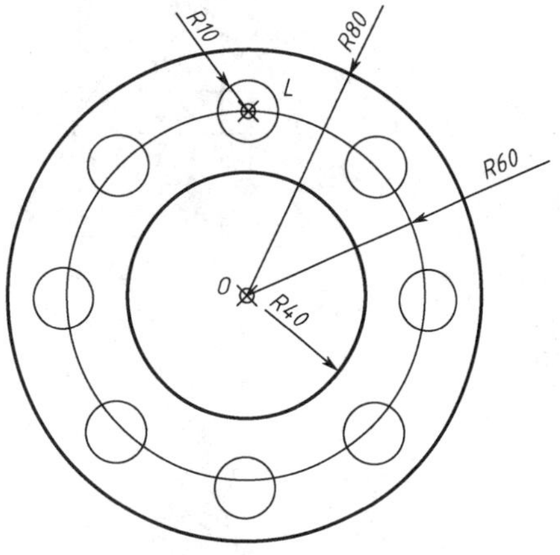

图 3-9　利用阵列命令绘制图形一

（2）绘制半径为 10 的小圆。

命令行窗口的操作步骤如下：

命令: _circle 指定圆的圆心或 [三点(3P)/两点(2P)/相切、相切、半径(T)]://指定半径为 60 圆的象限点 L

指定圆的半径或 [直径(D)] <80.0000>: 10

（3）绘制阵列半径为 10 的小圆。

执行阵列命令，打开“阵列”对话框，如图 3-10 所示。选中“环形阵列”单选按钮。单击“中心点”按钮后面的“拾取中心点”按钮，然后在绘图窗口中选择圆心 *O*。在“方法和值”设置区中选择创建方法为“项目总数和填充角度”，并设置“项目总数”为“6”，“填充角度”为“360”。单击“选择对象”按钮，然后在绘图窗口中选择半径为 10 的小圆，按 Enter 键确认，返回“阵列”对话框。单击“确定”按钮，关闭“阵列”对话框，图形绘制完成。

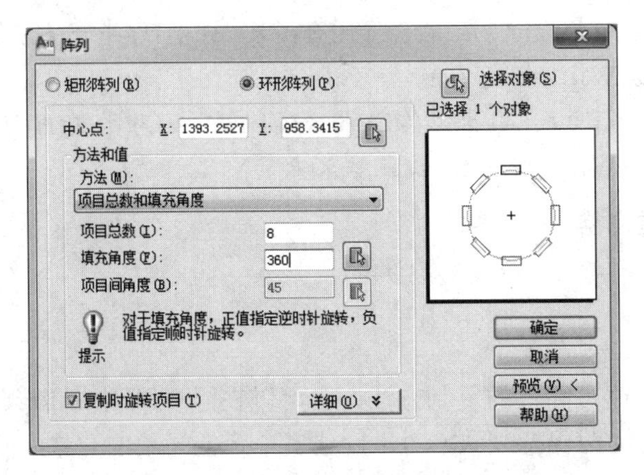

图 3-10 “阵列”对话框

【实例 3-7】绘制如图 3-11 所示的图形。

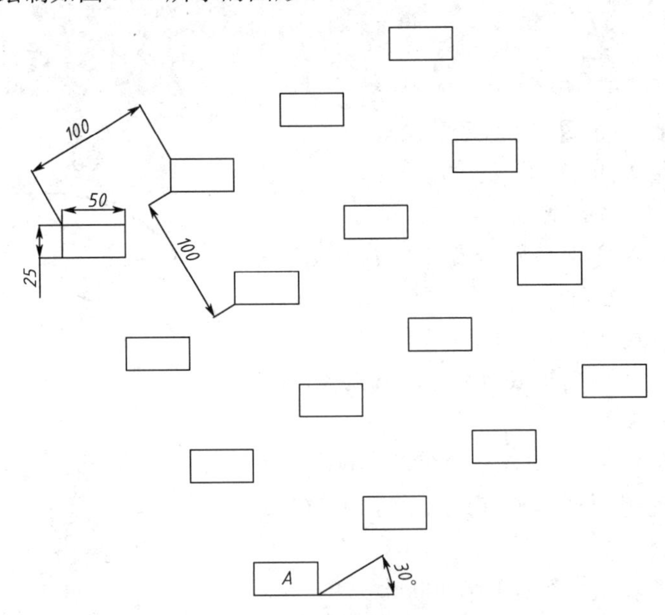

图 3-11 利用阵列命令绘制图形二

（1）绘制矩形 A。

命令行窗口的操作步骤如下：

命令: _line 指定第一点:

指定下一点或 [放弃(U)]: 50

指定下一点或 [放弃(U)]: 25

指定下一点或 [闭合(C)/放弃(U)]: 50

指定下一点或 [闭合(C)/放弃(U)]:

指定下一点或 [闭合(C)/放弃(U)

（2）阵列矩形 A。

执行阵列命令，打开“阵列”对话框，如图 3-12 所示，选择“矩形阵列”单选按钮。

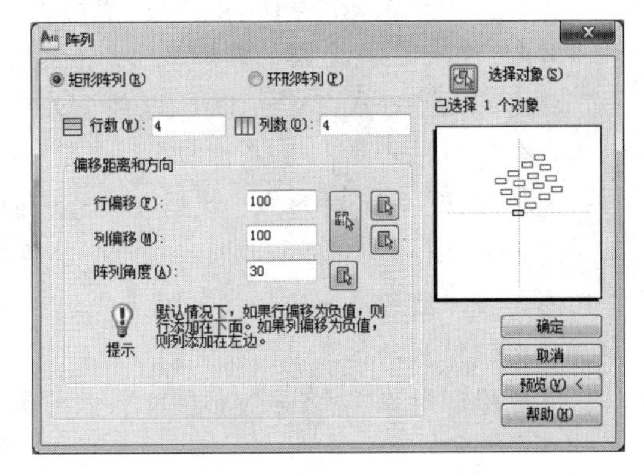

图 3-12 “矩形阵列”对话框

设置“行”、“列”值均为“4”，设置“偏移距离和方向”中的“行偏移”及“列偏移”值均为“100”，“阵列角度”为“30°”。单击“选择对象”按钮，然后在绘图窗口中选择矩形 A，按 Enter 键确认，返回“阵列”对话框。单击“确定”按钮，关闭“阵列”对话框，图形绘制完成。

二、镜像

【命令功能】

该命令对创建对称的对象非常有用。可以对选择的对象做镜像处理，生成两个相对镜像线完全对称的对象。原始对象可以保留，也可以删除。

【输入命令】

菜单栏：选择“修改”→“镜像”命令。

工具栏：单击“修改”工具栏中的“镜像”按钮。

命令行：MIRROR。

【实例 3-8】绘制如图 3-13 所示的图形。

命令行窗口的操作步骤如下：

命令: _line 指定第一点: //指定 A 点

指定下一点或 [放弃(U)]: 10 //指定 B 点

指定下一点或 [放弃(U)]: 10 //指定 C 点

指定下一点或 [闭合(C)/放弃(U)]: 15//指定 D 点

指定下一点或 [闭合(C)/放弃(U)]: 30//指定 E 点

指定下一点或 [闭合(C)/放弃(U)]: 25//指定 F 点

指定下一点或 [闭合(C)/放弃(U)]://按 Enter 键，结束命令

命令: _line 指定第一点: TT //绘制左侧圆的中心线，设置临时追踪

指定临时对象追踪点:

指定第一点:10

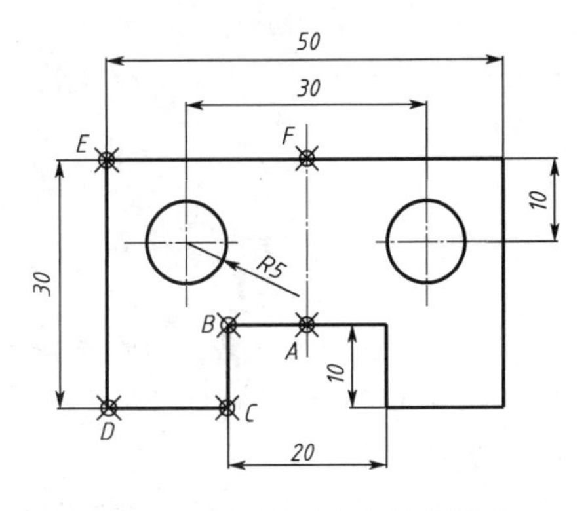

图 3-13 利用镜像命令绘制图形

指定下一点或 [放弃(U)]: 10

指定下一点或 [放弃(U)]: //绘制圆的水平、垂直中心线

命令: _circle 指定圆的圆心或 [三点(3P)/两点(2P)/相切、相切、半径(T)]:

指定圆的半径或 [直径(D)]: 5 //绘制左侧圆

命令: _mirror

选择对象: 指定对角点: 找到 8 个 //利用窗口方式选择中心线 FA 左侧的全部对象

选择对象:

指定镜像线的第一点://指定 F 点

指定镜像线的第二点://指定 A 点

要删除源对象吗？[是(Y)/否(N)] <N>: //按 Enter 键，结束命令

三、拉伸

【命令功能】

该命令可以拉伸、缩短、移动对象，在编辑过程中，除被拉伸、缩短的对象外，其他图形元素之间的几何关系将保持不变。

【输入命令】

菜单栏：选择“修改”→“拉伸”命令。

工具栏：单击“修改”工具栏中的“拉伸”按钮。

命令行：STRETCH。

【实例 3-9】用拉伸命令编辑如图 3-14 所示的图形。

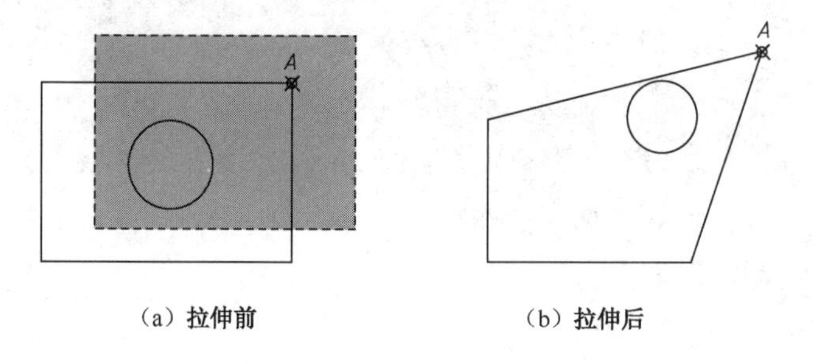

（a）拉伸前　　（b）拉伸后

图 3-14　利用拉伸命令编辑图形

命令行窗口的操作步骤如下：

命令: _stretch

以交叉窗口或交叉多边形选择要拉伸的对象...

选择对象: 指定对角点: 找到 5 个 //窗口方式: 从左向右选择，如图 3-13（a）所示

选择对象:

指定基点或 [位移(D)] <位移>: //指定 A 点

指定第二个点或 <使用第一个点作为位移>://沿斜上方指定任意一点

【说明】

拉伸对象时，只能用交叉窗口或交叉多边形的方法选择要拉伸的对象。窗口内的对象

被移动；与窗口的边界相交的对象被拉伸。

四、旋转

【命令功能】

该命令将编辑对象绕指定的基点按指定的角度及方向旋转。

【输入命令】

菜单栏：选择“修改”→“旋转”命令。

工具栏：单击“修改”工具栏中的“旋转”按钮。

命令行：ROTATE。

【实例 3-10】用旋转命令编辑如图 3-15 所示的图形。

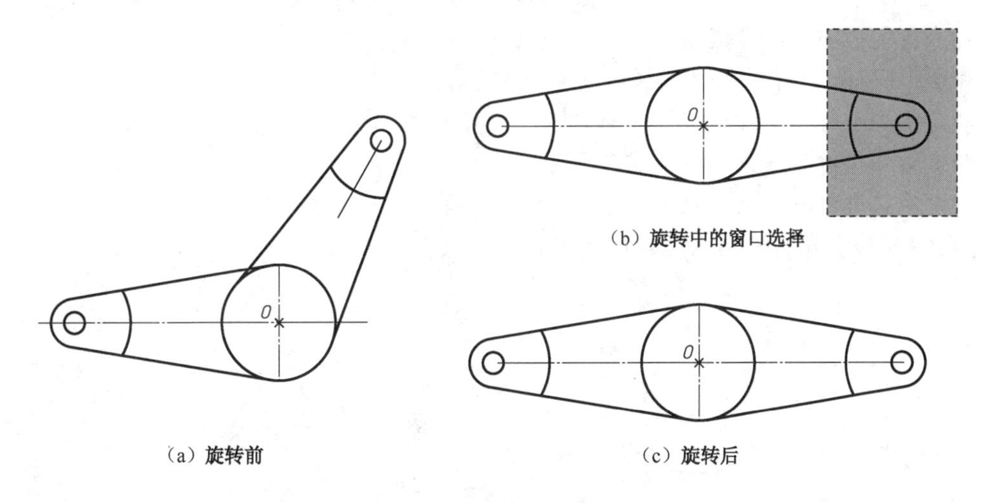

（a）旋转前　（b）旋转中的窗口选择　（c）旋转后

图 3-15　用旋转命令编辑图形

命令行窗口的操作步骤如下：

命令: _rotate

UCS 当前的正角方向: ANGDIR=逆时针　ANGBASE=0

选择对象: 指定对角点: 找到 6 个 //窗口选择，如图 3-15（b）所示

选择对象:

指定基点: //指定 O 点

指定旋转角度，或 [复制(C)/参照(R)] <0>:　60//输入旋转角度

【说明】

若指定参照（R），可以输入参考方向的角度值，或者以用鼠标选择两点所确定的直线与 X 轴的夹角为参考方向角。

五、打断

【命令功能】

该命令将对象上指定的两个点之间的部分断开，从而使原对象分为两个对象。

【输入命令】

> 菜单栏：选择“修改”→“打断”命令。
> 工具栏：单击“修改”工具栏中的“打断”按钮[ ]。
> 命令行：BREAK。

【实例 3-11】用打断命令编辑如图 3-16 所示的图形。

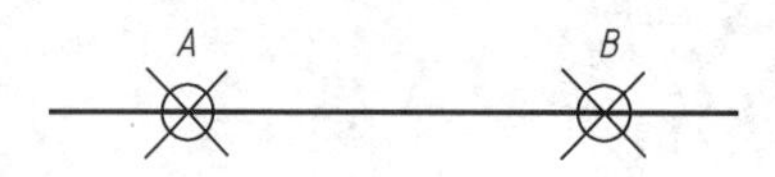

（a）打断前

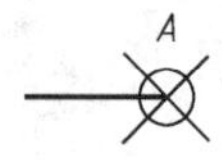

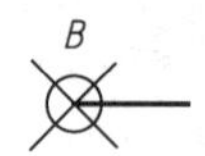

（b）打断后

图 3-16　用打断命令编辑直线

命令行窗口的操作步骤如下：
命令: _break 选择对象: //选择线段
指定第二个打断点 或 [第一点(F)]: F
指定第一个打断点: //捕捉 A 点
指定第二个打断点: //捕捉 B 点

【实例 3-12】用打断命令编辑如图 3-17 所示图形。

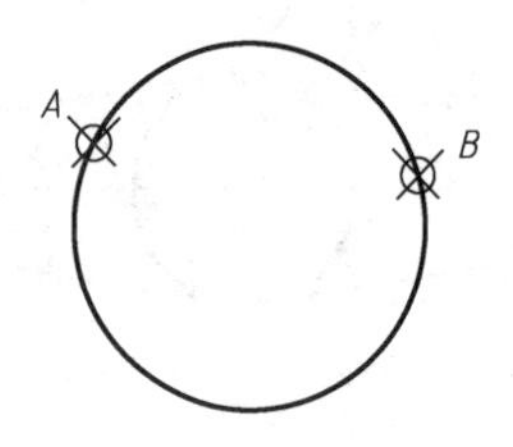

（a）打断前

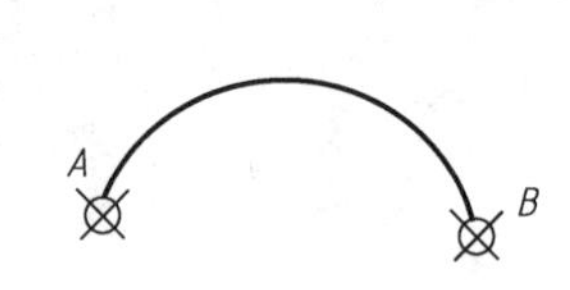

（b）打断后

图 3-17　用打断命令编辑圆

命令行窗口的操作步骤如下：
命令: _break 选择对象: //选择圆
指定第二个打断点 或 [第一点(F)]: F
指定第一个打断点: //捕捉 A 点
指定第二个打断点: //捕捉 B 点

六、缩放

【命令功能】

该命令可将图形放大或缩小。

【输入命令】

> 菜单栏：选择“修改”→“缩放”命令。
> 工具栏：单击“修改”工具栏中的“缩放”按钮。
> 命令行：SCALE。

【实例 3-13】用缩放命令编辑如图 3-18 所示图形。

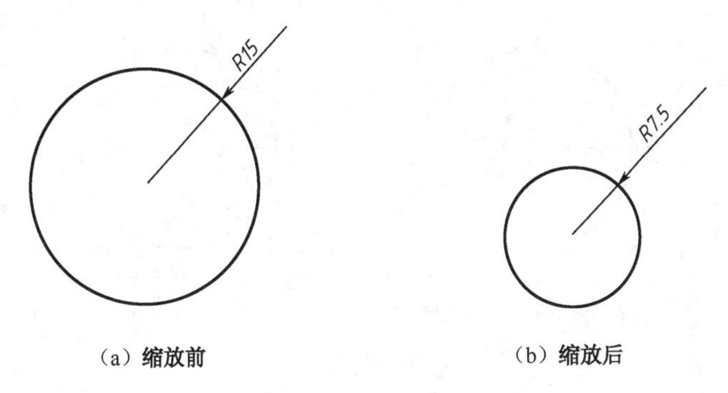

(a) 缩放前　　(b) 缩放后

图 3-18　用缩放命令编辑圆

命令行窗口的操作步骤如下：

命令: _scale

选择对象: 找到 1 个//选择圆

选择对象: //按 Enter 键

指定基点://确定圆心

指定比例因子或 [复制(C)/参照(R)] <5.0000>:0.5 //确定缩放比例

七、夹点功能

夹点编辑方式是一种集成的编辑模式，该模式包含移动、镜像、旋转、缩放、拉伸等几种编辑方法。默认情况下，AutoCAD 的夹点编辑方式是开启的。当用户选择实体后，实体上将出现若干方框，这些方框称为夹点或关键点。

把十字光标靠近方框，在方框变成绿色状态下，单击鼠标左键，激活夹点编辑状态。此时，AutoCAD 自动进入“拉伸”编辑方式，连续按 Enter 键，

1. 利用关键点拉伸对象

【命令功能】

在拉伸编辑模式下，当激活的夹点是线段的端点时，将有效地拉伸或缩短对象。若激活的夹点是线段的中点、圆、圆弧的圆心或是文字及尺寸数字等实体时，这种编辑方式只是移动对象。

【输入命令】

选择对象后，激活某个夹点。

【实例 3-14】用夹点拉伸如图 3-19（a）所示圆的中心线。

命令行窗口的操作步骤如下：

命令: <正交 开>

命令: //选择直线

命令: //激活夹点 A

** 拉伸 ** //进入拉伸模式

指定拉伸点或[基点(B)/复制(C)/放弃(U)/退出(X)]: //向右移动鼠标拉伸直线，结果如

图 3-19（b）所示

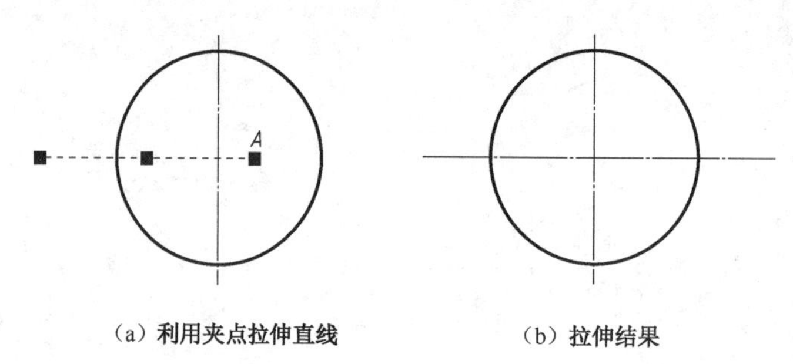

（a）利用夹点拉伸直线　　（b）拉伸结果

图 3-19　利用夹点拉伸对象

2. 利用关键点移动和复制对象

【命令功能】

夹点移动模式可以编辑单一对象或一组对象，在此方式下使用“复制（C）”选项，就能在移动实体的同时进行复制。

【输入命令】

选择对象后，激活某个夹点。

【实例 3-15】用夹点复制如图 3-20（a）所示的矩形。

命令行窗口的操作步骤如下：

命令: //选择矩形 A

命令: //激活夹点 A

** 拉伸 ** //进入拉伸模式

指定拉伸点或 [基点(B)/复制(C)/放弃(U)/退出(X)]://按 Enter 键进入移动模式

** 移动 **

指定移动点或 [基点(B)/复制(C)/放弃(U)/退出(X)]: c //选择 C 选项，进入复制模式

** 移动 (多重) **

指定移动点或 [基点(B)/复制(C)/放弃(U)/退出(X)]://选择 B 点，复制矩形

** 移动 (多重) **

指定移动点或 [基点(B)/复制(C)/放弃(U)/退出(X)]: //按 Enter 键，结束命令，结果如图 3-20（b）所示

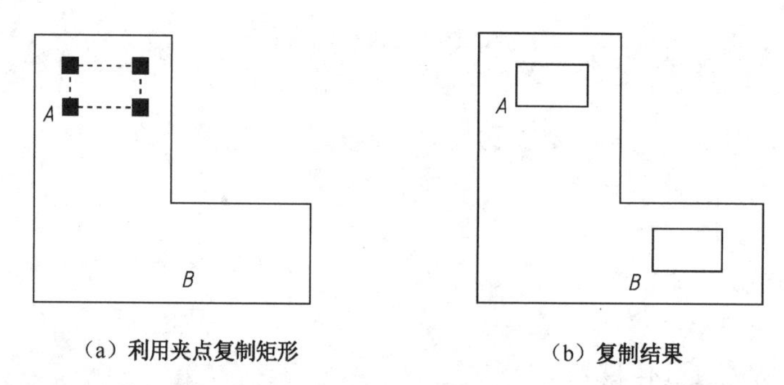

（a）利用夹点复制矩形　　（b）复制结果

图 3-20　利用夹点复制对象

3. 利用关键点旋转对象

【命令功能】

旋转对象是绕旋转中心进行的，当使用夹点编辑模式时，激活的夹点就是旋转中心，用户也可以指定其他点作为旋转中心。在旋转操作中，“参照（R）”选项可以使旋转图形实体与某个新位置对齐。

【输入命令】

选择对象后，激活某个夹点。

【实例 3-16】用夹点旋转如图 3-21（a）所示的对象。

命令行窗口的操作步骤如下：

命令://选择直线 A

命令: //激活夹点 A

** 拉伸 ** //进入拉伸模式

指定拉伸点或 [基点(B)/复制(C)/放弃(U)/退出(X)]://按 Enter 车键，进入移动模式

** 移动 **

指定移动点或 [基点(B)/复制(C)/放弃(U)/退出(X)]: //按 Enter 键，进入旋转模式

** 旋转 **

指定旋转角度或 [基点(B)/复制(C)/放弃(U)/参照(R)/退出(X)]: 120

//输入旋转角度，按 Enter 键结束，结果如图 3-21（b）所示

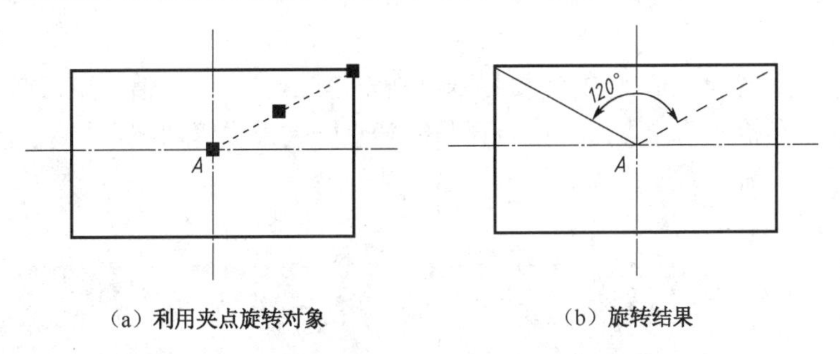

（a）利用夹点旋转对象　　（b）旋转结果

图 3-21　用夹点旋转对象

4. 利用关键点缩放对象

【命令功能】

当切换到缩放模式时，当前激活的夹点就是缩放的基点。用户可以输入比例系数对实体进行放大或缩小，也可利用“参照（R）”选项将实体缩放到某一尺寸。

【输入命令】

选择对象后，激活某个夹点。

【实例 3-17】用夹点缩放如图 3-22（a）所示的对象。

命令行窗口的操作步骤如下：

命令: //选择矩形 A

命令: //激活夹点 A

** 拉伸 ** //进入拉伸模式

指定拉伸点或 [基点(B)/复制(C)/放弃(U)/退出(X)]: //按 Enter 键，进入移动模式

** 移动 **

指定移动点或 [基点(B)/复制(C)/放弃(U)/退出(X)]:// 按 Enter 键，进入旋转模式

** 旋转 **

指定旋转角度或 [基点(B)/复制(C)/放弃(U)/参照(R)/退出(X)]:// 按 Enter 键，进入缩放模式

** 比例缩放 **

指定比例因子或 [基点(B)/复制(C)/放弃(U)/参照(R)/退出(X)]: 0.5

//输入缩放比例系数，按 Enter 键结束，结果如图 3-22（b）所示

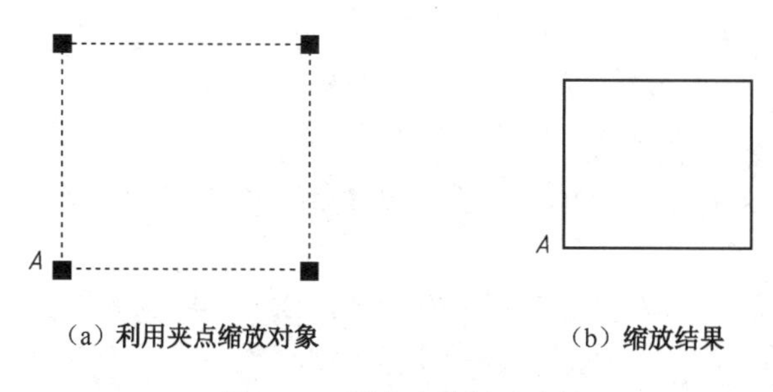

（a）利用夹点缩放对象　　（b）缩放结果

图 3-22　用夹点缩放对象

5. 利用关键点镜像对象

【命令功能】

进入镜像模式后，AutoCAD 直接提示“指定第二点”。默认情况下，激活的夹点是镜像线的第一点，在拾取第二点后，此点便与第一点一起形成镜像线。如果用户要重新设定镜像线的第一点，需要通过“基点（B）”选项来选择。

【输入命令】

选择对象后，激活某个夹点。

【实例 3-18】用夹点镜像如图 3-23（a）所示的对象。

命令行窗口的操作步骤如下：

命令: //选择多段线 A

命令: //激活夹点 A

** 拉伸 ** //进入拉伸模式

指定拉伸点或 [基点(B)/复制(C)/放弃(U)/退出(X)]://按 Enter 键，进入移动模式

** 移动 **

指定移动点或 [基点(B)/复制(C)/放弃(U)/退出(X)]://按 Enter 键，进入旋转模式

** 旋转 **

指定旋转角度或 [基点(B)/复制(C)/放弃(U)/参照(R)/退出(X)]://按 Enter 键，进入缩放模式

** 比例缩放 **

指定比例因子或 [基点(B)/复制(C)/放弃(U)/参照(R)/退出(X)]://按 Enter 键，进入镜像模式

** 镜像 **

指定第二点或 [基点(B)/复制(C)/放弃(U)/退出(X)]://拾取 B 点，结果如图 3-23（b）所示

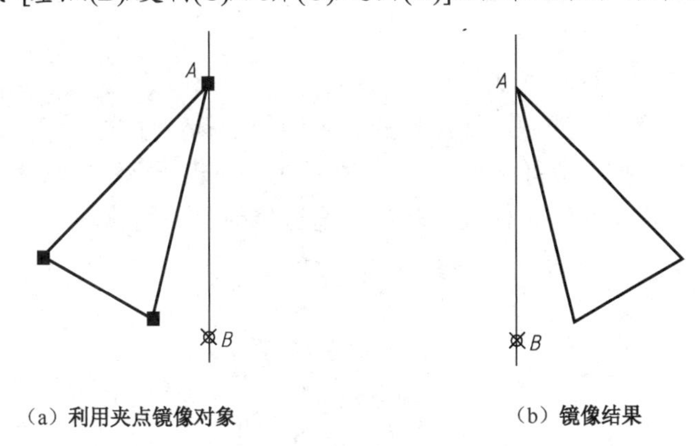

（a）利用夹点镜像对象　　（b）镜像结果

图 3-23　用夹点镜像对象

技能 4　尺寸标注

尺寸标注的组成部分通常是由以下几种基本元素构成的，如图 3-24 所示。

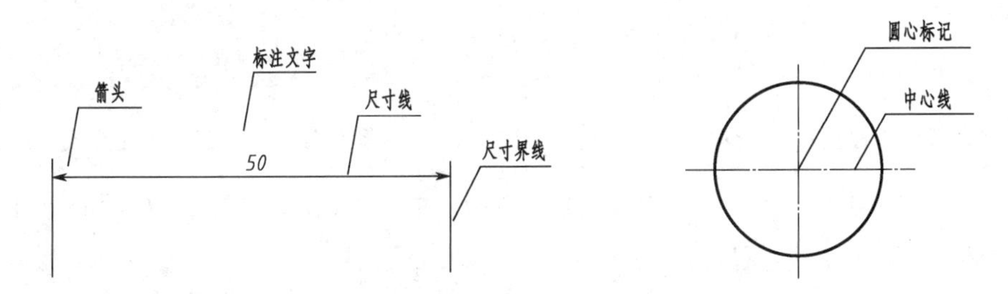

图 3-24　组成尺寸标注的基本元素

一、尺寸样式设置

【命令功能】

在绘图过程中，不同的图形需要不同的标注样式，以满足实际工作的需要，在标注前需要定义标注样式或对原有样式进行修改，这样才能使绘制出的图形标注的尺寸统一完整。不同的标注样式决定了标注各基本元素的不同特征。

【输入命令】

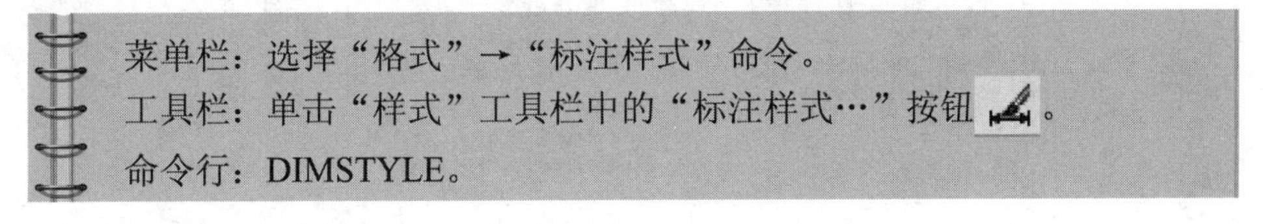
菜单栏：选择“格式”→“标注样式”命令。
工具栏：单击“样式”工具栏中的“标注样式…”按钮。
命令行：DIMSTYLE。

【命令操作】

执行上述命令之一后，系统会弹出如图 3-25 所示的“标注样式管理器”对话框。

在“标注样式管理器”对话框中，各选项的具体含义如下。

（1）样式：显示当前图形所使用的所有标注样式名称。

（2）列出：此下拉列表包含所有样式和正在使用的样式。

（3）不列出外部参照中的样式：用来控制在“样式”显示区中是否显示外部参照图形中的标注样式。

（4）预览：显示当前标注样式的标注效果。

（5）置为当前：将用户选中的标注样式设置为当前标注样式。

（6）新建：单击该按钮会弹出如图 3-26 所示的“创建新标注样式”对话框，用于指定新建的标注样式的名称，在哪种样式的基础上进行修改及使用范围。

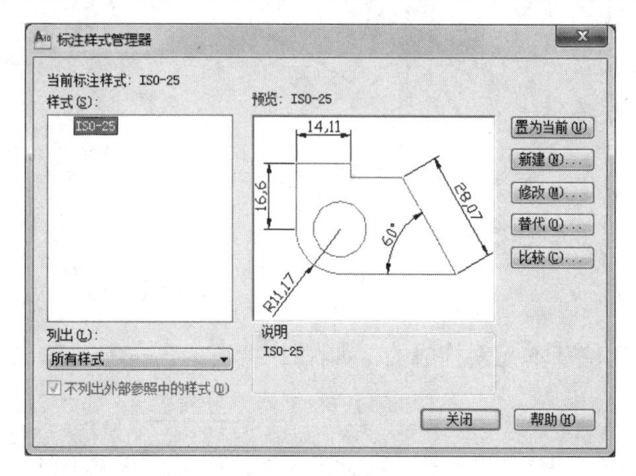

图 3-25 “标注样式管理器”对话框

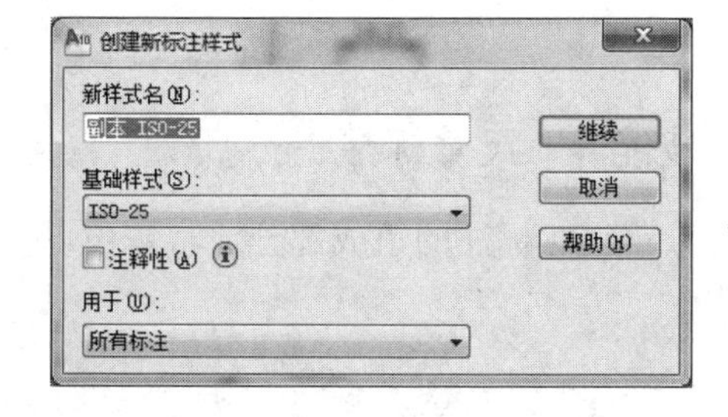

图 3-26 “创建新标注样式”对话框

（7）修改：单击该按钮，将弹出如图 3-27 所示的“修改标注样式”对话框，可在此对话框中对所选标注样式进行修改。

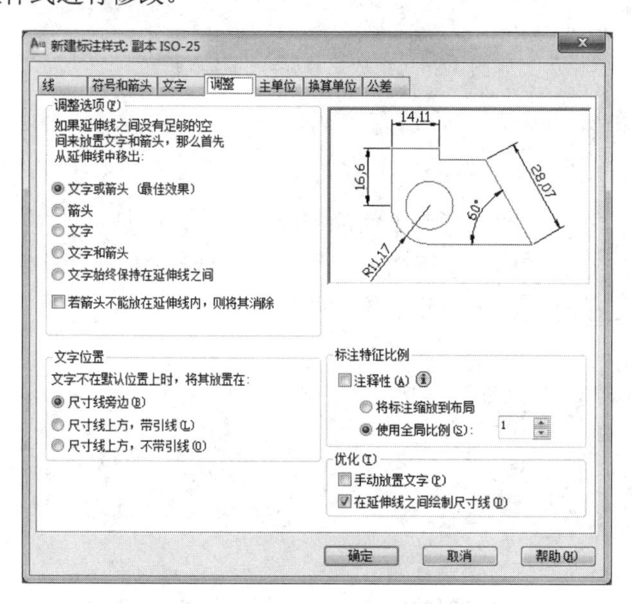

图 3-27 “修改标注样式”对话框

（8）替代：单击该按钮将弹出“替代当前样式”对话框，使用该对话框可以设置当前使用标注样式的临时替代值。

（9）比较：单击该按钮后可以比较两种标注样式的特性，浏览一种标注样式的全部特

性，并可将比较结果输出到 Windows 剪贴板上，然后再粘贴到其他 Windows 应用程序中。

1. 设置尺寸线和尺寸界线

在“标注样式管理器”对话框中选择要修改的标注样式，单击“修改”按钮，弹出 “修改标注样式”对话框，选择“线”选项卡，如图 3-28 所示，用户可以通过此对话框对尺寸线和尺寸界线的相关参数进行设置。

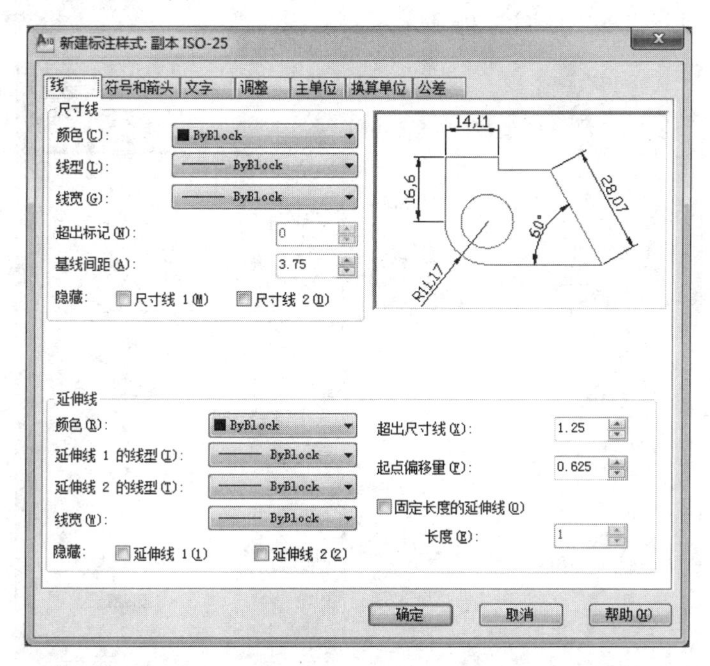

图 3-28 “线”选项卡

“线”选项卡中各选项含义如下：

1）尺寸线

（1）颜色：设置尺寸线的颜色。可从下拉列表中选择颜色，也可单击下拉列表中的■选择颜色...，弹出“选择颜色”对话框，可以在此对话框中选择需要的颜色，如图 3-29 所示。

（2）线宽：设置尺寸线的线宽。

（3）超出标记：指定尺寸线超出尺寸界线的长度。

（4）基线间距：设置基线标注的尺寸线之间的距离。

（5）隐藏：控制第一条或第二条尺寸线的可见性。

2）尺寸界线

（1）颜色：设置尺寸界线的颜色。

（2）线宽：设置尺寸界线的线宽。

（3）超出尺寸线：设置尺寸界线超出尺寸线

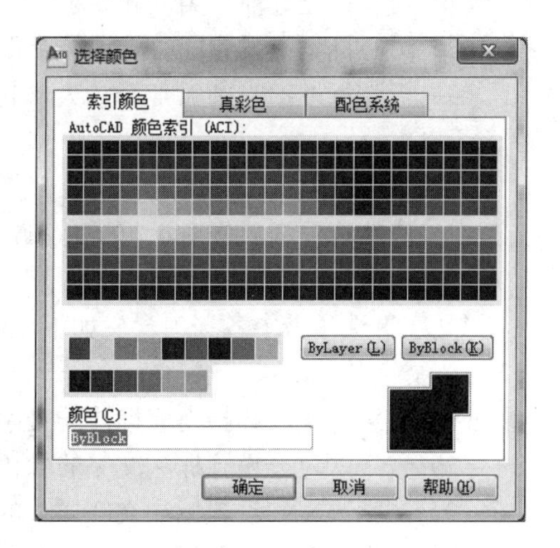

图 3-29 “选择颜色”对话框

的距离。

（4）起点偏移量：设置尺寸界线到定义点的距离。

（5）隐藏：控制第一条或第二条尺寸界线的可见性。

2. 设置符号和箭头

在“修改标注样式”对话框中，单击“符号和箭头”选项卡，用户在此可以对箭头和符号的相关参数进行设置，如图 3-30 所示。

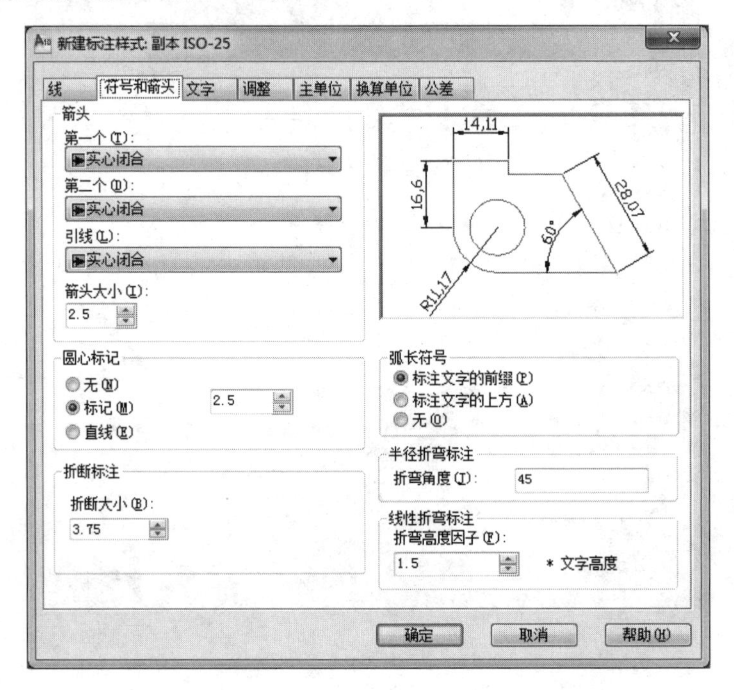

图 3-30 “符号和箭头”选项卡

“符号和箭头”选项卡中各选项含义如下。

（1）箭头：设置箭头类型和大小。

（2）圆心标记：设置圆心标记的类型和大小。

（3）折断标注：当圆弧半径较大，超出图幅时，不便直接标出圆心，因而将尺寸线折断表示出来。

3. 设置文字

在“修改标注样式”对话框中，单击“文字”选项卡，用户可以设置文字外观、位置和对齐方式等，如图 3-31 所示。

“文字”选项卡中各选项含义如下。

1）文字外观

（1）文字样式：选择当前标注的文字样式。

（2）文字颜色：设置标注文字的颜色。

（3）文字高度：设置标注文字样式的高度。

（4）填出颜色：设置标注文字的背景填充色。

（5）分数高度比例：设置标注文本中的分数高度和比例因子。

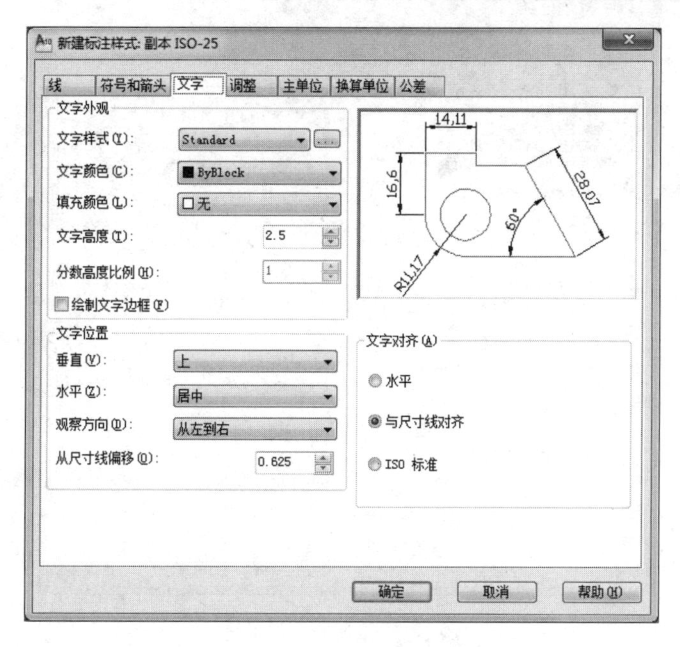

图 3-31 “文字”选项卡

（6）绘制文字边框：设置是否在标注文字周围显示一个方框。

2）文字位置

（1）垂直：设置标注文字相对尺寸线的垂直位置。

（2）水平：设置标注文字相对尺寸线的水平位置。

（3）观察方向：设置标注文字的观察方向。

（4）从尺寸线偏移：文字与尺寸线之间的偏移距离。

3）文字对齐

（1）水平：用于标注角度和半径。

（2）与尺寸线对齐：用于线性类尺寸标注的常用选项。

（3）ISO 标准：当标注文字在尺寸界线内时，文字与尺寸线对齐；在尺寸界线外时，文字水平排列。

4. 调整

在“修改标注样式”对话框中，单击“调整”选项卡，用户可以设置基于尺寸界线之间的文字和箭头的位置，如图 3-32 所示。

“调整”选项卡中各选项含义如下。

1）调整选项

（1）文字或箭头：尺寸界线的距离足够放置文字和箭头时，将文字或箭头放在其内部，否则，按最佳布局移动文字或箭头；当尺寸界线的距离仅够容纳箭头时，将文字放在尺寸界线外；当尺寸界线的距离不够放置文字也不够放置箭头时，将文字和箭头都放在尺寸界线外面。

（2）箭头：尺寸界线间的距离足够放置文字和箭头时，将文字和箭头放置在其内部；当尺寸界线间的距离仅够容纳箭头时，则将文字放在尺寸界线外；当尺寸界线间的距离不够放置箭头时，文字和箭头都放在尺寸界线外面。

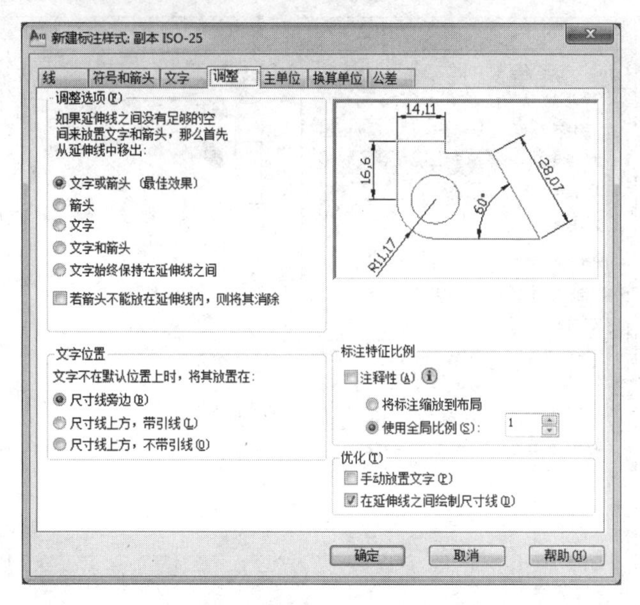

图 3-32 “调整”选项卡

（3）文字：尺寸界线间的距离足够放置文字和箭头时，将文字和箭头放置在其内部；当尺寸界线间的距离仅够容纳文字时，则将文字放在尺寸界线内，箭头放在尺寸界线外；当尺寸界线间的距离不够放置文字时，文字和箭头都放在尺寸界线外面。

（4）文字和箭头：尺寸界线间的距离不足以放下文字和箭头时，文字和箭头都放在尺寸界线外面。

（5）文字始终保持在尺寸界线之间：始终将文字放在尺寸界线之间。

（6）若箭头不能放在尺寸界线内，则将其消除：如果尺寸界线内没有足够距离，则不显示箭头。

2）文字位置

（1）尺寸线旁边：将标注文字放在尺寸线旁边，如图 3-33（a）所示。

（2）尺寸线上方，带引线：如文字移到远离尺寸线外，会创建一条从尺寸线到文字的引线。当文字太靠近尺寸线时，将省略引线，如图 3-33（b）所示。

（3）尺寸线上方，不带引线：在移动文字时，保持尺寸线的位置，远离尺寸线的文字不与带引线的尺寸相连，如图 3-33（c）所示。

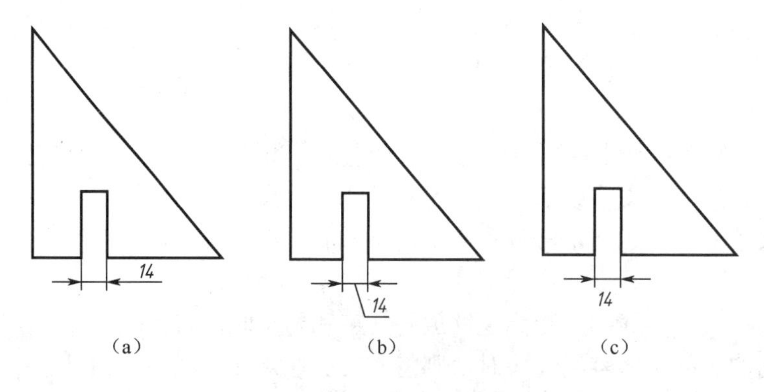

图 3-33 标注文字不同位置的效果

3）标注特征比例

（1）将标注缩放到布局：根据模型空间视图和图纸空间之间的比例确定比例因子。

（2）使用全局比例：为所有标注样式设置一个比例，此设置指定了大小、距离或间距，包括文字和箭头大小。该缩放比例并不影响标注的测量值。

4）优化

（1）手动放置文字：忽略所有水平对正设置并把文字放在“尺寸线位置”提示下指定的位置。

（2）在尺寸界线之间绘制尺寸线：始终在尺寸界线之间绘制尺寸线。

5. 主单位

在“修改标注样式”对话框中，单击“主单位”选项卡，可以设置单位的类型、格式和精度等，如图 3-34 所示。

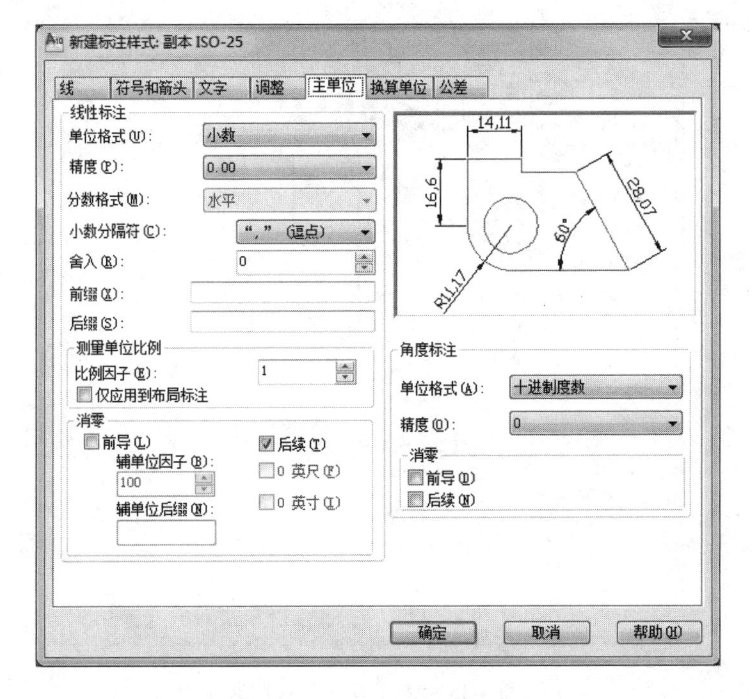

图 3-34 “主单位”选项卡

“主单位”选项卡中各选项含义如下。

1）线性标注。

设置线性标注的格式和精度。

（1）单位格式：为所有标注（除角度）设置单位格式。

（2）精度：设置标注中的小数位数。

（3）分数格式：设置分数的格式。

（4）小数分隔符：设置小数的分隔符号。

（5）舍入：为所有标注（除角度标注外）设置标注测量值的舍入规则。

（6）前缀：给标注文字指定一个前缀。可以输入文字或控制代码显示特殊符号。

（7）后缀：给标注文字指定一个后缀。可以输入文字或控制代码显示特殊符号。

2）测量单位比例

（1）比例因子：设置线性标注测量值的比例因子。

（2）仅应用到布局标注：在布局中创建标注应用线性比例值。

3）消零：控制不输出前导零和后续零

（1）前导：不输出前导零。例如，0.300 变为.300。

（2）后续：不输出后续零。例如，3.50 变为 3.5。

4）角度标注

（1）单位格式：设置角度标注单位格式。

（2）精度：设置角度标注的小数位数。

6. 设置换算单位

在“修改标注样式”对话框中，单击“换算单位”选项卡，可在此对换算单位进行设置，如图 3-35 所示。

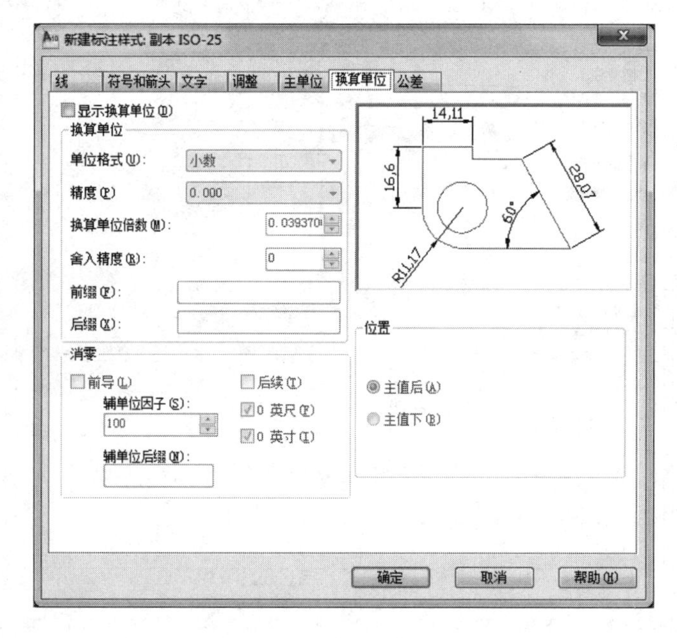

图 3-35 “换算单位”选项卡

“换算单位”选项卡中各选项含义如下。

1）显示换算单位：为标注文字添加换算测量单位

2）换算单位：为除角度标注之外的所有标注设置换算单位

① 单位格式：设置换算单位格式。

② 精度：设置换算单位的小数位数。

③ 换算单位倍数：指定一个乘数，作为单位和换算单位之间的换算因子。

④ 舍入精度：为除角度标注之外的所有标注类型设置换算单位的舍入规则。

3）位置：控制换算单位的位置

① 主值后：换算单位放在主单位后。

② 主值下：换算单位放在主单位之下。

7. 设置公差选项

在“修改标注样式”对话框中，单击“公差”选项卡，可对公差标注的选项进行设置，如图 3-36 所示。

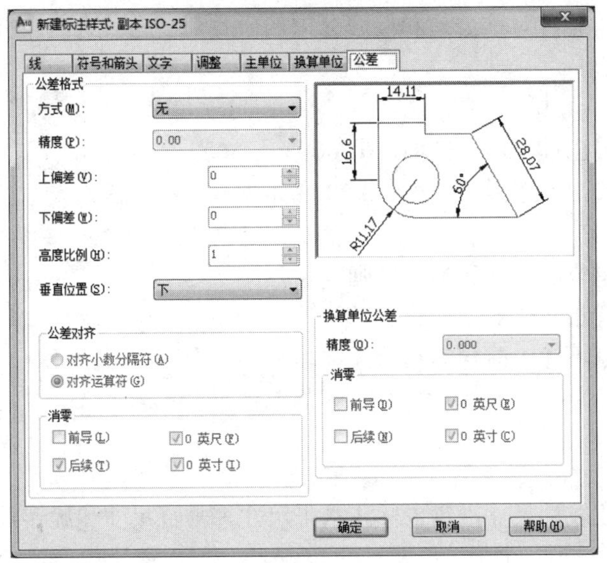

图 3-36 “公差”选项卡

“公差”选项卡中各选项含义如下。

1）公差格式：控制公差格式

（1）方式：设置计算公差的方式。计算公差的方式有以下五种：

① 无：不添加公差，如图 3-37（a）所示。

② 对称：添加公差的正负表达式，如图 3-37（b）所示。

③ 极限偏差：添加正负公差表达式，如图 3-37（c）所示。

④ 极限尺寸：创建极限标注，在此标注中，显示一个最大值和一个最小值，一个在上，另一个在下，最大值等于标注值加上在上偏差中输入的值，最小值等于标注值减去在下偏差中输入的值，如图 3-37（d）所示。

⑤ 基本尺寸：创建基本标注，AutoCAD 在标注文本范围绘制一个框，如图 3-37（e）所示。

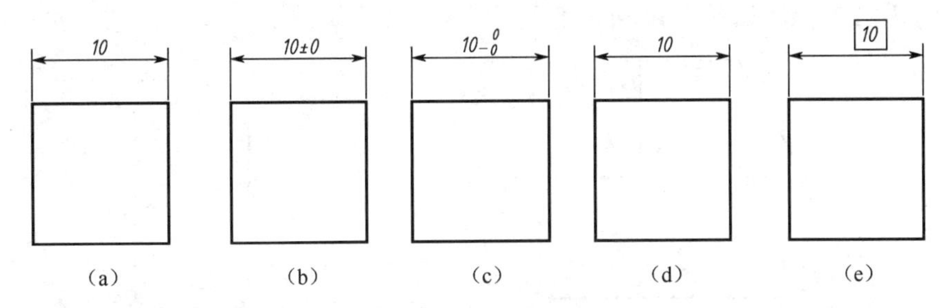

图 3-37 不同公差方式的效果

（2）精度：设置小数位数。

（3）上偏差：设置最大公差或上偏差，当在“方式”中选择“对称”时，AutoCAD 将给值作为公差。

（4）下偏差：设置最小公差或下偏差。

（5）高度比例：设置公差文字的当前高度。

（6）垂直位置：设置对称公差和极限公差的垂直对正方式，其中包含顶部、中间和底部三种对齐。

2）消零

（1）前导：不输出前导零，例如，0.300 变为.300。

（2）后续：不输出后续零，例如，3.50 变为 3.5。

3）换算单位公差

设置换算公差单位的精度和消零规则。

（1）精度：设置小数位数。

（2）消零：控制不输出前导零和后续零。

二、线性标注

【命令功能】

该命令用于标注线性尺寸，包含标注水平尺寸、垂直尺寸和旋转尺寸。

【输入命令】

菜单栏：选择“标注”→“线性”命令。

工具栏：单击“标注工具栏”中的“线性”按钮。

命令行：DIMLINEAR。

【实例 3-19】标注如图 3-38 所示的尺寸。

命令行窗口的操作步骤如下：

命令: _dimlinear

指定第一条尺寸界线原点或 <选择对象>: //选取 A 点

指定第二条尺寸界线原点: //选取 B 点

指定尺寸线位置或

[多行文字(M)/文字(T)/角度(A)/水平(H)/垂直(V)/旋转(R)]: //单击 C 点附近

标注文字 =21.21

【实例 3-20】标注如图 3-39 所示的尺寸。

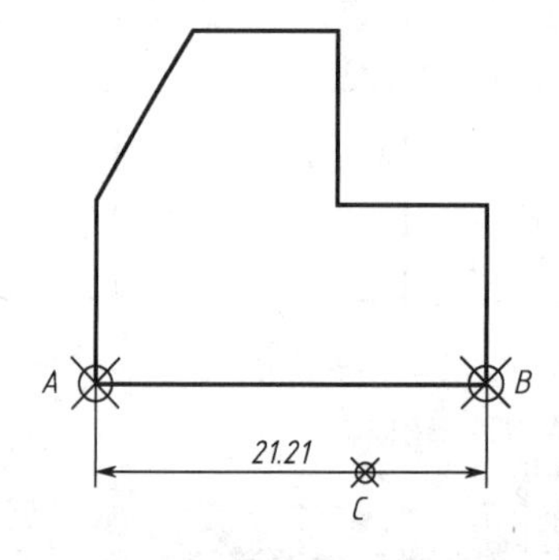

图 3-38 线性标注示例一

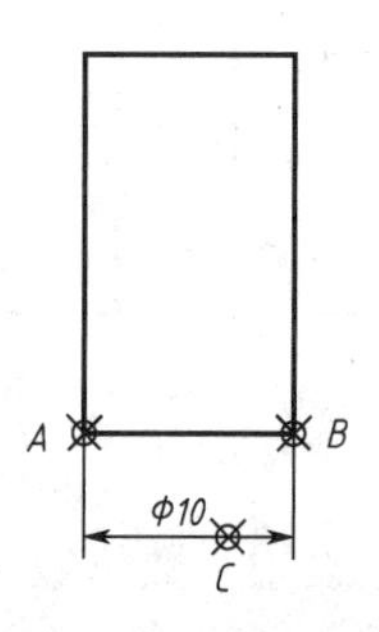

图 3-39 线性标注示例二

命令行窗口的操作步骤如下：

命令: _dimlinear

指定第一条尺寸界线原点或 <选择对象>: //选取 A 点

指定第二条尺寸界线原点: //选取 B 点

指定尺寸线位置或

[多行文字(M)/文字(T)/角度(A)/水平(H)/垂直(V)/旋转(R)]: t

输入标注文字 <10.12>: %%c10 //输入标注文字

指定尺寸线位置或

[多行文字(M)/文字(T)/角度(A)/水平(H)/垂直(V)/旋转(R)]: //单击 C 点附近

【提示】

（1）%%C：代替直径符号“ϕ”。

（2）%%D：代替度数符号“°”。

（3）%%P：代替正负符号“±”。

三、半径标注

【命令功能】

该命令用来标注圆或圆弧的半径尺寸，系统自动在尺寸文字前加“R”。

【输入命令】

菜单栏：选择“标注”→“半径”命令。

工具栏：单击“标注”工具栏中的“半径”按钮。

命令行：DIMRADIUS。

【实例 3-21】标注如图 3-40 所示的尺寸。

命令行窗口的操作步骤如下：

命令: _dimradius

选择圆弧或圆: //拾取圆

标注文字 = 6.29

指定尺寸线位置或 [多行文字(M)/文字(T)/角度(A)]://在合适位置选取一点放置尺寸文字

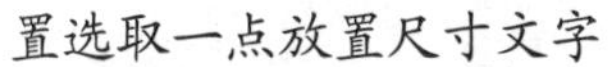

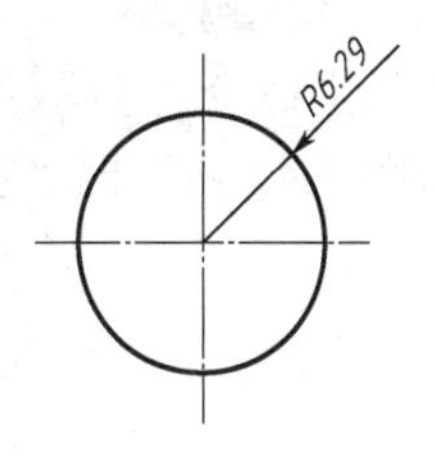

图 3-40 半径标注示例

四、直径标注

【命令功能】

该命令用来标注圆或圆弧的直径尺寸，系统自动在尺寸文字前加“ϕ”。

【输入命令】

菜单栏：选择“标注”→“直径”命令。

工具栏：单击“标注”工具栏中的“直径”按钮。

命令行：DIMDIAMETER。

【实例 3-22】标注如图 3-41 所示的尺寸。

命令行窗口的操作步骤如下：

命令: _dimdiameter

选择圆弧或圆: //拾取圆

标注文字 ＝12.58

指定尺寸线位置或 [多行文字(M)/文字(T)/角度(A)]: //在合适位置选取一点放置尺寸文字

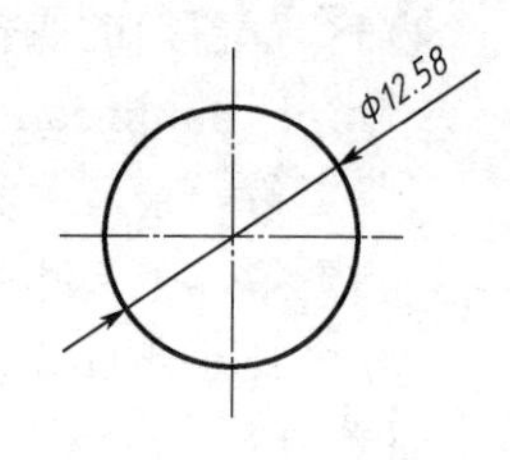

图 3-41 直径标注示例

五、引线标注

【命令功能】

该命令用来进行引出标注。

【输入命令】

命令行：QLEADER。

【实例 3-23】 标注如图 3-42 所示的尺寸。

命令行窗口的操作步骤如下：

命令: _qleader

指定第一个引线点或 [设置(S)] <设置>: //拾取 A 点

指定下一点: //拾取 B 点

指定下一点:

指定文字宽度 <0>: //按 Enter 键

输入注释文字的第一行 <多行文字(M)>: 引线标注文字 //输入文字内容

输入注释文字的下一行: //按 Enter 键，结束命令

图 3-42 引线标注示例

【说明】

当命令行显示“指定第一个引线点或 [设置(S)] <设置>”时，输入参数 S，可打开如图 3-43 所示的“引线设置”对话框。

图 3-43 “引线设置”对话框

该对话框中包含三个选项卡，分别用于引线标注的设置。

1. “注释”选项卡

该选项卡用于设置引线注释的类型、多行文字选项和是否重复使用注释。

1）“注释类型”区

（1）多行文字：在引线的末端加入多行文字。

（2）复制对象：将其他图形对象复制到引线末端。

（3）公差：打开“形位公差”对话框，使用户可以方便标注形位公差。

（4）块参照：在引线的末端插入图块。

（5）无：引线末端不加入任何图形对象。

2）“多行文字选项”区

只有在注释类型为多行文字时，该区域才可用。

（1）提示输入宽度：创建引线标注时，提示用户指定文字宽度。

（2）始终左对齐：输入的文字采用左对齐。

（3）文字边框：给文字添加边框。

3）“重复使用注释”区

（1）无：不重复使用注释内容

（2）重复使用下一个：把本次创建的文本注释复制到下一个引线标注中。

（3）重复使用当前：把上次创建的文本注释复制到当前引线标注中。

2. “引线和箭头”选项卡

该选项卡用于控制引线和箭头的外观特征，如图3-44所示。

图3-44 “引线和箭头”选项卡

1）“引线”区

（1）直线：引线是直线方式。

（2）样条曲线：引线是样条曲线方式。

2）“点数”区

（1）无限制：不限制引线的拐点数。

（2）最大值：最多几个拐点。

3）“箭头”区：

用于选择箭头的样式。

4）“角度约束”区

（1）第一段：设置引线第一段倾斜角度，如图3-45所示。

（2）第二段：设置引线第二段倾斜角度，如图3-45所示。

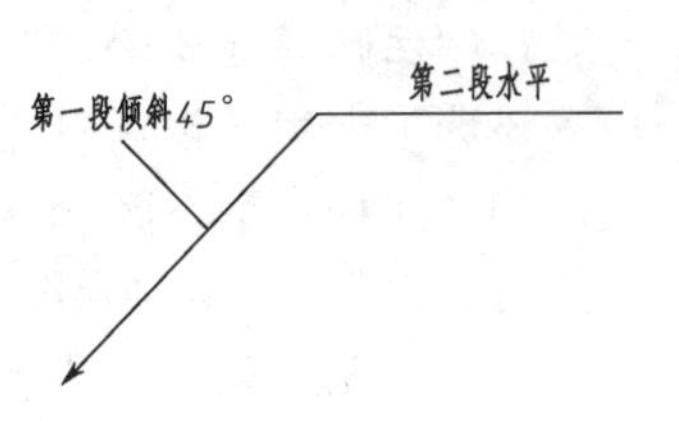

图3-45 设置引线倾斜角

3. “附着”选项卡

只有当用户指定引线注释为多行文字时，才会显示“附着”选项卡，用户可以在此设置多行文字附着于引线末端的位置，如图3-46所示。

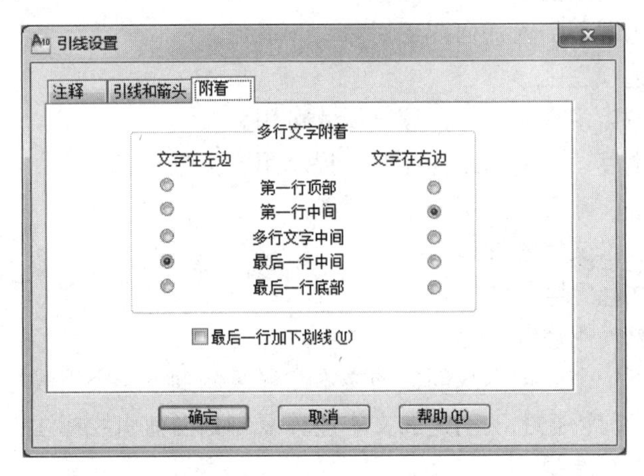

图3-46 “附着”选项卡

六、编辑标注尺寸

【命令功能】

该命令用于对标注样式、尺寸线、尺寸界线、尺寸文本等进行编辑。

【输入命令】

菜单栏：选择“修改”→“特性”命令。

工具栏：单击“标准”工具栏中的“对象特性”按钮。

命令行：PROPERTIES。

【实例3-24】将如图3-47（a）所示的尺寸样式修改为如图3-47（b）所示样式。

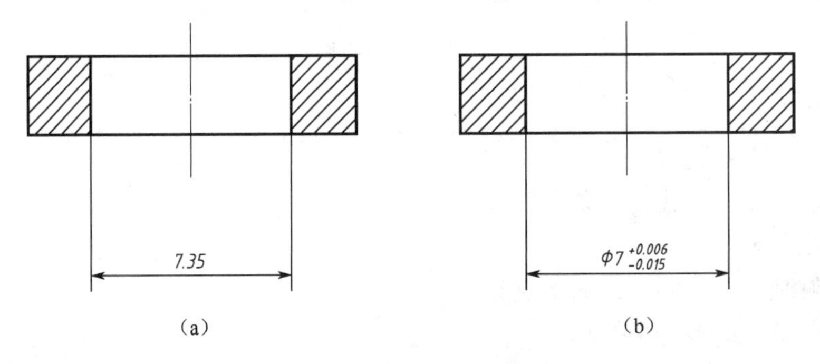

图3-47 用PROPERTIES命令编辑尺寸

操作步骤如下：

（1）双击标注文字 7.35，打开“特性”窗口，如图 3-48 所示。在“特性”窗口中单击“主单位”标签，然后在“标注前缀”文本框输入“%%C”，为标注文字 7.35 添加前缀“ϕ”。

（2）单击“公差”标签，在“显示公差”下拉列表中选择“极限偏差”，在“公差精度”下拉列表选择“0.000”，在“公差下偏差”中输入“0.015”，在“公差上偏差”中输入“0.006”，然后按 Enter 键结束，设置如图 3-49 所示。

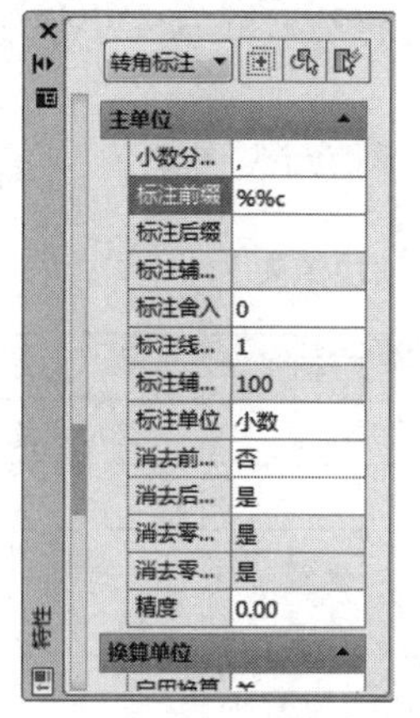

图 3-48 修改“主单位”标签

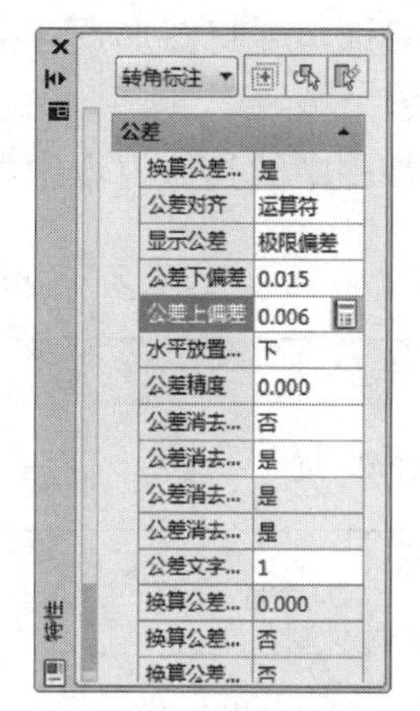

图 3-49 修改“主单位”标签

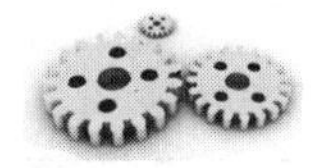

任务 2 项目的计划与决策

一、项目计划

项目计划是完成整个项目的一个重要环节，用以规定达到项目目标的途径和方法。根据在任务 1 中掌握的各种技能制订绘制棘轮图形（图 3-1）的步骤，填写表 3-1。

表 3-1 项目计划表

组名		组长		组员		
作图前分析	基准	定形尺寸	定位尺寸	已知线段	中间线段	连接线段
使用 CAD 绘制棘轮图形步骤						

二、项目决策

项目实施一般程序如下：

1. 新建文件

打开 CAD 软件绘制图形时，建立新文件，新文件的文件名为“棘轮.dwg”。

2. 设置绘图环境

采用 CAD 软件绘制图形时，首先要根据图形的需要建立图层，设置合理的线型、颜色及线宽等。

3. 绘制棘轮图形

根据图形尺寸，分析绘制图形时所需的命令，进行图形绘制。

4. 标注尺寸

图形绘制完成，要将图形尺寸按照 1∶1 的比例进行标注，注写文字说明。

5. 保存文件

每项实施步骤中的具体内容由学生分组讨论决策，并填写表 3-2。

表 3-2　项目实施中具体的作图方法决策表

<table>
<tr><th colspan="2">组名</th><th></th><th>组长</th><th></th><th>组员</th><th colspan="2"></th></tr>
<tr><td colspan="2" rowspan="2">设置绘图环境</td><td colspan="2">图层名</td><td colspan="2">图层颜色</td><td>图层线型</td><td>图层线宽</td></tr>
<tr><td colspan="2"></td><td colspan="2"></td><td></td><td></td></tr>
<tr><td rowspan="6">CAD 绘制棘轮图形使用的命令和技巧</td><td>绘制中心线</td><td colspan="6"></td></tr>
<tr><td>绘制轮廓线</td><td colspan="6"></td></tr>
<tr><td>绘制棘轮槽</td><td colspan="6"></td></tr>
<tr><td>绘制棘轮圆弧</td><td colspan="6"></td></tr>
<tr><td>绘制键槽</td><td colspan="6"></td></tr>
<tr><td>标注尺寸</td><td colspan="6"></td></tr>
</table>

任务 3　项目实施

步骤 1　新建文件，以“棘轮.dwg”为名保存

（1）启动 AutoCAD 2010，单击菜单的“文件/新建” 选项，打开“创建新图形”对话框，单击“确定”按钮，创建新的绘图文件，采用默认的绘图环境。

（2）单击菜单的“文件/保存”选项，打开“图形另存为”对话框，将文件名改为“棘轮”，保存于桌面，单击“确定”按钮。

步骤 2　设置绘图环境：图层、线型、颜色

（1）选择菜单“格式/图层”选项，打开“图层特性管理器”。

（2）在“图层特性管理器”中按照表 3-3 所示，设置绘图环境。设置结果如图 3-50 所示。

表 3-3 设置绘图环境

图 层	颜 色	线 型	线 宽
中心线	红色	Center	默认
细实线	白色	Continuous	默认
标注	蓝色	Continuous	默认

状	名称	开	冻结	锁定	颜色	线型	线宽	打印样式	打	说明
	0				白色	Con···ous	默认	Color_7		
	Defpoints				白色	Con···ous	默认	Color_7		
	标注				蓝色	Con···ous	默认	Color_5		
	细实线				白色	Con···ous	默认	Color_7		
	中心线				红色	CENTER	默认	Color_1		

图 3-50 设置绘图环境

步骤 3 绘制中心线

选择“中心线”为当前图层，绘制水平和垂直中心线，如图 3-51 所示。

命令行窗口的操作步骤如下：

命令: _line 指定第一点:

指定下一点或 [放弃(U)]:160//绘制线段 AB

指定下一点或 [放弃(U)]:

命令: _line 指定第一点: //指定线段 AB 的中点

指定下一点或 [放弃(U)]: 80 //绘制线段 OC

指定下一点或 [放弃(U)]:

命令:LINE 指定第一点://指定线段 AB 的中点

指定下一点或 [放弃(U)]: 80//绘制线段 OD

指定下一点或 [放弃(U)]:

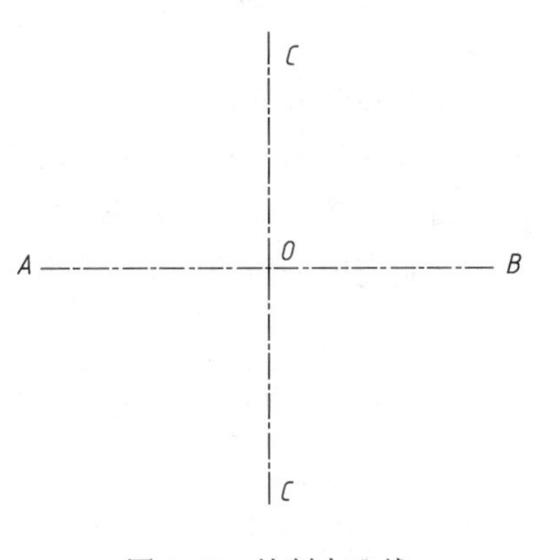

图 3-51 绘制中心线

步骤 4 绘制轮廓线与棘轮槽

（1）绘制圆。

选择“细实线”为当前层。命令行窗口的操作步骤如下：

命令: _circle 指定圆的圆心或 [三点(3P)/两点(2P)/相切、相切、半径(T)]://指定圆心 O 点

指定圆的半径或 [直径(D)] <73.0000>: 146/2//输入半径值

命令:CIRCLE 指定圆的圆心或 [三点(3P)/两点(2P)/相切、相切、半径(T)]:

指定圆的半径或 [直径(D)] <73.0000>: d

指定圆的直径 <146.0000>: 45 //输入直径值

命令:CIRCLE 指定圆的圆心或 [三点(3P)/两点(2P)/相切、相切、半径(T)]:

指定圆的半径或 [直径(D)] <22.5000>: d

指定圆的直径 <45.0000>: 25.4 //输入直径值

绘制完成的三个定位圆，如图 3-52 所示。

（2）绘制棘轮槽。

设置对象捕捉“象限点”和“交点”。命令行窗口的操作步骤如下：

命令: _circle 指定圆的圆心或 [三点(3P)/两点(2P)/相切、相切、半径(T)]: tt//指定临时追踪方式

指定临时对象追踪点: //指向中心线交点

指定圆的圆心或 [三点(3P)/两点(2P)/相切、相切、半径(T)]: 38.5 //向左偏移找圆心

指定圆的半径或 [直径(D)] <12.7000>: 6.5

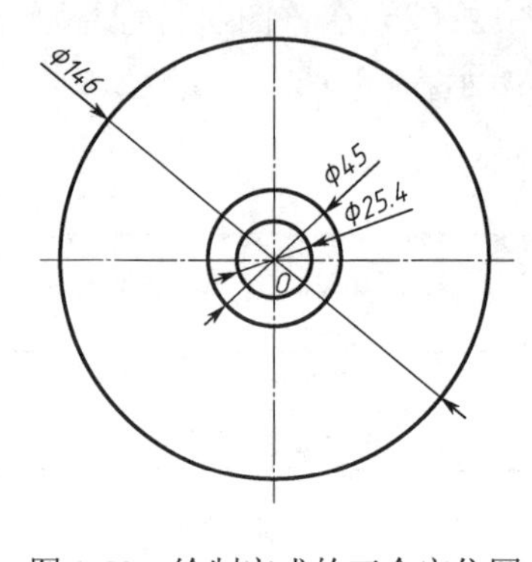

图 3-52 绘制完成的三个定位圆

命令: _line 指定第一点://选取半径为 6.5mm 圆的象限点

指定下一点或 [放弃(U)]: //与直径为 146mm 圆的交点

指定下一点或 [放弃(U)]:

重复绘制第二条水平线，绘制完成的棘轮槽如图 3-53 所示。

（3）绘制棘轮圆弧。

命令行窗口的操作步骤如下：

命令: _circle 指定圆的圆心或 [三点(3P)/两点(2P)/相切、相切、半径(T)]: tt //指定临时追踪方式

指定临时对象追踪点:

指定圆的圆心或 [三点(3P)/两点(2P)/相切、相切、半径(T)]: 92 //垂直向下偏移找圆心

指定圆的半径或 [直径(D)] <6.5000>: 32 //输入半径值

绘制完成的棘轮圆弧，如图 3-54 所示。

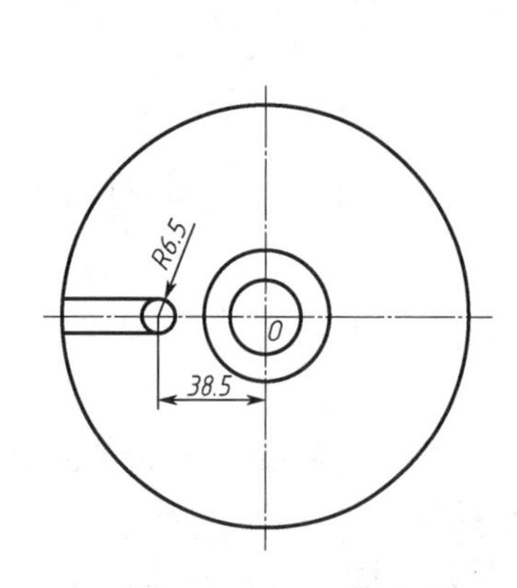

图 3-53 绘制完成的棘轮槽

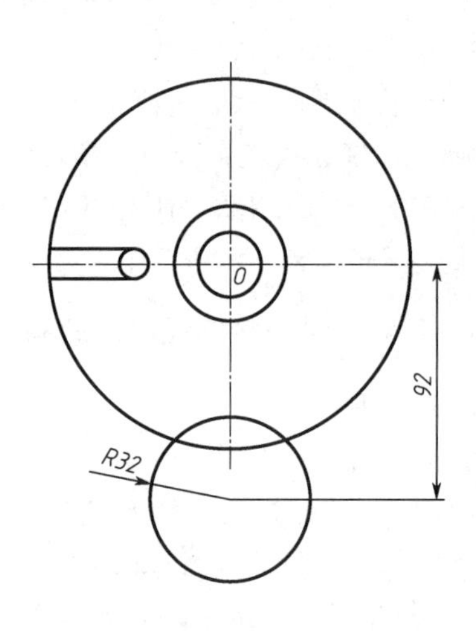

图 3-54 绘制完成的棘轮圆弧

（4）修剪单个棘轮圆弧与槽。

关闭中心线图层。命令行窗口的操作步骤如下：

命令: _trim

当前设置:投影=UCS，边=无

选择剪切边...

选择对象或 <全部选择>: //按 Enter 键，选择全部对象

选择要修剪的对象，或按住 Shift 键选择要延伸的对象，或

[栏选(F)/窗交(C)/投影(P)/边(E)/删除(R)/放弃(U)]:

选择要修剪的对象，或按住 Shift 键选择要延伸的对象，或

[栏选(F)/窗交(C)/投影(P)/边(E)/删除(R)/放弃(U)]:

选择要修剪的对象，或按住 Shift 键选择要延伸的对象，或

[栏选(F)/窗交(C)/投影(P)/边(E)/删除(R)/放弃(U)]:

选择要修剪的对象，或按住 Shift 键选择要延伸的对象，或

[栏选(F)/窗交(C)/投影(P)/边(E)/删除(R)/放弃(U)]:

修剪完成的图形如图 3-55 所示。

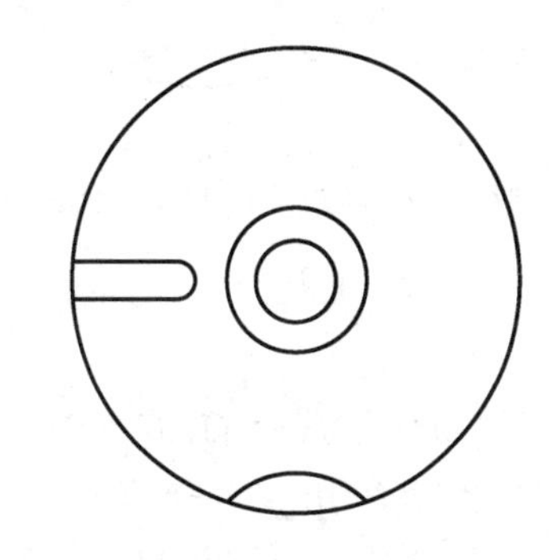

图 3-55 修剪单个棘轮圆弧与槽

（5）阵列棘轮圆弧与槽。

执行“修改”菜单中的“阵列”命令，打开“阵列”对话框，参数修改如图 3-56 所示，在“阵列”对话框中选择“环形阵列”，中心点为 O 点，单击“选择对象”前的按钮，选择对象为如图 3-57 所示的虚线部分，项目总数为“6”，“填充角度”为“360°”，单击“确定”按钮。

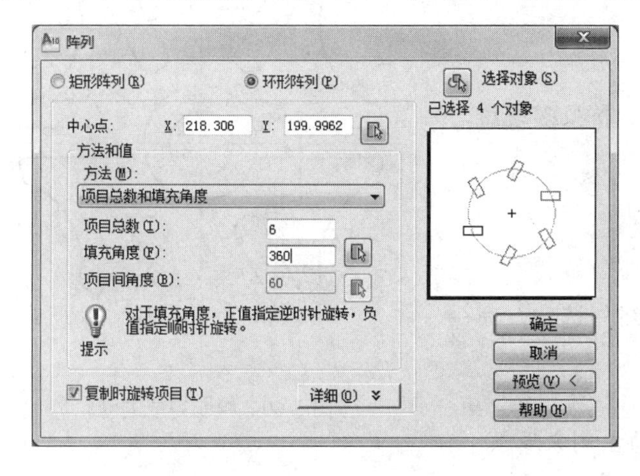

图 3-56 “阵列”对话框

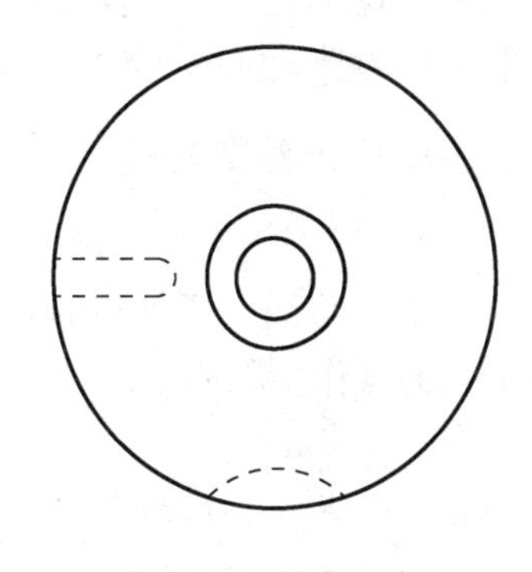

图 3-57 选择对象

绘制完成的阵列棘轮圆弧与槽，如图 3-58 所示。

（6）修剪全部棘轮圆弧与槽。

修剪全部后的棘轮圆弧与槽，如图 3-59 所示。

（7）绘制多段线。

单击“修改”菜单中的“对象”选项，选择“多段线”选项。

命令行窗口的操作步骤如下：

命令: _pedit 选择多段线或 [多条(M)]: //选取圆弧 1

选定的对象不是多段线

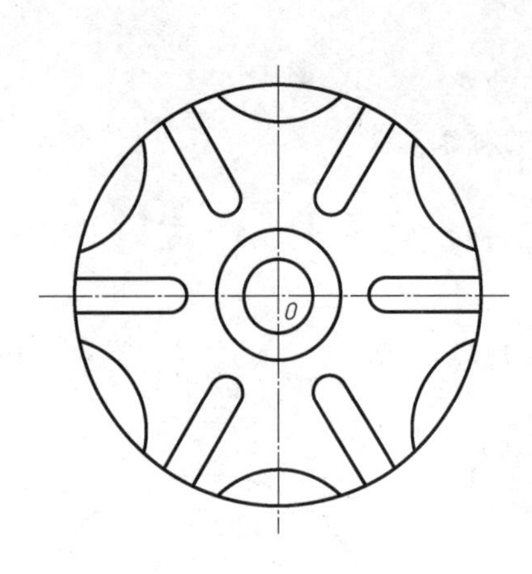

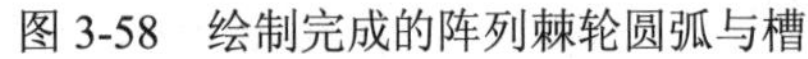

图 3-58　绘制完成的阵列棘轮圆弧与槽

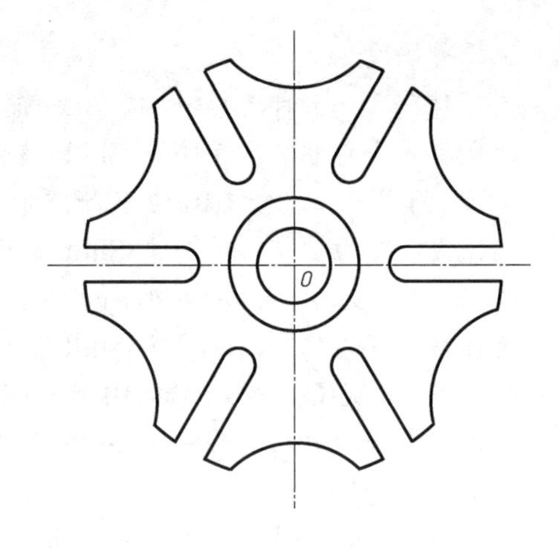

图 3-59　修剪全部后的棘轮圆弧与槽

是否将其转换为多段线? <Y>

输入选项

[闭合(C)/合并(J)/宽度(W)/编辑顶点(E)/拟合(F)/样条曲线(S)/非曲线化(D)/线型生成(L)/放弃(U)]: j //合并选项

选择对象: all //选取全部对象

找到 42 个

选择对象: //按 Enter 键

35 条线段已添加到多段线

棘轮轮廓完成合并操作，成为一整条多段线。绘制完成的棘轮如图 3-60 所示。

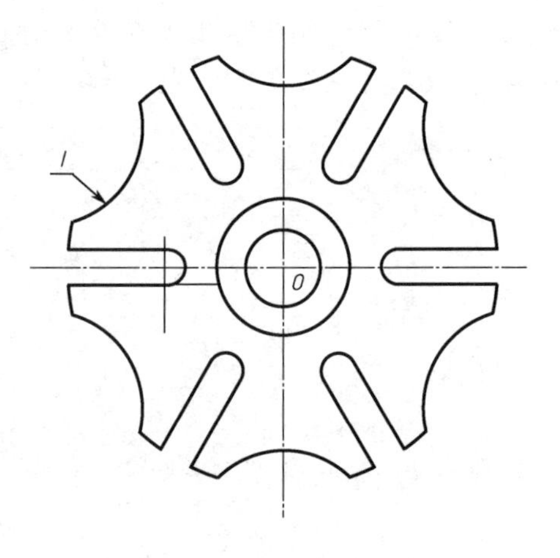

图 3-60　绘制完成的棘轮

步骤 5　绘制键槽

（1）应用多段线绘制键槽。

单击“绘图”菜单中的“多段线”选项，命令行窗口的操作步骤如下：

命令: _pline

指定起点: //直径为 25.4mm 圆的左侧象限点

当前线宽为 0.0000

指定下一个点或 [圆弧(A)/半宽(H)/长度(L)/放弃(U)/宽度(W)]: 3.5 //向上

指定下一点或 [圆弧(A)/闭合(C)/半宽(H)/长度(L)/放弃(U)/宽度(W)]: 3.5 //向右

绘制完成的键槽上半部，如图 3-61 所示。

（2）移动键槽。

命令行窗口的操作步骤如下：

命令: _move

选择对象: 找到 1 个

选择对象:

指定基点或 [位移(D)] <位移>: //捕捉多段线右端点

指定第二个点或 <使用第一个点作为位移>: 3.5 //向左移动距离

（3）镜像键槽。

命令行窗口的操作步骤如下：

命令: _mirror

选择对象: 找到 1 个

选择对象:

指定镜像线的第一点: 指定镜像线的第二点: //水平中心线

要删除源对象吗？[是(Y)/否(N)] <N>: //完成键槽的绘制

命令: _trim //修剪多余线段

当前设置:投影=UCS，边=无

选择剪切边...

选择对象或 <全部选择>:

选择要修剪的对象，或按住 Shift 键选择要延伸的对象，或

[栏选(F)/窗交(C)/投影(P)/边(E)/删除(R)/放弃(U)]:

选择要修剪的对象，或按住 Shift 键选择要延伸的对象，或

[栏选(F)/窗交(C)/投影(P)/边(E)/删除(R)/放弃(U)]:

选择要修剪的对象，或按住 Shift 键选择要延伸的对象，或

[栏选(F)/窗交(C)/投影(P)/边(E)/删除(R)/放弃(U)]:

绘制完成的键槽，如图 3-62 所示。

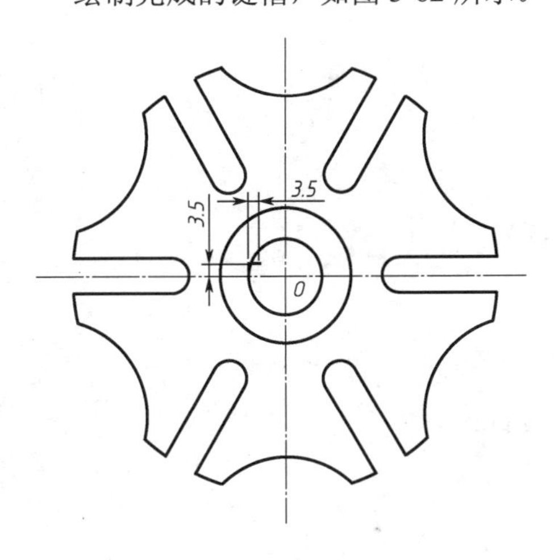

图 3-61 绘制完成的键槽上半部

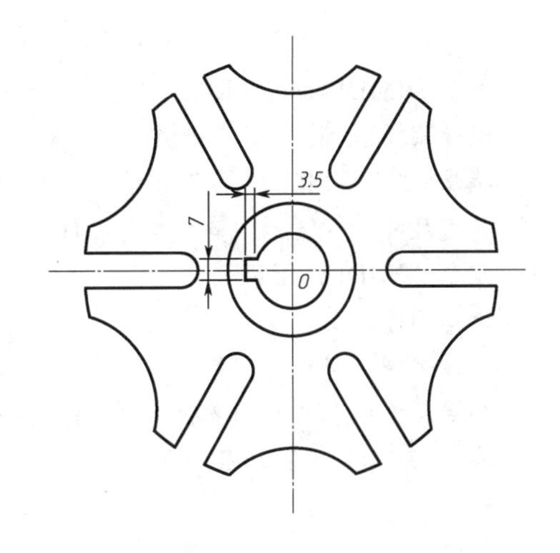

图 3-62 绘制完成的键槽

步骤 6 标注尺寸

（1）标注线性尺寸。

命令行窗口的操作步骤如下：

命令: _dimlinear

指定第一条尺寸界线原点或 <选择对象>://指定 A（圆心）点

指定第二条尺寸界线原点: //指定 D 点

指定尺寸线位置或

[多行文字(M)/文字(T)/角度(A)/水平(H)/垂直(V)/旋转(R)]:
标注文字 =38.5
命令: _dimlinear
指定第一条尺寸界线原点或 <选择对象>://指定B（圆心）点
指定第二条尺寸界线原点: //指定C点
指定尺寸线位置或
[多行文字(M)/文字(T)/角度(A)/水平(H)/垂直(V)/旋转(R)]:
标注文字 =92
（2）标注半径。
命令行窗口的操作步骤如下：
命令: _dimradius
选择圆弧或圆:
标注文字 =6.5
指定尺寸线位置或 [多行文字(M)/文字(T)/角度(A)]:
命令: _dimradius
选择圆弧或圆:
标注文字 =32
指定尺寸线位置或 [多行文字(M)/文字(T)/角度(A)]:
（3）标注直径。
命令行窗口的操作步骤如下：
命令:DIMDIAMETER
选择圆弧或圆:
标注文字 =146
指定尺寸线位置或 [多行文字(M)/文字(T)/角度(A)]:
命令:DIMDIAMETER
选择圆弧或圆:
标注文字 =45
指定尺寸线位置或 [多行文字(M)/文字(T)/角度(A)]:
命令:DIMDIAMETER
选择圆弧或圆:
标注文字 =25.4
指定尺寸线位置或 [多行文字(M)/文字(T)/角度(A)]:
（4）引线标注。
命令行窗口的操作步骤如下：
命令: _qleader
指定第一个引线点或 [设置(S)] <设置>:
指定下一点:
指定下一点:
指定文字宽度 <0>:

输入注释文字的第一行 <多行文字(M)>: 7mm × 3.5mm 键槽
输入注释文字的下一行:
标注完成的棘轮，如图 3-63 所示。

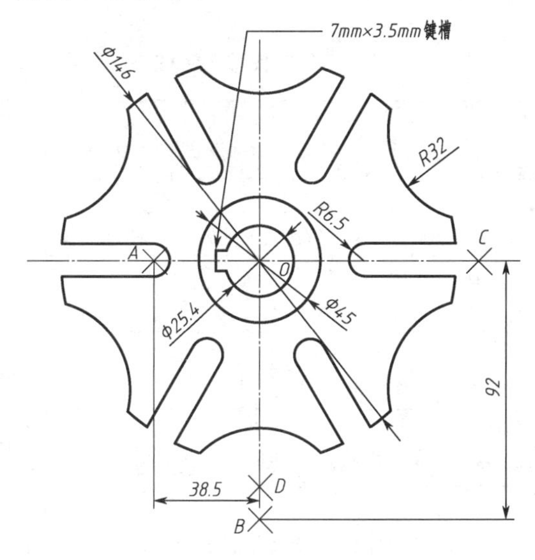

图 3-63　标注完成的棘轮图形

步骤 7　保存图形文件

单击菜单的“文件/保存”选项，完成图形文件的保存。

任务 4　项目验收与评价

一、项目验收

将完成的图形与所给项目任务进行比较，检查其质量与要求相符合的程度，并结合项目评分标准表，如表 3-4 所示，验收所绘图纸的质量。

表 3-4　评分标准表

序号	评分点	分值	得分条件	扣分情况
1	新建文件	2	新建文件正确（2 分）	各项得分条件错一处扣 1 分，扣完为止
2	设置绘图环境	10	图层合理（4 分）	
			线型正确（3 分）	
			图层颜色，线宽合理（3 分）	
3	绘制图形	45	按所给图形尺寸正确绘制图形（30 分）	
			粗线、细线等线型分清楚（15 分）	
4	标注尺寸	35	注写文字大小、字型合理，注写正确（10 分）	
			尺寸标注符合制图标准，尺寸准确（15 分）	
			布局合理（10 分）	
5	文件保存	8	文件保存路径正确（5 分）	
			文件名正确（3 分）	

二、项目评价

针对项目工作综合考核表，如表3-5所示，给出学生在完成整个项目过程中的综合成绩。

表3-5　项目工作综合考核表

考核事项	类别	考核内容	项目分值	自我评价	小组评价	教师评价
考核事项	专业能力60%	1．工作准备 绘图工具准备是否妥当、图纸识读是否正确、项目实施的计划是否完备	10			
		2．工作过程 主要技能应用是否准确、工作过程是否认真严谨、安全措施是否到位	10			
		3．工作成果 根据表3-4的评分标准评估工作成果质量	40			
	综合能力40%	1．技能点收集能力 是否明确本项目所用的技能点，并准确收集这些技能的操作方法	10			
		2．交流沟通能力 在项目计划、实施及评价过程中与他人的交流沟通是否顺利、得当	10			
		3．分析问题能力 对图纸的识读是否准确，在项目实施过程中是否能发现问题、分析问题并解决问题	10			
		4．团结协作能力 是否能与小组其他成员分工协作、团结合作完成任务	10			
备注	机械图样的绘制必须严格按国家标准完成，在机房使用计算机绘图时必须注意安全，遵守机房纪律。本项目可以小组或个人形式完成					

项 目 小 结

本项目通过棘轮图形绘制，使学生进一步熟悉AutoCAD各功能命令的操作，明确绘图环境的设置，掌握多段线绘制技巧及阵列、镜像、拉伸、旋转、打断、缩放等编辑命令的使用，学会使用AutoCAD软件绘制较为复杂的工程图形，并能正确标注图形。

拓 展 训 练

熟练使用所掌握的CAD各种功能命令，按所给尺寸完成下面图形（图3-64、图3-65、图3-66、图3-67、图3-68）的绘制。

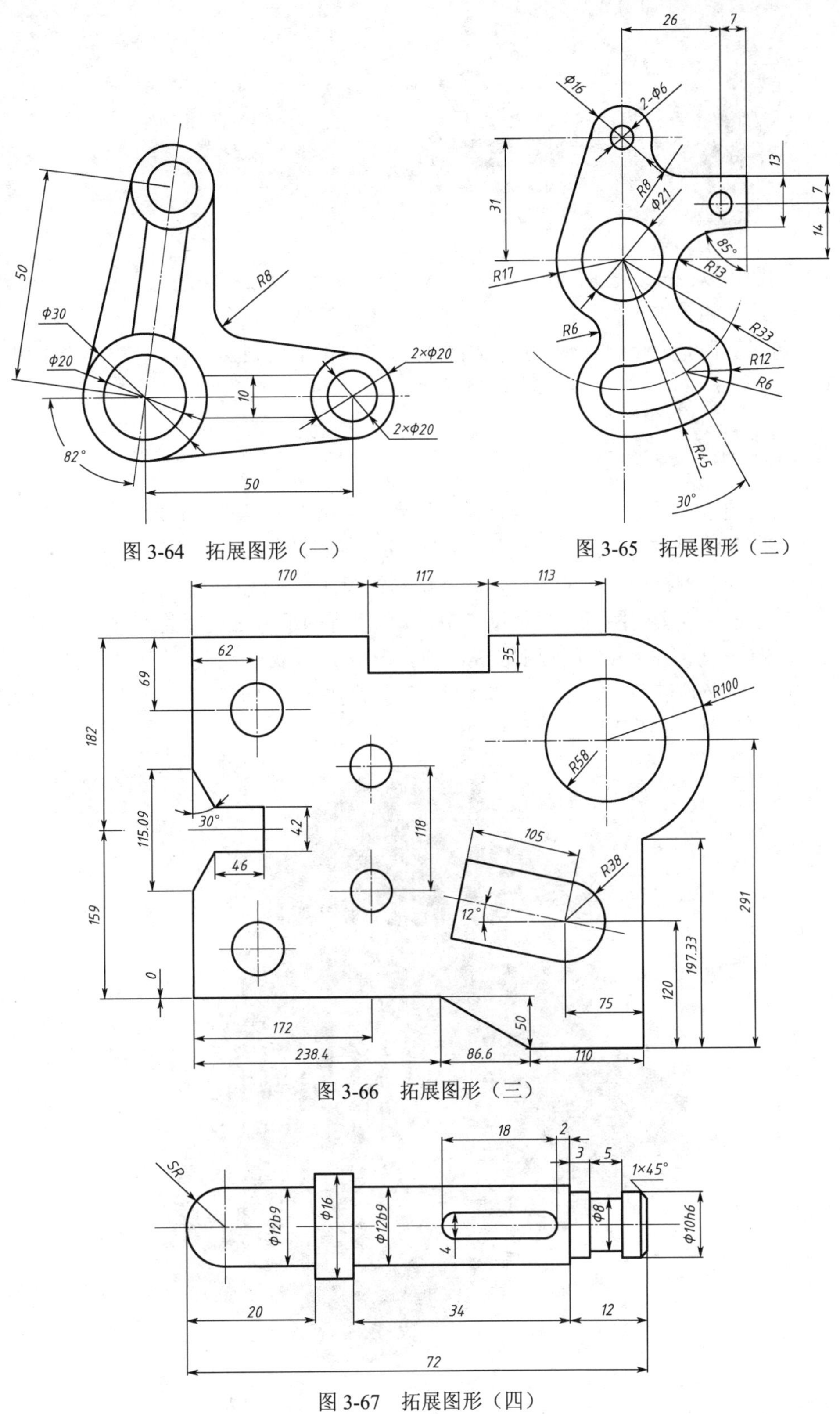

图 3-64　拓展图形（一）

图 3-65　拓展图形（二）

图 3-66　拓展图形（三）

图 3-67　拓展图形（四）

项目 4

轴承座三视图的绘制

工程制图中以图样表达物体的形状、结构、大小，而工程图样是按正投影法来绘制的，掌握正投影法的相关知识和技能是工程制图中识图和绘图的关键。任何一个较为复杂的机器零件均可以看做是一个组合体，根据组合体的立体模型绘制其三视图是工程制图中的主要技能。

项目任务分析

本项目将通过轴承座三视图的绘制，使读者逐步明确三视图的形成及投影规律，点、线、面投影的绘制，基本几何体的三视图，组合体三视图及用 CAD 软件绘制构造线、矩形、正多边形的命令、图样中文字的注写、尺寸的基线标注和快速标注等技能点；并使用绘图工具手绘轴承座三视图的图纸，再使用 CAD 软件进行轴承座三视图的绘制，保存为*.dwg 格式文件；图纸采用国标 A4 图幅横放，三视图采用 1∶1 比例绘制，图框格式为不留装订边；绘制图形时必须遵循三等原则，即“长对正，高平齐，宽相等”。如图 4-1 所示为轴承座立体模型，如图 4-2 所示为轴承座三视图图纸。

图 4-1　轴承座立体模型

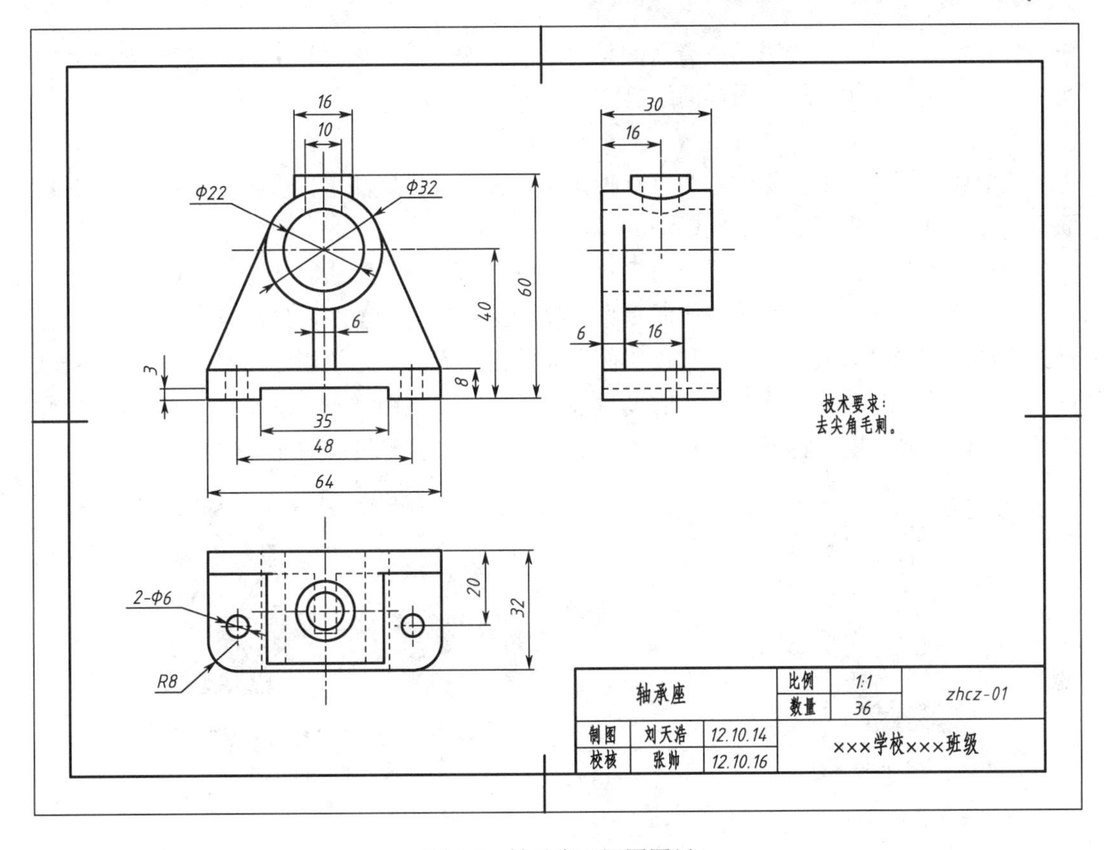

图 4-2　轴承座三视图图纸

任务 1　技能实训

技能 1　认识三视图的形成及投影规律

一、投影法的意义

在日常生活中，投影现象随处可见，例如，白天人在日光的照射下，在地面或墙面会留下人影；夜晚人在路灯下行走，地面上也会出现人影等。在长期的生产实践中，人们对这种投影现象进行了反复观察与研究，总结出用投射线通过物体向选定的平面投射并在该平面上得到图形的方法，称为投影法，如图 4-3 所示。

图 4-3　投影现象

二、投影法的分类

投影法一般分为两类，一类称为中心投影法（图 4-4）；另一类称为平行投影法（图 4-5）。

1. 中心投影法

投射线互不平行且汇交于一点的投影法称为中心投影法。这种投影法得到的投影大小，随着投射中心、物体、投影面三者之间相对距离的变化而变化，该投影不能反应物体的真实大小，因而不适用于机械图样的绘制。

2. 平行投影法

投射线相互平行的投影法称为平行投影法。在平行投影法中，根据投射线是否与投影面垂直又可分为斜投影法和正投影法两种。

（1）斜投影法：投射线与投影面倾斜的投影法称为斜投影法，如图 4-5（b）所示。

（2）正投影法：投射线与投影面垂直的投影法称为正投影法，如图 4-5（a）所示。这种投影法得到的投影大小与物体和投影面之间的距离无关。正投影法得到的投影能够表达物体的真实形状和大小，具有良好的度量性，所以，机械图样一般均采用正投影法绘制。由正投影法得到的图形称为正投影。本书后续各章节中，正投影均简称“投影”。

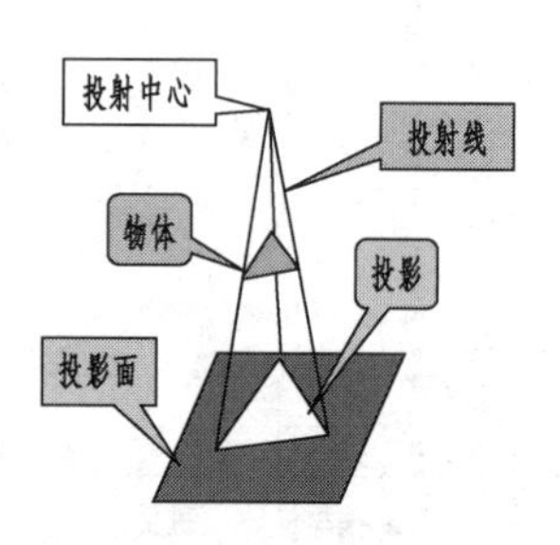

图 4-4　中心投影法

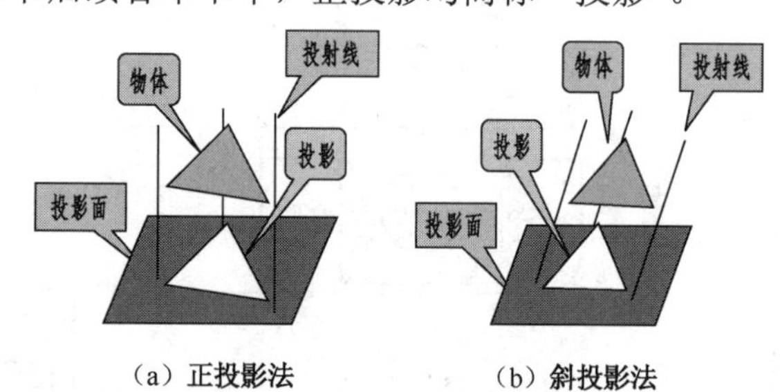

图 4-5　平行投影法

三、三视图的形成

物体是有长、宽、高的立体，要了解它就得从上、下、左、右、前、后 6 个方向去观察它，才能对该物体有一个完整的认识。

1. 三投影面体系

为了能清楚表达物体的形状和大小，选取三个相互垂直相交的投影面，构成三投影面体系，如图 4-6 所示。三个相互垂直投影面分别有如下几项：

（1）正立投影面（简称正面或 *V* 面）。

（2）水平投影面（简称水平面或 *H* 面）。

（3）侧立投影面（简称侧面或 *W* 面）。

由于三个投影面相互垂直相交，故每两个面有一个交线称为投影轴，它们的名称分别如下：

（1）*OX* 轴，*V* 面与 *H* 面的交线，简称 *X* 轴。

（2）*OY* 轴，*H* 面与 *W* 面的交线，简称 *Y* 轴。

（3）*OZ* 轴，*V* 面与 *W* 面的交线，简称 *Z* 轴。

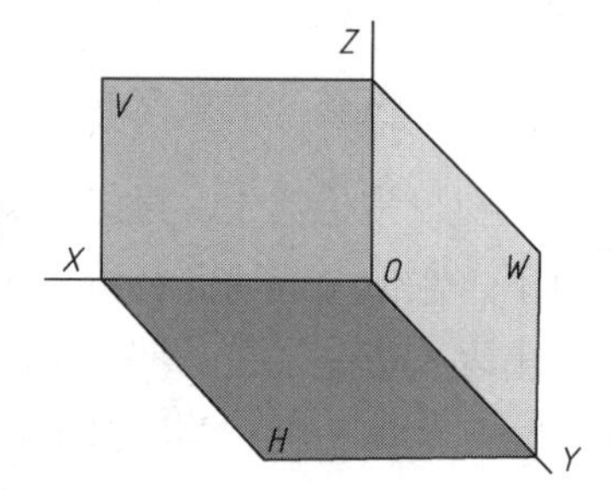

图 4-6　三投影面体系

2. 三视图的形成

将物体置于三投影面体系中，如图 4-7（a）所示，用正投影法分别向 *V*、*H*、*W* 面投射，就可得到物体的三个投影图形，称为三视图。它们分别如下所示：

（1）主视图：由物体的前方向后方投射，在 *V* 面上所得的视图。

（2）俯视图：由物体的上方向下方投射，在 *H* 面上所得的视图。

（3）侧视图：由物体的左方向右方投射，在 *W* 面上所得的视图。

为了将空间的三视图画在一个平面上，就必须把三个投影面展开摊平。展开摊平的方法如图 4-7（b）所示，*V* 面保持不动，*H* 面绕 *OX* 轴向下旋转 90°，*W* 面绕 *OZ* 轴向右旋转 90°，使它们与 *V* 面处在同一平面上。这样，就得到了在同一平面上的三视图，如图 4-7（c）所示。由于投影面的边框是假设的，所以不必画出。去掉投影面边框后的物体的三视图，如图 4-7（d）所示。

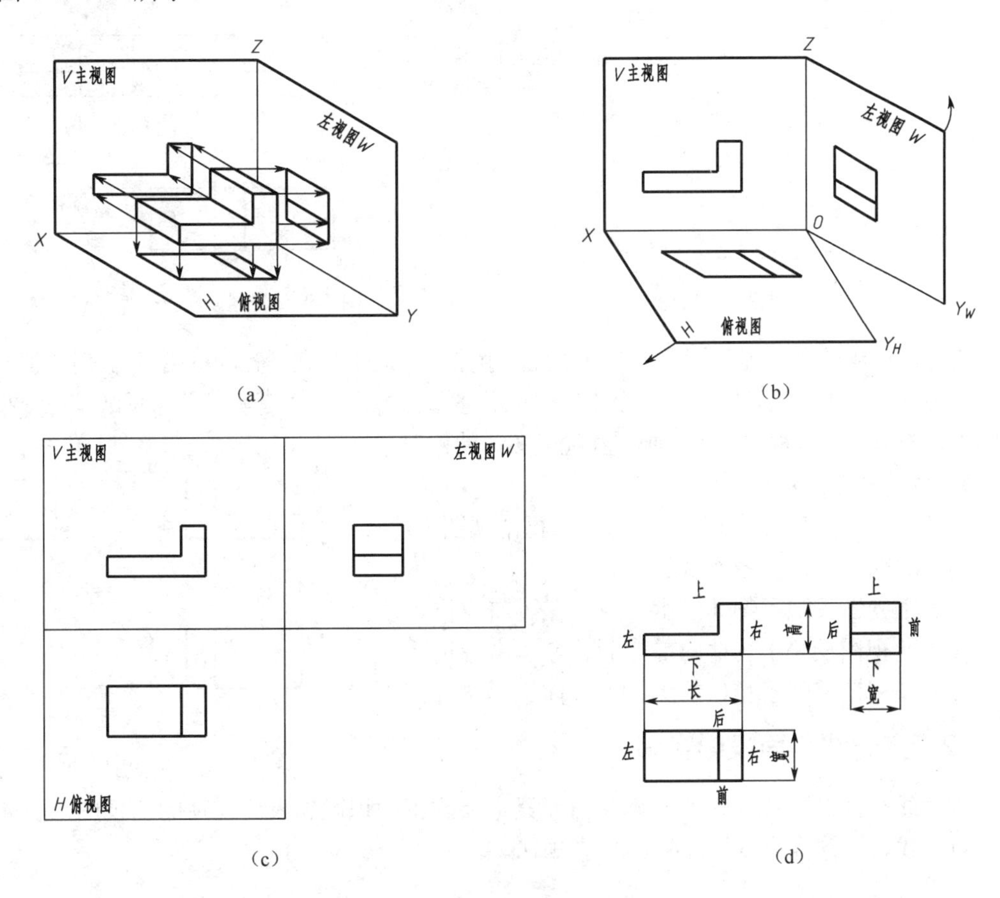

图 4-7 三视图的形成

四、三视图间的关系

三视图之间存在着位置、投影和方位三种对应关系。

1. 位置关系

三视图中以主视图为基准，一般情况下，主视图在上方，俯视图在主视图的正下方，左视图在主视图的正右方，如图 4-8 所示。

2. 投影关系

由于三个视图反映的是同一个物体，其长、宽、高是一致的，则每两个视图之间必有一个相同的度量，主、俯视图都反映物体的长度，主、左视图都反映物体的高度，俯、左视图都反映物体的宽度。因此，三视图之间存在如下投影关系（图 4-9）：

（1）主视、俯视长对正（等长）。

（2）主视、左视高平齐（等高）。

（3）俯视、左视宽相等（等宽）。

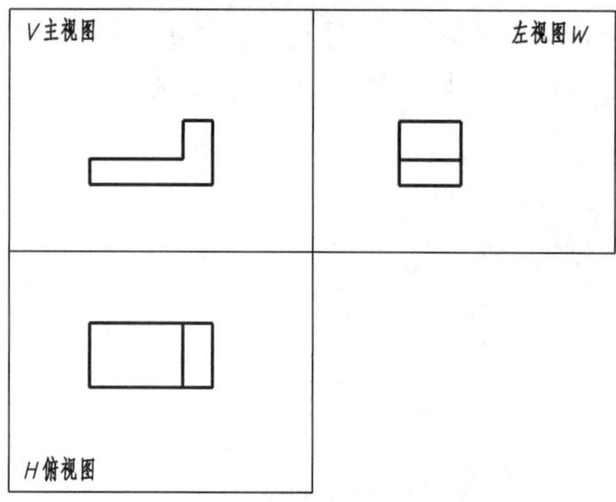

图 4-8　三视图的位置关系

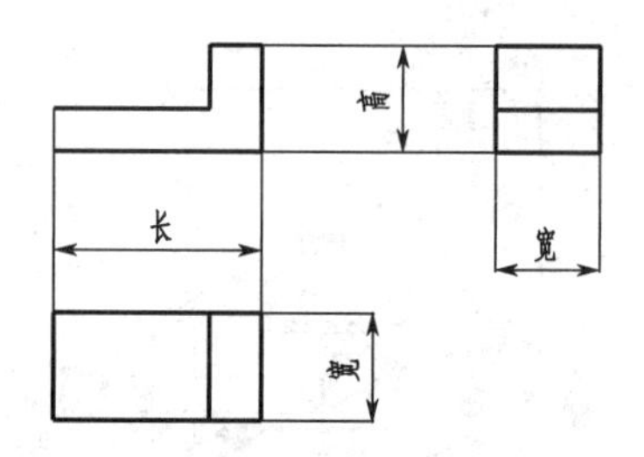

图 4-9　三视图的“三等”对应关系

上面所归纳的“三等”关系，简单地说，就是“长对正，高平齐，宽相等”。对任何一个物体，不论是整体，还是局部，这个投影对应关系都保持不变。“三等”关系反映了三个视图间的投影规律，是工程中看图、画图和检查图样的依据。

3. 方位关系

物体有上下、左右、前后 6 个方向，每个视图只能反映出其中的四个方位（图 4-10）：

（1）主视图反映了物体的上、下、左、右方位。

（2）俯视图反映了物体的前、后、左、右方位。

（3）左视图反映了物体的上、下、前、后方位。

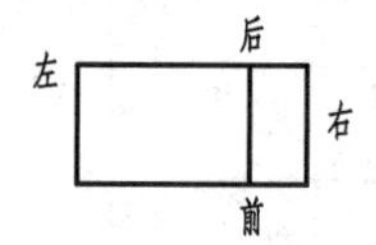

图 4-10　三视图的方位关系

技能 2　点、线、面投影实训

点、线、面是构成物体的基本几何元素，要想正确识读和表达物体的三视图，首先要掌握点、线、面这几个基本元素的投影规律。

一、点的投影

1. 点的三面投影的形成

如图 4-11（a）所示，空间点 *A* 置于三投影面体系中，分别向三个投影面 *H* 面、*V* 面、*W* 面作垂线，交得的三个垂足 *a*、*a*'、*a*"为 *A* 点的 *H* 面、*V* 面、*W* 面投影。可见，点的投影仍是点。将三投影体系展开后，点的三个投影在同一平面内，得到了点的三面投影图，如图 4-11（b）所示。为统一起见，规定空间点用大写字母表示，如 *A*、*B*、*C* 等；水平投影用相应的小写字母表示，如 *a*、*b*、*c* 等；正面投影用相应的小写字母加撇表示，如 *a*'、*b*'、*c*'；侧面投影用相应的小写字母加两撇表示，如 *a*"、*b*"、*c*"。

2. 点的投影规律

几何体上任一点投影都必须保持“三等”关系，如图 4-11（c）所示。因此，可以得到点的投影规律如下：

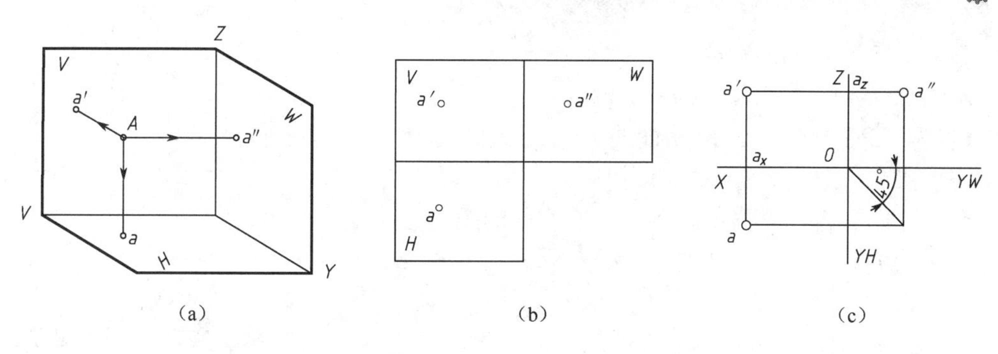

（a） （b） （c）

图 4-11 点的三面投影

（1）点的正面投影与水平投影的连线垂直于 OX 轴，即 $a'a \perp OX$ 轴。

（2）点的正面投影与侧面投影的连线垂直于 OZ 轴，即 $a'a'' \perp OZ$ 轴。

（3）点的水平投影到 OX 轴的距离等于点的侧面投影到 OZ 轴的距离，即 $aa_x=a''a_z$ 。

【实例 4-1】已知点 *A*、点 *B*、点 *C* 的两面投影，求它们的第三面投影（图 4-12）。其中，已知 aa' 求 a''；已知 $b'b''$ 求 b；已知 $c''c$ 求 c'。

（1）作图分析：给出点的两面投影，根据点的投影规律，按照第三个投影与已知投影的关系，就能作出唯一的第三面投影。

（2）作图方法：如图 4-12（d）、（e）、（f）所示。

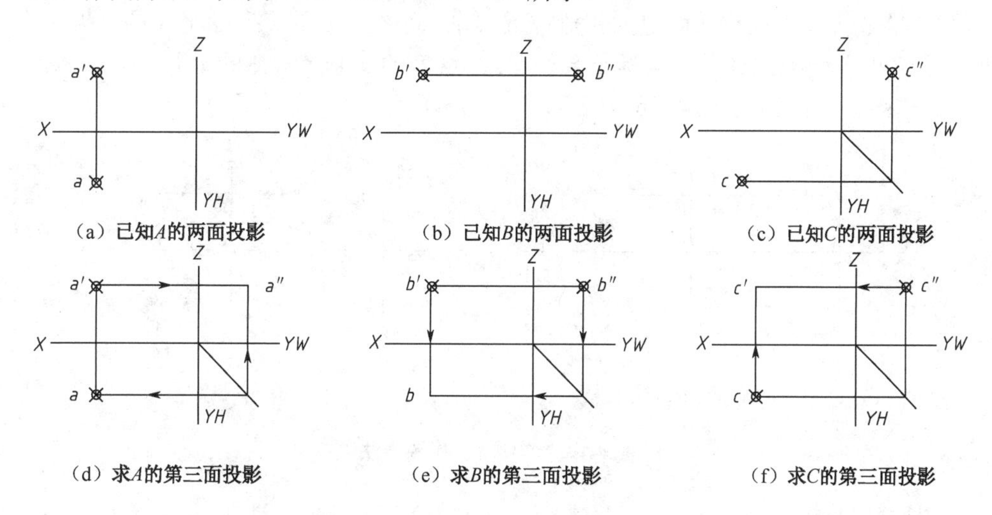

（a）已知*A*的两面投影 （b）已知*B*的两面投影 （c）已知*C*的两面投影

（d）求*A*的第三面投影 （e）求*B*的第三面投影 （f）求*C*的第三面投影

图 4-12 已知点 *A*、点 *B*、点 *C* 的两面投影，求第三面投影作图方法

3. 点的投影与直角坐标

三面投影体系相当于直角坐标系，投影面为坐标面，投影轴为坐标轴，*O* 点为坐标原点，则空间点 *A* 到三个投影面的距离可用 *A* 点的坐标（*x,y,z*）表示。点 *A* 到三个投影面的距离与其直角坐标有如下关系：

（1）*A* 点到 *H* 面的距离：

$Aa=a'a_x=a''a_y=$ *A* 点的 *z* 坐标

（2）*A* 点到 *V* 面的距离：

$Aa'=aa_x=a''a_z=$ *A* 点的 *y* 坐标

（3）A 点到 W 面的距离：

$Aa''=a'a_z=aa_y=A$ 点的 x 坐标

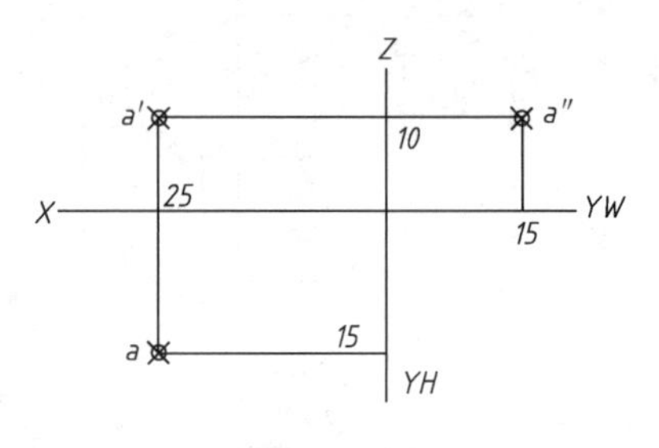

图 4-13　实例 4-2 的作图方法

【实例 4-2】已知点 A 距 H 面的 10、距 V 面的 15、距 W 面的 25，试作出点 A 的三面投影。

（1）作图分析：根据点 A 到三个投影面的距离与其直角坐标的关系，可知点 A 的三个坐标值分别为 x=25，y=15，z=10。

（2）作图方法：如图 4-13 所示。

4. 两点的相对位置

两点的相对位置指两点在空间的上下、前后、左右位置关系。是以一点为基准，判断第二点相对于这一点的上下、前后、左右的位置关系。观察分析两点的各个同面投影之间的坐标关系，可判断空间两点的相对位置关系。

（1）根据 x 坐标值的大小可以判断两点的左右位置，x 坐标大的在左。

（2）根据 y 坐标值的大小可以判断两点的前后位置，y 坐标大的在前。

（3）根据 z 坐标值的大小可以判断两点的上下位置，z 坐标大的在上。

【实例 4-3】已知点 A 的三个投影和点 B 在点 A 的右方 10、下方 5、后方 8，如图 4-14（a）所示，求点 B 的三面投影。

（1）作图分析：根据空间两点的相对位置关系，可知点 B 的 x 坐标比 A 的 x 坐标小 10，即 15，点 B 的 y 坐标比 A 的 y 坐标小 8，即 7，点 B 的 z 坐标比 A 的 z 坐标小 5，即 5。

（2）作图方法：如图 4-14（b）所示。

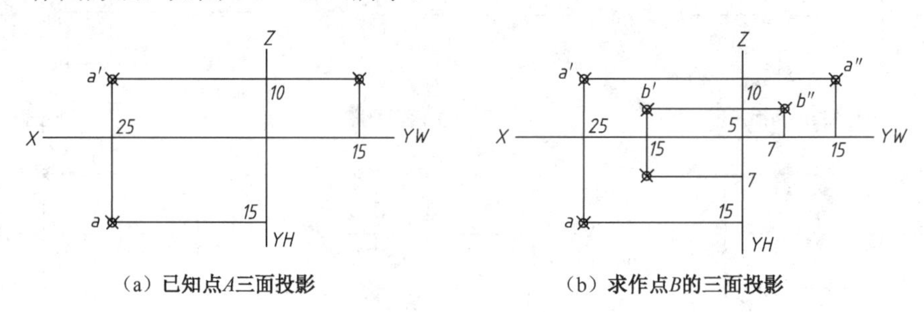

图 4-14　实例 4-3 作图方法

5. 重影点的投影

当空间两点有某两个坐标值相同时，两点处于某一投影面的同一投影线上，则这两点对该投影面的投影重合于一点，称为对该投影面的重影点。

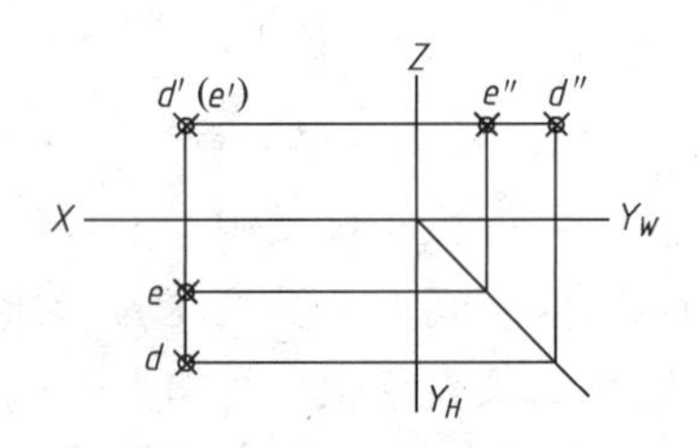

图 4-15　重影点图示

重影点有可见性问题。根据正投影特性，可见性的区分应是前遮后、上遮下、左遮右。在标记不可见点的投影时应加括号表示。如图 4-15 所示，点 D、E 的正面投影 d'、e' 是重影点，D 点在前，E 点在后，所以，d'不加括号，e'用括号括起来。

二、直线的投影

直线投影包括无限长直线的投影和直线线段的投影，这里提到的“直线”仅指直线线段，本书只讨论直线线段的投影。

1. 直线三面投影的形成

根据“两点决定一条直线”的几何定理，直线的投影可由直线上两点的同面投影连接得到。如图 4-14（b）所示，直线上，*A*、*B* 两点的投影分别为 *a*、*a*'、*a*"及 *b*、*b*'、*b*"。将水平面投影 *a*、*b* 相连，便得到直线 *AB* 的水平投影 *ab*；同样可得到直线的正面投影 a'b'和直线的侧面投影 *a*"*b*"。

在三面体系中，根据相对于投影面的位置，直线可分为三种：投影面平行线、投影面垂直线及一般位置直线。前两种均称为特殊位置直线。

2. 投影面平行线

平行于一个投影面而与另两个投影面倾斜的直线，称为投影面平行线。投影面平行线在所平行投影面上的投影长度一定等于该直线的实长，这种性质称为真实性。

投影面的平行线有以下三种，其投影特性如表 4-1 所示。

（1）正平线：平行于 *V* 面，倾斜于 *H*、*W* 面。

（2）水平线：平行于 *H* 面，倾斜于 *V*、*W* 面。

（3）侧平线：平行于 *W* 面，倾斜于 *V*、*H* 面。

表 4-1 投影面平行线的投影特性

名　称	正 平 线	水 平 线	侧 平 线
图例			
投影特性	1. 正面投影反映实长，位置倾斜； 2. 水平面投影平行于 *X* 轴，且小于实长； 3. 侧面投影平行于 *Z* 轴，且小于实长	1. 水平面投影反映实长，位置倾斜； 2. 正面投影平行于 *X* 轴，且小于实长； 3. 侧面投影平行于 *Y* 轴，且小于实长	1. 侧面投影反映实长，位置倾斜； 2. 水平面投影平行于 *Y* 轴，且小于实长； 3. 正面投影平行于 *Z* 轴，且小于实长

3. 投影面垂直线

垂直于一个投影面，必与另两个投影面平行的直线，称为投影面垂直线。投影面垂直线在所垂直的投影面上的投影积聚成一点，这种性质称为积聚性。

投影面的垂直线有以下三种，其投影特性如表 4-2 所示。

（1）正垂线：垂直于 *V* 面，平行于 *H*、*W* 面。

（2）铅垂线：垂直于 *H* 面，平行于 *V*、*W* 面。

（3）侧垂线：垂直于 *W* 面，平行于 *V*、*H* 面。

表 4-2　投影面垂直线的投影特性

名称	正 垂 线	铅 垂 线	侧 垂 线
图例			
投影特性	1．正面投影积聚成一点； 2．水平面投影和侧面投影都平行于 Y 轴，且反映实长	1．水平面投影积聚成一点； 2．正面投影和侧面投影都平行于 Z 轴，且反映实长	1．侧面投影积聚成一点； 2．水平面投影和正面投影都平行于 X 轴，且反映实长

4．*一般位置直线*

与三个投影面都倾斜的直线，称为一般位置直线。一般位置直线的三个投影均处于倾斜位置，且小于直线实长，具有收缩性。

三、平面的投影

1．*平面三面投影的形成*

物体上的平面是由若干条线围成的，因此，平面的投影也由围成该平面的点和线的投影确定。在求作多边形平面的投影时，可先求出它的各直线端点的投影，然后连接各直线端点的同面投影，即可得到多边形平面的三面投影。由上可见，求平面的投影，实质上就是以点投影为基础而得到的。

在三面体系中，根据平面相对于投影面的位置，平面可分为三种：投影面平行面、投影面垂直面及一般位置平面。前两种均称为特殊位置平面。

2．*投影面平行面*

平行于一个投影面而与另两个投影面垂直的平面，称为投影面平行面。投影面平行面在所平行的投影面上的投影与原平面的形状、大小相同，这种性质称为真实性。

投影面的平行面有以下三种，其投影特性如表 4-3 所示。

（1）正平面：平行于 V 面，垂直于 H、W 面。

（2）水平面：平行于 H 面，垂直于 V、W 面。

（3）侧平面：平行于 W 面，垂直于 V、H 面。

表 4-3　投影面平行面的投影特性

名　称	正 平 面	水 平 面	侧 平 面
图例	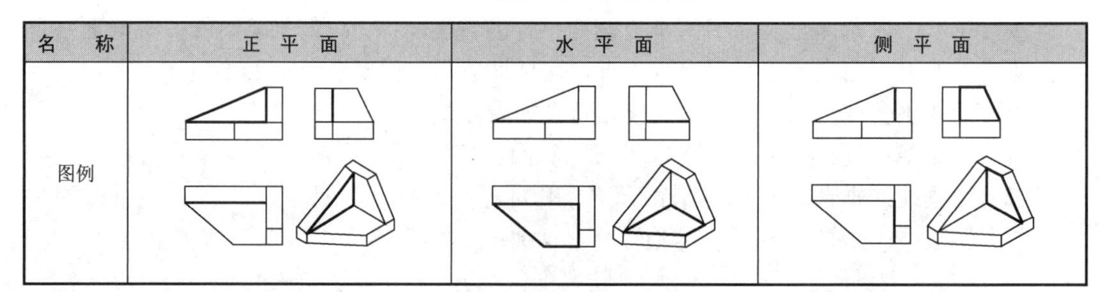		

续表

名　称	正　平　面	水　平　面	侧　平　面
投影特性	1. 正面投影反映实形； 2. 水平面投影积聚成直线，且平行于 X 轴； 3. 侧面投影积聚成直线，且平行于 Z 轴	1. 水平面投影反映实形； 2. 正面投影积聚成直线，且平行于 X 轴； 3. 侧面投影积聚成直线，且平行于 Y 轴	1. 侧面投影反映实形； 2. 水平面投影积聚成直线，且平行于 Y 轴； 3. 正面投影积聚成直线，且平行于 Z 轴

3. 投影面垂直面

垂直于一个投影面，而倾斜于其他两个投影面的平面，称为投影面垂直面。投影面垂直面在所垂直投影面上的投影积聚成一条直线，这种性质称为积聚性。

投影面的垂直面有以下三种，其投影特性如表 4-4 所示。

（1）正垂面：垂直于 V 面，倾斜于 H、W 面。

（2）铅垂面：垂直于 H 面，倾斜于 V、W 面。

（3）侧垂面：垂直于 W 面，倾斜于 V、H 面。

表 4-4　投影面垂直面的投影特性

名称	正垂面	铅垂面	侧垂面
图例			
投影特性	1. 正面投影积聚成线，位置倾斜； 2. 水平面投影为缩小的类似形； 3. 侧面投影为缩小的类似形	1. 水平面投影积聚成线，位置倾斜； 2. 正面投影为缩小的类似形； 3. 侧面投影为缩小的类似形	1. 侧面投影积聚成线，位置倾斜； 2. 水平面投影为缩小的类似形； 3. 正面投影为缩小的类似形

4. 一般位置平面

与三个投影面都倾斜的平面，称为一般位置平面。一般位置平面的三个投影均与原形相类似，且面积缩小，具有收缩性。

【实例 4-4】根据主、俯视图，完成左视图，并指出平面图形 $ABCDE$ 是什么位置平面，如图 4-16（a）、（b）所示。

（1）作图分析：已知点的两面投影，根据点的投影规律，作出第三面投影，将这些投影点按顺序连接起来，围成的图形即为所求。平面图形 $ABCDE$ 是正垂面。

（2）作图方法：如图 4-16（c）所示。

技能 3　基本几何体的三视图

任何机件由于作用不同而形状各异，但无论多么复杂的形状都可看做是由单一几何形体（基本几何体）组成的。基本几何体由于其表面性质不同，可分为平面立体和曲面立体两大类：如棱柱、棱锥的表面是由平面围成的，称为平面立体；圆柱、圆锥、球体的表面是由曲面或曲面和平面共同围成的，称为曲面立体。基本几何体是构成各种机件的基础，基本几何体的视图绘制和阅读也是绘制和阅读机件的基础。

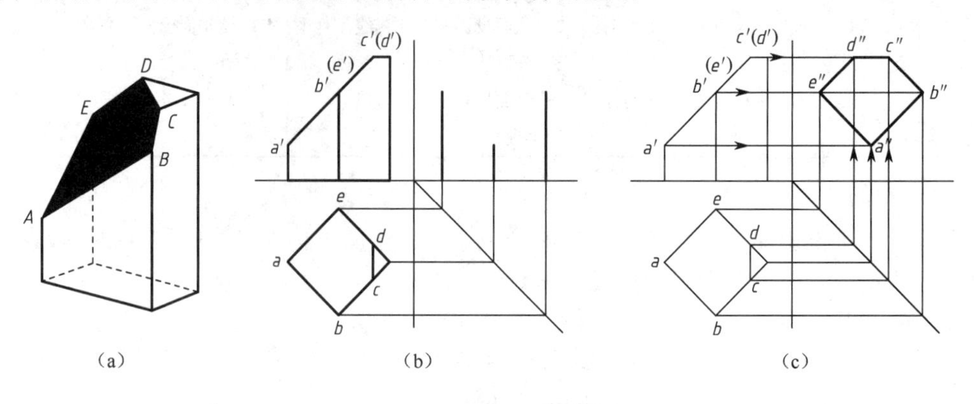

图 4-16　实例 4-4 的图示

一、棱柱的三视图

1. 棱柱的组成

棱柱由两个底面和若干侧棱面组成，侧棱面与侧棱面的交线称为侧棱线，侧棱线相互平行。如图 4-17 所示的正六棱柱，它的上、下底面为正六边形，六条侧棱相互平行且与底面垂直，六个侧面均为矩形。对应的三视图，如图 4-18 所示。

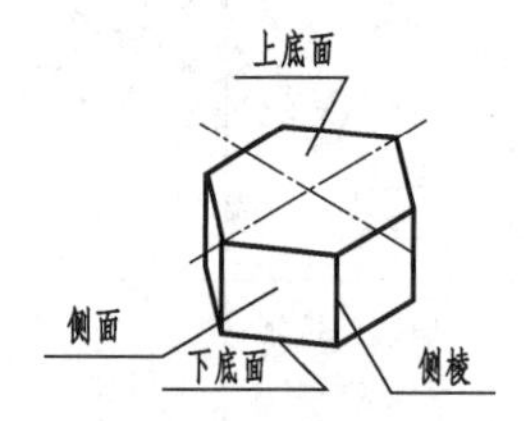

图 4-17　正六棱柱

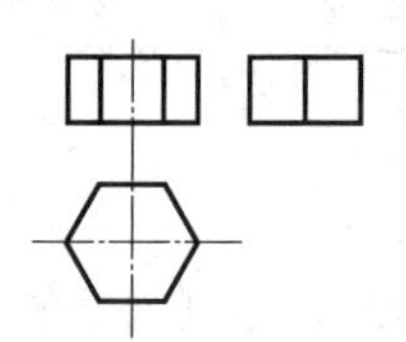

图 4-18　正六棱柱的三视图

2. 棱柱三视图的作图步骤

下面以正六棱柱为例，分析其三视图的作图步骤（图 4-19）。

（1）画作图基准线，用六等分圆周的方法作出反映底面实形的正六边形，即俯视图。

（2）由六棱柱的高，按长对正的投影关系，根据俯视图画出其主视图。

（3）由主、俯视图按高平齐、宽相等的投影关系画出其左视图。

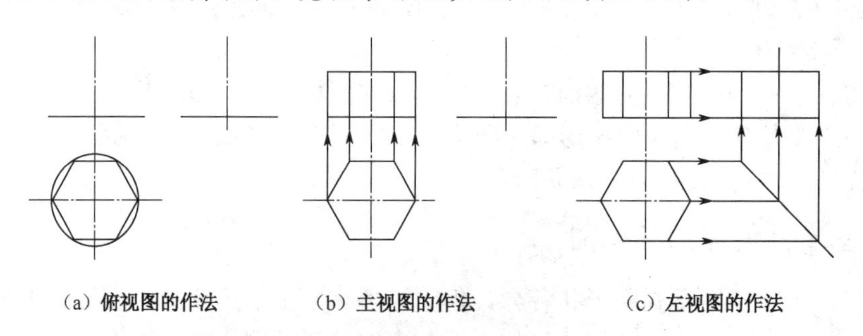

（a）俯视图的作法　　（b）主视图的作法　　（c）左视图的作法

图 4-19　六棱柱的三视图作图步骤

3. 在棱柱表面上取点

在棱柱表面上取点就是已知棱柱表面上点的一个投影，求其余两个投影。在作图过程中要注意点投影的可见性判断。

【实例 4-5】已知正六棱柱表面上 M 点的正面投影 m'，求其余两个投影，并判断其可见性（图 4-20）。

（1）作图分析：由于 M 点的正面投影 m'可见，并根据 m'的位置，可知 M 点在六棱柱的左前侧面 $ABCD$ 上。左前侧面 $ABCD$ 的水平投影积聚成直线 ad，M 的水平投影必在直线 ad 上。

（2）作图步骤如下：

① 从 m'向俯视图作投影连线，与直线 ad 的交点为 m。

② 根据“高平齐、宽相等”的投影规律，由 m 和 m'就可求得 m''。

③ 可见性判断：由于 $ABCD$ 面的水平投影有积聚性，所以，m 积聚在该面的水平投影上，不需判断其可见性；M 点在左前侧面上，因而 m''可见。

【实例 4-6】已知正六棱柱表面上 N 点的正面投影 n'，求其余两个投影并判断其可见性（图 4-21）。

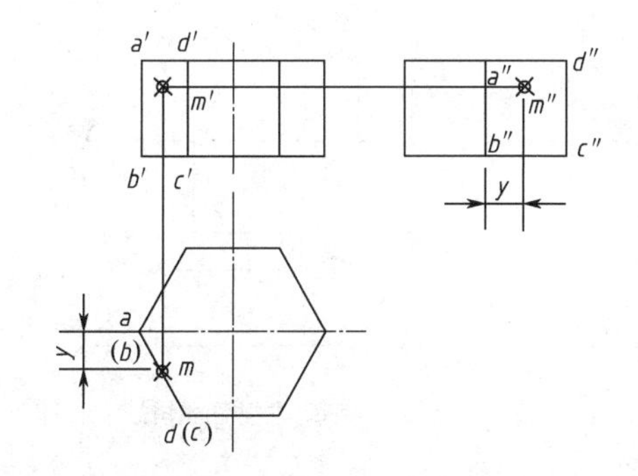

图 4-20 求作六棱柱表面 M 点的其余两个投影

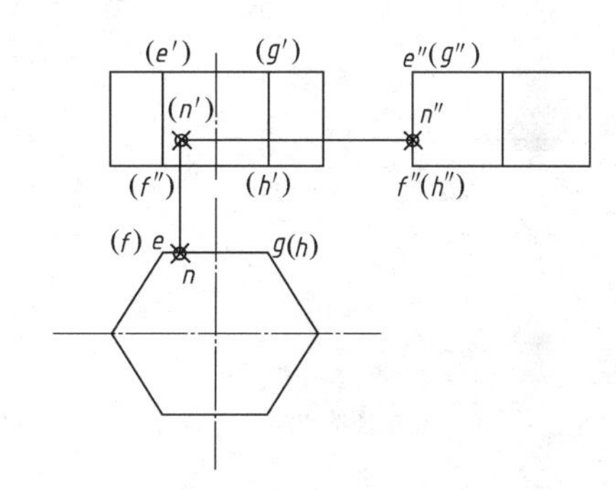

图 4-21 求作棱柱表面 N 点的其余两个投影

（1）作图分析：由于 N 点的正面投影 n'不可见，并根据 n'的位置，可知 N 点在六棱柱的正后面 $EFHG$ 面上。正后面 $EFHG$ 面的水平投影积聚成直线 eg，N 的水平投影必在直线 eg 上，正后面 $EFHG$ 面的侧面投影积聚成直线 $e''f''$，N 的侧面投影必在直线 $e''f''$上。

（2）作图步骤如下：

① 从 n'向俯视图作投影连线，与直线 eg 的交点为 n。

② 从 n'向左视图作投影连线，与直线 $e''f''$的交点为 n''。

③ 可见性判断：由于 $EFHG$ 面的水平投影有积聚性，所以，n 积聚在该面的水平投影上，不需判断其可见性；同理，$EFHG$ 面的侧面投影也有积聚性，n''积聚在该面的侧面投影上，也不需判断其可见性。

二、棱锥的三视图

1. 棱锥的组成

棱锥由一个底面和若干侧棱面组成。侧棱线交于有限远的一点——锥顶。如图 4-22 所示的正三棱锥，其底面是正三角形，三个侧棱面均为等腰三角形，三条侧棱交于锥顶 S 点。

对应的三视图如图 4-23 所示。

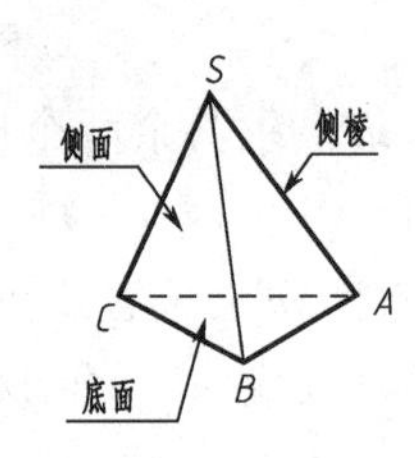

图 4-22　正三棱锥

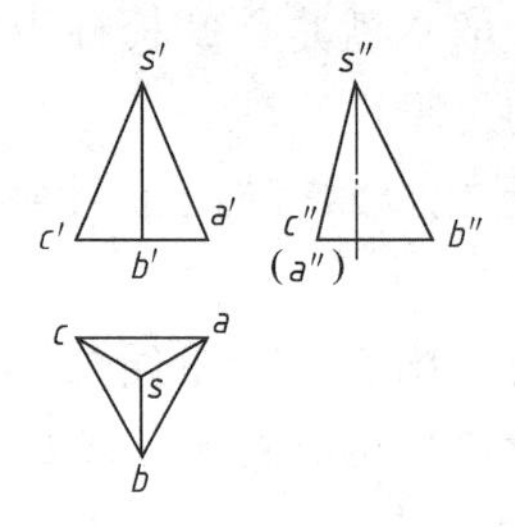

图 4-23　正三棱锥的三视图

2. 棱锥的三视图的作图步骤

下面以正三棱锥为例，分析棱锥三视图的作图步骤（图 4-24）：

（1）画作图基准线，用三等分圆周的方法作出反映底面实形的正三边形，即俯视图。

（2）由三棱锥的高，按长对正的投影关系，根据俯视图画出其主视图。

（3）由主、俯视图按高平齐、宽相等的投影关系画出其左视图。

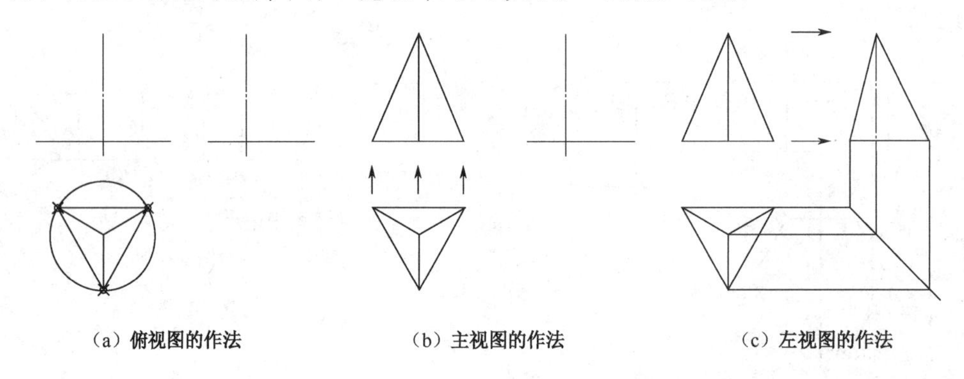

（a）俯视图的作法　　（b）主视图的作法　　（c）左视图的作法

图 4-24　三棱锥的三视图作图步骤

3. 在棱锥表面上取点

在棱锥表面上取点就是已知棱锥表面上点的一个投影，求其余两个投影。在作图过程中要注意点投影的可见性判断。

【实例 4-7】已知正三棱锥表面上 *M* 点的正面投影 *m*'，求其余两个投影并判断其可见性（图 4-25）。

（1）作图分析：由于 *M* 点的正面投影 *m*'可见，并根据 *m*'的位置，可知 *M* 点在三棱锥的右侧面 *SAB* 上，由于 *SAB* 面是一般位置平面，因此，要作辅助线，连接 *SM*，并延长与底边 *AB* 交于点 *D*，得到辅助线 *SD*。

（2）作图步骤如下：

① 在主视图上连接 *s'm'*并延长与底边交于点 *d'*，得到 *SD* 的正面投影 *s'd'*。过 *d'*向俯视图作投影连线，与直线 *ab* 的交点为 *d*，连接 *sd*，得到 *SD* 的水平投影；*m'*在 *s'd'*上，则 *m* 必在 *sd* 上，故过 *m'*向俯视图作投影连线，与直线 *sd* 的交点为 *m*。

② 根据“高平齐、宽相等”的投影规律，由 *m* 和 *m'*就可求得 *m''*。

③ 可见性判断：由于 *SAB* 面的水平投影可见，所以 *m* 可见；但 *SAB* 面的侧面投影不

可见，所以 m'' 不可见。

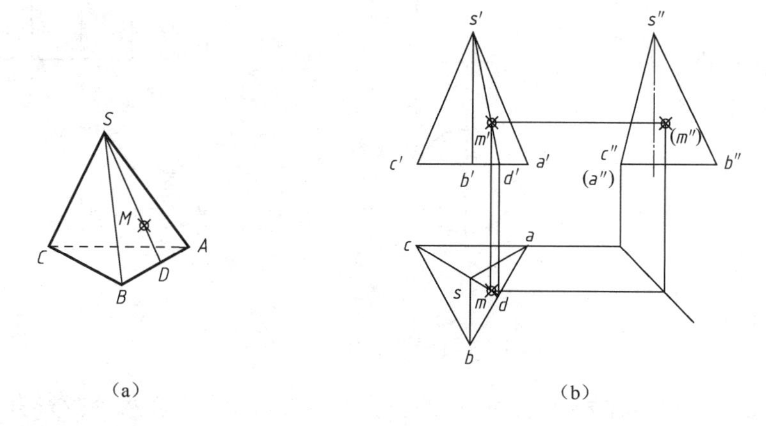

（a）　（b）

图 4-25　求三棱锥表面 *M* 点的其余两个投影

三、圆柱的三视图

1. 圆柱的组成

圆柱是常见的曲面立体（又称为回转体）中的一种，由圆柱面和两个底面组成，圆柱面是由直线 AA_1 绕与它平行的轴线 OO_1 旋转而成的直线，AA_1 称为母线，圆柱面上与轴线平行的任一直线称为圆柱面的素线，如图 4-26（a）所示。对应的三视图如图 4-26（b）所示。

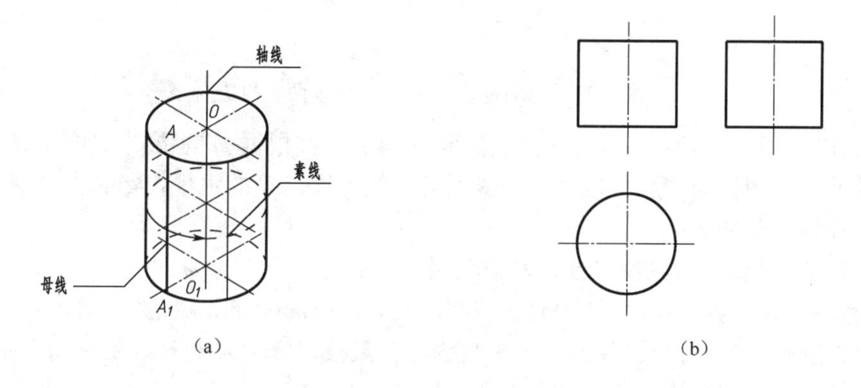

（a）　（b）

图 4-26　圆柱及其三视图

2. 圆柱三视图的作图步骤

圆柱三视图的作图步骤，如图 4-27 所示。

（1）画作图基准线，作出反映底面实形的圆，即圆柱的俯视图。

（2）由圆柱的高，按长对正的投影关系，据俯视图画出其主视图。

（3）由主、俯视图按高平齐、宽相等的投影关系画出其左视图。

3. 在圆柱表面上取点

在圆柱表面上取点是指已知圆柱表面上点的一个投影，求其余两个投影。在作图过程中要注意点投影的可见性判断。

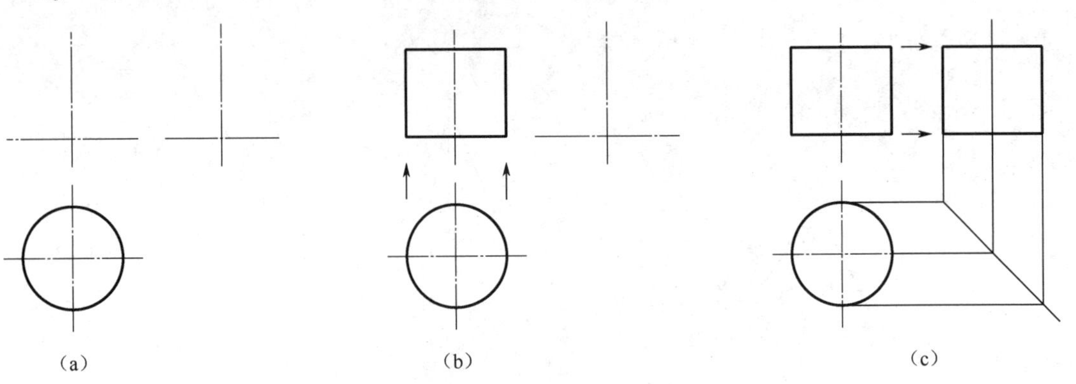

图 4-27　圆柱三视图作图步骤

【实例 4-8】已知圆柱表面上 M 点的正面投影 m'，求其余两个投影并判断其可见性（图 4-28）。

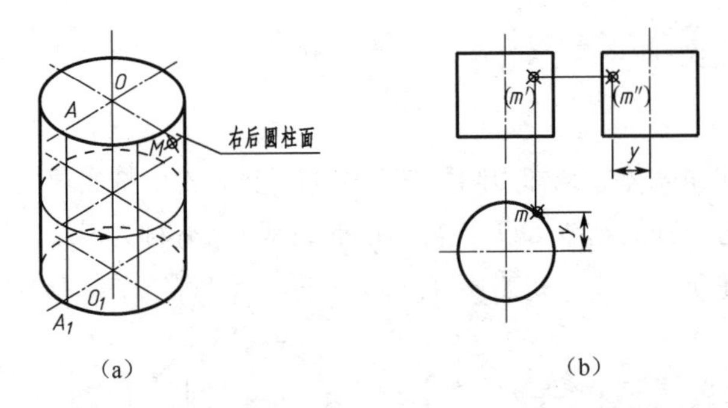

图 4-28　求圆柱表面 M 点的其余两个投影

（1）作图分析：由于 M 点的正面投影 m'不可见，并根据 m'的位置，可知 M 点在圆柱右后圆柱面上，圆柱面的水平投影积聚成俯视图的圆周，M 的水平投影必在该圆周上。

（2）作图步骤如下：

① 从 m'向俯视图作投影连线，与俯视图上半圆周的交点为 m。

② 根据“高平齐、宽相等”的投影规律，由 m 和 m'就可求得 m''。

③ 可见性判断：由于圆柱面的水平投影有积聚性，所以 m 积聚在该面的水平投影上，不需判断其可见性；M 点在右后圆柱面上，因而 m''不可见。

四、圆锥的三视图

1. 圆锥的组成

圆锥是常见的曲面立体中的一种，由圆锥面和底面组成。圆锥面是由直线 SA 绕与它相交的轴线 OO_1 旋转而成的。S 称为锥顶，直线 SA 称为母线。圆锥面上过锥顶的任一直线称为圆锥面的素线，如图 4-29（a）所示。对应三视图如图 4-29（b）所示。

2. 圆锥三视图的作图步骤

圆锥三视图的作图步骤，如图 4-30 所示。

（1）画作图基准线，作出反映底面实形的圆，即圆锥的俯视图。

（2）由圆柱的高，按长对正的投影关系，根据俯视图画出其主视图。

（3）由主、俯视图按高平齐、宽相等的投影关系画出其左视图。

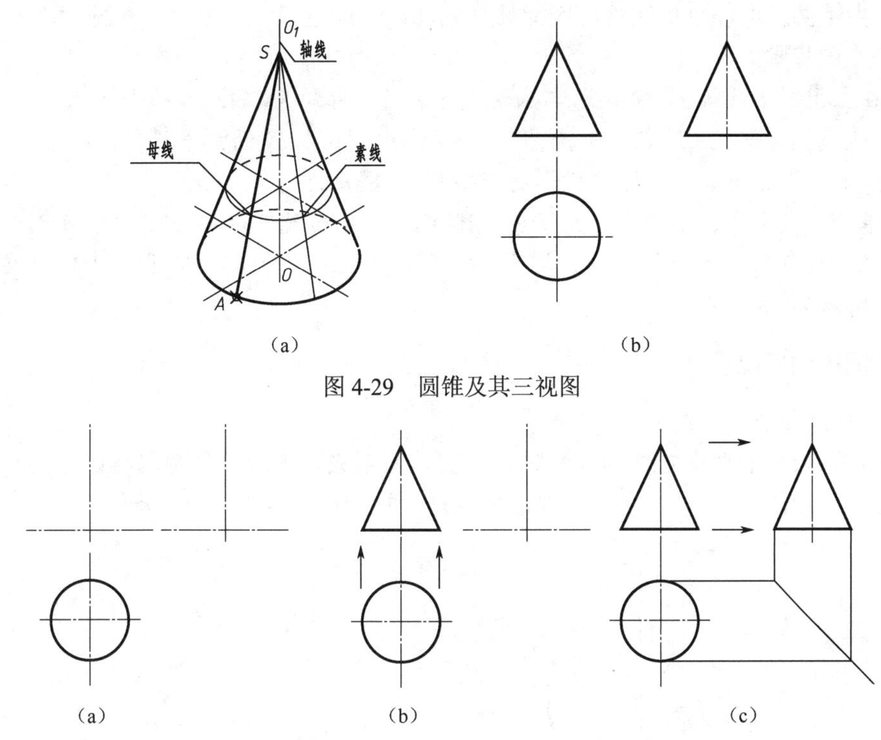

图 4-29　圆锥及其三视图

图 4-30　圆锥三视图的作图步骤

3. 在圆锥表面上取点

在圆锥表面上取点是指已知圆锥表面上点的一个投影，求其余两个投影。在作图过程中要注意点投影的可见性判断。

【实例 4-9】已知圆锥表面上 *M* 点的正面投影 *m'*，求其余两个投影并判断其可见性（图 4-31）。

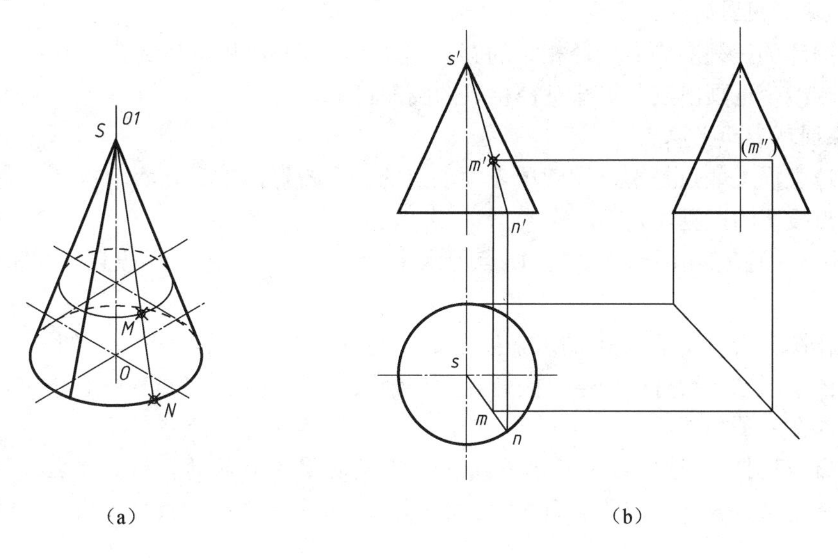

图 4-31　求圆锥表面 *M* 点的其余两个投影

（1）作图分析：由于 M 点的正面投影 m' 可见，并根据 m' 的位置，可知 M 点在右前圆锥面上，由于圆锥面没有积聚性，因而要作辅助线。即过 S、M 两点作素线 SN。

（2）作图步骤如下：

① 在主视图上连接 $s'm'$ 并延长与底边交于 n' 点，得到 SN 的正面投影 $s'n'$。过 n'向俯视图作投影连线，与俯视图底圆的交点为 n，连接 sn，得到 SN 的水平投影；m' 在 $s'n'$ 上，则 m 必在 sn 上，故过 m' 向俯视图作投影连线，与直线 sn 的交点为 m。

② 根据“高平齐、宽相等”的投影规律，由 m 和 m' 就可求得 m''。

③ 可见性判断：由于圆锥面上点的水平投影均可见，所以 m 可见；但 M 点在右侧圆锥面上，所以 m'' 不可见。

五、圆球的三视图

1. 圆球的组成

圆球也是常见的曲面立体中的一种，由圆球面组成。圆球面是圆母线以它的直径为轴旋转而成的，如图 4-32（a）所示。对应的圆球三视图如图 4-32（b）所示。

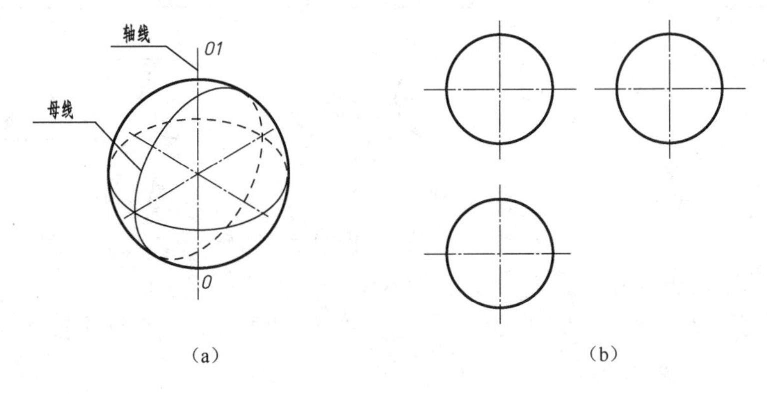

（a）　　（b）

图 4-32　圆球及其三视图

2. 圆球三视图的作图步骤

由于圆球的三视图均为直径相等的圆，因此，画其三视图时应先画出其在三个投影面的作图基准线，再画出三个与球直径相等的圆即可。

3. 在圆球表面上取点

在圆球表面上取点是指已知圆球表面上点的一个投影，求其余两个投影。在作图过程中要注意点投影的可见性判断。

【实例 4-10】已知圆球表面上 M 点的水平投影 m，求其余两个投影并判断其可见性（图 4-33）。

（1）作图分析：由于 M 点的水平投影 m 可见，并根据 m 的位置，可知 M 点在左前上球面上，由于圆球面没有积聚性，因此，要作辅助圆线，即过 M 点作平行于 V 面的圆。

（2）作图步骤如下：

① 在俯视图上，过投影 m 作水平线 ab，即辅助圆在 H 面的投影。在主视图上以 o' 为圆心，ab 长为直径画圆，即辅助圆在 V 面投影。过 m 向主视图作投影连线，与辅助圆交点为 m'。

② 根据“高平齐、宽相等”的投影规律，由 m 和 m'就可求得 m''。

③ 可见性判断：由于 M 点在左前上圆球面上，所以 m'、m''均可见。

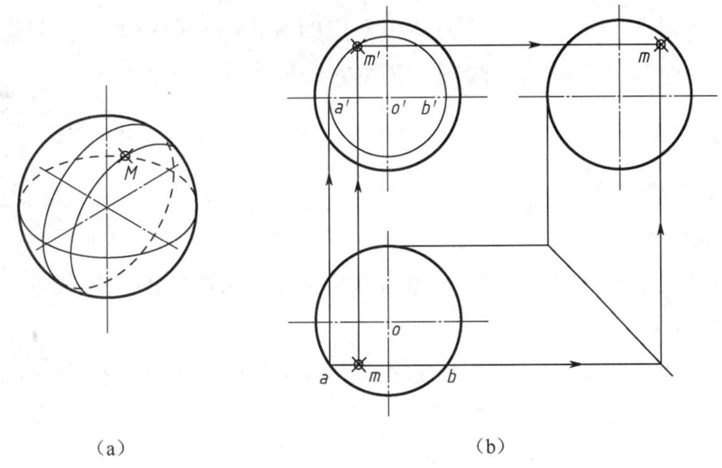

图 4-33 求圆球表面 M 点的其余两个投影

六、基本几何体的尺寸注法

任何物体都具有长、宽、高三个方向的尺寸，基本几何体也不例外，在进行其标注时，应将这三个方向的尺寸标注齐全，既不能少也不要重复。图 4-34 所示为常见的基本几何体的尺寸注法。图中带括号的尺寸表示参考尺寸。

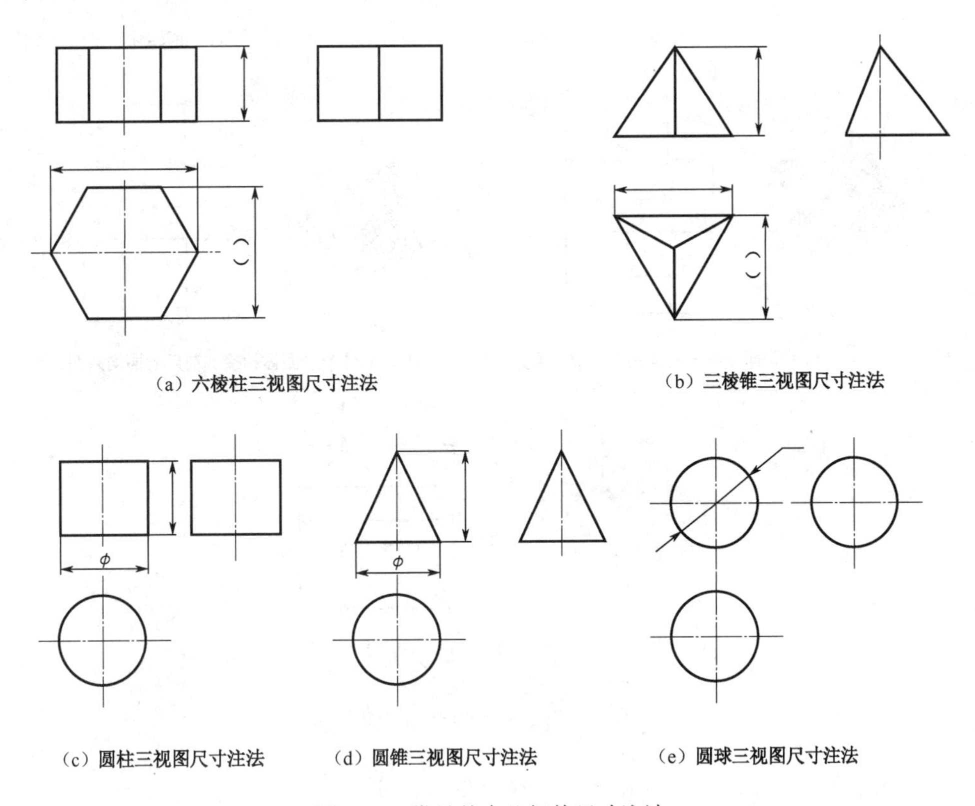

图 4-34 常见基本几何体尺寸注法

技能4　组合体的三视图

实际的机件大都是由多种基本几何体按一定的方式组合而成的，称为组合体。在本技能中将介绍有关组合体的三视图的画图、读图方法和尺寸注法。

一、分析组合体

1. 组合体的组合形式

1）叠加式组合体

叠加式组合体是由两个或两个以上的基本几何体叠加而成的。按其表面接触方式的不同又可分为相接、相切、相贯三种。

（1）相接：形体与形体之间是以平面的方式相互接触，如图4-35所示的几种不同的形体之间的相接。

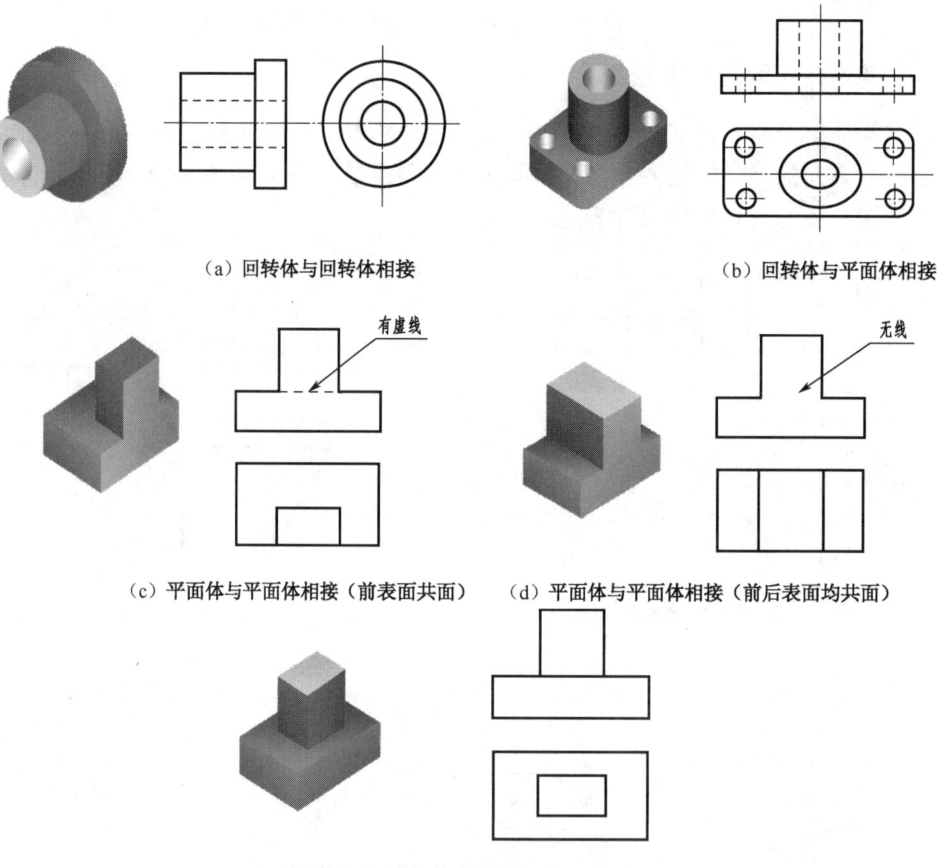

（a）回转体与回转体相接　（b）回转体与平面体相接

（c）平面体与平面体相接（前表面共面）　（d）平面体与平面体相接（前后表面均共面）

（e）平面体与平面体相接（前后表面均不共面）

图4-35　相接方式的叠加式组合体

（2）相切：两形体在相交处相切，形体之间过渡平滑自然，如图4-36所示。

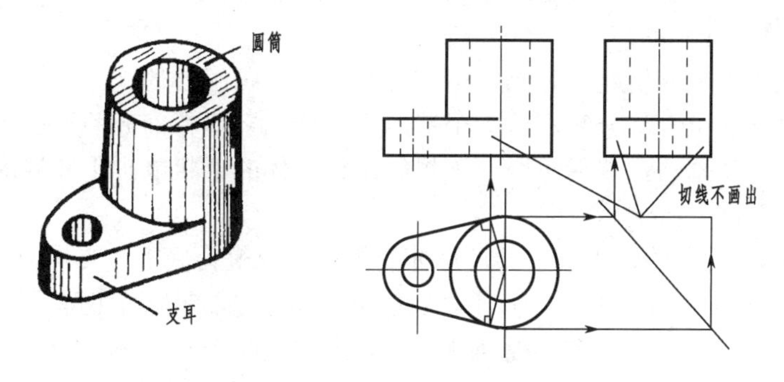

图 4-36 相切方式的叠加式组合体

（3）相贯：两形体表面彼此相交，在相交处的交线称为相贯线，如图 4-37 所示。

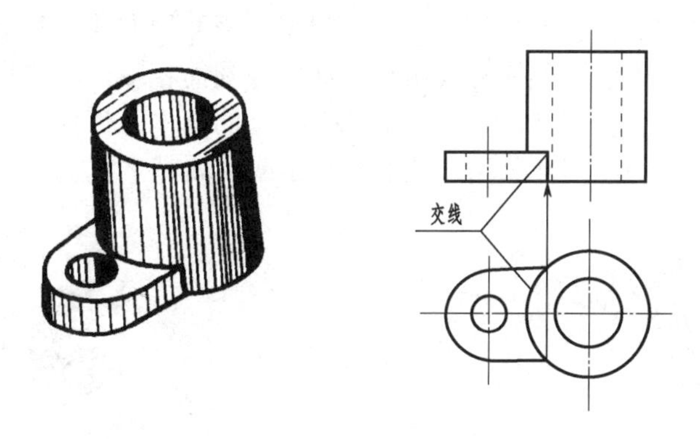

图 4-37 相贯方式的叠加式组合体

2）切割式组合体

切割式组合体是在基本几何体上进行切割、挖孔、挖槽等构成的形体。如图 4-38 所示的机件可以看做是一个圆柱体切去右边的形体，再挖两个小圆柱孔后形成的。注意：在绘制其三视图时，应画出被切割后的轮廓线。

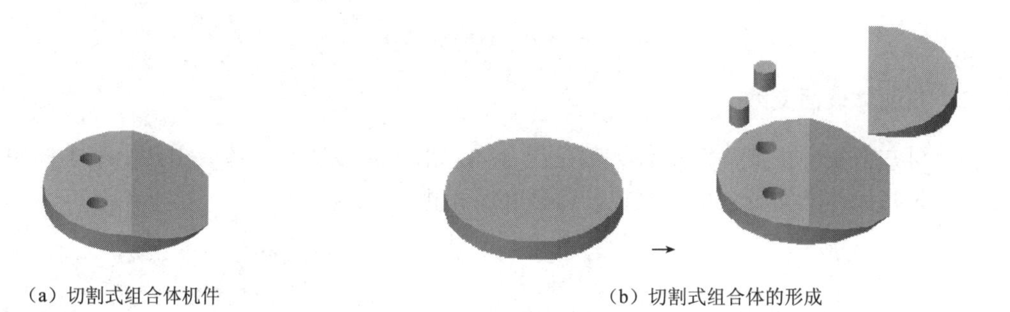

（a）切割式组合体机件　　（b）切割式组合体的形成

图 4-38 切割式组合体

3）综合式组合体

综合式组合体是指既有叠加又有切割的组合体。工程中大部分的机件都是通过组合形式形成的组合体，如图 4-35（a）、（b）、图 4-36、图 4-37 所示的机件均为综合式组合体。

2. 组合体的分析方法

形体分析法是用来分析组合体的常用方法。在看、画组合体视图时，首先要弄清它的组合形式，将复杂的组合体分解成若干个基本几何体，弄清各部分的形状、相对位置，各部分分界线的特点和画法，然后组合起来想象该组合体的形状或画出其视图。这种分析组合体的方法称为形体分析法。

如图 4-39（a）所示的轴承座，通过形体分析法可分解为底板、支撑板、筋板、圆筒和凸台 5 部分，如图 4-39（b）所示。其中，底板上有两个圆柱孔、前面有两个圆角、底面还有一个矩形通槽，可以看做是在底板（四棱柱）上挖去两个圆柱体、切去两个圆角、底面挖去一长方体形成的切割式组合体；支撑板可看做是一个四棱柱左、右侧均切去一个楔体，中间挖去半个圆柱体形成的切割式组合体；圆筒正面挖去一个大圆柱体，上面挖去一个小圆柱体；凸台中间挖去一个与圆筒上面大小相同的圆柱体，圆筒与凸台均是切割式组合体；底板与支撑板、底板与筋板、筋板与支撑板之间是以平面的方式相互接触，即以相接方式组合；支撑板与圆筒以外表面相切方式组合；筋板与圆筒相贯，圆筒与凸台也相贯。通过这样的分析，就可把一个较复杂的机件分成几个简单的基本几何体，然后画出或看懂各基本几何体的投影及它们间的相互关系，从而给画图或读图带来很大的方便。

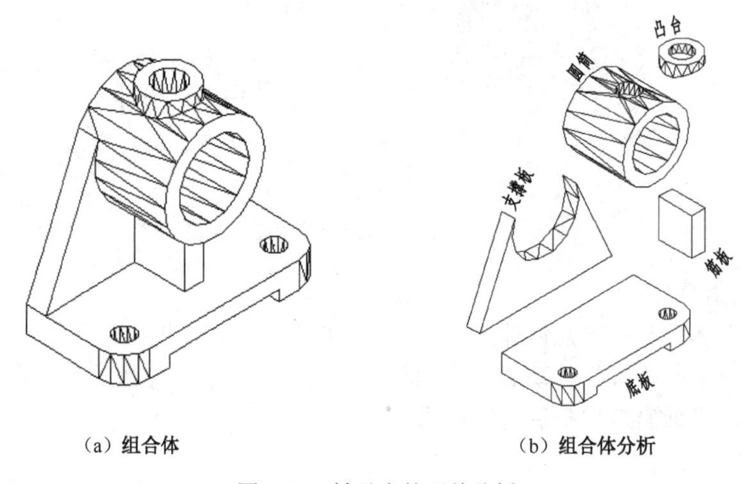

（a）组合体　　（b）组合体分析

图 4-39　轴承座的形体分析

二、几何体表面交线

由上可知，实际生产中的机件大都是组合体，由平面截切基本体或由几个基本体相交形成，这时几何体表面就会产生交线，即截交线和相贯线。

1. 截交线

由平面截切几何体所形成的表面交线称为截交线，该平面称为截平面。如图 4-40 所示。截交线是一个由直线或曲线围成的封闭平面图形，是截平面与立体表面的共有线，其形状取决于被截立体的形状及截平面与立体的相对位置。截交线投影的形状取决于截平面与投影面的相对位置。

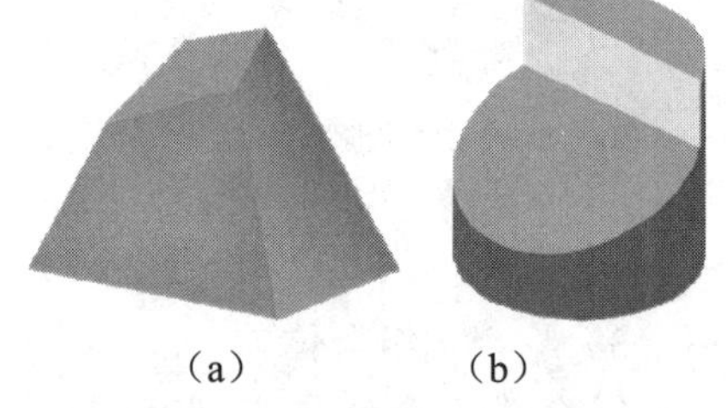

（a）　　（b）

图 4-40　几何体表面的截交线

1）平面立体截交线

由于平面立体的表面均为平面，因而，截交线是封闭多边形，平面立体的棱边与截平面的交点是该多边形的顶点，将这些顶点连接起来即可得到平面体的截交线。

【实例 4-11】 如图 4-41（a）所示，已知四棱柱被平面斜切后的主、俯视图，完成其左视图。

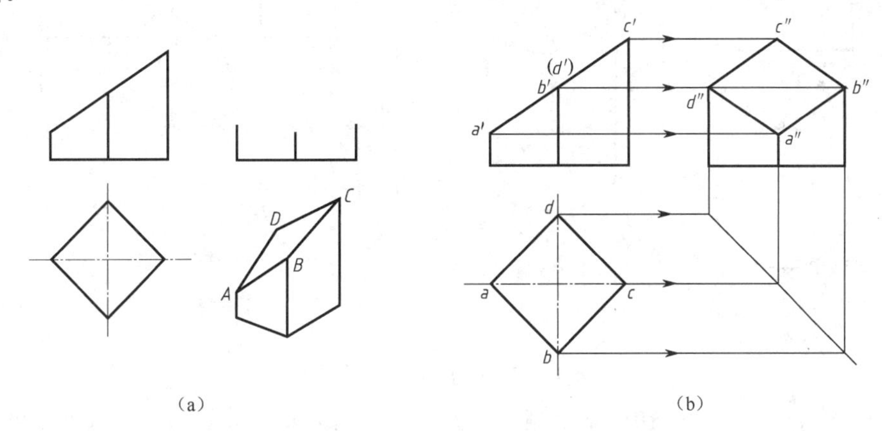

（a） （b）

图 4-41 完成斜切后四棱柱的左视图

（1）作图分析：四棱柱被正垂面斜切，四条棱线与截平面的交点 *A*、*B*、*C*、*D* 所围成的四边形为截交线。只要求出 *A*、*B*、*C*、*D* 四个点的投影，将它们依次连接起来就得到截交线的投影。

（2）作图步骤，如图 4-41（b）所示：

① 已知顶点 *A*、*B* 的正面投影和水平投影，根据“高平齐，宽相等”的投影规律，由 *a*'和 *a* 可求得 *a*"，由 *c*'和 *c* 可求得 *c*"。

② 已知顶点 *B*、*D* 的正面投影和水平投影，此两点的正面投影为重影点，*d*'点为不可见点，因此，可知 *d*"在后面上，而 *b*"在前面上。再根据“高平齐，宽相等”的投影规律，由 *b*'和 *b* 可求得 *b*"，由 *d*'和 *d* 可求得 *d*"。

③ 依次连接 *a*"*b*"*c*"*d*"点，得到左视图上截交线的投影。

④ 整理左视图的轮廓线，将各条棱线画到它们与截平面交点的投影处，即 *a*"、*b*"、*d*"处，最后加深图线，完成图形。

2）圆柱的截交线

截平面与圆柱面的截交线的形状取决于截平面与圆柱轴线的相对位置，分三种情况：当截平面与圆柱面轴线平行时，截交线为矩形；当截平面与圆柱面轴线垂直时，截交线为圆形；当截平面与圆柱面轴线倾斜时，截交线为椭圆，如图 4-42 所示。

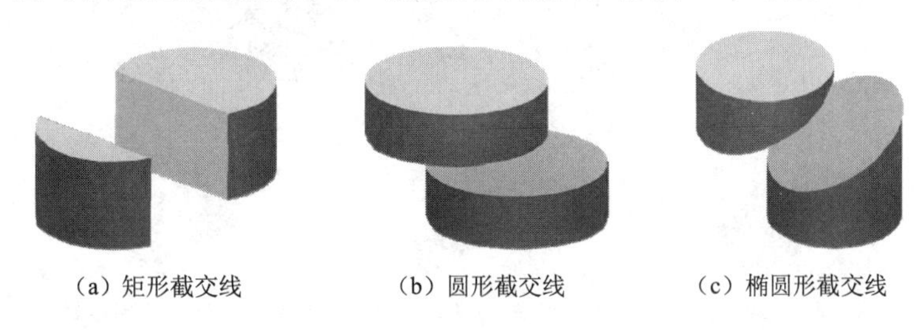

（a）矩形截交线 （b）圆形截交线 （c）椭圆形截交线

图 4-42 圆柱的截交线

【实例 4-12】如图 4-43（a）所示，已知切口圆柱的主、俯视图，求其左视图。

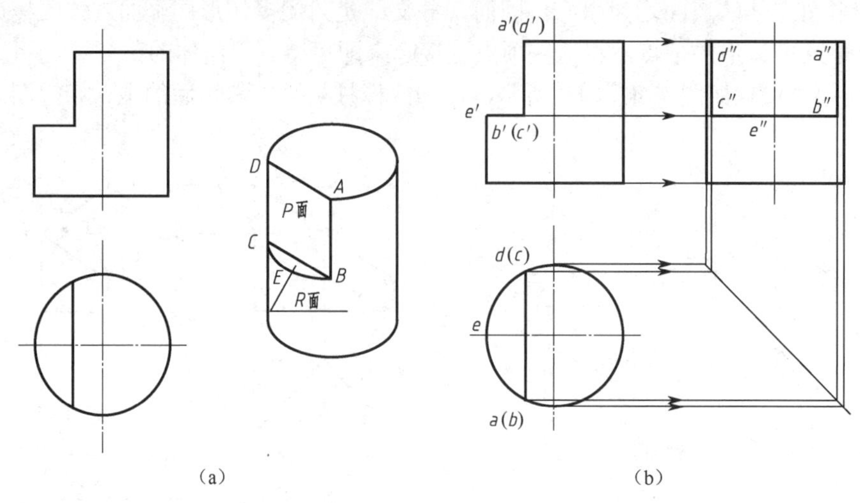

图 4-43　完成切口圆柱的左视图

（1）作图分析：圆柱的切口是由侧平面 P 与水平面 R 切割圆柱所得。侧平面 P 切得的截交线是矩形 $ABCD$，其水平投影积聚成线 ad 或$(b)(c)$，其正面投影积聚成线 $a'b'$或$(d')(c')$；水平面 R 切得的截交线是由圆弧 CEB 和直线 CB 组成的平面图形，其水平投影反映实形，是由弧$(c)e(b)$和直线$(b)(c)$组成的图形，其正面投影积聚成线 $e'b'$或 $e'(c')$。P 面与 R 面的交线为直线 CB。

（2）作图步骤如下：

① 画出完整圆柱的左视图。

② 根据“高平齐，宽相等”的投影规律，由 a'和 a 可求得 a''，由 b'和 b 可求得 b''，由 c'和 c 可求得 c''，由 d'和 d 可求得 d''，由 e'和 e 可求得 e''（e''在直线 $c''d''$上）。

③ 依次连接 $a''b''c''d''$点，得到左视图上截交线的投影。

④ 加深图线，完成图形。

3）圆锥的截交线

截平面与圆锥面的截交线的形状取决于截平面与圆锥轴线的相对位置，分为五种情况：当截平面过圆锥顶时，截交线为过锥顶的两条相交直线；当截平面与圆锥轴线垂直时，截交线为圆形；当截平面与圆锥轴线倾斜时，截交线为椭圆或抛物线；当截平面与圆锥轴线平行时，截交线为双曲线，如图 4-44 所示。

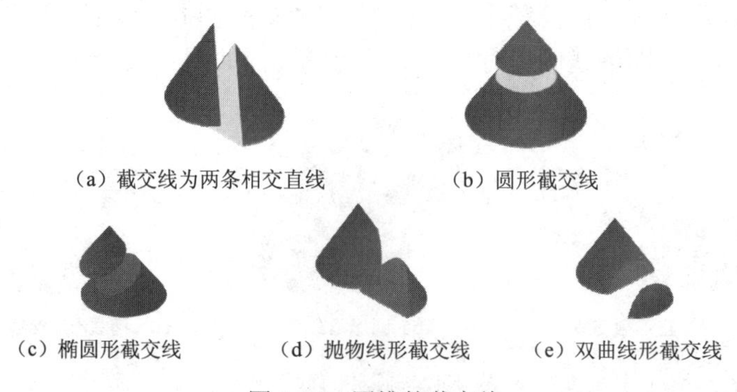

（a）截交线为两条相交直线　（b）圆形截交线

（c）椭圆形截交线　（d）抛物线形截交线　（e）双曲线形截交线

图 4-44　圆锥的截交线

4）圆球的截交线

截平面与圆球相交，截交线的形状都是圆，但根据截平面与投影面的相对位置不同，其截交线的投影可能为圆、椭圆或积聚成一条直线。如图 4-45 所示，截平面 P 为水平面，截交线的水平投影为圆，反映实形，其余两个面的投影积聚成直线。

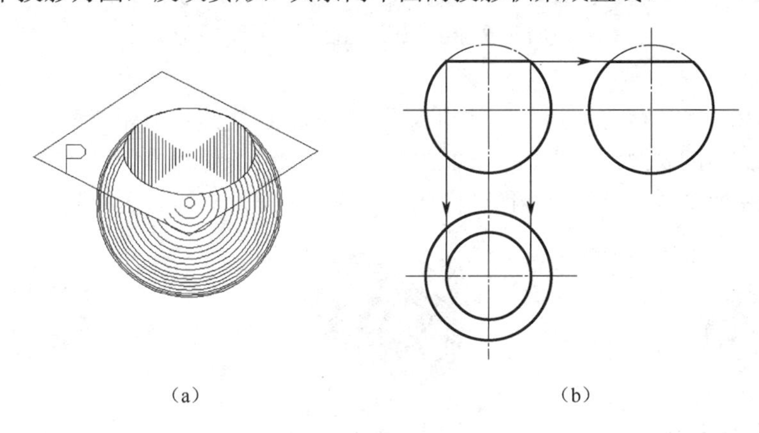

图 4-45 球的截交线

【实例 4-13】如图 4-46（a）所示，已知半球体截切后的主视图，完成俯、左视图。

（1）作图分析：半球体由两个侧平面 P_1、P_2 和水平面 R 截切后得到一个切槽。水平面 R 与圆球面交线的投影，在俯视图上为部分圆弧，在侧视图上积聚为直线。而两个侧平 P_1、P_2 与圆球面交线的投影，在侧视图上为部分圆弧，在俯视图上积聚为直线。

（2）作图步骤，如图 4-46（b）所示：

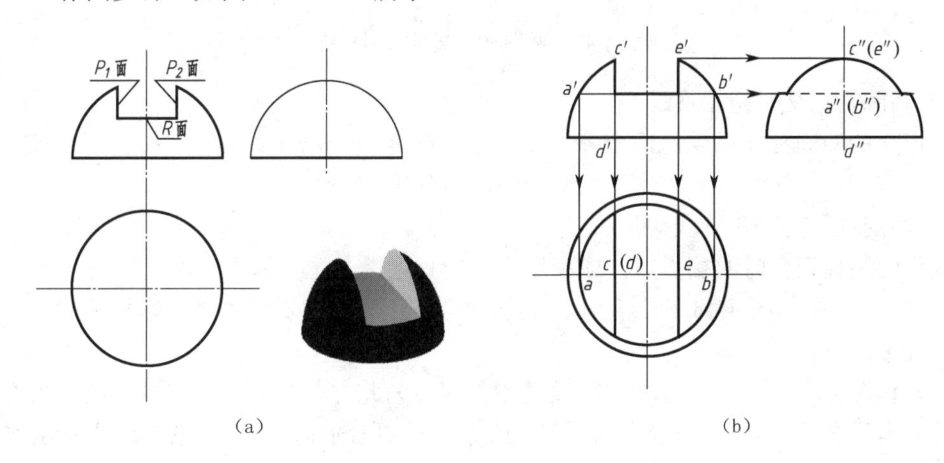

图 4-46 半球体截切后的主视图

① 根据“长对正”的投影规律，作水平面 R 的截交线的水平投影，由 a'、b'点向俯视图作投影线得水平投影 a、b，以俯视图中心点为圆心，ab 长为直径画圆，再由 c'、e'点向俯视图作投影线，与圆相交截得的两部分圆弧为 R 面交线的水平投影。

② 根据“高平齐”的投影规律，作水平面 R 截交线的侧面投影，由 b'点向左视图作投影线，与半球体左视图轮廓线相交两点，该两点间的直线为 R 面交线的侧面投影。

③ 根据“长对正”的投影规律，作侧平面 P_1、P_2 的截交线的水平投影，由 c'、e'点向

俯视图作投影线与圆相交所得的两条直线分别为面交线的水平投影。

④ 根据“高平齐”的投影规律，作侧平面 P_1、P_2 的截交线的侧面投影，由 c'、e' 点向左视图作投影线，与半球体左视图垂直中心线相交得到 c''、(e'')，再以左视图中心点为圆心，$c''d''$ 长为半径画半圆，保留 R 面侧面投影直线以上的部分圆弧为 P_1、P_2 面交线的侧面投影。

⑤ 整理左视图轮廓线，判断可见性，加深图线，完成图形。

2. 相贯线

两几何体相交称为相贯，两几何体相贯所产生的表面交线称为相贯线，如图 4-47 所示。相贯线位于两立体的表面，是两立体表面的共有线，一般是封闭的空间折线（通常由直线和曲线组成）或空间曲线。求相贯线的作图实质是找出相贯两立体表面的若干共有点的投影。

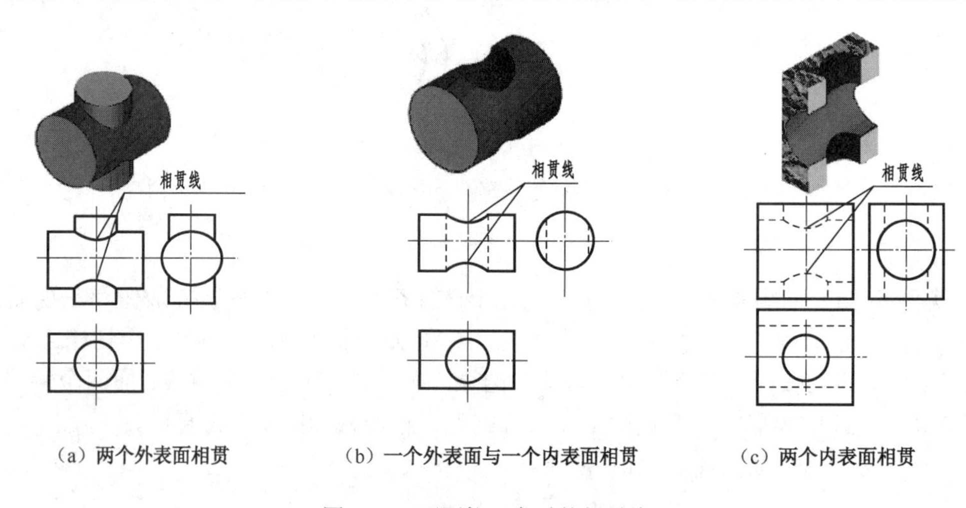

（a）两个外表面相贯　　（b）一个外表面与一个内表面相贯　　（c）两个内表面相贯

图 4-47　两圆柱正交时的相贯线

1）两圆柱正交时的相贯线

相正交的两圆柱面可以是两个外表面，也可以是一个外表面与一个内表面，或是两个内表面，它们相贯线的形状和作法完全相同，如图 4-47 所示。

2）两圆柱正交时相贯线的作法

求作两圆柱正交时的相贯线，应利用圆柱的积聚性。

【实例 4-14】 如图 4-48（a）所示，已知两圆柱正交的相贯线水平投影和侧面投影，求其正面投影。

（1）作图分析：由于大圆柱的轴线是侧垂线，因此，其侧面投影积聚成圆，相贯线的侧面投影为重合于该圆上，在小圆柱投影范围内的一段圆弧；小圆柱的轴线为铅垂线，因此，其水平面投影积聚成圆，相贯线的水平投影重合在这个圆上。

（2）作图步骤，如图 4-48（b）所示：

① 求四个特殊点：在俯、左视图上标出相贯线上的最左点 A、最右点 B 的投影点 a、b、a''、b''；在俯、左视图上标出相贯线上的最前点 C，最后点 D 的投影点 c、d、c''、d''。再根据“长对正、高平齐”的投影规律，求得正面投影 a'、b'、c'、d'。

② 求两个一般点：在相贯线的侧面投影上定出两点 m''、(n'')，根据“宽相等”的投影规律，在相贯线的水平投影上求出 m、n，再根据“长对正、高平齐”的投影规律，求得正面投影 m'、n'。

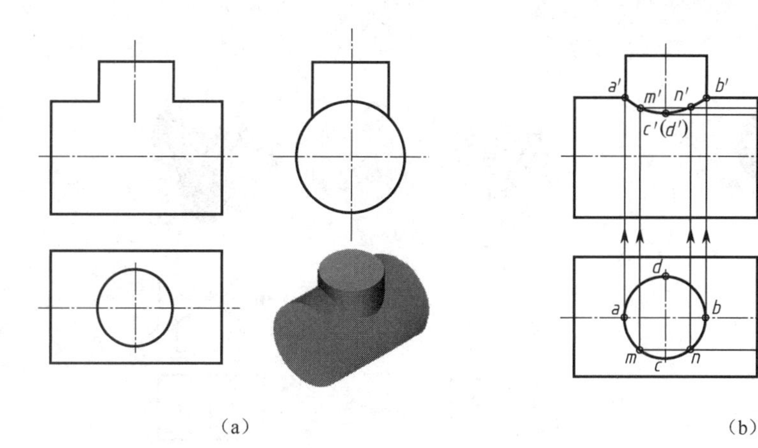

（a）　　（b）

图 4-48　求正交两圆柱相贯线

③ 将主视图上求得的投影点 a′、m′、c′（d′）、n′、b′依次光滑连接，即得到所求相贯线的正面投影。

④ 加深图线，完成图形。

为了简化作图，图形中相贯线的正面投影可用圆弧代替，如图 4-49 所示。

作图步骤如下：

① 分别以 a′、b′为圆心，大圆柱半径（R）为半径画弧，两弧交于 o′。

② 以 o′为圆心，R 为半径在 a′、b′间画弧。即得到所求相贯线的正面投影。

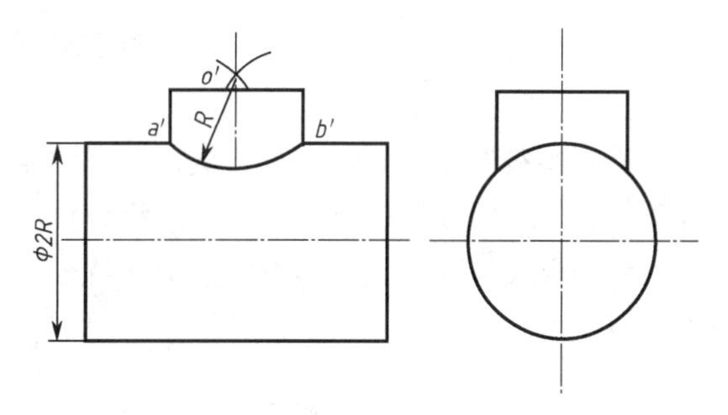

图 4-49　正交两圆柱相贯线的简化作法

3）两圆柱直径的变化对相贯线的影响。

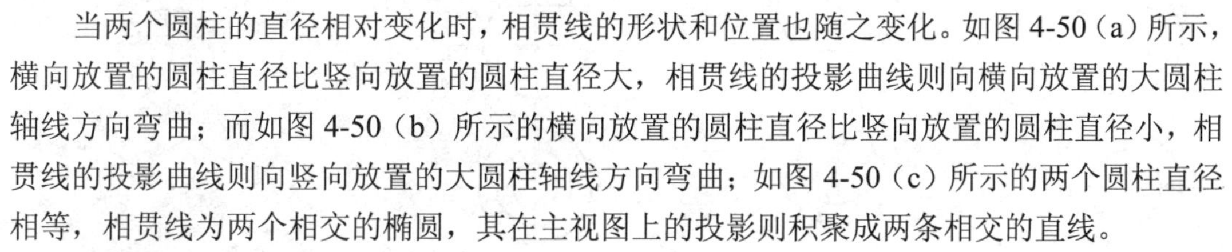

当两个圆柱的直径相对变化时，相贯线的形状和位置也随之变化。如图 4-50（a）所示，横向放置的圆柱直径比竖向放置的圆柱直径大，相贯线的投影曲线则向横向放置的大圆柱轴线方向弯曲；而如图 4-50（b）所示的横向放置的圆柱直径比竖向放置的圆柱直径小，相贯线的投影曲线则向竖向放置的大圆柱轴线方向弯曲；如图 4-50（c）所示的两个圆柱直径相等，相贯线为两个相交的椭圆，其在主视图上的投影则积聚成两条相交的直线。

4）同轴回转体相贯。

两同轴回转体相贯时，相贯线是圆，该圆的正面投影是一直线，水平投影是圆的实形，如图 4-51 所示。

三、组合体三视图画法

以本项目轴承座三视图的绘制为例说明组合体三视图的画法。

1. 形体分析

在画组合体三视图前，要对组合体进行形体分析，弄清组合体的形状、结构特点、组成部分及各组成部分表面间的相互关系，明确组合形式是叠加还是切割或综合，并将其分解成几个基本体，进一步了解组成部分之间的分界线特点，为画三视图做好准备。

关于轴承座的形体分析在本项目中的前面部分已详细分析（图 4-39），在这里不再赘述。

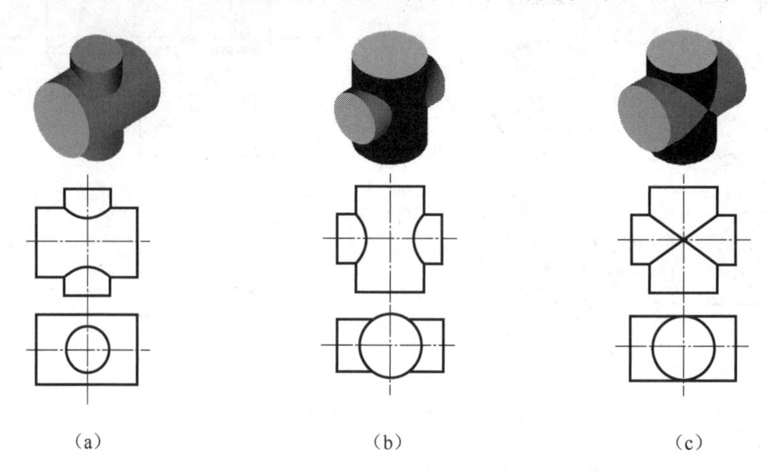

图 4-50　两圆柱直径的变化对相贯线的影响

2. 选择主视图

选择主视图就要确定主视方向。主视图要能较多表达物体的形状和特征，使主要平面平行于投影面，以便投影能更好地表达组合体实形。轴承座的主视方向的选择如图 4-52 所示，所得到的视图能较多表达轴承座的形状特征；主视方向确定后，其俯视方向、左视方向也随之确定下来。

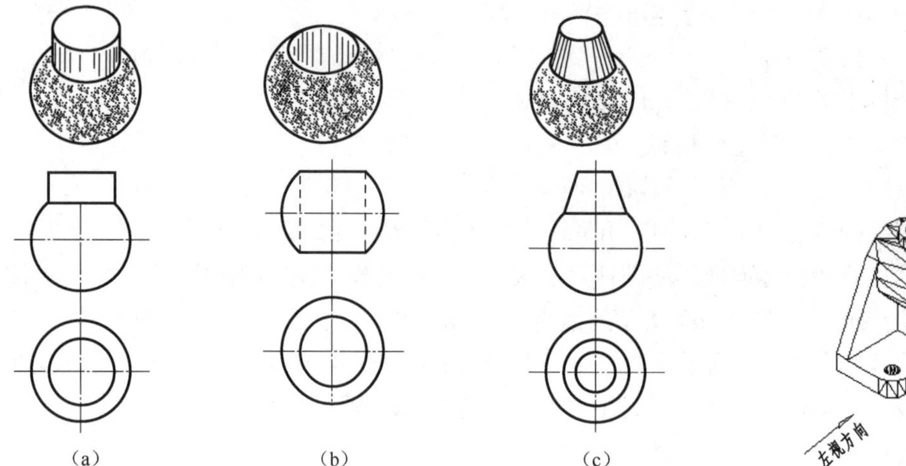

图 4-51　同轴回转体相贯线

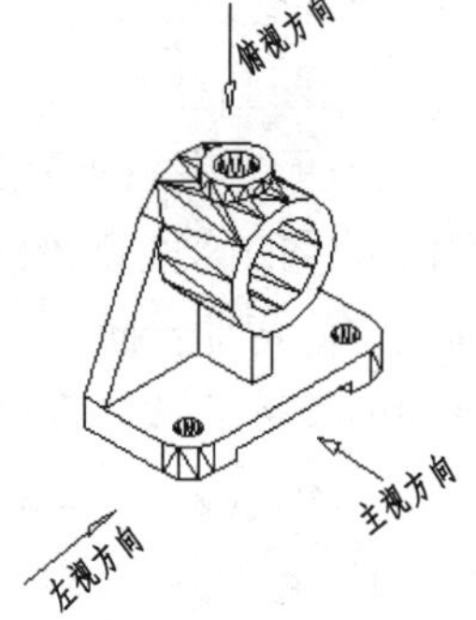

图 4-52　轴承座视图方向

3. 选择绘图比例，确定图幅大小

根据物体的大小来选择绘图比例，一般组合体实际尺寸较小时用放大比例（如 2∶1、5∶1 等），组合体实际尺寸较大时则采用缩小比例（如 1∶2、1∶5 等），再根据比例和实际尺寸来确定图幅，要注意在选择时应满足国家标准，且图幅的选择要留有余地，从而标注尺寸、画标题栏及注写技术要求等。对于此项目的轴承座采用 1∶1 比例，A4 图幅绘制，如图 4-2 所示。

4. 布置视图

布置三视图在纸面上的位置，注意：各视图间要留有间隙。首先要考虑各视图每个方向上的最大尺寸，其次要保证有余地标注尺寸，另外，各视图要布置均匀，不宜偏向一方。

根据这些方面来确定各个视图的位置。

5. 画底图

（1）画基线：根据视图的布局，画出每个视图的中心线、基准线，如图4-53（a）所示的轴承座视图基线。

（2）按组成物体的基本形体，逐一画出三视图，如图4-53（b）、（c）、（d）、（e）、（f）、（g）所示的轴承座三视图的绘制过程。画图时先画主视图，再画俯视图，最后画左视图；先画主要部分，再画次要部分；先画可见部分，再画不可见部分；先画主要的圆或圆弧，再画直线；每一部分三个视图应对应着一起画。

6. 检查、描深、完成图形绘制

仔细检查底稿，改正错误，最后描深轮廓线，如图4-53（h）所示。

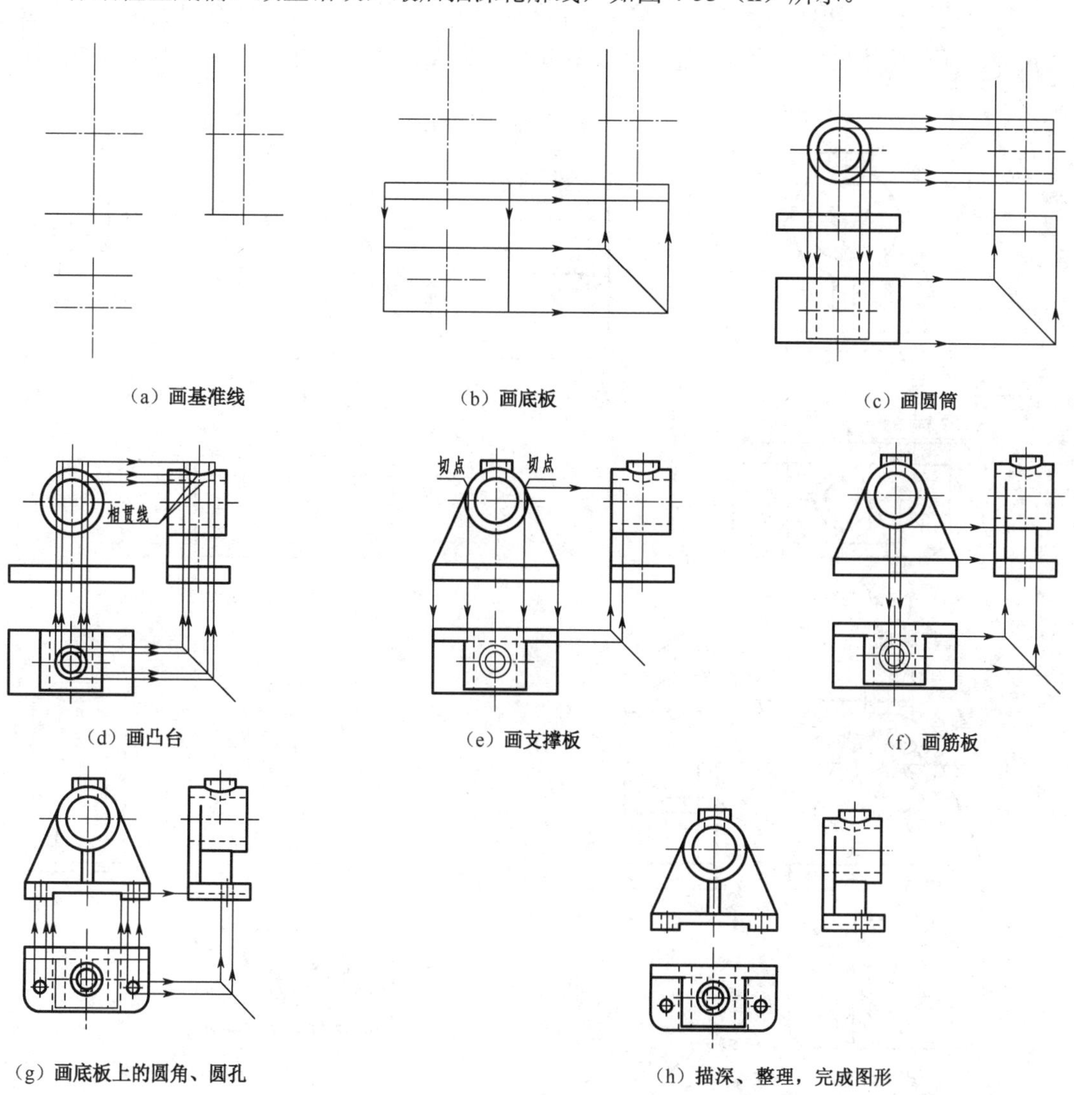

图4-53 轴承座三视图的绘制过程

7. 标注尺寸，完成全图

组合体尺寸标注分为定形尺寸、定位尺寸和总体尺寸三类。定形尺寸是表示各基本几何体大小（长、宽、高）的尺寸；定位尺寸是表示各基本几何体之间相对位置（上下、左右、前后）的尺寸；总体尺寸是表示组合体总长、总宽、总高三个方向的最大尺寸。

组合体尺寸标注要正确、完整和清晰。尺寸标注要符合国家标准的规定，将确定组合体各部分形状大小及相对位置的尺寸标注齐全，不遗漏，不重复，尺寸布置要整齐、清晰，便于看图。

组合体有长、宽、高三个方向的尺寸，每个方向至少有一个尺寸基准，尺寸基准是标注尺寸的起点，每个方向上，主要尺寸应从相应的基准出发进行标注，通常以组合体上较大的平面、对称面、回转体的轴线等作为尺寸基准，如图 4-54 所示。

可以通过五个步骤来标注组合体的尺寸：确定尺寸基准、标注各组成部分的定形和定位尺寸、标注总体尺寸、检查调整尺寸。轴承座三视图的尺寸标注过程，如图 4-54 所示。

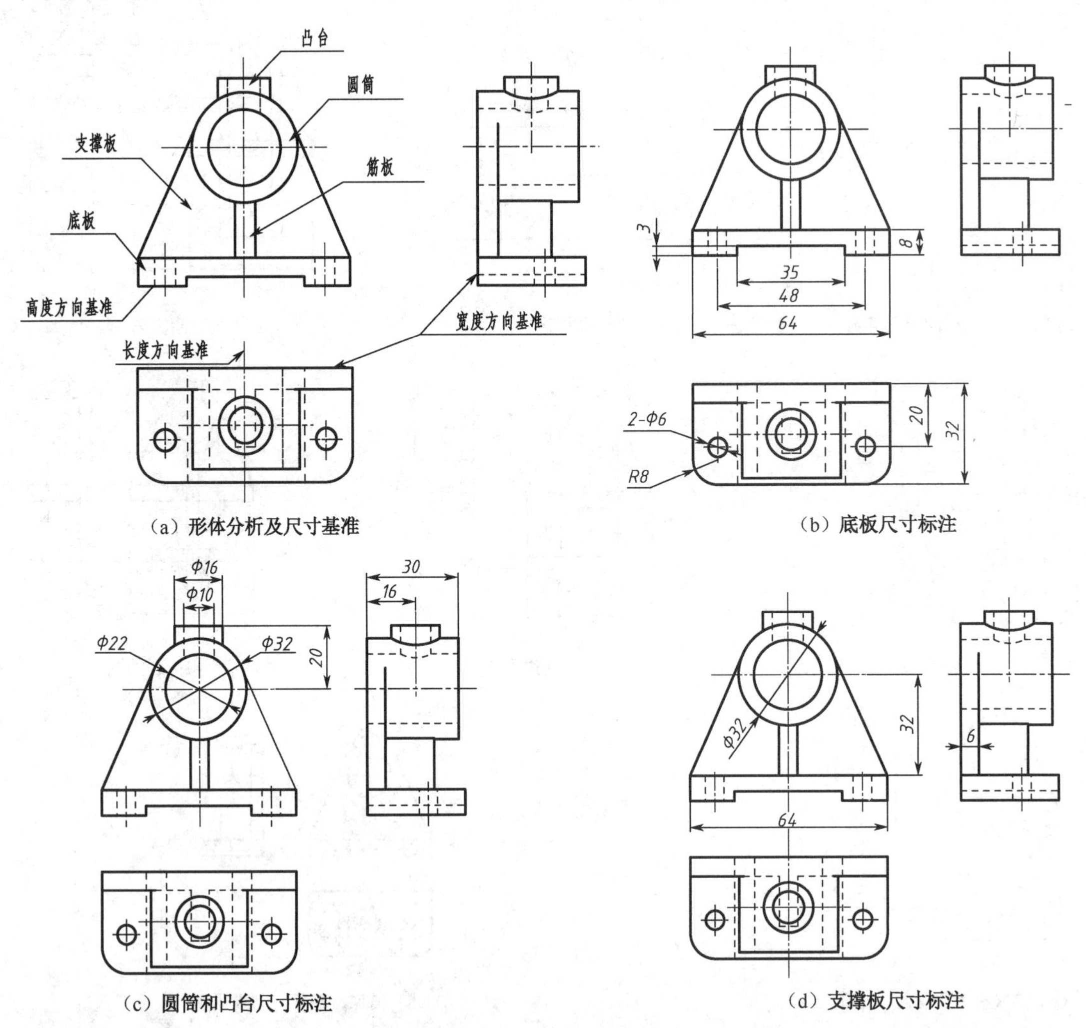

图 4-54 轴承座三视图的尺寸标注过程

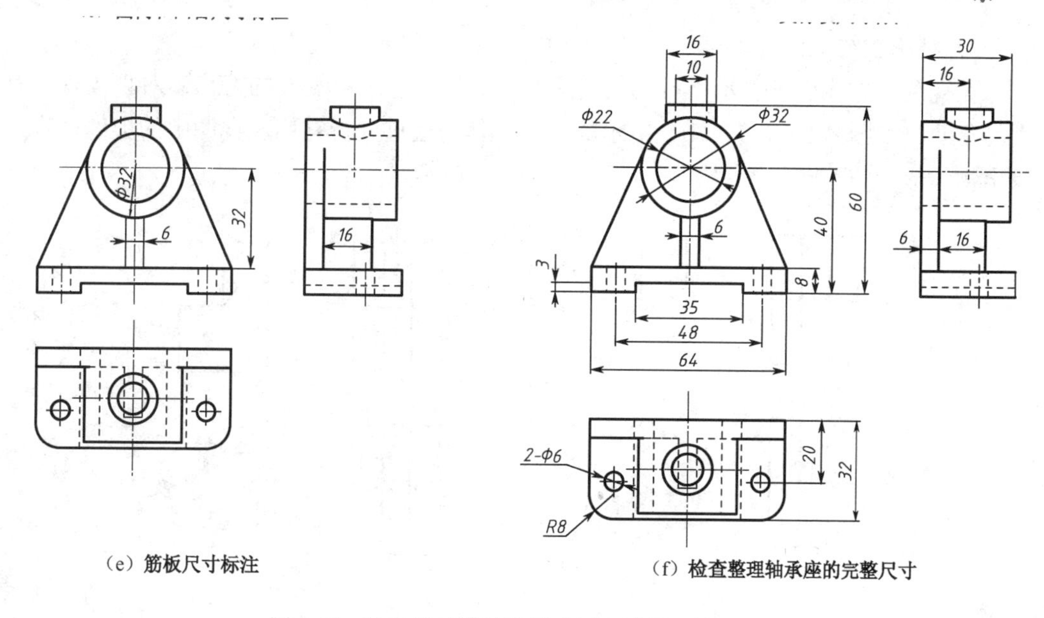

（e）筋板尺寸标注

（f）检查整理轴承座的完整尺寸

图 4-54　轴承座三视图的尺寸标注过程（续）

四、组合体三视图的识读

画组合体视图是将实物或想象（设计）中的物体表达在图纸上的过程，由物到图。而识读组合体的视图则是根据视图想象出空间物体和结构形状的过程，由图到物，是画图的逆过程。

1. 读图的基本要领

读懂三视图，想象出该机件的空间物体实形是比较困难的，必须综合运用投影知识，掌握读图的基本要领和方法，多读图、多想象，才能不断提高由图到物的空间想象力。

1）几个视图联系起来识读

一般情况下，为清楚表达物体的结构需要多个视图。在识读时，必须弄清各视图间的投影关系，几个视图对照分析以确定物体的形状，而不能孤立地看一个视图。如图 4-55（a）、（b）所示的两个物体，它们的主视图、左视图相同，但由于俯视图不同，因而形体上存在着一定的差别。

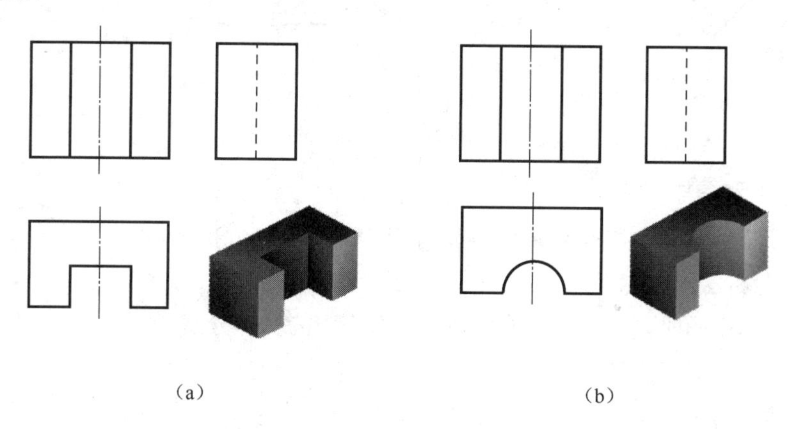

（a）　（b）

图 4-55　三个视图联系起来识读

2）利用虚线识读视图

在视图上虚线用来表示不可见的轮廓线，利用好“不可见”的特点，对识读视图有很大的帮助。如图 4-56（a)、(b）所示的两个物体，通过分析它们左视图中的虚线很容易想象出物体形状的不同。

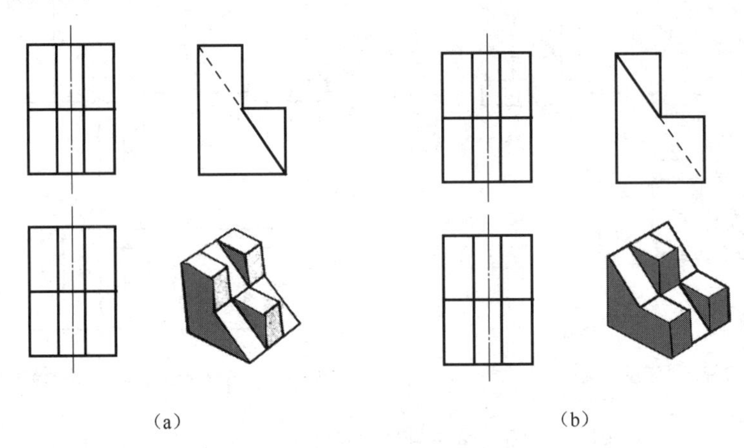

图 4-56　利用虚线识读视图

3）识别视图中的线条和线框的含义

视图是由线条组成的，线条又可围成一个个线框，分清视图上各线条和线框的空间含义，也对识读视图有很大帮助。如图 4-57（a）所示是视图中的线条含义，如图 4-57（b）所示是视图中的线框含义。

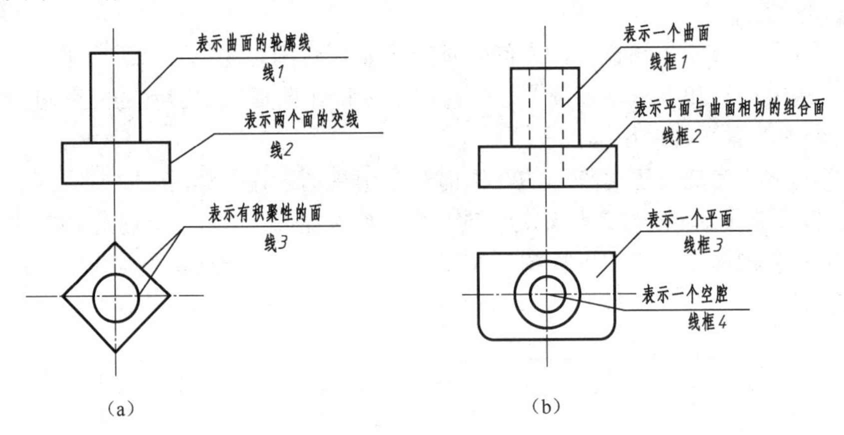

图 4-57　视图中线条和线框的含义

2. 读图的方法与步骤

读图的方法一般有两种：一是形体分析法；二是线面分析法。

1）形体分析法

在画组合体视图时，要利用形体分析法，将完整的实体分解成几个组成部分来画视图。识读视图时同样要对组合体视图进行形体分析，了解它的结构组成，在视图上将组合体分成几个基本体，再根据这几个基本体的各自视图想象出它们的实体形状，最后根据几个基本体的相对位置和组合方式综合起来想象出组合体的整体实体形状。这种方法多用于叠加式组合体的识读。

2）线面分析法

对于切割式组合体往往需要根据形体中的线、面投影，分析它们的空间形状和位置，从而想象出其实体形状，这种读图的方法就是线面分析法。线面分析法是运用线面的投影规律，分析视图中的线条和线框的含义和空间位置，从而看懂视图的读图方法。

在实际工作中，多为较复杂的综合式组合体，应先以形体分析法为主分解出各基本体，再用线面分析法为辅，读懂难点。

【实例 4-15】利用如图 4-58（a）所示的三视图，想象出其空间实体形状。

读图步骤如下：

（1）认识视图，抓住特征，进行形体分析：从主视图入手，可知如图 4-58（a）所示视图的组合体是一个叠加式组合体，有形体Ⅰ、Ⅱ、Ⅲ三个组成部分。

（2）分析各个基本体的投影，联想出各自的实体形体：根据“长对正、高平齐、宽相等”的投影规律，在三视图上标识出形体Ⅰ的 *V* 面、*H* 面、*W* 面的投影 1'、1、1"，想象出形体Ⅰ的实体形状为长方体板，如图 4-58（b）所示；同理，想象出形体Ⅱ的实体形状为三角形楔块，如图 4-58（c）所示。

（3）同理，在三视图上标识出形体Ⅲ的 *V* 面、*H* 面、*W* 面投影 3'、3、3"，如图 4-58（d）所示，由于此形体较复杂，所以将它的三视图从组合体中分离出来，进行分析。首先做形体分析，如图 4-58（e）所示的三视图，可看出其基本形体是长方体。再进行线面分析，如图 4-58（f）所示，俯视图中，线框 *a* 代表了一个空腔；主视图中线框 *b*'，根据投影规律可找到其在 *H* 面和 *W* 面的投影 *b*、*b*"，可知是一个正平面；根据左视图中线框 *c*"及其 *H* 面、*V* 面投影 *c*、*c*'，可知是一个侧平面。由此想象出形体Ⅲ是一个带空槽的长方体。

（4）分析基本体的相对位置及组合方式：形体Ⅱ与形体Ⅲ侧表面相接，并放置在形体Ⅰ的上面，如图 4-58（g）所示。

（5）综合起来想象出实体整体形状，如图 4-58（h）所示。

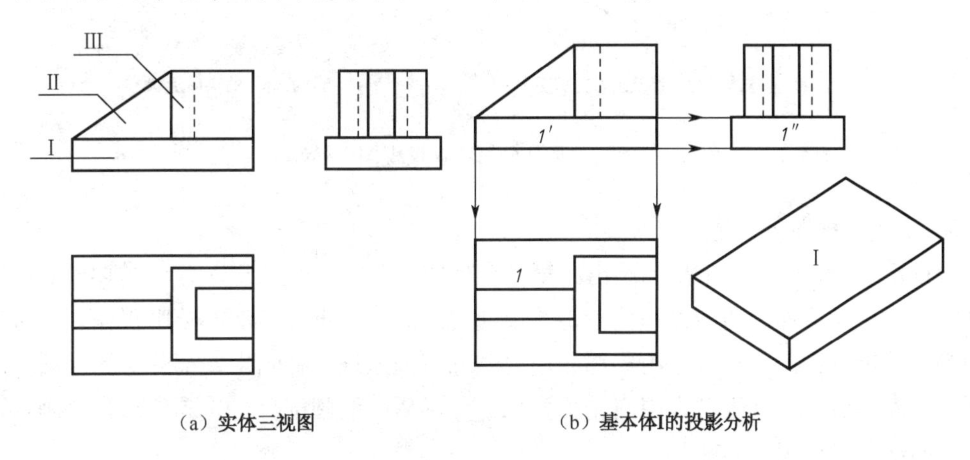

（a）实体三视图　　（b）基本体Ⅰ的投影分析

图 4-58　用形体分析法识读视图

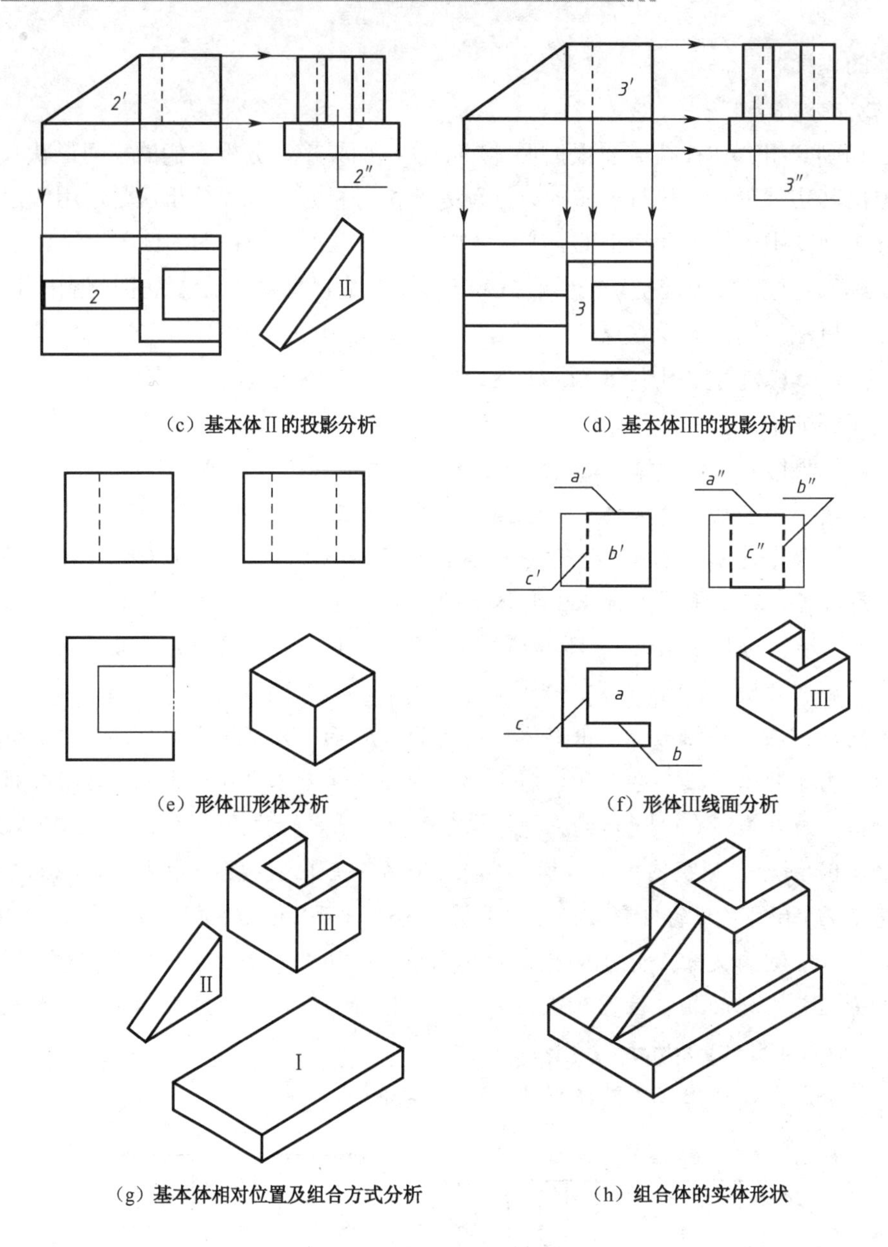

（c）基本体Ⅱ的投影分析　（d）基本体Ⅲ的投影分析

（e）形体Ⅲ形体分析　（f）形体Ⅲ线面分析

（g）基本体相对位置及组合方式分析　（h）组合体的实体形状

图 4-58　用形体分析法识读视图（续）

3. 已知两视图补画第三个视图

根据已给组合体的两个视图画出其第三个视图（简称“二补三”）是一种读图与画图的综合练习，也是培养读图能力和检验是否读懂视图的一种重要方法。补画视图时，首先要应用形体分析法读图，再按各组成部分，遵循三等关系逐一补画出各部分所缺视图，检查无误，加深完成。在补画过程中应先画叠加部分，后画切割部分；先画外形，后画内形；先画大的部分，再画小的部分。

【实例 4-16】如图 4-59（a）所示机件的主、左两视图，补画其俯视图。

作图步骤如下：

（1）读图，抓住特征，进行形体分析：从主视图入手，可知如图4-59（a）所示视图的组合体是一个叠加式组合体，有形体Ⅰ、Ⅱ两个组成部分，由此想象实体形状，如图4-59（b）所示。

（2）根据两个基本体主、左视图，分别画出各自的俯视图：根据“长对正、宽相等”的投影规律，由形体Ⅰ的V面、W面投影1'、1"，分别向H面作投影线，画出其H面投影1，即形体Ⅰ的俯视图，如图4-59（c）所示；同理，画出形体Ⅱ的俯视图，如图4-59（d）所示。

（3）检查无误（注意：图线的可见性的判断），加深图线即得所求，如图4-59（e）所示。

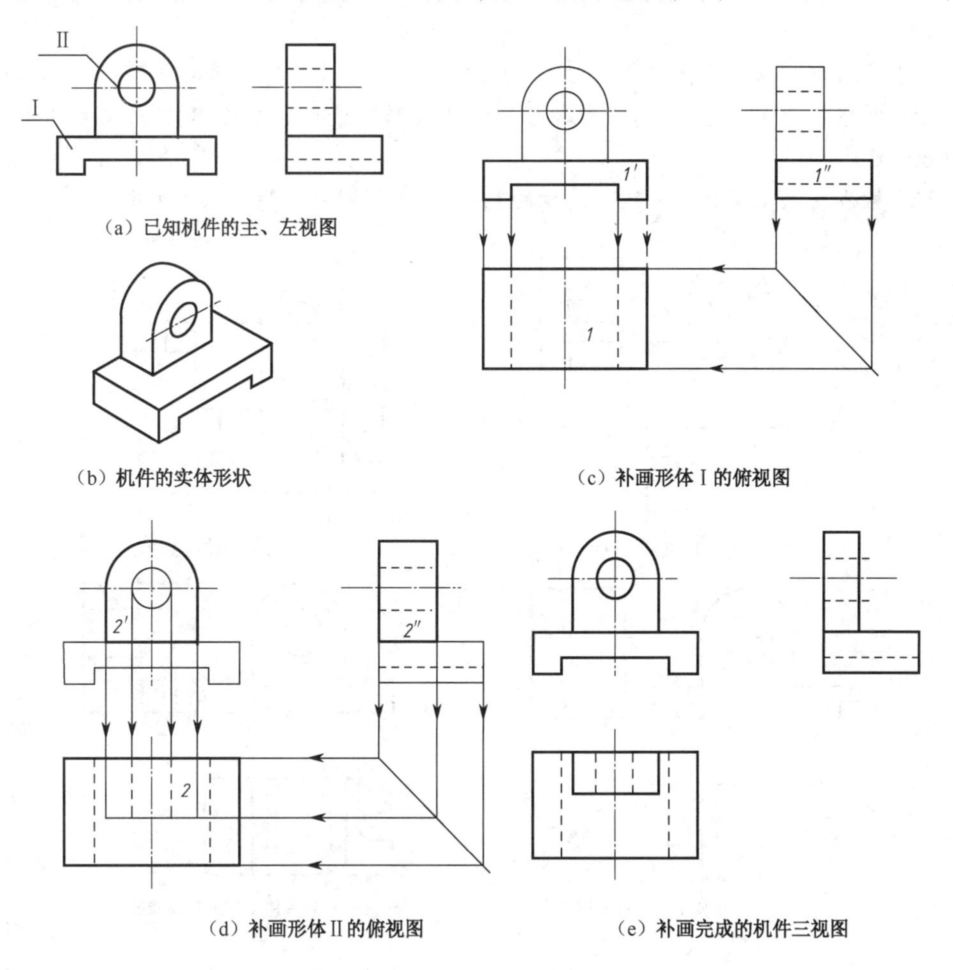

（a）已知机件的主、左视图

（b）机件的实体形状

（c）补画形体Ⅰ的俯视图

（d）补画形体Ⅱ的俯视图

（e）补画完成的机件三视图

图4-59　二补三作图过程

4. 已知不完整的视图，补全视图中遗漏的图线

根据已知的视图形状，补全其中遗漏的图线（简称补缺线），首先要应用形体分析法和线面分析法来识读视图，分析其中遗漏的图线有哪些，再根据“长对正、高平齐、宽相等”的投影规律，补画出这些遗漏的图线，使视图表达完整、正确。

【实例4-17】如图4-60（a）所示机件的视图，补全视图中的缺线。

作图步骤如下：

（1）读图，抓住特征，进行形体分析：从主视图入手，可知如图4-60（a）所示视图的组合体是一个叠加式组合体，有形体Ⅰ、Ⅱ两个组成部分，由此想象实体形状，如图4-60（f）所示。

（2）俯视图中，缺少形体Ⅱ的图线：根据“长对正、宽相等”的投影规律，由形体Ⅱ的V面、W面的投影2'、2"，分别向H面作投影线，补全其H面投影2的图线，如图4-60（b）所示。

（3）左视图中缺少形体Ⅰ底面方槽图线：根据“高平齐、宽相等”的投影规律，由形体Ⅰ底面方槽在V面、H面的投影，分别向W面作投影线，补全其W面投影的图线，如图4-60（c）所示。

（4）主视图中缺少形体Ⅰ两边半圆槽图线：根据“高平齐、宽相等”的投影规律，由形体Ⅰ半圆槽在W面、H面的投影，分别向V面作投影线，补全其V面投影的图线，如图4-60（d）所示。

（5）检查无误（注意：图线可见性的判断），加深图线即得所求，如图4-60（e）所示。

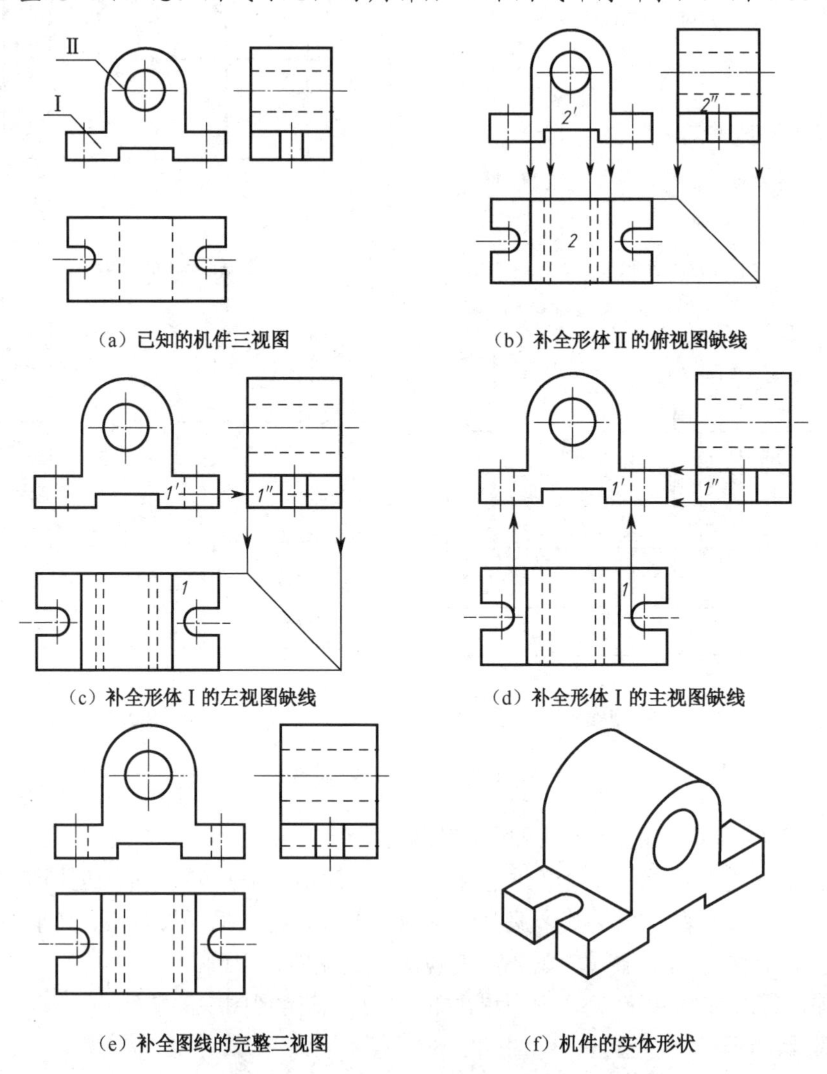

（a）已知的机件三视图　（b）补全形体Ⅱ的俯视图缺线

（c）补全形体Ⅰ的左视图缺线　（d）补全形体Ⅰ的主视图缺线

（e）补全图线的完整三视图　（f）机件的实体形状

图4-60　补缺线作图过程

技能5 二维绘图命令

在前几个项目中已介绍了CAD软件中绘制直线、绘制圆等命令，下面将介绍绘制构造线、绘制矩形、绘制多边形等命令，用以实施轴承座三视图的CAD软件绘制。

一、绘制构造线

【命令功能】

构造线一般作为辅助线，所以又称为参照线，是向两个方向无限延长的直线。该命令可直接画出水平方向、垂直方向及倾斜方向的直线，也可作为指定角度的平分线。

【输入命令】

菜单栏：选择“绘图”→“构造线”命令。
绘图工具栏：单击“构造线”按钮。
命令行：XLINE。

【实例4-18】绘制任意两线（*oa* 和 *ob*），要求两线的夹角小于90°，绘制两直线夹角的四等分线（*od*、*oc*、*oe*），完成后的图形如图4-61所示。

图4-61 利用构造线四等分夹角

命令行窗口的操作步骤如下：

命令: _line 指定第一点: //绘制直线oa
指定下一点或 [放弃(U)]:
指定下一点或 [放弃(U)]:
命令: LINE 指定第一点: //绘制直线ob
指定下一点或 [放弃(U)]:
指定下一点或 [放弃(U)]:
命令: XLINE 指定点或 [水平(H)/垂直(V)/角度(A)/二等分(B)/偏移(O)]: b
指定角的顶点: //指定o点
指定角的起点: //指定a点
指定角的端点: //指定b点
指定角的端点:
命令: _line 指定第一点: //沿构造线绘制直线oc
指定下一点或 [放弃(U)]:
指定下一点或 [放弃(U)]:
命令: XLINE 指定点或 [水平(H)/垂直(V)/角度(A)/二等分(B)/偏移(O)]: b
指定角的顶点: //指定o点
指定角的起点: //指定a点
指定角的端点: //指定c点
指定角的端点:
命令: XLINE 指定点或 [水平(H)/垂直(V)/角度(A)/二等分(B)/偏移(O)]: b
指定角的顶点: //指定o点
指定角的起点: //指定c点

指定角的端点: //指定 d 点

指定角的端点:

命令: _line 指定第一点: //沿构造线绘制直线 od

指定下一点或 [放弃(U)]:

指定下一点或 [放弃(U)]:

命令: _line 指定第一点: //沿构造线绘制直线 oe

指定下一点或 [放弃(U)]:

指定下一点或 [放弃(U)]:

命令: _erase//删除构造线

选择对象: 找到 1 个

选择对象: 找到 1 个, 总计 2 个

选择对象: 找到 1 个, 总计 3 个

二、绘制矩形

【命令功能】

该命令用做绘制矩形，此矩形是一个封闭的单一实体。该命令能按指定值绘制带有倒角或圆角的矩形，同时还可以指定矩形边线的宽度。

【输入命令】

> 菜单栏：选择“绘图”→“矩形”命令。
> 绘图工具栏：单击“矩形”按钮。
> 命令行：RECTANG。

【实例 4-19】绘制一线宽为 8，圆角半径为 5，长为 150，宽为 100 的矩形，如图 4-62 所示。

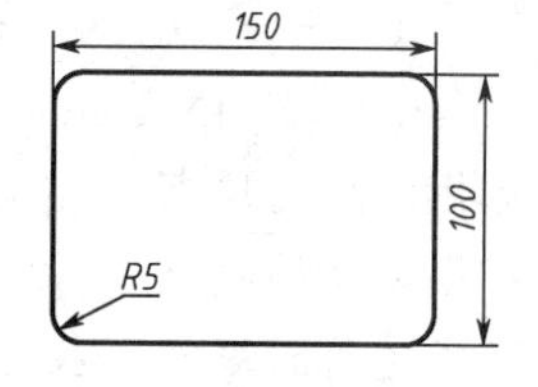

图 4-62　线宽为 8 的圆角矩形

命令行窗口的操作步骤如下：

命令: _rectang

指定第一个角点或 [倒角(C)/标高(E)/圆角(F)/厚度(T)/宽度(W)]: f//指定圆角半径

指定矩形的圆角半径 <0.0000>: 5

指定第一个角点或 [倒角(C)/标高(E)/圆角(F)/厚度(T)/宽度(W)]: w//指定线宽

指定矩形的线宽 <0.0000>: 8

指定第一个角点或 [倒角(C)/标高(E)/圆角(F)/厚度(T)/宽度(W)]:

指定另一个角点或 [面积(A)/尺寸(D)/旋转(R)]: d //指定矩形的长度和宽度尺寸

指定矩形的长度 <10.0000>: 150

指定矩形的宽度 <10.0000>: 100

指定另一个角点或 [面积(A)/尺寸(D)/旋转(R)]: //单击鼠标左键来确认操作

【实例 4-20】绘制一个 200×80 的矩形，再绘制一个 150×50 的矩形，要求小矩形的中

心与大矩形的中心重合。完成后的图形如图 4-63 所示。

命令行窗口的操作步骤如下：

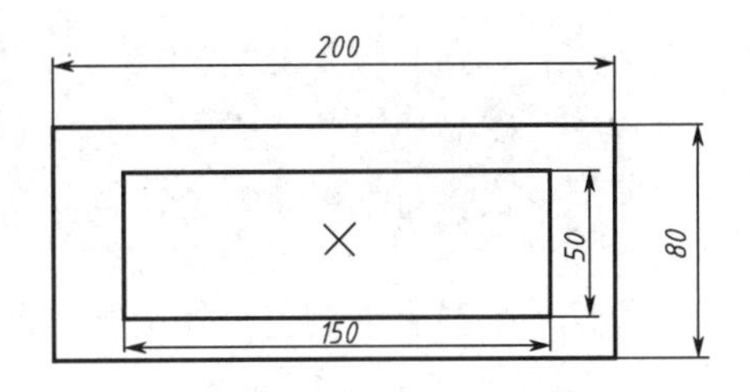

图 4-63 中心重合的双矩形

命令: _rectang //在任意位置绘制 200 × 80 的矩形

指定第一个角点或 [倒角(C)/标高(E)/圆角(F)/厚度(T)/宽度(W)]:

指定另一个角点或 [面积(A)/尺寸(D)/旋转(R)]: d

指定矩形的长度 <200.0000>:200

指定矩形的宽度 <50.0000>: 80

指定另一个角点或 [面积(A)/尺寸(D)/旋转(R)]:

命令: RECTANG //在任意位置绘制 150 × 50 的矩形

指定第一个角点或 [倒角(C)/标高(E)/圆角(F)/厚度(T)/宽度(W)]:

指定另一个角点或 [面积(A)/尺寸(D)/旋转(R)]: d

指定矩形的长度 <200.0000>: 150

指定矩形的宽度 <80.0000>: 50

指定另一个角点或 [面积(A)/尺寸(D)/旋转(R)]:

命令: _line 指定第一点: //绘制 200 × 80 的矩形对角线

指定下一点或 [放弃(U)]:

指定下一点或 [放弃(U)]:

命令: LINE 指定第一点: //绘制 150 × 50 的矩形对角线

指定下一点或 [放弃(U)]:

指定下一点或 [放弃(U)]:

命令:

命令: _move //以 150 × 50 的矩形对角线的中点为基点移动该矩形到 200 × 80 的矩形对角线中点处

选择对象: 找到 1 个

命令: _point//指定矩形对角线中点

当前点模式: PDMODE=3 PDSIZE=0.0000

指定点:

命令: _erase //删除矩形对角线

选择对象: 找到 1 个

选择对象: 找到 1 个，总计 2 个

选择对象:

三、绘制正多边形

【命令功能】

该命令用做绘制边数为 3～1024 的正多边形，此正多边形是一个封闭的单一实体。该命令提供了边长、内接圆、外切圆等三种绘图方式。

【输入命令】

> 菜单栏：选择“绘图”→“正多形”命令。
> 绘图工具栏：单击“正多边形”按钮⬠。
> 命令行：POLYGON。

【实例 4-21】绘制一个外接圆半径为 40 的正六边形和内切圆半径为 30 的正八边形，完成后的图形如图 4-64 所示。命令行窗口的操作步骤如下：

命令: //用内接于圆(I)的方式绘制正六边形
命令: _polygon 输入边的数目 <4>: 6
指定正多边形的中心点或 [边(E)]:
输入选项 [内接于圆(I)/外切于圆(C)] <I>:
指定圆的半径为 40
命令: //用外切于圆(c)方式绘制正八边形
命令: _polygon 输入边的数目 <6>: 8
指定正多边形的中心点或 [边(E)]:
输入选项 [内接于圆(I)/外切于圆(C)] <C>: c
指定圆的半径: 30

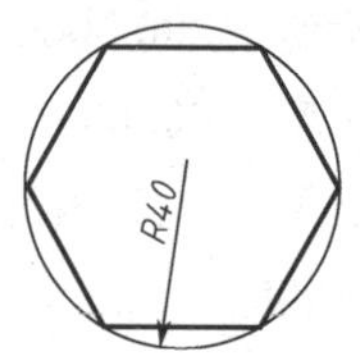

（a）内接于圆方式

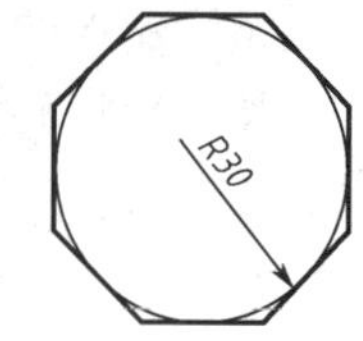

（b）外切于圆方式

图 4-64　正多边形绘制实例

【实例 4-22】绘制指定边长 50，*ab* 边与水平线夹角为 30°的正六边形，完成后的图形如图 4-65 所示。

命令行窗口的操作步骤如下：
命令: _polygon 输入边的数目 <8>: 6
指定正多边形的中心点或 [边(E)]: E
指定边的第一个端点: //指定 a 点
指定边的第二个端点: @50<30

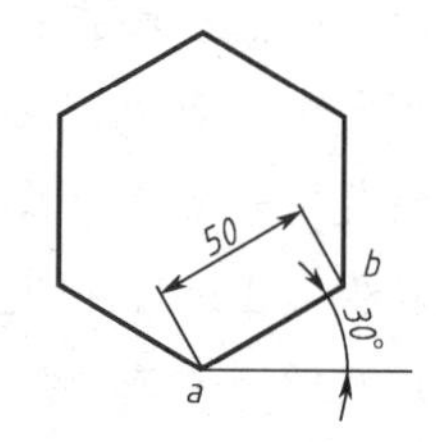

图 4-65　正多边形绘制实例 2

技能 6　注写文字

要完成本项目如图 4-2 所示的图纸，除了要绘制轴承座三视图图形外，还要注写技术要求文字、标题栏文字等。在实际工作中，每一张工程图纸上除了有能表达实体的视图外，还要通过注写一些文字对图形加以解释。注写文字是工程图纸中很重要的一部分内容，AutoCAD 提供了多种注写文字的方法。

一、设置文字样式

图样中的文字注写首先要符合国标要求，但也需根据实际情况来设置文字大小、字体等，即设置文字样式。

【命令功能】

该命令用于创建新的文字样式或修改已有的文字样式。

【输入命令】

菜单栏：选择“格式”→“文字样式”命令。
样式工具栏：单击“文字样式”按钮。
命令行：STYLE。

【命令操作】

执行上述命令之一后，系统会弹出如图 4-66（a）所示的“文字样式”对话框。在这个对话框中可从样式列表中选中要改名的样式，右击打开快捷菜单选择“重命名”命令，从而修改已有的样式名，如图 4-66（b）所示。也可以单击“新建”按钮，打开“新建文字样式”对话框，如图 4-66（c）所示，为新建的样式输入名字。

（a）“文字样式”对话框

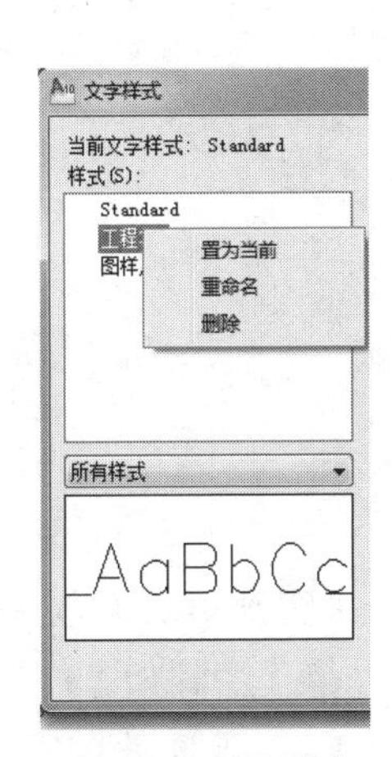

（b）“重命名”快捷菜单

（c）“新建文字样式”对话框

图 4-66　文字样式设置

在“字体”选项组中可选择需要的文字字体。当使用汉字字体时，需单击“使用大字体”复选框，去除前面方框中的“√”符号。

通过“大小”选项组可以设置文字高度。在这里设置字体高度后，使用“单行文字”命令注写文字时，用户将不能再设置字体的高度。

“效果”选项组中的各项用于设置字体的特殊效果。如图 4-67（b）所示的文字倒置注写，这时应选中“颠倒”复选框；如图 4-67（c）所示的文字反向注写，这时应选中“反向”复选框；如图 4-67（f）所示的文字垂直注写，这时应选中“垂直”复选框。本组中，在“宽度因子”文本框中输入宽度系数，用于确定文字的宽高比。系数为 1 时，将按字体文件中定义的宽高比注写文字，当系数小于 1 时字会变窄，反之，变宽，如图 4-67（d）所示。本组中，用“倾斜角度”文本框中的输入角度值确定文字的倾斜程度，角度为 0 时不倾斜，为正时向右倾斜，为负时向左倾斜，如图 4-67（e）所示。

Autodesk AutoCAD

（a）正常文字

Autodesk AutoCAD

（b）“颠倒”文字

Autodesk AutoCAD

（c）“反向”文字

Autodesk AutoCAD

（d）“宽度因子”为 0.7 的文字

Autodesk AutoCAD

（e）“倾斜角度”为 45° 的文字

Autodesk AutoCAD

（f）“垂直”注写文字

图 4-67　文字效果

【实例 4-23】创建“工程字”文字样式，要求符合国家技术制图标准规定的汉字。

操作步骤如下：

（1）在菜单栏中选择“格式”→“文字样式”命令，打开“文字样式”对话框，如图 4-66（a）所示。

（2）单击“新建”按钮，打开“新建文字样式”对话框，如图 4-66（c）所示，输入“工程字”样式名，单击“确定”按钮，返回“文字样式”对话框。

（3）在“字体名”下拉列表中选择“仿宋”字体；在“高度”文本框输入“0.00”；在“宽度因子”文本框输入“0.8”，其他选项均为默认，如图 4-68 所示。

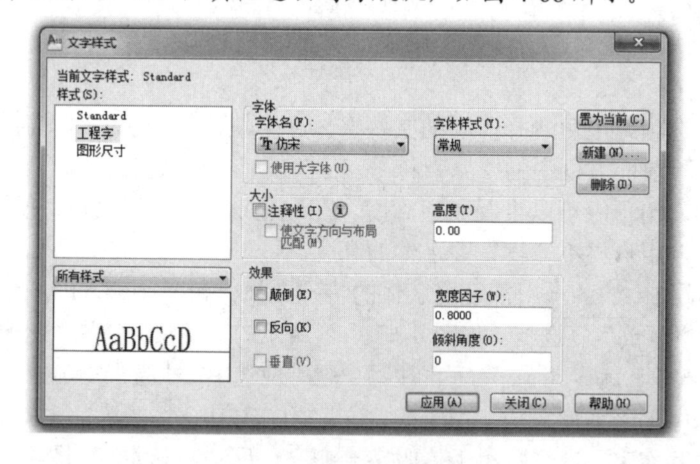

图 4-68“工程字”样式设置

（4）单击“应用”按钮完成创建。

（5）单击“关闭”按钮，退出“文字样式”对话框，结束命令。

二、注写单行文字

【命令功能】

该命令用于注写图纸中较为简短的单行文字信息。

【输入命令】

菜单栏：选择“绘图”→“文字”→“单行文字”命令。

文字工具栏：单击“单行文字”按钮 AI 。

命令行：DTEXT 或 TEXT。

【命令操作】

执行上述命令之一后，命令行窗口提示如下：

命令: dtext

当前文字样式： “Standard” 文字高度： 2.5000 注释性： 否

指定文字的起点或 [对正(J)/样式(S)]:

在此提示下可直接在绘图区拾取一点作为文本的起始点，或者键入 J，用来确定文本的对正方式，即文本中的哪一部分与所选插入点对正。执行此项，命令行窗口将提示如下：

输入选项 [对齐(A)/布满(F)/居中(C)/中间(M)/右对齐(R)/左上(TL)/中上(TC)/右上(TR)/左中(ML)/正中(MC)/右中(MR)/左下(BL)/中下(BC)/右下(BR)]:

在此提示下可选择其中一个选项作为文本的对正方式。如图 4-69 所示是“对正方式”部分示例。

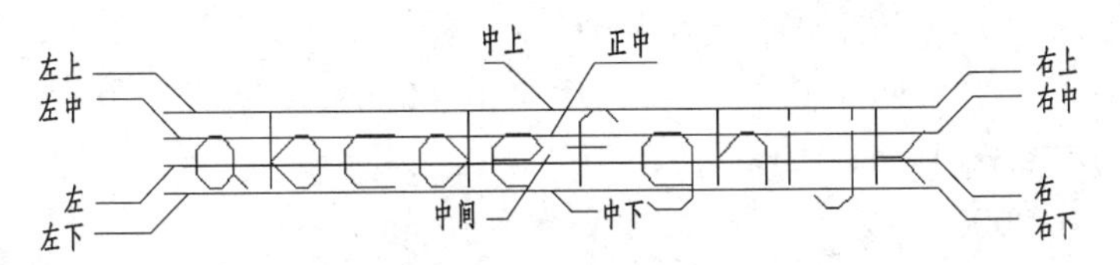

图 4-69 “对正方式”部分示例

【实例 4-24】利用“单行文字”命令，完成如图 4-67 所示的文字效果。

命令行窗口的操作步骤如下：

命令: '_style //打开“文字样式”对话框，按如图 4-67 所示的文字效果要求，新建“颠倒”、“反向”、“垂直”、“斜体字”、“窄体字”五种样式，如图 4-70 所示

命令: _dtext//注写，如图 4-67（a）所示的正常文字

当前文字样式： “Standard” 文字高度： 10.0000 注释性： 否

指定文字的起点或 [对正(J)/样式(S)]:

图 4-70　五种不同的文字样式

命令: _dtext //注写如图 4-67（b）所示的颠倒文字
命令:当前文字样式: "Standard" 文字高度: 10.0000 注释性: 否
指定文字的起点或 [对正(J)/样式(S)]: s
输入样式名或 [?] <Standard>: 颠倒样式
当前文字样式: "Standard" 文字高度: 10.0000 注释性: 否
指定文字的起点或 [对正(J)/样式(S)]:
指定高度 <10.0000>:
指定文字的旋转角度 <0>:
命令: _dtext //注写如图 4-67（c）所示的反向文字
命令:当前文字样式: "Standard" 文字高度: 10.0000 注释性: 否
指定文字的起点或 [对正(J)/样式(S)]: s
输入样式名或 [?] <Standard>: 反向样式
当前文字样式: "Standard" 文字高度: 10.0000 注释性: 否
指定文字的起点或 [对正(J)/样式(S)]:
指定高度 <10.0000>:
指定文字的旋转角度 <0>:
命令: _dtext//注写如图 4-67（d）所示的窄体文字
命令:当前文字样式: "Standard" 文字高度: 10.0000 注释性: 否
指定文字的起点或 [对正(J)/样式(S)]: s
输入样式名或 [?] <Standard>: 窄体字样式
当前文字样式: "Standard" 文字高度: 10.0000 注释性: 否
指定文字的起点或 [对正(J)/样式(S)]:
指定高度 <10.0000>:
指定文字的旋转角度 <0>:
命令: _dtext //注写如图 4-67（e）所示的斜体文字
命令:当前文字样式: "Standard" 文字高度: 10.0000 注释性: 否
指定文字的起点或 [对正(J)/样式(S)]: s

输入样式名或 [?] <Standard>: 斜体字样式
当前文字样式: “Standard” 文字高度: 10.0000 注释性: 否
指定文字的起点或 [对正(J)/样式(S)]:
指定高度 <10.0000>:
指定文字的旋转角度 <0>:
命令: _dtext //注写如图 4-67（f）所示的垂直文字
命令:当前文字样式: “Standard” 文字高度: 10.0000 注释性: 否
指定文字的起点或 [对正(J)/样式(S)]: s
输入样式名或 [?] <Standard>: 垂直样式
当前文字样式: “Standard” 文字高度: 10.0000 注释性: 否
指定文字的起点或 [对正(J)/样式(S)]:
指定高度 <10.0000>:
指定文字的旋转角度 <0>:

【说明】

在工程图中往往要用到一些特殊符号，如直径“ϕ”、角度的度“°”、公差正负号“±”等，这些符号在 CAD 软件中无法由标准键盘直接输入，必须输入特殊的代码来产生特定的字符（表 4-5）。

表 4-5 特殊字符代码

代 码	字 符	代 码	字 符
%%O	文字的上划线（¯）	%%C	直径符号（ϕ）
%%U	文字下划线（_）	%%P	公差正负号（±）
%%D	角度的度符号（°）	%%%	百分比符号（%）

【实例 4-25】利用“单行文字”命令，在 CAD 中注写字符串 60°+ϕ50±0.02。

命令行窗口的操作步骤如下：
命令: _dtext
当前文字样式: “Standard” 文字高度: 2.5000 注释性: 否
指定文字的起点或 [对正(J)/样式(S)]:
指定高度 <2.5000>:10
指定文字的旋转角度 <0>://输入文字内容为 60%%D+%%C50%%P0.02

三、注写多行文字

【命令功能】

该命令用于注写图纸中带有段落格式的多行文字信息，使用时可指定文本分布的宽度，文字可沿竖直方向无限延伸，还可设置文字的字体、大小、高度等样式。

【输入命令】

菜单栏：选择“绘图”→“文字”→“多行文字”命令。
文字工具栏：单击“多行文字”按钮A。
命令行：MTEXT。

【命令操作】

执行上述命令之一后，命令行窗口提示如下：

命令: _mtext 当前文字样式: "Standard" 文字高度: 2.5 注释性: 否

指定第一角点:

指定对角点或 [高度(H)/对正(J)/行距(L)/旋转(R)/样式(S)/宽度(W)/栏(C)]:

在此过程中，首先在绘图区拾取第一角点，再拖动鼠标拾取第二角点（图 4-71）。

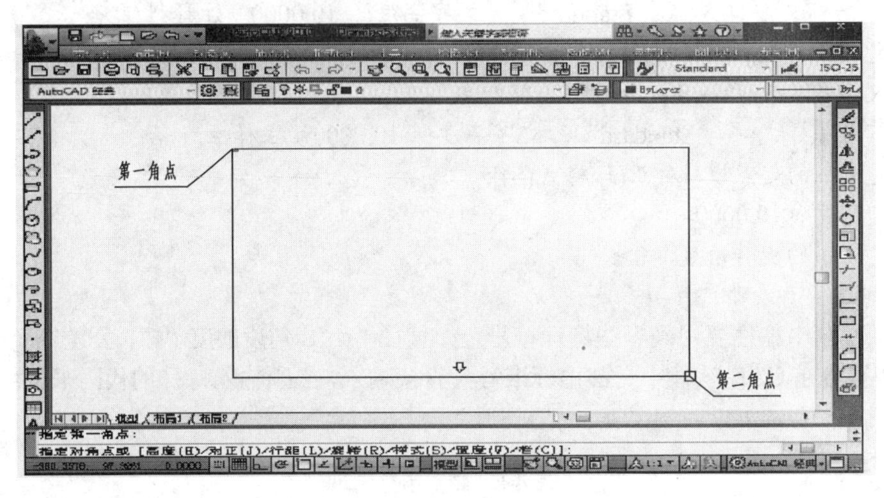

图 4-71 指定多行文本的对角线

系统将弹出“多行文字编辑器”窗口，如图 4-72 所示。在“多行文字编辑器”窗口的文字编辑区中可以输入文字，然后可以对文字进行编辑，如设置文字样式、设置字体、设置文字大小等。编辑完成后单击“确定”按钮，保存并关闭“多行文字编辑器”，文字将显示在绘图区。

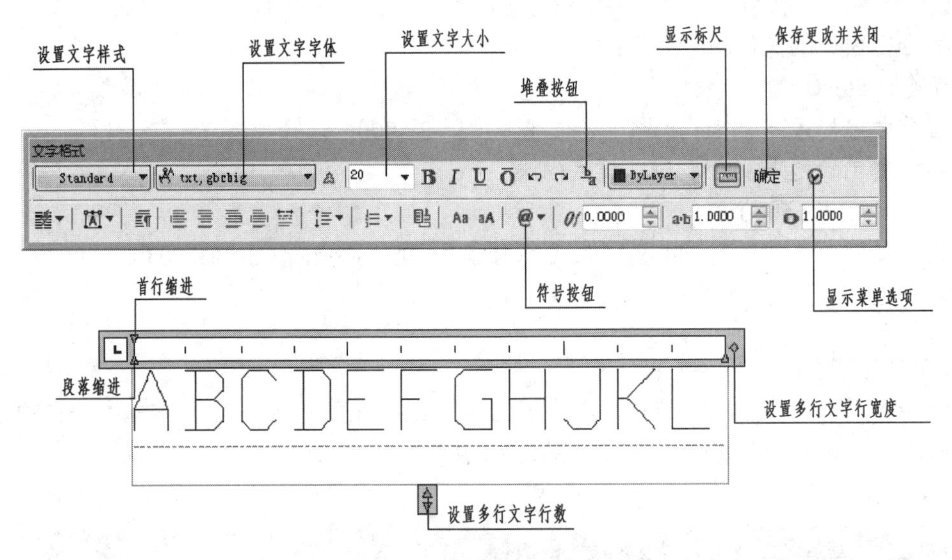

图 4-72 “多行文字编辑器”窗口

在“多行文字编辑器”窗口中，利用“符号”按钮的下拉菜单中的选项（图 4-73），可直接输入特殊的符号，如“ϕ”、“°”、“±”等。

在“多行文字编辑器”窗口中，利用“堆叠”按钮使可层叠的文字堆叠起来，创建分数及公差形式文字，如图 4-74 所示。AutoCAD 通过特殊字符“/”、“^”、“#”表明多行文字是可层叠的。

0/0.0000	a·b 1.0000
度数(D)	%%d
正/负(P)	%%p
直径(I)	%%c
几乎相等	\U+2248
角度	\U+2220
边界线	\U+E100
中心线	\U+2104
差值	\U+0394
电相角	\U+0278
流线	\U+E101
恒等于	\U+2261
初始长度	\U+E200
界碑线	\U+E102
不相等	\U+2260
欧姆	\U+2126
欧米加	\U+03A9
地界线	\U+214A
下标 2	\U+2082
平方	\U+00B2
立方	\U+00B3
不间断空格(S)	Ctrl+Shift+Space
其他(O)...	

图 4-73 “符号”按钮的下拉菜单

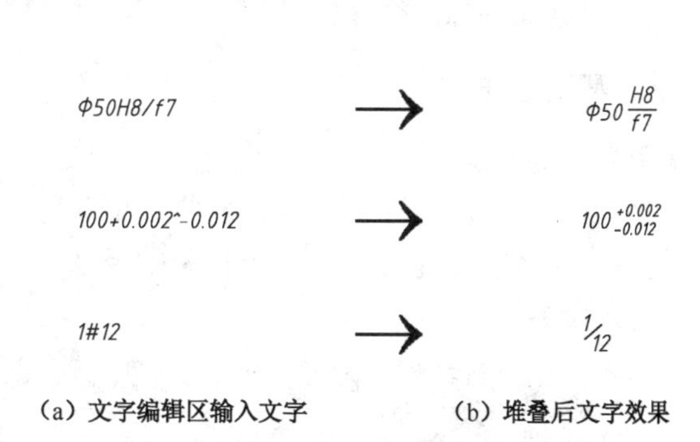

（a）文字编辑区输入文字　　（b）堆叠后文字效果

图 4-74 堆叠文字

【实例 4-26】利用“多行文字”命令，注写如图 4-74 所示的文字内容。

操作步骤如下：

（1）输入“MTEXT”命令，打开“多行文字编辑器”窗口，输入多行文字，文字形式如图 4-74（a）所示。

（2）选中文字“H8/f7”，然后单击“堆叠”按钮；再选中文字“+0.002^－0.012”，然后单击“堆叠”按钮；再选中文字“1#12”，然后单击“堆叠”按钮，结果如图 4-74（b）所示。

（3）单击“确定”按钮，关闭“多行文字编辑器”窗口。

四、编辑文字

【命令功能】

该命令用于修改已注写的不符合要求的单行文字、多行文字。

【输入命令】

菜单栏：选择“修改”→“对象”→“文字”→“编辑”命令。
文字工具栏：单击“文字编辑”按钮。
命令行：DDEDIT。

【命令操作】

执行上述命令之一后，命令行窗口提示如下：

命令: _ddedit

选择注释对象或 [放弃(U)]:

此时，光标变为拾取框，用来选择想要修改的文本，系统将根据不同的修改对象显示不同的对话框。选择单行文本对象，则亮显该文本，对其进行修改；选择多行文本对象，则系统显示“多行文本编辑器”，修改文本内容。

技能 7　尺寸标注

在工程图样中，尺寸是不可缺少的重要部分。在前面的项目中已介绍过一些基本的尺寸标注命令，为了更快进行图样的尺寸标注，在本项目中将用到基线标注和快速标注，下面详细介绍这两种标注命令的使用。

一、基线标注

【命令功能】

该命令用于标注基于同一条尺寸界线的尺寸，适用于长度尺寸、角度尺寸等的标注。但在使用该命令前要先标注出一个相关的尺寸。

【输入命令】

> 菜单栏：选择“标注”→“基线”命令。
> 标注工具栏：单击“基线”按钮。
> 命令行：DIMBASELINE。

【实例 4-27】利用“基线标注”命令标注如图 4-75 所示的图形尺寸。

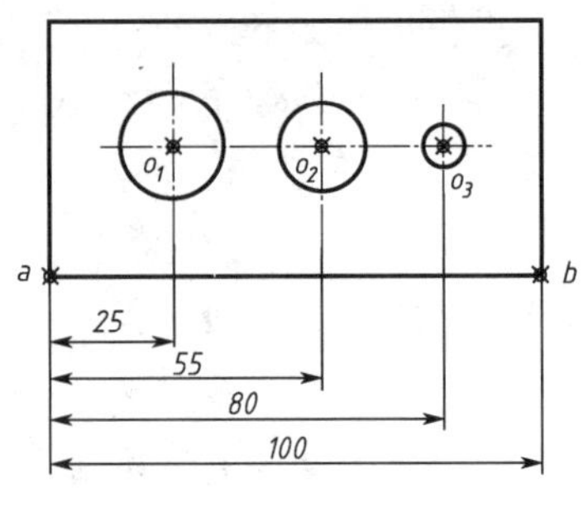

图 4-75　基线标注示例

命令行窗口的操作步骤如下：

命令: _dimlinear//先用线性标注命令标注尺寸 25

指定第一条延伸线原点或 <选择对象>://指定 a 点

指定第二条延伸线原点: //指定 o_1 点

指定尺寸线位置或

[多行文字(M)/文字(T)/角度(A)/水平(H)/垂直(V)/旋转(R)]:标注文字 ＝25

命令: '_dimstyle //修改尺寸标注样式线选项卡基线间距，如图 4-76 所示，基线间距设为 8

命令: _dimbaseline//进行基线标注

指定第二条延伸线原点或 [放弃(U)/选择(S)] <选择>://指定 o_2 点

标注文字 ＝55

指定第二条延伸线原点或 [放弃(U)/选择(S)] <选择>://指定 o_3 点

标注文字 ＝80

指定第二条延伸线原点或 [放弃(U)/选择(S)] <选择>://指定 b 点

标注文字 ＝100

指定第二条延伸线原点或 [放弃(U)/选择(S)] <选择>:

选择基准标注

【说明】

进行基线标注前一定要合理设置标注样式“线”选项卡中的基线间距。如果基线间距设置不合理可能导致所标注的尺寸重叠或间距过大，影响尺寸标注的清晰性，如图 4-76 所示。

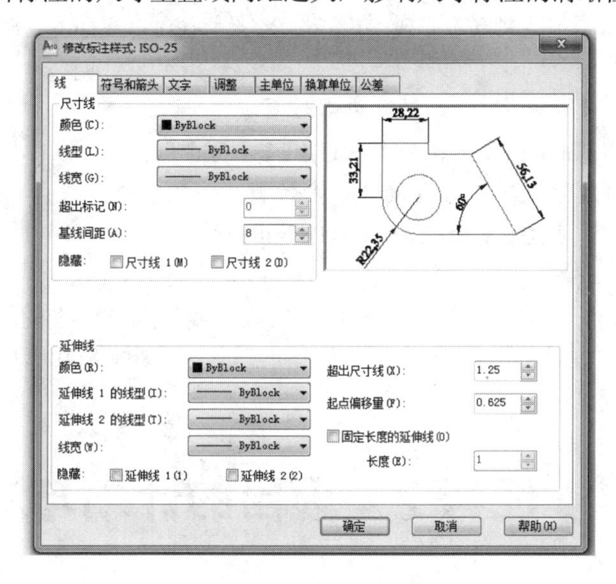

图 4-76 基线间距的设置

二、快速标注

【命令功能】

该命令用于在一个命令下进行多个直径、半径、连续、基线、并列等的尺寸标注。

【输入命令】

菜单栏：选择“标注”→“快速标注”命令。

标注工具栏：单击“快速标注”按钮。

命令行：QDIM。

【实例 4-28】利用“快速标注”命令标注如图 4-77 所示的图形尺寸。

命令行窗口的操作步骤如下：

命令: _qdim

关联标注优先级 ＝ 端点//分别选择矩形的左右边线、底槽的左右边线、两个圆的垂直中心线

选择要标注的几何图形：找到 1 个

选择要标注的几何图形：找到 1 个，总计 2 个

选择要标注的几何图形：找到 1 个，总计 3 个

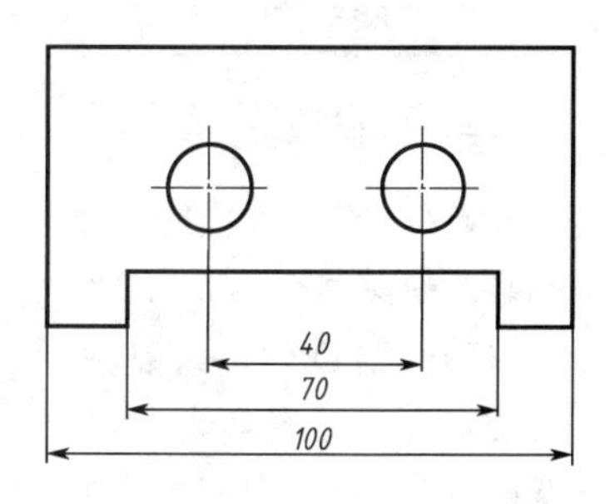

图 4-77 快速标注示例

选择要标注的几何图形：找到 1 个，总计 4 个

选择要标注的几何图形：找到 1 个，总计 5 个

选择要标注的几何图形：找到 1 个，总计 6 个

选择要标注的几何图形：

指定尺寸线位置或 [连续(C)/并列(S)/基线(B)/坐标(O)/半径(R)/直径(D)/基准点(P)/编辑(E)/设置(T)] <并列>:s //选择并列标注

指定尺寸线位置或 [连续(C)/并列(S)/基线(B)/坐标(O)/半径(R)/直径(D)/基准点(P)/编辑(E)/设置(T)] <并列>:

** 拉伸 ** //将尺寸数字 70 移动到中心位置

指定拉伸点或 [基点(B)/复制(C)/放弃(U)/退出(X)]:

** 拉伸 ** //将尺寸数字 100 移动到中心位置

指定拉伸点或 [基点(B)/复制(C)/放弃(U)/退出(X)]:

【说明】

进行并列标注前，一定要合理设置标注样式的“线”选项卡中的基线间距。如果基线间距设置不合理可能导致所标注的尺寸重叠或间距过大，影响尺寸标注的清晰性。

任务 2　项目的计划与决策

一、项目计划

计划是提高工作效率的有效手段，为了能顺利有效地完成项目一定要做好项目计划。根据在任务 1 中掌握的各种技能制订绘制轴承座三视图（图 4-2）的步骤，填写表 4-6。

表 4-6　项目计划表

组名		组长		组员	
作图前形体分析	形体Ⅰ描述	形体Ⅱ描述	形体Ⅲ描述	形体Ⅳ描述	形体Ⅴ描述
轴承座图纸作图步骤					

二、项目决策

项目实施一般程序如下所示。

1. 新建文件

打开 CAD 软件绘制图形时，建立新文件，新文件的文件名为“轴承座三视图.dwg”。

2. 设置绘图环境

采用 CAD 软件绘制图形时，首先要设置好绘图环境，确定绘图区域，图形必须绘制在绘图区域内。设置图层，图样中不同类型的图线绘制在不同的图层中。

3. 绘制图框和标题栏

本项目采用国标 A4 图幅横放，三视图采用 1∶1 比例绘制，图框格式为不留装订边。绘制满足条件的图框。按国家标准规定的格式，在图纸的右下角绘制标题栏。

4. 绘制轴承座三视图

按组成物体的基本形体，逐一画出三视图。画图过程中应先画主视图，再画俯视图。最后画左视图；先画主要部分，再画次要部分；先画可见部分，再画不可见部分；先画主要的圆或圆弧，再画直线。

5. 标注尺寸

要求标注轴承座的真实尺寸，且为轴承座最后完工尺寸。轴承座的每一尺寸只标注一次，并应标注在反映该结构最清晰的图形上。尺寸界线不能压任何图形线，尺寸数字不可被任何图线通过。标注尺寸要正确、完整、清晰。

6. 注写文字

为轴承座图纸注写技术要求和标题栏文字。要求字高根据图形大小而定，汉字采用长仿宋体，文字间隔均匀，排列整齐。

7. 保存图形文件

每项实施步骤中的具体内容由学生分组讨论决策，并填写表 4-7。

表 4-7 项目实施中具体的作图方法决策表

<table>
<tr><td>组名</td><td colspan="2"></td><td>组长</td><td></td><td>组员</td><td></td></tr>
<tr><td colspan="2">图框尺寸(mm×mm)</td><td></td><td colspan="2">标题栏尺寸(mm×mm)</td><td colspan="2"></td></tr>
<tr><td colspan="2" rowspan="2">设置绘图环境</td><td>图层名</td><td>图层颜色</td><td>图层线型</td><td colspan="2">图层线宽</td></tr>
<tr><td></td><td></td><td></td><td colspan="2"></td></tr>
<tr><td rowspan="7">CAD 绘制轴承座图形使用的命令和技巧</td><td>绘制形体Ⅰ</td><td colspan="5"></td></tr>
<tr><td>绘制形体Ⅱ</td><td colspan="5"></td></tr>
<tr><td>绘制形体Ⅲ</td><td colspan="5"></td></tr>
<tr><td>绘制形体Ⅳ</td><td colspan="5"></td></tr>
<tr><td>绘制形体Ⅴ</td><td colspan="5"></td></tr>
<tr><td>标注尺寸</td><td colspan="5"></td></tr>
<tr><td>注写文字</td><td colspan="5"></td></tr>
</table>

任务 3 项目实施

步骤 1 新建文件，以“轴承座三视图.dwg”为名保存

（1）单击菜单的“文件/新建”选项，打开“创建新图形”对话框，单击“确定”按钮，创建新的绘图文件，采用默认的绘图环境。

（2）单击菜单的“文件/保存”选项，打开“图形另存为”对话框，将文件名改为“轴承座三视图”，保存于桌面，单击“确定”按钮。

步骤 2　设置绘图环境

1）设置绘图区域

单击“格式”菜单中的“图形界限”命令，设置绘图区域为 297×210（A4 图纸）。

命令行窗口的操作步骤如下：

命令: '_limits

重新设置模型空间界限:

座指定左下角点或 [开(ON)/关(OFF)] <0.0000,0.0000>:

指定右上角点 <420.0000,297.0000>: 297,210

2）设置图层

单击“格式”菜单中的“图层”命令，打开“图层特性管理器”，创建表 4-8 中的图层。

表 4-8　图层设置

名　称	颜　色	线　型	线　宽
轮廓线	白色	Continuous	0.30
中心线	红色	Center	默认
虚线	黄色	Dashed	默认
尺寸标注	绿色	Continuous	默认
技术要求文字	白色	Continuous	默认
标题栏文字	洋红色	Continuous	默认
图框_外框线	白色	Continuous	默认
图框_内框线	兰色	Continuous	0.30
图框_角线	兰色	Continuous	0.30

步骤 3　绘制图框和标题栏

1）绘制图框

将图层切换到“图框__外框线”层，单击“绘图”工具栏中的“矩形”按钮，绘制外图框线。

命令行窗口的操作步骤如下：

命令: _rectang

指定第一个角点或 [倒角(C)/标高(E)/圆角(F)/厚度(T)/宽度(W)]: 0,0

指定另一个角点或 [面积(A)/尺寸(D)/旋转(R)]: 297,210

单击“修改”工具栏中的“偏移”按钮，将外图框线向内偏移 10mm，绘制内框线。再选中已绘制好的内框线，改变其所在图层至“图框__内框线”层。

命令行窗口的操作步骤如下：

命令: _offset

当前设置: 删除源=否　图层=源　OFFSETGAPTYPE=0

指定偏移距离或 [通过(T)/删除(E)/图层(L)] <通过>:　10

选择要偏移的对象，或 [退出(E)/放弃(U)] <退出>:

指定要偏移的那一侧上的点，或 [退出(E)/多个(M)/放弃(U)] <退出>:

选择要偏移的对象，或 [退出(E)/放弃(U)] <退出>:命令: <栅格 开>

2）绘制标题栏

利用“直线”、“偏移”、“修剪”、“删除”等命令绘制如图 4-78 所示的标题栏。其中，外围粗线框在“图框_内框线”层上绘制，内部细线框在“图框_外框线”层上绘制。

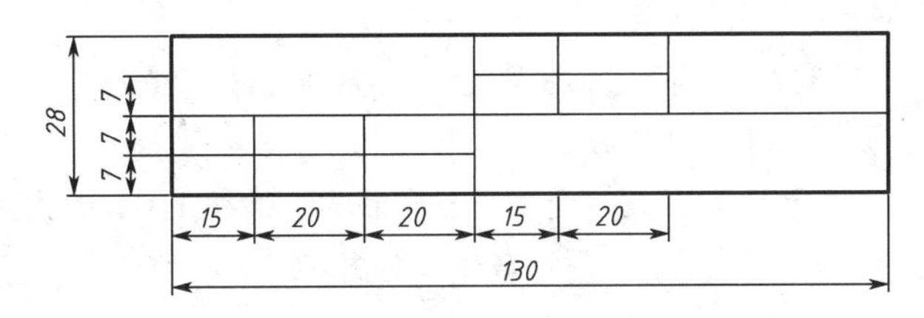

图 4-78 标题栏

命令行窗口的操作步骤如下：

命令: _line 指定第一点:

指定下一点或 [放弃(U)]: 28

指定下一点或 [放弃(U)]: 130

指定下一点或 [闭合(C)/放弃(U)]: 28

指定下一点或 [闭合(C)/放弃(U)]: 130

指定下一点或 [闭合(C)/放弃(U)]:

命令: _offset

当前设置: 删除源=否 图层=源 OFFSETGAPTYPE=0

指定偏移距离或 [通过(T)/删除(E)/图层(L)] <3.0000>: 7

选择要偏移的对象，或 [退出(E)/放弃(U)] <退出>:

指定要偏移的那一侧上的点，或 [退出(E)/多个(M)/放弃(U)] <退出>:

选择要偏移的对象，或 [退出(E)/放弃(U)] <退出>:

指定要偏移的那一侧上的点，或 [退出(E)/多个(M)/放弃(U)] <退出>:

选择要偏移的对象，或 [退出(E)/放弃(U)] <退出>:

指定要偏移的那一侧上的点，或 [退出(E)/多个(M)/放弃(U)] <退出>:

选择要偏移的对象，或 [退出(E)/放弃(U)] <退出>:

命令: _offset

当前设置: 删除源=否 图层=源 OFFSETGAPTYPE=0

指定偏移距离或 [通过(T)/删除(E)/图层(L)] <7.0000>: 15

选择要偏移的对象，或 [退出(E)/放弃(U)] <退出>:

指定要偏移的那一侧上的点，或 [退出(E)/多个(M)/放弃(U)] <退出>:

选择要偏移的对象，或 [退出(E)/放弃(U)] <退出>:

命令: OFFSET

当前设置: 删除源=否 图层=源 OFFSETGAPTYPE=0

指定偏移距离或 [通过(T)/删除(E)/图层(L)] <15.0000>: 20

选择要偏移的对象，或 [退出(E)/放弃(U)] <退出>:

指定要偏移的那一侧上的点，或 [退出(E)/多个(M)/放弃(U)] <退出>:
选择要偏移的对象，或 [退出(E)/放弃(U)] <退出>:
指定要偏移的那一侧上的点，或 [退出(E)/多个(M)/放弃(U)] <退出>:
选择要偏移的对象，或 [退出(E)/放弃(U)] <退出>:
命令: OFFSET
当前设置: 删除源=否 图层=源 OFFSETGAPTYPE=0
指定偏移距离或 [通过(T)/删除(E)/图层(L)] <20.0000>: 15
选择要偏移的对象，或 [退出(E)/放弃(U)] <退出>:
指定要偏移的那一侧上的点，或 [退出(E)/多个(M)/放弃(U)] <退出>:
选择要偏移的对象，或 [退出(E)/放弃(U)] <退出>:
命令: OFFSET
当前设置: 删除源=否 图层=源 OFFSETGAPTYPE=0
指定偏移距离或 [通过(T)/删除(E)/图层(L)] <15.0000>: 20
选择要偏移的对象，或 [退出(E)/放弃(U)] <退出>:
指定要偏移的那一侧上的点，或 [退出(E)/多个(M)/放弃(U)] <退出>:
选择要偏移的对象，或 [退出(E)/放弃(U)] <退出>:
命令:
命令: _trim
当前设置:投影=UCS，边=无
选择剪切边...
选择对象或 <全部选择>:
选择要修剪的对象，或按住 Shift 键选择要延伸的对象，或
[栏选(F)/窗交(C)/投影(P)/边(E)/删除(R)/放弃(U)]:
选择要修剪的对象，或按住 Shift 键选择要延伸的对象，或
[栏选(F)/窗交(C)/投影(P)/边(E)/删除(R)/放弃(U)]:
选择要修剪的对象，或按住 Shift 键选择要延伸的对象，或
[栏选(F)/窗交(C)/投影(P)/边(E)/删除(R)/放弃(U)]:
选择要修剪的对象，或按住 Shift 键选择要延伸的对象，或
[栏选(F)/窗交(C)/投影(P)/边(E)/删除(R)/放弃(U)]:
选择要修剪的对象，或按住 Shift 键选择要延伸的对象，或
[栏选(F)/窗交(C)/投影(P)/边(E)/删除(R)/放弃(U)]:
命令: _.erase 找到 5 个

3）调整图框位置

单击“视图”菜单，选择“缩放”中的“范围”命令，将图框置于CAD图形界面窗口中间位置，以方便绘图。

命令行窗口的操作步骤如下：
命令: '_zoom
指定窗口的角点，输入比例因子 (nX 或 nXP)，或者
[全部(A)/中心(C)/动态(D)/范围(E)/上一个(P)/比例(S)/窗口(W)/对象(O)] <实时>: _e

正在重生成模型

步骤4 绘制轴承座三视图

1）布置视图，画作图中心线及基准线（图4-79）

将图层切换到“中心线”层，利用“直线”命令，绘制中心线和基准线。

命令行窗口的操作步骤如下：

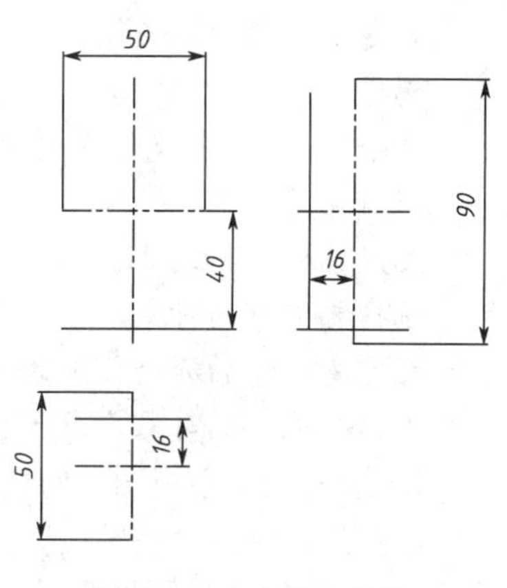

图4-79 中心线与基线

命令: _line 指定第一点: // 画主视图水平中心线
指定下一点或 [放弃(U)]: 50
指定下一点或 [放弃(U)]:
命令: _line 指定第一点: //画主视图垂直中心线
指定下一点或 [放弃(U)]: 90
指定下一点或 [放弃(U)]:
命令: _line 指定第一点: //画俯视图水平中心线
指定下一点或 [放弃(U)]: 40
指定下一点或 [放弃(U)]:
命令: _line 指定第一点: //画俯视图垂直中心线
指定下一点或 [放弃(U)]: 50
指定下一点或 [放弃(U)]:
命令: _line 指定第一点: //画左视图水平中心线
指定下一点或 [放弃(U)]: 40
指定下一点或 [放弃(U)]:
命令: _line 指定第一点: //画左视图垂直中心线
指定下一点或 [放弃(U)]: 80
指定下一点或 [放弃(U)]:

单击“修改”工具栏中的“偏移”按钮，绘制各视图基线，并选择偏移后的直线，改变其所在图层到“0”层。

命令行窗口的操作步骤如下：

命令: _offset //作主视图基线
当前设置: 删除源=否 图层=源 OFFSETGAPTYPE=0
指定偏移距离或 [通过(T)/删除(E)/图层(L)] <16.0000>: 40
选择要偏移的对象，或 [退出(E)/放弃(U)] <退出>:
指定要偏移的那一侧上的点，或 [退出(E)/多个(M)/放弃(U)] <退出>:
选择要偏移的对象，或 [退出(E)/放弃(U)] <退出>:
命令: OFFSET //作俯视图基线
当前设置: 删除源=否 图层=源 OFFSETGAPTYPE=0
指定偏移距离或 [通过(T)/删除(E)/图层(L)] <40.0000>: 16
选择要偏移的对象，或 [退出(E)/放弃(U)] <退出>:
指定要偏移的那一侧上的点，或 [退出(E)/多个(M)/放弃(U)] <退出>:

选择要偏移的对象，或 [退出(E)/放弃(U)] <退出>:

命令: OFFSET //作左视图垂直基线

当前设置: 删除源=否 图层=源 OFFSETGAPTYPE=0

指定偏移距离或 [通过(T)/删除(E)/图层(L)] <16.0000>: 16

选择要偏移的对象，或 [退出(E)/放弃(U)] <退出>:

指定要偏移的那一侧上的点，或 [退出(E)/多个(M)/放弃(U)] <退出>:

选择要偏移的对象，或 [退出(E)/放弃(U)] <退出>:

命令: OFFSET //作左视图水平基线

当前设置: 删除源=否 图层=源 OFFSETGAPTYPE=0

指定偏移距离或 [通过(T)/删除(E)/图层(L)] <16.0000>: 40

选择要偏移的对象，或 [退出(E)/放弃(U)] <退出>:

指定要偏移的那一侧上的点，或 [退出(E)/多个(M)/放弃(U)] <退出>:

选择要偏移的对象，或 [退出(E)/放弃(U)] <退出>:

2）画底板的主视图、俯视图和左视图（图 4-80）

将图层切换到“轮廓线”层，利用“矩形命令”，绘制三个矩形为 64×8、64×32、32×8，并将此三个矩形移动到适当位置。

命令行窗口的操作步骤如下：

命令: _rectang //画底板主视图

指定第一个角点或 [倒角(C)/标高(E)/圆角(F)/厚度(T)/宽度(W)]:

指定另一个角点或 [面积(A)/尺寸(D)/旋转(R)]: d

指定矩形的长度 <10.0000>: 64

指定矩形的宽度 <10.0000>: 8

指定另一个角点或 [面积(A)/尺寸(D)/旋转(R)]:

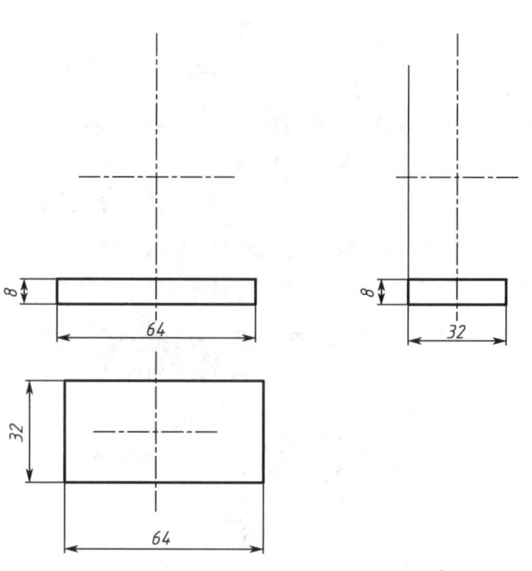

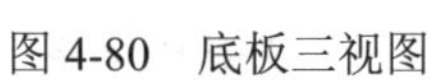
图 4-80 底板三视图

命令: _move

选择对象: 找到 1 个

选择对象:

指定基点或 [位移(D)] <位移>: 指定第二个点或 <使用第一个点作为位移>:

命令: _rectang //画底板俯视图

指定第一个角点或 [倒角(C)/标高(E)/圆角(F)/厚度(T)/宽度(W)]:

指定另一个角点或 [面积(A)/尺寸(D)/旋转(R)]: d

指定矩形的长度 <64.0000>: 64

指定矩形的宽度 <8.0000>: 32

指定另一个角点或 [面积(A)/尺寸(D)/旋转(R)]:

命令: _move

选择对象: 找到 1 个

选择对象:

指定基点或 [位移(D)] <位移>: 指定第二个点或 <使用第一个点作为位移>:

命令: _rectang //画底板左视图

指定第一个角点或 [倒角(C)/标高(E)/圆角(F)/厚度(T)/宽度(W)]:

指定另一个角点或 [面积(A)/尺寸(D)/旋转(R)]: d

指定矩形的长度 <64.0000>: 32

指定矩形的宽度 <32.0000>: 8

指定另一个角点或 [面积(A)/尺寸(D)/旋转(R)]:

命令:

命令: _move

选择对象: 找到 1 个

选择对象:

指定基点或 [位移(D)] <位移>: 指定第二个点或 <使用第一个点作为位移>:

3）画圆筒的三视图（图 4-81）

利用“圆”、“直线”命令，绘制圆筒的三个视图。注意：可见轮廓线用“轮廓线”层绘制，而不可见的轮廓线使用“虚线”层绘制。

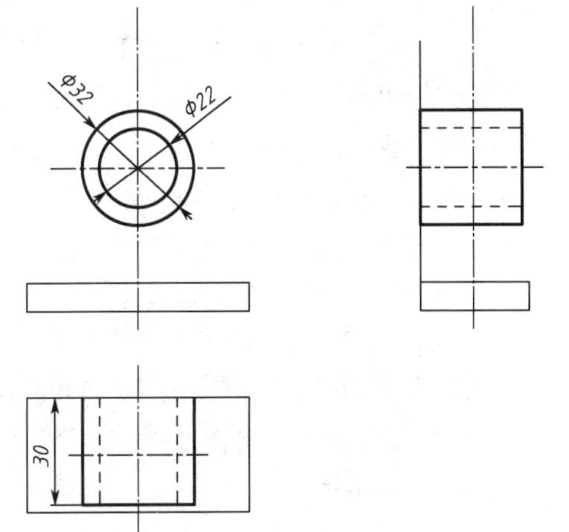

图 4-81 圆筒三视图

命令行窗口的操作步骤如下：

命令: //画圆筒主视图

命令: _circle 指定圆的圆心或 [三点(3P)/两点(2P) /相切、相切、半径(T)]:

指定圆的半径或 [直径(D)] <8.0000>: 11

命令: CIRCLE 指定圆的圆心或 [三点(3P)/两点(2P)/相切、相切、半径(T)]:

指定圆的半径或 [直径(D)] <11.0000>: 16

命令: _line 指定第一点: //画圆筒俯视图

指定下一点或 [放弃(U)]: 30

指定下一点或 [放弃(U)]: 32

指定下一点或 [闭合(C)/放弃(U)]: 30

指定下一点或 [闭合(C)/放弃(U)]:

命令:

命令: _line 指定第一点: //画圆筒内孔俯视图，将图层切换到“虚线”层

指定下一点或 [放弃(U)]: 30

指定下一点或 [放弃(U)]:

命令: LINE 指定第一点:

指定下一点或 [放弃(U)]: 30

指定下一点或 [放弃(U)]:

命令: _line 指定第一点: //画圆筒左视图，将图层切换到“轮廓线”层

指定下一点或 [放弃(U)]: 30

指定下一点或 [放弃(U)]: 32

指定下一点或 [闭合(C)/放弃(U)]: 30

指定下一点或 [闭合(C)/放弃(U)]: c

命令: _line 指定第一点: //画圆筒内孔左视图，将图层切换到“虚线”层

指定下一点或 [放弃(U)]: 30

指定下一点或 [放弃(U)]:

命令: LINE 指定第一点:

指定下一点或 [放弃(U)]: 30

指定下一点或 [放弃(U)]:

4）画凸台的三视图（图 4-82）

利用“直线”、“圆弧”命令和“偏移”功能，分别绘制凸台的三个视图。注意：可见轮廓线用“轮廓线”层绘制，而不可见的轮廓线使用“虚线”层绘制。

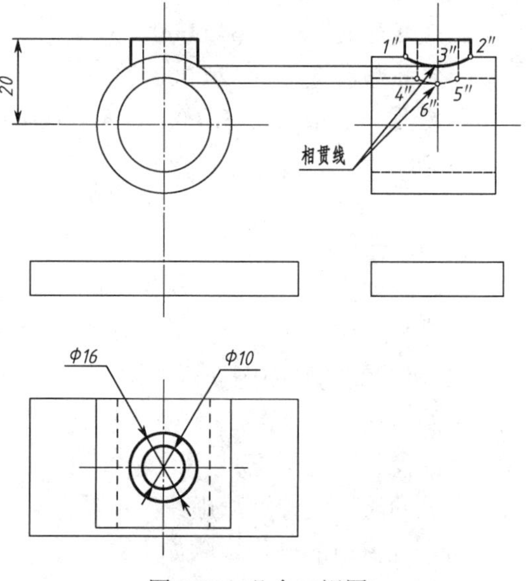

图 4-82 凸台三视图

命令行窗口的操作步骤如下：

命令: //画凸台俯视图，将图层切换到“轮廓线”层，以俯视图中心线交点为圆心

命令: _circle 指定圆的圆心或 [三点(3P)/两点(2P)/相切、相切、半径(T)]:

指定圆的半径或 [直径(D)] <16.0000>: 5

命令: CIRCLE 指定圆的圆心或 [三点(3P)/两点(2P)/相切、相切、半径(T)]:

指定圆的半径或 [直径(D)] <5.0000>: 8

命令: //画凸台主视图

命令: _offset

当前设置: 删除源=否 图层=源 OFFSETGAPTYPE=0

指定偏移距离或 [通过(T)/删除(E)/图层(L)] <40.0000>: 20

选择要偏移的对象，或 [退出(E)/放弃(U)] <退出>: //选择主视图的水平中心线

指定要偏移的那一侧上的点，或 [退出(E)/多个(M)/放弃(U)] <退出>://向上偏移

选择要偏移的对象，或 [退出(E)/放弃(U)] <退出>:

命令: OFFSET

当前设置: 删除源=否 图层=源 OFFSETGAPTYPE=0

指定偏移距离或 [通过(T)/删除(E)/图层(L)] <20.0000>: 5

选择要偏移的对象，或 [退出(E)/放弃(U)] <退出>://选择主视图的垂直中心线

指定要偏移的那一侧上的点，或 [退出(E)/多个(M)/放弃(U)] <退出>://向左偏移

选择要偏移的对象，或 [退出(E)/放弃(U)] <退出>:

指定要偏移的那一侧上的点，或 [退出(E)/多个(M)/放弃(U)] <退出>://向右偏移

选择要偏移的对象，或 [退出(E)/放弃(U)] <退出>:

命令: OFFSET

当前设置: 删除源=否 图层=源 OFFSETGAPTYPE=0

指定偏移距离或 [通过(T)/删除(E)/图层(L)] <5.0000>: 8
选择要偏移的对象，或 [退出(E)/放弃(U)] <退出>://选择主视图的垂直中心线
指定要偏移的那一侧上的点，或 [退出(E)/多个(M)/放弃(U)] <退出>://向左偏移
选择要偏移的对象，或 [退出(E)/放弃(U)] <退出>:
指定要偏移的那一侧上的点，或 [退出(E)/多个(M)/放弃(U)] <退出>://向右偏移
选择要偏移的对象，或 [退出(E)/放弃(U)] <退出>:
命令: //画凸台主视图外轮廓线，将图层切换到“轮廓线”层
命令: _line 指定第一点: //选择圆筒大圆与偏移线的一个交点
指定下一点或 [放弃(U)]: //选择偏移线的一个交点
指定下一点或 [放弃(U)]: //选择偏移线的另一个交点
指定下一点或 [闭合(C)/放弃(U)]: //选择圆筒大圆与偏移线的另一个交点
指定下一点或 [闭合(C)/放弃(U)]:
命令: //画凸台主视图内轮廓线，将图层切换到“虚线”层
命令: _line 指定第一点: //选择圆筒小圆与偏移线的一个交点
指定下一点或 [放弃(U)]: //选择偏移线的一个交点
指定下一点或 [放弃(U)]:
命令: _line 指定第一点: //选择圆筒小圆与偏移线的另一个交点
指定下一点或 [放弃(U)]: //选择偏移线的另一个交点
指定下一点或 [放弃(U)]:

绘制凸台左视图时，除相贯线外，其余轮廓线的操作方法和步骤与绘制其主视图相似，读者请自行参照上述方法绘制。相贯线的绘制则利用“圆弧”命令中的三点功能完成。

命令行窗口的操作步骤如下：
命令: _arc 指定圆弧的起点或 [圆心(C)]: //选择 1"
指定圆弧的第二个点或 [圆心(C)/端点(E)]://选择 3"
指定圆弧的端点: //选择 2"
命令: _arc 指定圆弧的起点或 [圆心(C)]: //选择 4"
指定圆弧的第二个点或 [圆心(C)/端点(E)]: //选择 6"
指定圆弧的端点: //选择 5"
命令: _trim //修剪多余线条
当前设置:投影=UCS，边=无
选择剪切边...
选择对象或 <全部选择>://按 Enter 键
选择要修剪的对象，或按住 Shift 键选择要延伸的对象，或
[栏选(F)/窗交(C)/投影(P)/边(E)/删除(R)/放弃(U)]:
选择要修剪的对象，或按住 Shift 键选择要延伸的对象，或
[栏选(F)/窗交(C)/投影(P)/边(E)/删除(R)/放弃(U)]:
选择要修剪的对象，或按住 Shift 键选择要延伸的对象，或
[栏选(F)/窗交(C)/投影(P)/边(E)/删除(R)/放弃(U)]:
选择要修剪的对象，或按住 Shift 键选择要延伸的对象，或

[栏选(F)/窗交(C)/投影(P)/边(E)/删除(R)/放弃(U)]:

选择要修剪的对象，或按住 Shift 键选择要延伸的对象，或

[栏选(F)/窗交(C)/投影(P)/边(E)/删除(R)/放弃(U)]:

选择要修剪的对象，或按住 Shift 键选择要延伸的对象，或

[栏选(F)/窗交(C)/投影(P)/边(E)/删除(R)/放弃(U)]:

选择要修剪的对象，或按住 Shift 键选择要延伸的对象，或

[栏选(F)/窗交(C)/投影(P)/边(E)/删除(R)/放弃(U)]:

5）画支撑板三视图（图 4-83）

利用“直线”命令和“对象追踪”功能，分别绘制支撑板的三个视图。注意：可见轮廓线用“轮廓线”层绘制，而不可见的轮廓线使用“虚线”层绘制。

命令行窗口的操作步骤如下：

命令: //绘制支撑板的主视图

命令: _line 指定第一点: //选择底板主视图的左上角点

指定下一点或 [放弃(U)]: //选择圆筒主视图的左切点

指定下一点或 [放弃(U)]:

命令: LINE 指定第一点: //选择底板主视图的右上角点

指定下一点或 [放弃(U)]: //选择圆筒主视图的右切点

指定下一点或 [放弃(U)]:

命令: LINE 指定第一点: //选择底板主视图的左上角点

指定下一点或 [放弃(U)]: //选择底板主视图的右上角点

指定下一点或 [放弃(U)]:

命令: //绘制支撑板的俯视图

命令: _line 指定第一点: 6 //捕捉底板俯视图左上角点，垂直向下拖动鼠标，输入 6，按 Enter 键

指定下一点或 [放弃(U)]: //水平向右拖动鼠标出现点状线，捕捉圆筒主视图的左切点垂直向下拖动鼠标，出现另一点状线，指定两点状线的交点

指定下一点或 [放弃(U)]:

命令: _line 指定第一点: 6//捕捉底板俯视图右上角点，垂直向下拖动鼠标，输入 6，按 Enter 键

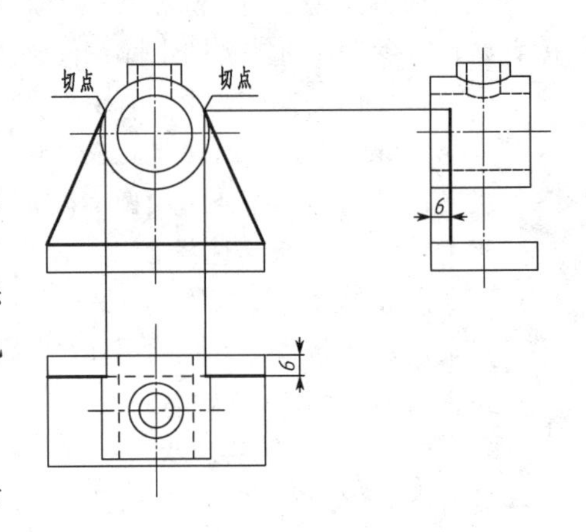

图 4-83　支撑板三视图

指定下一点或 [放弃(U)]: //水平向左拖动鼠标出现点状线，捕捉圆筒主视图的右切点垂直向下拖动鼠标，出现另一点状线，指定两点状线的交点

指定下一点或 [放弃(U)]:

命令: //画支撑板俯视图中的不可见线，将图层切换到“虚线”层

命令: _line 指定第一点:

指定下一点或 [放弃(U)]:

指定下一点或 [放弃(U)]:

命令: //画支撑板左视图

命令: _line 指定第一点: 6//捕捉底板左视图左上角点，水平向右拖动鼠标，输入6，按Enter键

指定下一点或 [放弃(U)]: //垂直向上拖动鼠标出现点状线，捕捉圆筒主视图的右切点水平向右拖动鼠标，出现另一点状线，指定两点状线的交点

指定下一点或 [放弃(U)]:

命令: _line 指定第一点: //指定底板左视图的左上角点

指定下一点或 [放弃(U)]: //垂直向上拖动鼠标出现点状线，捕捉圆筒主视图的右切点水平向右拖动鼠标，出现另一点状线，指定两点状线的交点

指定下一点或 [放弃(U)]:

6）画筋板三视图（图4-84）

利用“直线”命令和“偏移”功能，分别绘制筋板的三个视图。注意：可见轮廓线用“轮廓线”层绘制，而不可见的轮廓线用“虚线”层绘制。

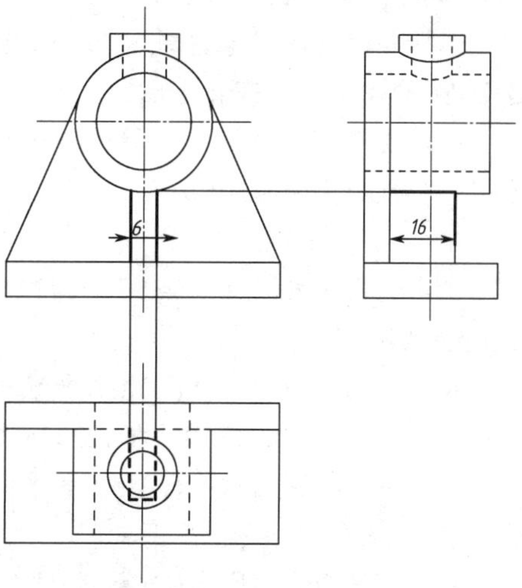

命令行窗口的操作步骤如下：

命令: //绘制筋板主视图

命令: _offset //将主视图垂直中心线分别向左、右偏移3

当前设置:删除源=否图层=源 OFFSETGAPTYPE=0

指定偏移距离或 [通过(T)/删除(E)/图层(L)] <20.0000>: 3

图4-84　筋板三视图

选择要偏移的对象，或 [退出(E)/放弃(U)] <退出>:

指定要偏移的那一侧上的点，或 [退出(E)/多个(M)/放弃(U)] <退出>:

选择要偏移的对象，或 [退出(E)/放弃(U)] <退出>:

指定要偏移的那一侧上的点，或 [退出(E)/多个(M)/放弃(U)] <退出>:

选择要偏移的对象，或 [退出(E)/放弃(U)] <退出>:

命令: _line 指定第一点: //指定偏移线与底板主视图的左交点

指定下一点或 [放弃(U)]: //指定偏移线与圆筒主视图的左交点

指定下一点或 [放弃(U)]:

命令: LINE 指定第一点: //指定偏移线与底板主视图的右交点

指定下一点或 [放弃(U)]: //指定偏移线与圆筒主视图的右交点

指定下一点或 [放弃(U)]:

命令: _.erase 找到 2 个//删除两条偏移线

命令: //绘制筋板俯视图，将图层切换到“虚线”层

命令: _line 指定第一点: //捕捉筋板与底板主视图的左交点，垂直向下拖动鼠标与支撑板俯视图不可见线相交，指定该交点

指定下一点或 [放弃(U)]: 16　//垂直向下拖动鼠标，输入16

指定下一点或 [放弃(U)]: 6　//水平向右拖动鼠标，输入6

指定下一点或 [闭合(C)/放弃(U)]:16 //垂直向上拖动鼠标，输入16

指定下一点或 [闭合(C)/放弃(U)]:

命令: _trim　//修剪多余线条

当前设置:投影=UCS，边=无

选择剪切边...

选择对象或 <全部选择>:

选择要修剪的对象，或按住 Shift 键选择要延伸的对象，或[栏选(F)/窗交(C)/投影(P)/边(E)/删除(R)/放弃(U)]:

选择要修剪的对象，或按住 Shift 键选择要延伸的对象，或[栏选(F)/窗交(C)/投影(P)/边(E)/删除(R)/放弃(U)]:

选择要修剪的对象，或按住 Shift 键选择要延伸的对象，或[栏选(F)/窗交(C)/投影(P)/边(E)/删除(R)/放弃(U)]:

命令: //绘制筋板左视图

命令: _line 指定第一点: 22//捕捉底板左视图的左上角点，水平向右拖动鼠标，输入22，按 Enter 键

指定下一点或 [放弃(U)]: //垂直向上拖动鼠标出现点状线，捕捉筋板主视图与圆筒主视图交点，水平向右拖动鼠标，出现另一点状线，指定两点状线的交点

指定下一点或 [放弃(U)]: //水平向左拖动鼠标，与支撑板左视图的右直线相交，指定该交点

指定下一点或 [闭合(C)/放弃(U)]:

命令: _trim//修剪多余线条

当前设置:投影=UCS，边=无

选择剪切边...

选择对象或 <全部选择>:

选择要修剪的对象，或按住 Shift 键选择要延伸的对象，或[栏选(F)/窗交(C)/投影(P)/边(E)/删除(R)/放弃(U)]:

选择要修剪的对象，或按住 Shift 键选择要延伸的对象，或[栏选(F)/窗交(C)/投影(P)/边(E)/删除(R)/放弃(U)]:

7）画底板上的圆角、圆孔和通槽的三视图（图4-85）

命令行窗口的操作步骤如下:

命令: //画俯视图

命令: _fillet//倒圆角

当前设置: 模式 = 修剪，半径 = 0.0000

选择第一个对象或[放弃(U)/多段线(P)/半径(R)/修剪(T)/多个(M)]: r

指定圆角半径<0.0000>: 8

选择第一个对象或 [放弃(U)/多段线(P)/半径(R)/修剪(T)/多个(M)]:

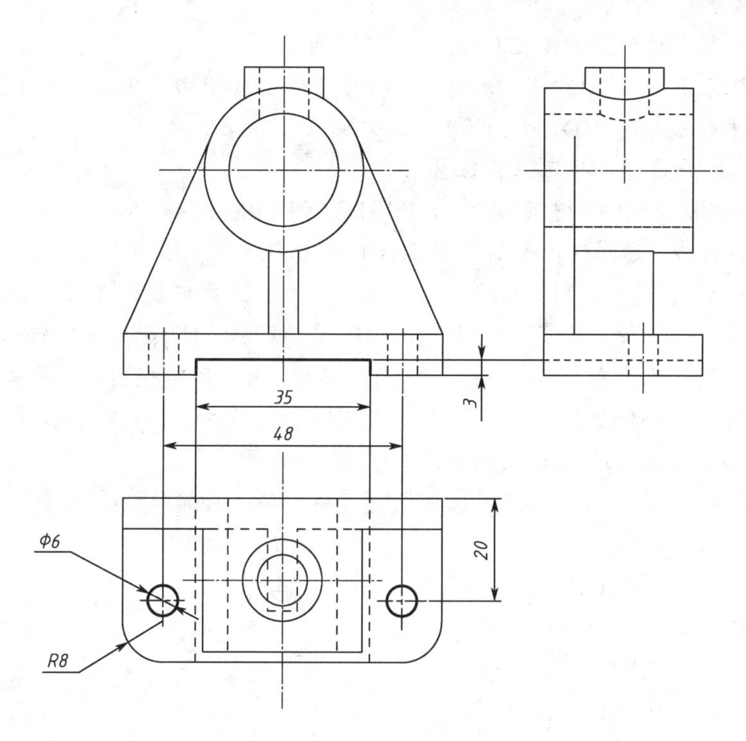

图 4-85　底板圆角圆孔通槽三视图

选择第二个对象，或按住 Shift 键选择要应用角点的对象:
命令: FILLET
当前设置: 模式 = 修剪，半径 = 8.0000
选择第一个对象或 [放弃(U)/多段线(P)/半径(R)/修剪(T)/多个(M)]:
选择第二个对象，或按住 Shift 键选择要应用角点的对象
命令: _offset//画圆孔，定圆心位置
当前设置: 删除源=否　图层=源　OFFSETGAPTYPE=0
指定偏移距离或 [通过(T)/删除(E)/图层(L)] <3.0000>:　24
选择要偏移的对象，或 [退出(E)/放弃(U)] <退出>://选择俯视图垂直中心线
指定要偏移的那一侧上的点，或 [退出(E)/多个(M)/放弃(U)] <退出>://向左偏移
选择要偏移的对象，或 [退出(E)/放弃(U)] <退出>://选择俯视图垂直中心线
指定要偏移的那一侧上的点，或 [退出(E)/多个(M)/放弃(U)] <退出>://向右偏移
选择要偏移的对象，或 [退出(E)/放弃(U)] <退出>:
命令: _offset
当前设置: 删除源=否　图层=源　OFFSETGAPTYPE=0
指定偏移距离或 [通过(T)/删除(E)/图层(L)] <20.0000>:　20
选择要偏移的对象，或 [退出(E)/放弃(U)] <退出>://选择俯视图底板上的边线
指定要偏移的那一侧上的点，或 [退出(E)/多个(M)/放弃(U)] <退出>://向下偏移
选择要偏移的对象，或 [退出(E)/放弃(U)] <退出>:
命令: _circle 指定圆的圆心或 [三点(3P)/两点(2P)/相切、相切、半径(T)]:

指定圆的半径或 [直径(D)] <2.0000>: 3 //画左圆孔
命令: CIRCLE 指定圆的圆心或 [三点(3P)/两点(2P)/相切、相切、半径(T)]:
指定圆的半径或 [直径(D)] <3.0000>://画右圆孔
命令: _offset//画通槽，确定通槽位置
当前设置: 删除源=否 图层=源 OFFSETGAPTYPE=0
指定偏移距离或 [通过(T)/删除(E)/图层(L)] <3.0000>: 17.5
选择要偏移的对象，或 [退出(E)/放弃(U)] <退出>://选择俯视图垂直中心线
指定要偏移的那一侧上的点，或 [退出(E)/多个(M)/放弃(U)] <退出>://向右偏移
选择要偏移的对象，或 [退出(E)/放弃(U)] <退出>: //选择俯视图垂直中心线
指定要偏移的那一侧上的点，或 [退出(E)/多个(M)/放弃(U)] <退出>://向左偏移
选择要偏移的对象，或 [退出(E)/放弃(U)] <退出>:
命令: _line 指定第一点: //将图层切换到“虚线”层，沿偏移线画通槽
指定下一点或 [放弃(U)]:
指定下一点或 [放弃(U)]:
命令: LINE 指定第一点:
指定下一点或 [放弃(U)]:
指定下一点或 [放弃(U)]:
命令: _.erase 找到 2 个//删除多余线条
命令: //画主视图
命令: _offset//将主视图垂直中心线分别向左、右偏移 24，确定底板两圆孔中心线
当前设置: 删除源=否 图层=源 OFFSETGAPTYPE=0
指定偏移距离或 [通过(T)/删除(E)/图层(L)] <20.0000>: 24
选择要偏移的对象，或 [退出(E)/放弃(U)] <退出>:
指定要偏移的那一侧上的点，或 [退出(E)/多个(M)/放弃(U)] <退出>:
选择要偏移的对象，或 [退出(E)/放弃(U)] <退出>:
指定要偏移的那一侧上的点，或 [退出(E)/多个(M)/放弃(U)] <退出>:
选择要偏移的对象，或 [退出(E)/放弃(U)] <退出>:
命令: _offset//将底板两圆孔中心线分别向左、右偏移 3，确定底板两圆孔主视图位置
当前设置: 删除源=否 图层=源 OFFSETGAPTYPE=0
指定偏移距离或 [通过(T)/删除(E)/图层(L)] <24.0000>: 3
选择要偏移的对象，或 [退出(E)/放弃(U)] <退出>:
指定要偏移的那一侧上的点，或 [退出(E)/多个(M)/放弃(U)] <退出>:
选择要偏移的对象，或 [退出(E)/放弃(U)] <退出>:
指定要偏移的那一侧上的点，或 [退出(E)/多个(M)/放弃(U)] <退出>:
选择要偏移的对象，或 [退出(E)/放弃(U)] <退出>:
指定要偏移的那一侧上的点，或 [退出(E)/多个(M)/放弃(U)] <退出>:
选择要偏移的对象，或 [退出(E)/放弃(U)] <退出>:
指定要偏移的那一侧上的点，或 [退出(E)/多个(M)/放弃(U)] <退出>:
选择要偏移的对象，或 [退出(E)/放弃(U)] <退出>:

命令: _line 指定第一点: //将图层切换到"虚线"层，沿已确定好的位置画圆孔主视图线

指定下一点或 [放弃(U)]:

指定下一点或 [放弃(U)]:

命令: LINE 指定第一点:

指定下一点或 [放弃(U)]:

指定下一点或 [放弃(U)]:

命令: LINE 指定第一点:

指定下一点或 [放弃(U)]:

指定下一点或 [放弃(U)]:

命令: LINE 指定第一点:

指定下一点或 [放弃(U)]:

指定下一点或 [放弃(U)]:

命令: //绘制通槽主视图

命令: _line 指定第一点: //捕捉通槽俯视图点，出现点状线，垂直向上拖动鼠标与底板主视图底边相交，指定交点

指定下一点或 [放弃(U)]: 3//垂直向上拖动鼠标，输入 3，按 Enter 键

指定下一点或 [放弃(U)]: 35//水平向右拖动鼠标，输入 35，按 Enter 键

指定下一点或 [闭合(C)/放弃(U)]:3 //垂直向下拖动鼠标，输入 3，按 Enter 键

指定下一点或 [闭合(C)/放弃(U)]:

命令: _trim//修剪多余线条

当前设置:投影=UCS，边=无

选择剪切边...

选择对象或 <全部选择>:

选择要修剪的对象，或按住 Shift 键选择要延伸的对象，或

[栏选(F)/窗交(C)/投影(P)/边(E)/删除(R)/放弃(U)]:

选择要修剪的对象，或按住 Shift 键选择要延伸的对象，或

[栏选(F)/窗交(C)/投影(P)/边(E)/删除(R)/放弃(U)]:

选择要修剪的对象，或按住 Shift 键选择要延伸的对象，或

[栏选(F)/窗交(C)/投影(P)/边(E)/删除(R)/放弃(U)]:

命令: //绘制左视图

命令: //绘制通槽左视图，将图层切换到"虚线"层

命令: _line 指定第一点: //捕捉通槽主视图点，出现点状线，水平向右拖动鼠标与底板左视图左边相交，指定交点

指定下一点或 [放弃(U)]: //水平向右拖动鼠标与底板左视图右边线相交，指定交点

指定下一点或 [放弃(U)]:

命令: //绘制圆孔左视图，确定圆孔中心线

命令: _line 指定第一点: 20 //捕捉底板左视图的左下角点，水平向右拖动鼠标，输入 20，按 Enter 键

指定下一点或 [放弃(U)]: //垂直向上拖动鼠标，指定中心线另一点

指定下一点或 [放弃(U)]:
命令: _move //调整中心线位置
选择对象: 找到 1 个
选择对象:
指定基点或 [位移(D)] <位移>: 指定第二个点或 <使用第一个点作为位移>:
命令: _offset //将中心线分别向左、右偏移 3，确定圆孔左视图位置
当前设置: 删除源=否 图层=源 OFFSETGAPTYPE=0
指定偏移距离或 [通过(T)/删除(E)/图层(L)] <17.5000>: 3
选择要偏移的对象，或 [退出(E)/放弃(U)] <退出>:
指定要偏移的那一侧上的点，或 [退出(E)/多个(M)/放弃(U)] <退出>:
选择要偏移的对象，或 [退出(E)/放弃(U)] <退出>:
指定要偏移的那一侧上的点，或 [退出(E)/多个(M)/放弃(U)] <退出>:
选择要偏移的对象，或 [退出(E)/放弃(U)] <退出>:
命令: _line 指定第一点: //沿着已确定好的位置绘制圆孔左视图
指定下一点或 [放弃(U)]:
指定下一点或 [放弃(U)]:
命令: LINE 指定第一点:
指定下一点或 [放弃(U)]:
指定下一点或 [放弃(U)]:
命令:
命令: _.erase 找到 2 个//删除多余线条

8）整理完成图形绘制（图 4-86）

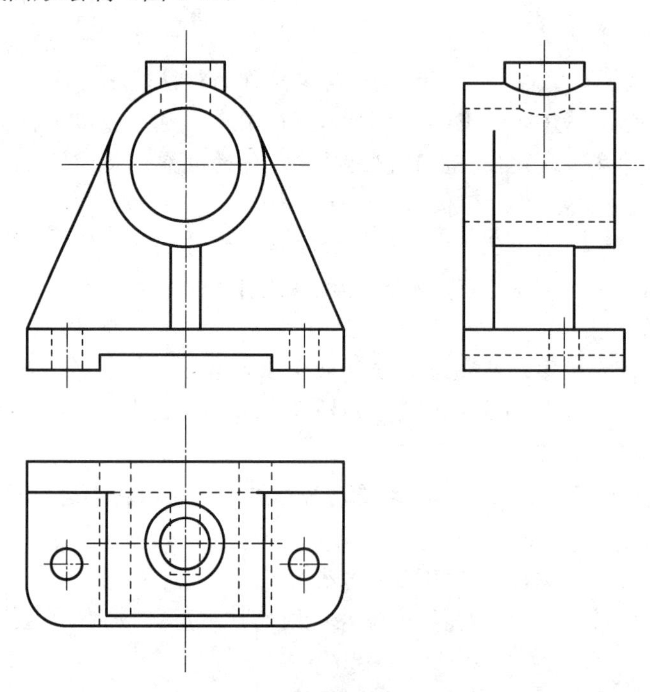

图 4-86 轴承座三视图

步骤5　标注尺寸

1）设置标注样式

①新建名为“半径”的标注样式，以“ISO-25”为基础样式，选中“文字”选项卡中“文字对齐”组中的“水平”单选按钮。

②新建名为“直径”的标注样式，以“ISO-25”为基础样式，选中“主单位”选项卡中“线性标注”组中的“前缀”文本框，输入“%%C”。

2）底板尺寸标注，如图4-54（b）所示

利用“ISO-25”样式来标注线性尺寸，利用“半径”样式来标注圆孔和圆角的尺寸。

命令行窗口的操作步骤如下：

命令: _dimlinear//标注线性尺寸
指定第一条尺寸界线原点或 <选择对象>:
指定第二条尺寸界线原点:
指定尺寸线位置或[多行文字(M)/文字(T)/角度(A)/水平(H)/垂直(V)/旋转(R)]:
标注文字 =35
命令: _dimlinear
指定第一条尺寸界线原点或 <选择对象>:
指定第二条尺寸界线原点:
指定尺寸线位置或[多行文字(M)/文字(T)/角度(A)/水平(H)/垂直(V)/旋转(R)]:
标注文字 =48
命令: _dimlinear
指定第一条尺寸界线原点或 <选择对象>:
指定第二条尺寸界线原点:
指定尺寸线位置或[多行文字(M)/文字(T)/角度(A)/水平(H)/垂直(V)/旋转(R)]:
标注文字 =64
命令: _dimlinear
指定第一条尺寸界线原点或 <选择对象>:
指定第二条尺寸界线原点:
指定尺寸线位置或[多行文字(M)/文字(T)/角度(A)/水平(H)/垂直(V)/旋转(R)]:
标注文字 =8
命令: _dimlinear
指定第一条尺寸界线原点或 <选择对象>:
指定第二条尺寸界线原点:
指定尺寸线位置或[多行文字(M)/文字(T)/角度(A)/水平(H)/垂直(V)/旋转(R)]:
标注文字 =3
命令: _dimlinear
指定第一条尺寸界线原点或 <选择对象>:

指定第二条尺寸界线原点:

指定尺寸线位置或[多行文字(M)/文字(T)/角度(A)/水平(H)/垂直(V)/旋转(R)]:

标注文字 =20

命令: _dimlinear

指定第一条尺寸界线原点或 <选择对象>:

指定第二条尺寸界线原点:

指定尺寸线位置或[多行文字(M)/文字(T)/角度(A)/水平(H)/垂直(V)/旋转(R)]:

标注文字 =32

命令: _dimradius//标注圆角半径尺寸

选择圆弧或圆:

标注文字 =8

指定尺寸线位置或 [多行文字(M)/文字(T)/角度(A)]:

命令: _dimdiameter//标注圆孔直径尺寸

选择圆弧或圆:

标注文字 =6

指定尺寸线位置或 [多行文字(M)/文字(T)/角度(A)]:

命令: _properties//修改圆孔直径尺寸标注文字为 2-ϕ6

3）圆筒和凸台尺寸标注，如图 4-54（c）所示

利用“ISO-25”样式来标注线性尺寸，利用“半径”样式来标注圆筒直径尺寸，利用“直径”样式来标注凸台的直径尺寸。

命令行窗口的操作步骤如下：

命令: _dimlinear//标注线性尺寸

指定第一条尺寸界线原点或 <选择对象>:

指定第二条尺寸界线原点:

指定尺寸线位置或[多行文字(M)/文字(T)/角度(A)/水平(H)/垂直(V)/旋转(R)]:

标注文字 =20

命令: _dimlinear

指定第一条尺寸界线原点或 <选择对象>:

指定第二条尺寸界线原点:

指定尺寸线位置或[多行文字(M)/文字(T)/角度(A)/水平(H)/垂直(V)/旋转(R)]:

标注文字 =16

命令: _dimlinear

指定第一条尺寸界线原点或 <选择对象>:

指定第二条尺寸界线原点:

指定尺寸线位置或[多行文字(M)/文字(T)/角度(A)/水平(H)/垂直(V)/旋转(R)]:

标注文字 =30

命令: _dimdiameter//标注圆筒直径

选择圆弧或圆:

标注文字 =22

指定尺寸线位置或 [多行文字(M)/文字(T)/角度(A)]:

命令: _dimdiameter

选择圆弧或圆:

标注文字 =32

指定尺寸线位置或 [多行文字(M)/文字(T)/角度(A)]:

命令: _dimlinear//标注凸台直径

指定第一条尺寸界线原点或 <选择对象>:

指定第二条尺寸界线原点:

指定尺寸线位置或[多行文字(M)/文字(T)/角度(A)/水平(H)/垂直(V)/旋转(R)]:

标注文字 =16

命令: _dimlinear

指定第一条尺寸界线原点或 <选择对象>:

指定第二条尺寸界线原点:

指定尺寸线位置或[多行文字(M)/文字(T)/角度(A)/水平(H)/垂直(V)/旋转(R)]:

标注文字 =10

4）支撑板尺寸标注，如图 4-54（d）所示

利用“ISO-25”样式来标注线性尺寸，利用“半径”样式来标注支撑板圆形的直径尺寸。命令行窗口的操作步骤如下：

命令: _dimlinear//标注线性尺寸

指定第一条尺寸界线原点或 <选择对象>:

指定第二条尺寸界线原点:

指定尺寸线位置或[多行文字(M)/文字(T)/角度(A)/水平(H)/垂直(V)/旋转(R)]:

标注文字 =64

命令: _dimlinear

指定第一条尺寸界线原点或 <选择对象>:

指定第二条尺寸界线原点:

指定尺寸线位置或[多行文字(M)/文字(T)/角度(A)/水平(H)/垂直(V)/旋转(R)]:

标注文字 =32

命令: _dimlinear

指定第一条尺寸界线原点或 <选择对象>:

指定第二条尺寸界线原点:

指定尺寸线位置或[多行文字(M)/文字(T)/角度(A)/水平(H)/垂直(V)/旋转(R)]:

标注文字 =6

命令: _dimdiameter//标注支撑板圆形直径尺寸
选择圆弧或圆:
标注文字 =32
指定尺寸线位置或 [多行文字(M)/文字(T)/角度(A)]:

5）筋板尺寸标注，如图 4-54（e）所示

利用“ISO-25”样式来标注线性尺寸，利用“半径”样式来标注筋板圆弧的半径尺寸。

命令行窗口的操作步骤如下：

命令: _dimlinear//标注线性尺寸
指定第一条尺寸界线原点或 <选择对象>:
指定第二条尺寸界线原点:
指定尺寸线位置或[多行文字(M)/文字(T)/角度(A)/水平(H)/垂直(V)/旋转(R)]:
标注文字 =6
命令: _dimlinear
指定第一条尺寸界线原点或 <选择对象>:
指定第二条尺寸界线原点:
指定尺寸线位置或[多行文字(M)/文字(T)/角度(A)/水平(H)/垂直(V)/旋转(R)]:
标注文字 =16
命令: _dimlinear
指定第一条尺寸界线原点或 <选择对象>:
指定第二条尺寸界线原点:
指定尺寸线位置或[多行文字(M)/文字(T)/角度(A)/水平(H)/垂直(V)/旋转(R)]:
标注文字 =32
命令: _dimradius//标注筋板圆弧半径尺寸
选择圆弧或圆:
标注文字 =16
指定尺寸线位置或 [多行文字(M)/文字(T)/角度(A)]:

6）检查整理完成图形尺寸标注，如图 4-54（f）所示

按照组合体尺寸标注要求，检查轴承座尺寸标注是否正确、完整和清晰。补充不完整的尺寸，删除重复尺寸，以保证尺寸不遗漏，不重复，尺寸布置整齐、清晰，便于看图。

步骤 6　注写文字

1）设置文字样式

单击“格式”菜单中的“文字样式”命令，打开“文字样式”对话框，设置名为“工程字”的样式，如图 4-87 所示。并将此样式设为当前样式。

图 4-87　文字样式

2）注写技术要求文字

将图层切换到“技术要求文字”层，单击“绘图”菜单中的“文字”命令，选择“单行文字”，命令行窗口的操作步骤如下：

命令: _dtext

当前文字样式: “工程字” 文字高度: 3.0000 注释性: 否

指定文字的起点或 [对正(J)/样式(S)]:

指定高度 <3.0000>: 8

指定文字的旋转角度 <0>: //在文字编辑区输入汉字“技术要求”

命令: _dtext

当前文字样式: “工程字” 文字高度: 8.0000 注释性: 否

指定文字的起点或 [对正(J)/样式(S)]:

指定高度 <8.0000>: 5

指定文字的旋转角度 <0>: //在文字编辑区输入汉字“去尖角毛刺”

命令: _move//选中文字，将文字移动到适当位置

选择对象: 找到 1 个

选择对象:

指定基点或 [位移(D)] <位移>: 指定第二个点或 <使用第一个点作为位移>:

命令: _move

选择对象: 找到 1 个

选择对象:

指定基点或 [位移(D)] <位移>: 指定第二个点或 <使用第一个点作为位移>:

3）注写标题栏文字

将图层切换到“标题栏文字”层，用上述同样方法注写标题栏文字。其中，图名和学校班级名称的字高为 6，日期字高为 3，其余文字字高均为 4。

步骤 7　保存图形文件

检查图纸绘制是否符合国家标准，是否清晰准确，布局是否合理等，最终完成全图（图 4-2）。单击菜单“文件/保存”选项，完成图形文件的保存。

任务 4　项目验收与评价

一、项目验收

将完成的图形与所给项目图纸进行比较，检查其质量与要求相符合的程度，并结合项目评分标准表验收所绘图纸的质量，如表 4-9 所示。

表 4-9　评分标准表

序号	评 分 点	分值	得 分 条 件	扣 分 情 况
1	设置绘图环境	20	新建文件并保存正确（2 分）	各项得分条件错一处扣 1 分，扣完为止
			设置图层清晰（6 分）	
			设置文字样式，符合制图标准（2 分）	
			设置尺寸标注样式，符合制图标准（2 分）	
			设置图幅并绘制图框，符合制图标准（4 分）	
			正确绘制标题栏（4 分）	
2	主视图	20	按所给图形尺寸正确绘制图形（10 分）	
			粗线、细线等线型分清（5 分）	
			与另外两视图间对应关系满足三视图投影规律（5 分）	
3	俯视图	20	按所给图形尺寸正确绘制图形（10 分）	
			粗线、细线等线型分清（5 分）	
			与另外两视图间对应关系满足三视图投影规律（5 分）	
4	左视图	20	按所给图形尺寸正确绘制图形（10 分）	
			粗线、细线等线型分清（5 分）	
			与另外两视图间对应关系满足三视图投影规律（5 分）	
5	注写文字和标注尺寸	20	注写文字大小、字型合理，注写正确（3 分）	
			粗糙度符号绘制成块，绘制正确（5 分）	
			尺寸标注符合制图标准，尺寸准确（8 分）	
			布图合理（4 分）	

二、项目评价

针对项目工作综合考核表，如表 4-10 所示，给出读者在完成整个项目过程中的综合成绩。

表 4-10 项目工作综合考核表

考核事项		考核内容	项目分值	自我评价	小组评价	教师评价
考核事项	专业能力 60%	1．工作准备 绘图工具准备是否妥当、图纸识读是否正确、项目实施的计划是否完备	10			
		2．工作过程 主要技能应用是否准确、工作过程是否认真严谨、安全措施是否到位	10			
		3．工作成果 根据表 4-9 的评分标准评估工作成果质量	40			
	综合能力 40%	1．技能点收集能力 是否明确本项目所用技能点，并准确收集这些技能的操作方法	10			
		2．交流沟通能力 在项目计划、实施及评价过程中与他人的交流沟通是否顺利、得当	10			
		3．分析问题能力 对图纸的识读是否准确，在项目实施过程中是否能发现问题、分析问题并解决问题	10			
		4．团结协作能力 是否能与小组其他成员分工协作、团结合作完成任务	10			
备注	机械图样的绘制必须严格按国家标准完成，在机房使用计算机绘图时必须注意安全，遵守机房纪律。本项目可以小组或个人形式完成					

项目小结

本项目的训练内容是全书的重点内容。通过本项目的技能实训使读者掌握绘制和阅读工程图样的正投影法，明确点、线、面投影、基本几何体投影的画法，能够识读组合体三视图，熟练地画出组合体三视图。学会使用 AutoCAD 软件绘制构造线、矩形、正多边形等图形，能用基线标注、快速标注命令提高图形的标注速度，并为图形注写文字，从而完成整个图纸的绘制工作。

拓展训练

（1）利用 CAD 软件绘制如图 4-88、图 4-89 所示的三视图，图幅大小、图框格式尺寸、比例及标题栏自行设计，并想象出其实体形状。

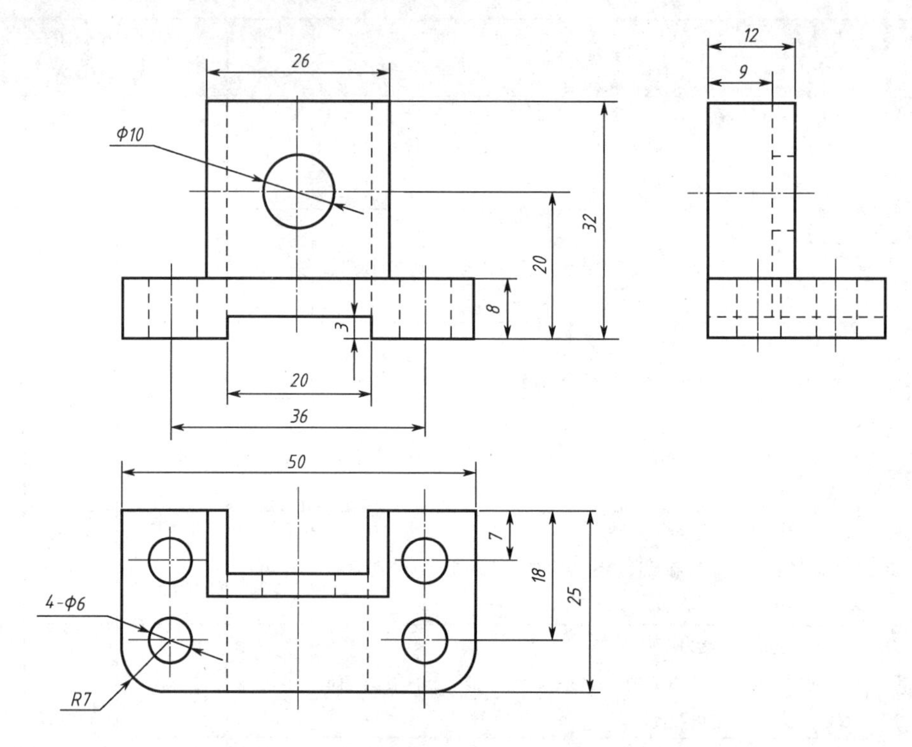

图 4-88　支架 I 三视图

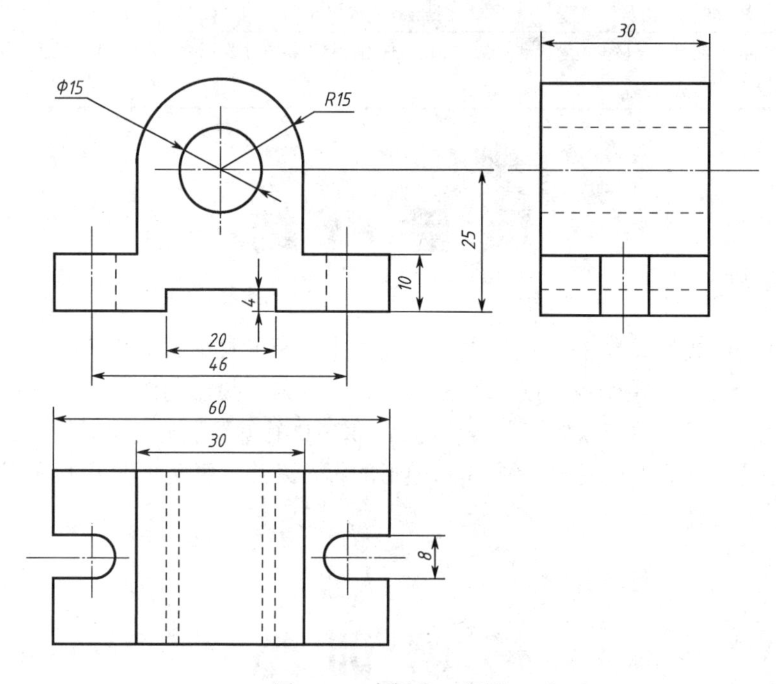

图 4-89　支架 II 三视图

（2）根据如图 4-90、图 4-91 所示的两个组合体的实体形状，绘制其三视图。

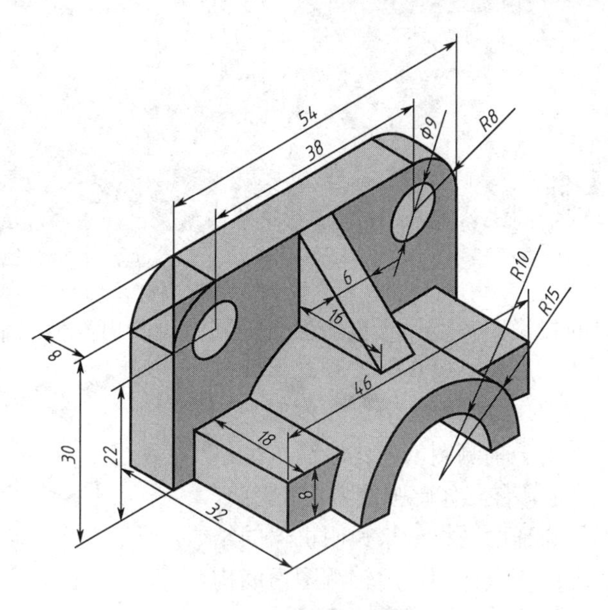

图 4-90 空间实体形状Ⅰ

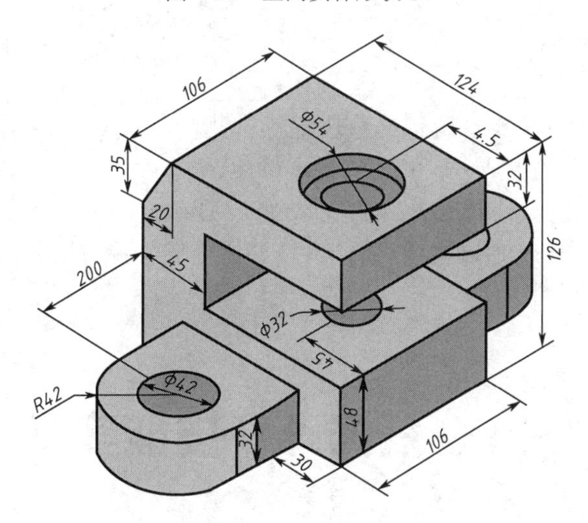

图 4-91 空间实体形状Ⅱ

项目 5

垫块正等轴测图的绘制

轴测图是一种单面投影图，在一个投影面上能同时反映出物体三个坐标面的形状，并接近于人们的视觉习惯，形象、逼真、富有立体感。轴测图是模拟三维立体的二维图形，所以在本质上，轴测图属于平面图形。由于轴测图创建比较简单，不需要三维作图知识，同时具有立体感强的特点，因此，在工程上常把轴测图作为辅助图样，来说明机器的结构、安装、使用等情况；在设计中，用轴测图帮助构思、想象物体的形状，以弥补正投影图的不足。

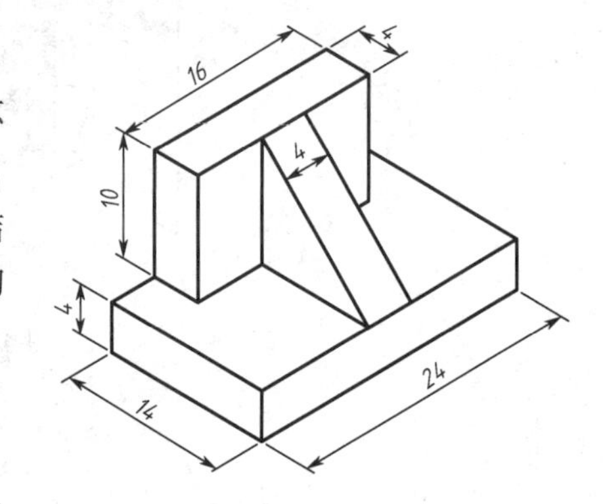

图 5-1　垫块的正等轴测图

项目任务分析

本项目通过绘制如图 5-1 所示的垫块正等轴测图，使读者明确轴测图的形成、轴测图的基本特性、正等轴测图的画法等几何绘图知识，掌握在 AutoCAD 软件中使用“等轴测捕捉模式”绘制轴测图及标注尺寸的方法。通过本项目的学习，读者能够掌握应用手绘和 AutoCAD 软件两种方式来绘制正等轴测图。

任务 1　技能实训

技能 1　轴测图的基本知识

一、轴测投影（轴测图）的形成

轴测投影是将物体连同其直角坐标系，沿不平行于任一坐标平面的方向，用平行投影法将其投射在单一投影面上所得的图形，称为轴测投影，简称轴测图（图 5-2）。

轴测投影的单一投影面称为轴测投影面，如图 5-2 所示的平面 P。

在轴测投影面上的坐标轴 OX、OY、OZ，称为轴测投影轴，简称轴测轴（图 5-2）。

二、轴间角和轴向伸缩系数

在轴测投影中，任意两根轴测轴之间的夹角称为轴间角。

轴测轴上的单位长度与相应直角坐标轴上单位长度的比值，称为轴向伸缩系数。

OX、OY、OZ 轴上的轴向伸缩系数分别用 p_1、q_1、r_1 表示。

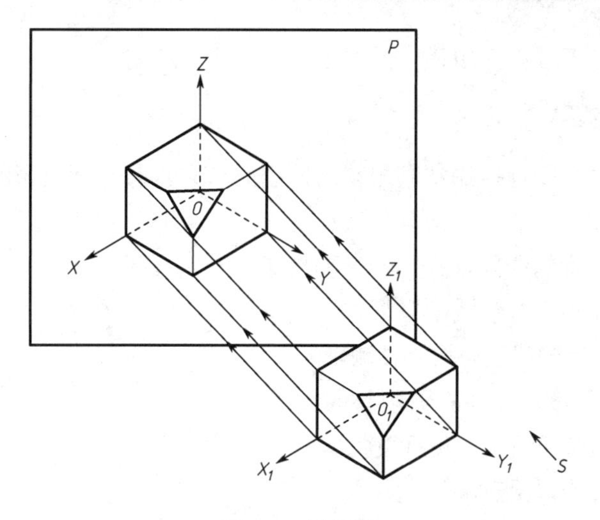

图 5-2 轴测图

为了便于作图，绘制轴测图时，对轴向伸缩系数进行简化，以使其比值成为简单的数值。简化伸缩系数分别用 p、q、r 表示。

常用轴测图的轴间角、轴向伸缩系数及简化伸缩系数，如表 5-1 所示。

表 5-1 常用的轴测图的轴间角、轴向伸缩系数及简化伸缩系数

		正轴测投影			斜轴测投影		
特　性		投射线与轴测投影面垂直			投射线与轴测投影面倾斜		
轴测类型		等测投影	二测投影	三测投影	等测投影	二测投影	三测投影
简　称		正等测	正二测	正三测	斜等测	斜二测	斜三测
应用举例	轴向伸缩系数	$p_1=q_1=r_1=0.82$	$p_1=r_1=0.94$ $q_1=\frac{p_1}{2}=0.47$	视具体要求应用	视具体要求应用	$p_1=r_1=1$ $q_1=0.5$	视具体要求应用
	简化伸缩系数	$p_1=q_1=r_1=1$	$p=r=1$ $q=0.5$			无	
	轴间角	Z, X, Y, O 120°, 120°, 120°	Z, X, Y, O ≈97°, 131°, 132°			Z, X, Y, O 90°, 135°, 135°	
	例图	l, l, l	l, l/2, l			l, l/2, l	

三、常用的轴测图

常用的轴测图，如表 5-1 所示（摘自 GB/T 14692-1993）。

在轴测投影中，工程上应用最广泛的是正等测和斜二测。

四、轴测投影的基本特性

由于轴测图是根据平行投影法画出来的，因此，它具有平行投影的基本性质。其主要投影特性概括如下：

（1）空间互相平行的线段，在同一轴测投影中一定互相平行。与直角坐标轴平行的线段，其轴测投影必与相应的轴测轴平行。

（2）与轴测轴平行的线段，按该轴测轴的轴向伸缩系数进行度量。与轴测轴倾斜的线段，不能按该轴的轴向伸缩系数进行度量。因此，绘制轴测图时，必须沿轴向测量尺寸。

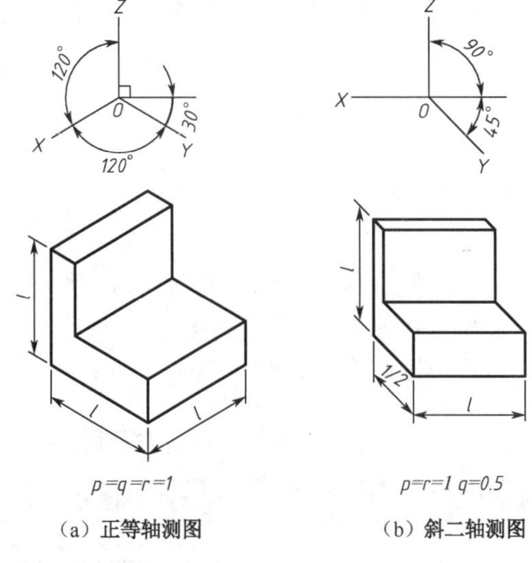

（a）正等轴测图　（b）斜二轴测图

图 5-3　轴测图画法

技能 2　正等轴测图的画法

一、正等轴测图的轴间角、轴向伸缩系数

由表 5-1 可知，正等轴测图的轴间角$\angle XOY = \angle XOZ = \angle YOZ = 120°$。画图时，一般使 *OZ* 轴处于垂直位置，*OX*、*OY* 轴与水平成 30°。可利用 30° 的三角板与丁字尺方便地画出三根轴测轴，如图 5-3（a）所示。三根轴的简化伸缩系数都相等（$p=q=r=1$）。这样在绘制正等轴测图时，沿轴向的尺寸都可在投影图上的相应轴按 1∶1 的比例量取。

二、正等轴测图的画法

1. 平面立体正等轴测图的画法

【实例 5-1】已知长方体的三视图，如图 5-4（a）所示，画出它的正等轴测图。

分析：图 5-4（a）所示为长方体的三视图。长方体共有 8 个顶点，用坐标确定各顶点在其轴测图中的位置，然后连接各顶点间的棱线即为所求。

作图步骤如下：

（1）在三视图上定出原点和坐标轴的位置。设定右侧后下方的棱角为原点，*X*、*Y*、*Z* 轴是过原点的三条棱线，如图 5-4（a）所示。

（2）用 30°的三角板画出三根轴测轴，在 *X* 轴上量取物体的长 *l*，在 *Y* 轴上量取宽 *b*；然后由端点Ⅰ和Ⅱ分别画 *Y*、*X* 轴的平行线，画出物体底面的形状，如图 5-4（b）所示。

（3）由长方体底面各端点画 *Z* 轴的平行线，在各线上量取物体的高度 *h*，得到长方体顶面各端点。把所得各点连接起来并擦去多余的棱线，即得物体顶面、正面和侧面的形状，如图 5-4（c）所示。

（4）擦去轴测轴，描深轮廓线，即得长方体正等轴测图，如图 5-4（d）所示。

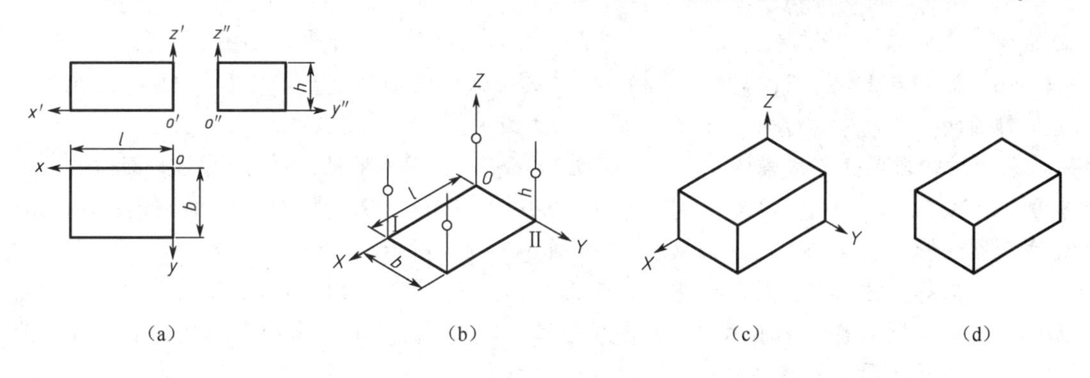

图 5-4 长方体的正等正等轴测图

【实例 5-2】已知凹槽的三视图，如图 5-5（a）所示，画出它的正等轴测图。

分析：图 5-5（a）所示为一长方体上面的中间截去一个小长方体而制成的。只要画出长方体后，再用截割法即可得到凹形槽的正等轴测图。

作图步骤如下：

（1）用 30°的三角板画出 OX、OY、OZ 轴。

（2）根据三视图的尺寸画出大长方体的正等轴测图。

（3）根据三视图中的凹槽尺寸，在大长方体的相应部分，画出被截去的小长方体，如图 5-5（b）所示。

（4）擦去不必要的线条，加深轮廓线，即得凹形槽的正等轴测图，如图 5-5（c）所示。

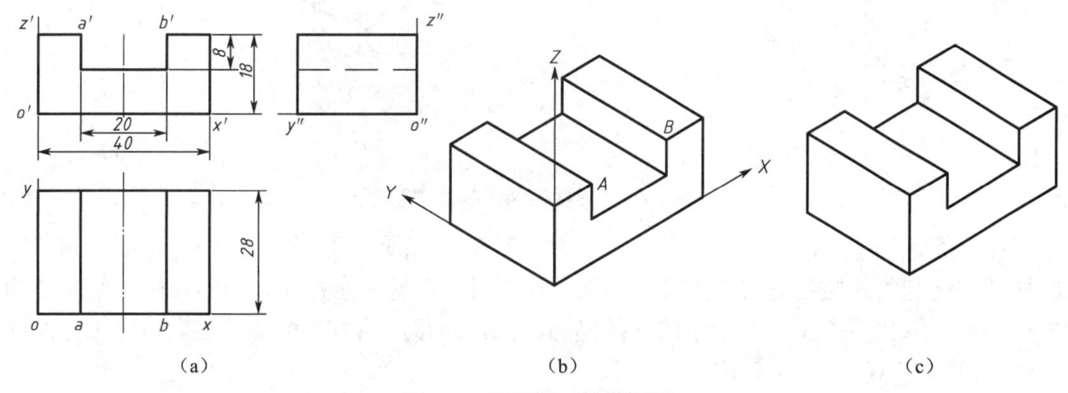

图 5-5 凹形槽正等轴测图

2. 回转体正等轴测图的画法

1）平行于坐标面的正等轴测图的画法

【实例 5-3】已知圆柱体的二视图，如图 5-6（a）所示，画出它的正等轴侧图。

分析：图 5-6（a）所示为一圆柱的二视图，因圆柱的顶圆和底圆都平行于 XOY，所以它们的正等轴测图都是椭圆，将顶面和底面的椭圆画好，再作两椭圆的轮廓素线即得圆柱的正等轴测图。

作图步骤如下：

（1）确定 X、Y、Z 轴的方向和原点 O 的位置。在俯视图圆的外切正方形中，切点为 1、2、3、4，如图 5-6（a）所示。

（2）画出顶圆的轴测图。先画出轴测轴 X、Y、Z，沿轴向可直接量得切点 1、2、3、4。

过这些点分别作 X、Y 轴的平行线，即得正方形的轴测图——菱形，如图 5-6（b）所示。

（3）过切点 1、2、3、4 作菱形相应各边的垂线。它们的交点 O_1、O_2、O_3、O_4 就是画近似椭圆的四个圆心，O_2、O_4 位于菱形的对角线上。

（4）用四段圆弧连成椭圆。以 $O_41 = O_42 = O_23 = O_24$ 为半径，以为 O_4、O_2 圆心，画出大圆弧 12、34；以 $O_11 = O_14 = O_32 = O_33$ 为半径，以 O_1、O_3 为圆心，画出小圆弧 14、23，完成顶圆的轴测图（四心圆近似画法），如图 5-6（c）所示。

（5）选择 OZ 轴与圆柱轴线重合，量圆柱体高度 H，定出顶面和底面的圆心；再由顶面椭圆的四个圆心都向下量度圆柱的高度距离，即可得底面椭圆各个圆心的位置，并由此画出底面椭圆（圆心平移法），如图 5-6（c）所示。

（6）画出椭圆的轮廓素线，擦去多余的线条，描深轮廓线，即得圆柱体的正等轴测图，如图 5-6（d）所示。

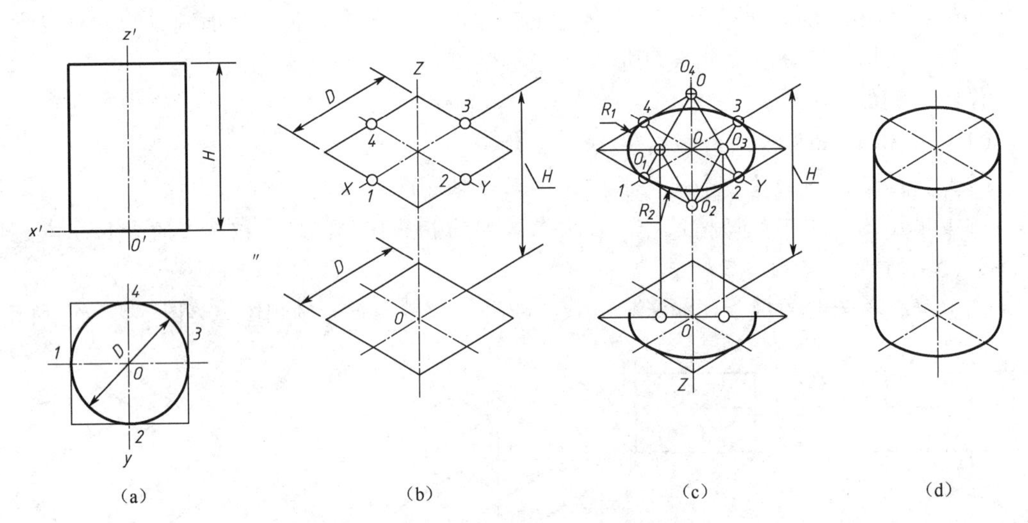

图 5-6　圆柱体的正等轴测图

在正等轴测图中，圆在三个坐标面上的图形都是椭圆，即水平面椭圆、正面椭圆、侧面椭圆，它们的外切菱形的方位有所不同。作图时，选好该坐标面上的两根轴，组成新的方位菱形，按如图 5-6（c）所示的顶面椭圆作法，即得新的方位椭圆。三向正等轴侧圆的画法如图 5-7 所示。

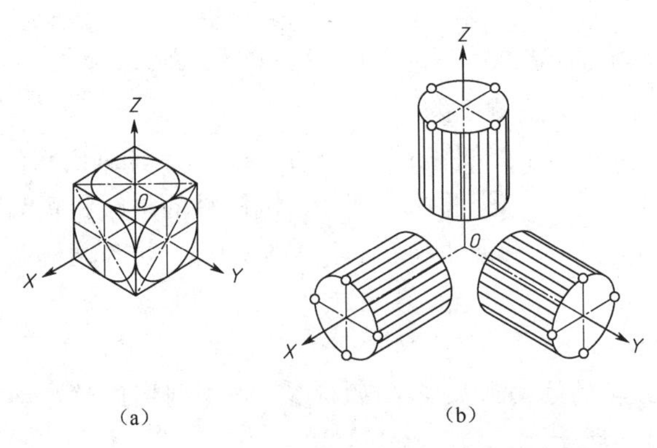

图 5-7　三向正等测圆的画法

2）正等轴测图中圆角的画法

物体上常遇到由1/4圆弧所形成的圆角，其正等轴测投影为1/4椭圆。图5-8所示为圆角的画法。

【实例5-4】已知直角弯板的三视图，图5-8（a）所示，画出它的正等轴测图。

分析：由图5-8（a）可知，直角弯板由底板和竖板组成，底板和竖板上均有圆角。

作图步骤如下：

（1）根据三视图先画出直角弯板（方角）的正等轴测图，如图5-8（b）所示。

（2）以R的大小定切点，过切点作垂线，交点即圆弧的圆心，如图5-8（c）所示。以各圆弧的圆心到其垂足（切点）的距离为半径在两切点间画圆弧，即该形体上所求圆角的正等轴测图。

（3）应用圆心平移法，将圆心和切点向厚度方向平移h，如图5-8（d）所示，即可画出相同部分圆角的轴测图。

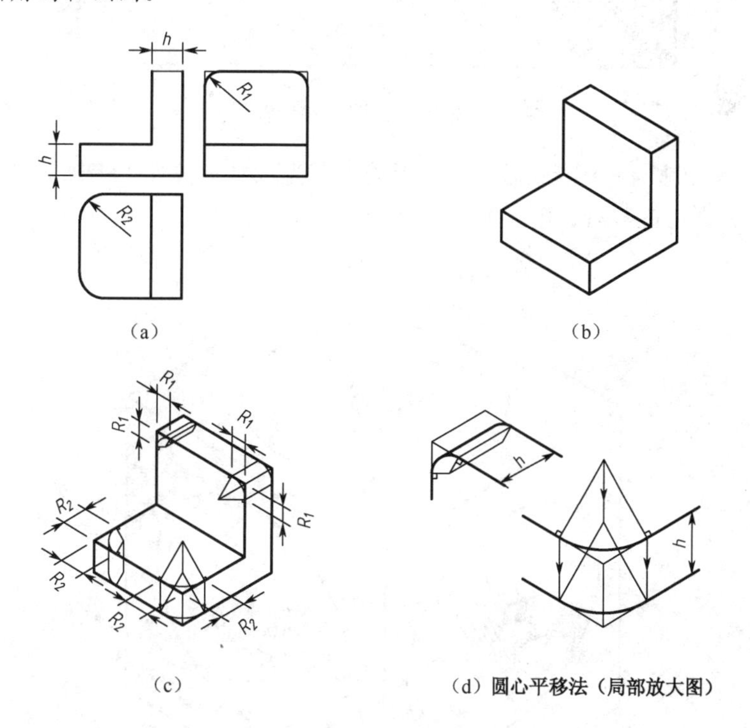

图5-8 正等轴测图中圆角的画法

技能3 轴测图的绘制

一、轴测图绘制命令

轴测图应该在执行轴测投影模式后进行绘制。AutoCAD提供了ISOPLANE空间用于轴测图绘制，执行的方法如下：

（1）选择“工具”菜单，执行“草图设置”命令，选择“捕捉和栅格”选项卡，设置“捕捉类型和样式”选项组“等轴测捕捉”为当前模式，如图5-9所示。

（2）通过“捕捉”→“类型”命令，设置成“等轴测”的捕捉栅格类型。

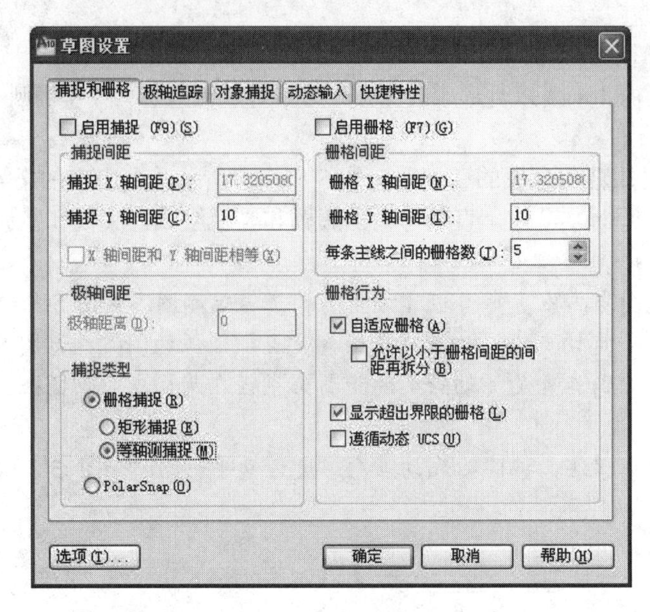

图 5-9　轴测投影图模式设置示例

设置成“等轴测”作图模式后，屏幕上的十字光标看上去处于等轴测平面上。等轴测平面有三个，分别为左、右、上，如图 5-10 所示。

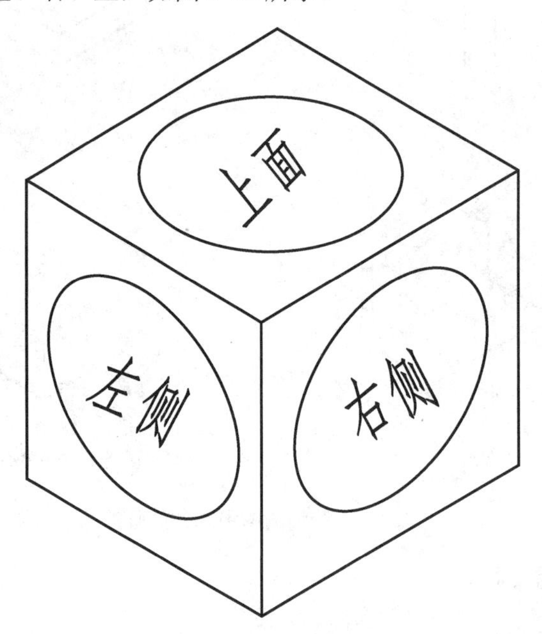

图 5-10　等轴测平面示例

在不同等轴测平面间切换，可以通过“ISOPLANE”命令、Ctrl+E 键或 F5 键进行快速切换。

操作格式如下：

命令：//输入 ISOPLANE

输入等轴测平面设置[左视（L）/上视（T）/右视（R）]〈上视〉：//选择等轴测平面

利用 Ctrl+E 键或 F5 键来进行快速切换时，三个等轴测平面的光标显示，如图 5-11 所示。

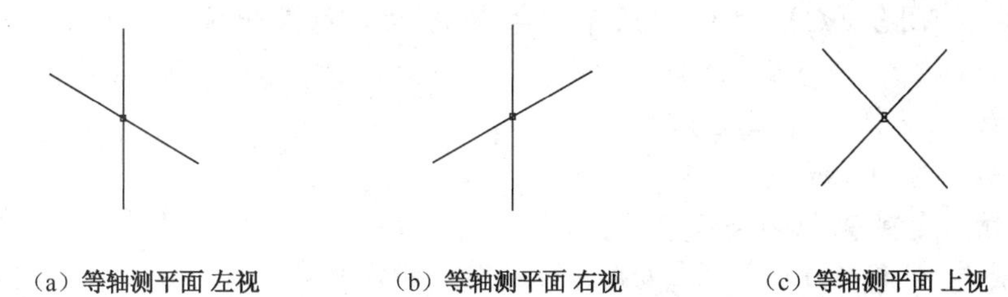

（a）等轴测平面 左视　　（b）等轴测平面 右视　　（c）等轴测平面 上视

图 5-11　三个等轴测平面的光标显示示例

二、绘制轴测图

绘制处于等轴测平面上的图形时，应该使用正交模式绘制直线，并使用圆和椭圆中的等轴测选项来绘制圆和椭圆。也可以通过制定极轴角度的方式绘制直线。

绘制圆和椭圆时，只有在等轴测模式下才会出现相应的等轴测选项。绘制等轴测圆和圆弧，以及椭圆的命令都是“椭圆（Ellipse）”。

【实例 5-5】在轴测图投影模式下，绘制如图 5-12 所示的等轴测图。

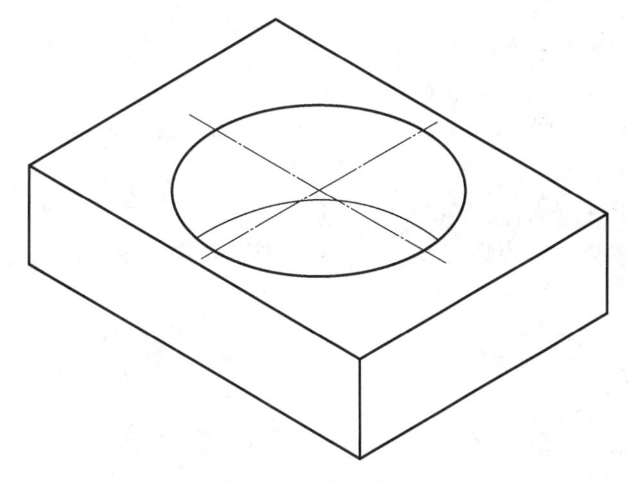

图 5-12　绘制轴测图示例

1）轴测模式设置

（1）选择“工具”→“草图设置”→“捕捉和栅格”命令，在“捕捉类型和样式”选项组中选择“等轴测捕捉”。

（2）选择“工具”→“草图设置”→“对象捕捉”命令，设置“端点”、“中点”和“交点”捕捉模式，并启用对象捕捉。

2）绘制出立方体（图 5-13）

首先按 Ctrl+E 组合键或 F5 键，将等轴测平面调整成〈等轴测平面上视〉。

命令行窗口的操作步骤如下：

命令：_line 指定第一点：//在绘图区域单击指定 a 点，并将光标移向 b 点

指定下一点[放弃（U）]：//输入 60，按 Enter 键，将光标移向 c 点

指定下一点[放弃（U）]：//输入 80，按 Enter 键，按 Ctrl+E 键〈等轴测平面右视〉，

将光标移向 d 点

指定下一点[闭合（C）/放弃（U）]：//输入 20，按 Enter 键

指定下一点[闭合（C）/放弃（U）]：//按 Enter 键，结果如图 5-13（a）所示

命令：_copy

选择对象：//选择 ab 直线

选择对象：//按 Enter 键

当前设置：复制模式 = 多个

指定基点或[位移（D）/模式（O）]<位移>：//指定 b 点

指定第二个点或〈使用第一个点作为位移〉：//指定 c 点

指定第二个点或[退出（E）/放弃（U）]<退出>：//指定 d 点

指定第二个点或[退出（E）/放弃（U）]<退出>：//按 Enter 键

同样方法可以将直线 *bc*、*cd* 按如图 5-13（b）所示复制。

3）绘制点画线

首先按 Ctrl+E 组合键或 F5 键，将等轴测平面调整成〈等轴测平面 上视〉。新建点画线层，并将其设为当前层。过长方形 *abcf* 的中心点，绘制两条相互垂直的中心线，结果如图 5-13（c）所示。

4）绘制椭圆

命令行窗口的操作步骤如下：

命令：_ELLIPSE//输入椭圆绘制命令

指定椭圆轴的端点或[圆弧（A）/中心点（C）/等轴测圆（I）]：//输入“I”，按 Enter 键

指定等轴测圆的圆心：//指定 e 点

指定等轴测圆的半径或[直径（D）]：25

向下复制一个椭圆，基点选择 *b* 点向 *g* 点位移，结果如图 5-13（d）所示。

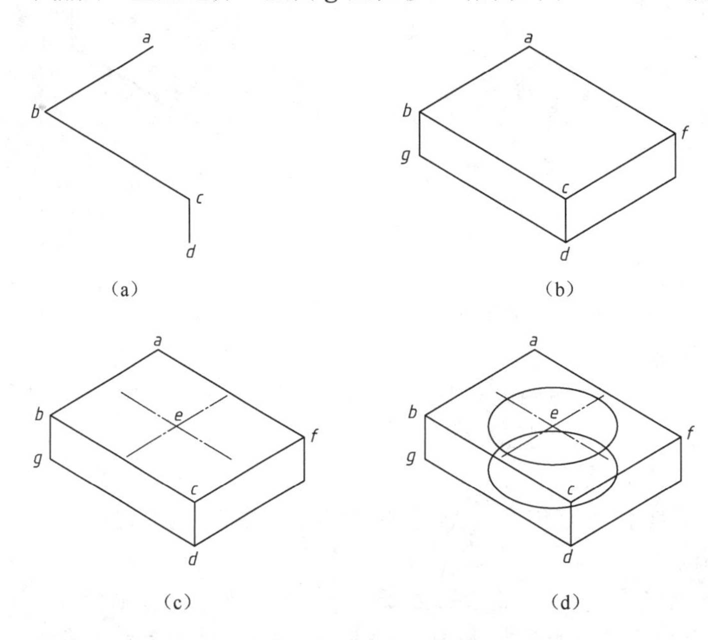

图 5-13　绘制轴测图过程示例

5）修剪圆孔底面不可见的部分

命令行窗口的操作步骤如下:

命令: _TRIM//输入修剪命令

当前设置: 投影=UCS 边=无

选择剪切边……

选择对象或<全部选择>: //选择上方椭圆

选择对象//按 Enter 键

选择要修剪的对象,或按住 Shift 键选择要延伸的对象,或[栏选（F）/窗交（C）/投影（P）/边（E）/删除（R）/放弃（U）]: //选择下方椭圆需要剪切的部分

选择要修剪的对象,或按住 Shift 键选择要延伸的对象,或[栏选（F）/窗交（C）/投影（P）/边（E）/删除（R）/放弃（U）]: //按 Enter 键

绘制的等轴测图形，如图 5-12 所示。

三、轴测图的尺寸标注

1. 轴测图注写文字

文字必须设置倾斜和旋转角度才能看上去处于等轴测面上，而且设置的角度应该是 30°和–30°。文字的倾斜角度在新建文字样式时设置完成；而旋转角度可以在文字输入完毕以后，打开“特性”窗口，在其“文字”选项卡下的“旋转”一项后面的文本框中进行设置，如图 5-14 所示。

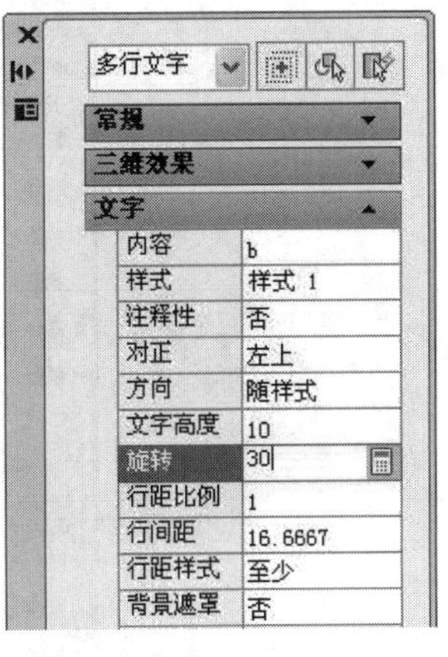

图 5-14 设置文字旋转角度

（1）在左等轴测面上设置文字的倾斜角度为–30°，旋转角度为–30°。

（2）在右等轴测面上设置文字的倾斜角度为 30°，旋转角度为 30°。

（3）在上等轴测面上设置文字的倾斜角度为–30°，旋转角度为 30°。

设置后注写的文字如图 5-10 所示。

2. 轴测图标注尺寸

要让轴测图上标注的尺寸位于轴测平面上，可以遵循以下操作:

（1）设置专用的轴测图标注文字样式，分别倾斜 30°和–30°。

（2）使用“DIMALIGN”或“DIMLINEAR”命令标注尺寸。

（3）使用“DIMEDIT”命令的“OBLIQUE”选项改变尺寸标注的角度，使尺寸位于等轴测平面上。设置角度时可以通过端点捕捉，也可以直接输入角度。

【实例 5-6】给如图 5-12 所示的等轴测图标注尺寸。

1）设置标注尺寸的文字样式

选择“格式”→“文字样式”命令，打开“新建文字样式”对话框，输入“ISOLEFTV”，设置其倾斜角为 30°，如图 5-15 所示。同样再新建文字样式“ISOLEFTH”， 设置其倾斜角为–30°。

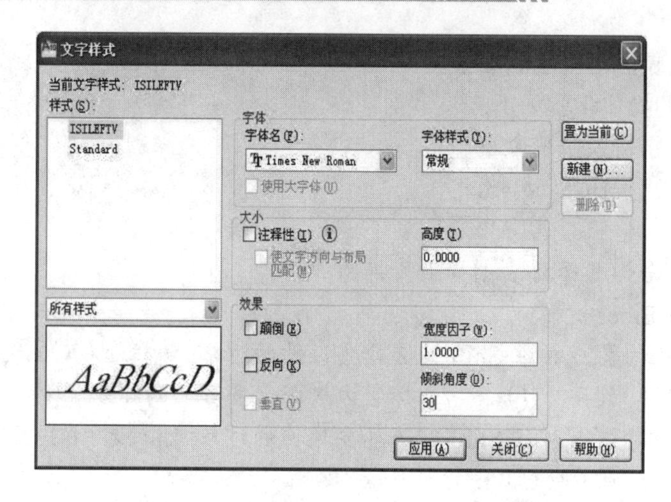

图 5-15　设置“ISILEFTV”文字样式

2）设置尺寸标注样式

选择“格式”→“标注样式”命令，打开“标注样式管理器”对话框，新建标注样式“ZCBZ”，按照如图 5-16、图 5-17、图 5-18 所示，设定该样式的各项参数。

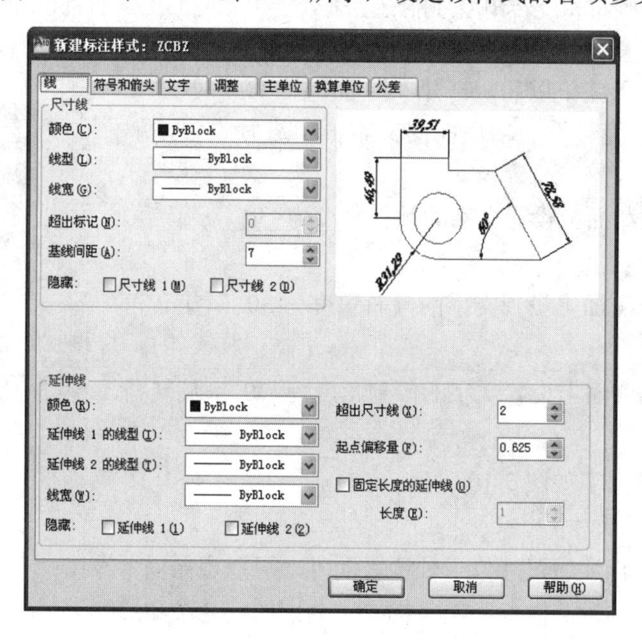

图 5-16　“线”选项卡的设置

3）标注尺寸

采用“对齐”标注方式，标注尺寸 60 和ϕ50。

命令行窗口的操作步骤如下：

命令:_dimaligned

指定第一条延伸线原点或<选择对象>：//选择 1 点

指定第二条延伸线原点：//选择 2 点

指定尺寸线位置或[多行文字（M）/文字（T）/角度（A）]：T

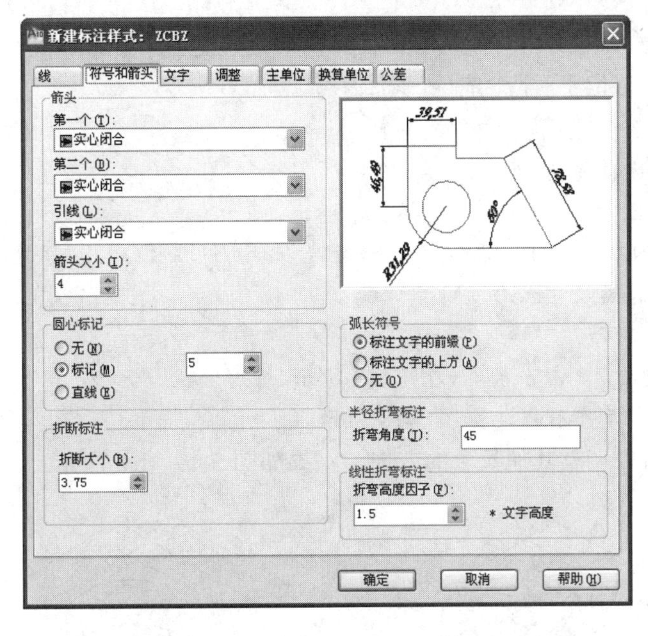

图 5-17 “符号和箭头”选项卡的设置

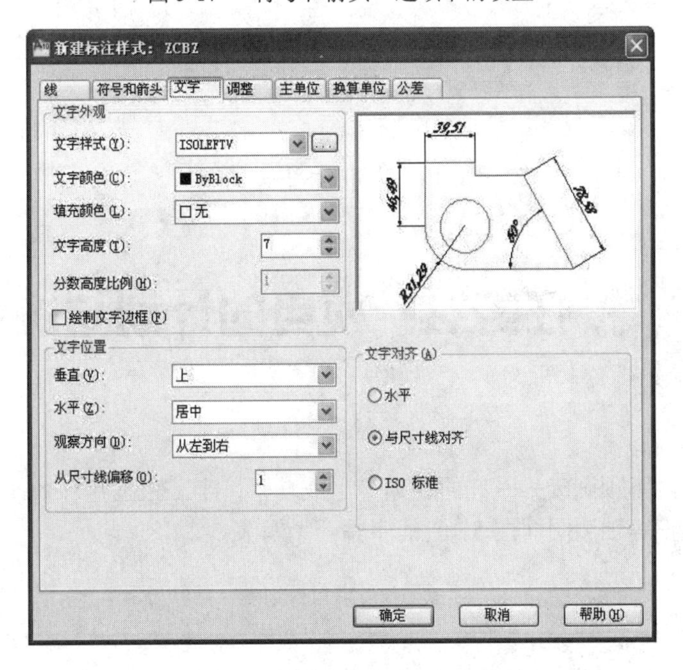

图 5-18 “文字”选项卡的设置

输入标注文字〈10〉：%%C50

指定尺寸线位置或[多行文字（M）/文字（T）/角度（A）]：

标注文字=50

同样方法可以标注尺寸 60。

在“标注样式管理器”中将“ISOLEFTH”设置为“文字”选项卡中的文字样式。采用该替代样式标注尺寸 20、80，如图 5-19（a）所示。

4）调整尺寸方向

标注的尺寸应该位于对应的轴测平面内。

选择“标注”→“倾斜”命令。

命令行窗口的操作步骤如下：

命令：_dimedit

输入编辑类型[默认（H）/新建（N）/旋转（R）/倾斜（O）]：0

选择对象：//选择尺寸ϕ50

选择对象：

输入倾斜角度：//单击 c 点，如图 5-13 所示

定义第二点：//单击 b 点，如图 5-13 所示

用同样方法可以调整其他尺寸的方向，结果如图 5-19（b）所示。

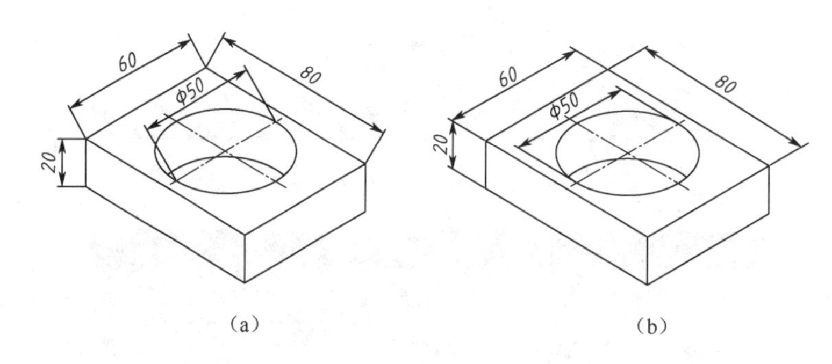

图 5-19　轴测图标注尺寸示例

任务 2　项目的计划与决策

一、项目计划

凡事预则立，不预则废——好的计划等于成功了一半。根据在任务 1 中掌握的各种技能制订绘制垫块正等轴测图（图 5-1）的步骤，填写表 5-2。

表 5-2　项目计划表

组名		组长		组员	
绘图前 项目分析	组合体拆分	组合形体相对位置分析	绘图命令与过程分析	文字、尺寸样式设置分析	尺寸标注分析
垫块正轴测图的绘制步骤					

二、项目决策

项目实施的一般程序如下：

1. 新建文件

打开 CAD 软件绘制图形时，建立新文件，新文件的文件名为“垫块轴测图.Dwg”。

2. 设置绘图环境

采用 CAD 软件绘制图形时，首先要设置好绘图环境，确定绘图区域，图形必须绘制在绘图区域内。设置图层，图样中不同类型的图线绘制在不同的图层中。

3. 绘制垫块的正等轴测图

（1）切换到轴测图投影模式，打开正交模式。

（2）设置并启用对象捕捉、对象捕捉追踪。

（3）绘制垫块的正等轴测图。

4. 标注尺寸

（1）新建倾斜角度分别为 30°、–30° 的两种文字样式。

（2）新建尺寸标注样式。

（3）选择合适的样式标注尺寸。

（4）编辑尺寸，使其在相应的等轴测平面上（图 5-1）。

5. 保存图形文件

每项实施步骤中的具体内容由学生分组讨论决策，并填写表 5-3。

表 5-3 项目实施中具体的作图方法决策表

组名		组长		组员	
图形界限(mm×mm)					
设置绘图环境		图层名	图层颜色	图层线型	图层线宽
应用 CAD 绘制垫块正等轴测图的具体过程	设置轴测绘图模式				
	绘制组合形体的正等轴测图				
	按照遮挡关系修剪图形				
	设置文字样式				
	设置尺寸样式				
	标注尺寸				
	编辑尺寸				

任务 3 项目实施

步骤 1 新建文件，以“垫块轴测图.dwg”为名保存

（1）启动 AutoCAD 2010，单击菜单的“文件/新建”选项，打开“创建新图形”对话框，单击“确定”按钮，创建新的绘图文件，采用默认的绘图环境。

（2）单击菜单“文件/保存”选项，打开“图形另存为”对话框，将文件名改为“垫块轴测图.dwg”，保存于桌面，单击“确定”按钮。

步骤 2 设置绘图环境

1）设置图形界限

单击“格式”菜单中的“图形界限”命令，设置绘图区域为 80×60。

命令行窗口的操作步骤如下：

命令: '_limits

重新设置模型空间界限

指定左下角点或 [开(ON)/关(OFF)] <0.0000,0.0000>://按 Enter 键

指定右上角点 <420.0000,297.0000>:80,60

单击“视图”菜单中的“缩放”→“全部”命令，使图形界限全部显示在 AutoCAD 软件绘图区域的中间位置。

2）新建图层

单击“格式”菜单中的“图层”命令，新建图层并设置颜色、线型、线宽，具体如表 5-4 所示。

表 5-4　图层设置

名　称	颜　色	线　型	线　宽
轮廓线	白色	Continuous	0.30mm
辅助线	红色	Center	默认
尺寸标注	绿色	Continuous	默认

3）设置轴测图模式

选择“工具”菜单，执行“草图设置”命令，选择“捕捉和栅格”选项卡，设置“捕捉类型和样式”选项组中的“等轴测捕捉”为当前模式。

按 F8 键，打开正交模式。

步骤 3　绘制垫块的正等轴测图

1）绘制底板

将“轮廓线”层设置为当前层，绘制底板（图 5-20）。

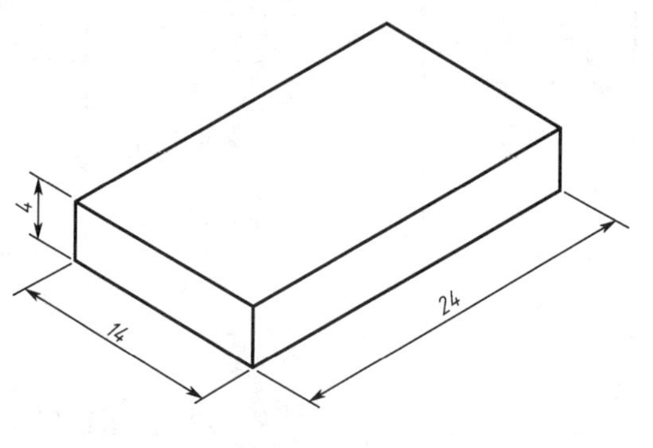

图 5-20　垫块底板

命令行窗口的操作步骤如下：

命令: _line//输入直线绘制命令

指定第一点: 25,25//确定 a 点的位置

指定下一点或 [放弃(U)]:<等轴测平面 俯视> 14//按 F5 键，切换到俯视平面，将鼠标移向 b 点方向

指定下一点或 [放弃(U)]: 24//将鼠标移向 c 点方向

指定下一点或 [闭合(C)/放弃(U)]: 14//将鼠标移向 d 点方向

指定下一点或 [闭合(C)/放弃(U)]: c

命令: line//输入直线绘制命令

指定第一点: //用鼠标单击 a 点

指定下一点或 [放弃(U)]: <等轴测平面 右视> 4//按 F5 键，切换到右视平面，将鼠标移向 e 点方向

指定下一点或 [放弃(U)]: //绘制出的图形如图 5-21（a）所示

命令:_ copy//复制直线 ab、bc

选择对象: 指定对角点:找到 2 个//选择直线 ab、bc

当前设置: 复制模式 = 多个

指定基点或 [位移(D)/模式(O)] <位移>://用鼠标单击 a 点

指定基点或 [位移(D)/模式(O)] <位移>:

指定第二个点或 <使用第一个点作为位移>://用鼠标单击 e 点

指定第二个点或 [退出(E)/放弃(U)] <退出>:

用直线命令连接点 *b*、*f* 及 *c*、*g*，结果如图 5-21（b）所示。

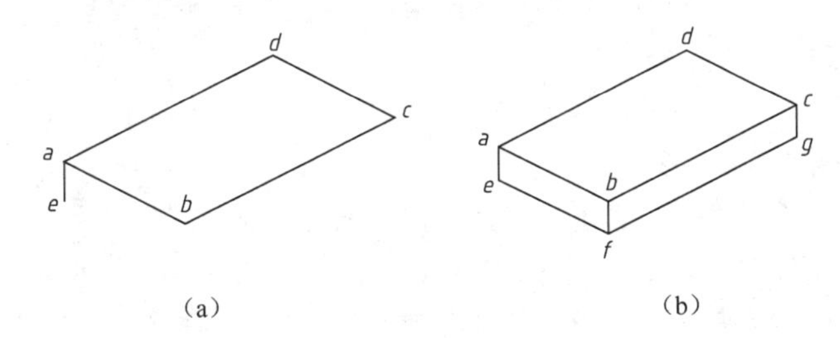

图 5-21 底板的绘制过程

2）绘制背板

按照如图 5-1 所示的位置关系，在底板上绘制背板（图 5-22）。

将“辅助线”层设置为当前层，按 F5 键，切换到右视平面，绘制辅助线 *ab*。

命令行窗口的操作步骤如下：

命令: _line//输入直线绘制命令

指定第一点://用鼠标单击 a 点

指定下一点或 [放弃(U)]: 4//将鼠标移向 b 点方向

指定下一点或 [放弃(U)]://按 Enter 键

将“轮廓线”层设置为当前层，绘制直线 *bc*、*cd*、*de*，结果如图 5-23（a）所示。

命令行窗口的操作步骤如下：

命令: line//输入直线绘制命令

指定第一点://用鼠标单击 b 点

图 5-22 垫块背板

指定下一点或 [放弃(U)]: 10//鼠标移向 c 点方向

指定下一点或[放弃(U)]: <等轴测平面 俯视> 16//按 F5 键，切换到俯视平面，将鼠标移向 d 点方向

指定下一点或 [闭合(C)/放弃(U)]: 4//将鼠标移向 e 点方向

指定下一点或 [闭合(C)/放弃(U)]:
命令:_ erase//删除辅助线 ab
选择对象: 找到 1 个
命令:_ copy//以点 d 为基点，复制直线 de，得到直线 cf、bg，如图 5-23（b）所示
选择对象: 找到 1 个//选择直线 de
选择对象:
当前设置: 复制模式 = 多个
指定基点或 [位移(D)/模式(O)] <位移>://用鼠标单击 d 点
指定基点或 [位移(D)/模式(O)] <位移>:
指定第二个点或 <使用第一个点作为位移>://用鼠标单击 c 点
指定第二个点或 [退出(E)/放弃(U)] <退出>://用鼠标单击 b 点
指定第二个点或 [退出(E)/放弃(U)] <退出>:
命令:_copy//点 c 为基点，复制直线 cd，如图 5-23（b）所示。
选择对象: 找到 1 个//选择直线 cd
选择对象:
当前设置: 复制模式 = 多个
指定基点或 [位移(D)/模式(O)] <位移>://用鼠标单击 c 点
指定基点或 [位移(D)/模式(O)] <位移>:
指定第二个点或 <使用第一个点作为位移>://用鼠标单击 f 点
指定第二个点或 [退出(E)/放弃(U)] <退出>://用鼠标单击 g 点
指定第二个点或 [退出(E)/放弃(U)] <退出>:
命令:_ copy//以点 c 为基点，复制直线 bc，结果如图 5-23（b）所示
选择对象: 找到 1 个//选择直线 bc
选择对象:
当前设置: 复制模式 = 多个
指定基点或 [位移(D)/模式(O)] <位移>://用鼠标单击 c 点
指定基点或 [位移(D)/模式(O)] <位移>:
指定第二个点或 <使用第一个点作为位移>://用鼠标单击 f 点
指定第二个点或 [退出(E)/放弃(U)] <退出>://用鼠标单击 e 点
指定第二个点或 [退出(E)/放弃(U)] <退出>:
按照遮挡关系修剪图形中多余的图线，结果如图 5-23（c）所示。

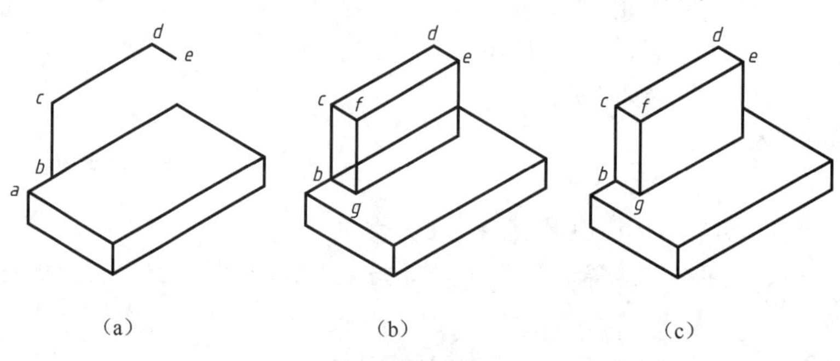

图 5-23　背板的绘制过程

3）绘制肋板

按照如图 5-1 所示的位置关系，在图 5-22 的基础上绘制肋板。

设置“辅助线”层为当前层，按 F5 键，切换到右视平面，绘制辅助线 ab、bc 及 a_1b_1、b_1c_1，如图 5-24（a）所示。

命令行窗口的操作步骤如下：

命令:_ line//输入直线绘制命令

指定第一点://用鼠标单击 a 点

指定下一点或 [放弃(U)]: 6//将鼠标移向 b 点方向

指定下一点或 [放弃(U)]: 4//将鼠标移向 c 点方向

指定下一点或 [闭合(C)/放弃(U)]:

命令:_ line//输入直线绘制命令

指定第一点://用鼠标单击 a_1 点

指定下一点或 [放弃(U)]: 10//将鼠标移向 b_1 点方向

指定下一点或 [放弃(U)]: 4//将鼠标移向 c_1 点方向

指定下一点或 [闭合(C)/放弃(U)]:

设置“轮廓线”层为当前层，按 F5 键，切换到左视平面，绘制三角形 bb_1d，及直线 cc_1。结果如图 5-24（b）所示。

命令行窗口的操作步骤如下：

命令:_ line

指定第一点://用鼠标单击 b 点

指定下一点或 [放弃(U)]://用鼠标单击 b_1 点

指定下一点或 [放弃(U)]://将鼠标移向 d 点方向，单击与背板底边的交点

指定下一点或 [闭合(C)/放弃(U)]: c

命令: _line

指定第一点://用鼠标单击 c 点

指定下一点或 [放弃(U)]:

指定下一点或 [放弃(U)]:

删除辅助线 ab、bc 及 a_1b_1、b_1c_1，修剪不必要的图线，结果如图 5-24（c）所示。

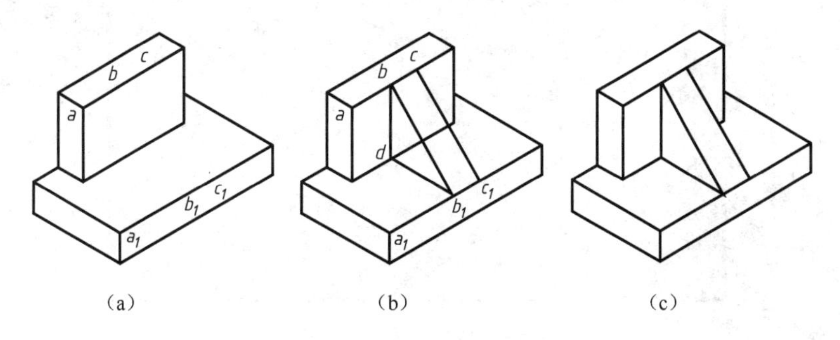

（a）　（b）　（c）

图 5-24　肋板的绘制过程

步骤 4　标注尺寸

1）设置文字样式

单击“格式”菜单中的“文字样式”命令，新建文字样式“LEFTV”、“LEFTH”，具体设置如图 5-25 所示。

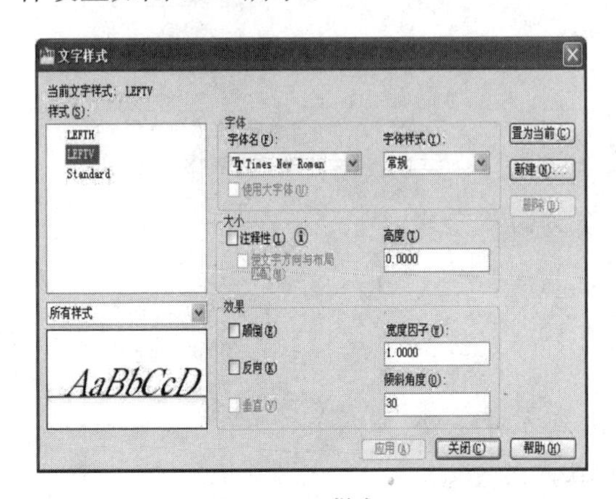

（a）LEFTV 样式

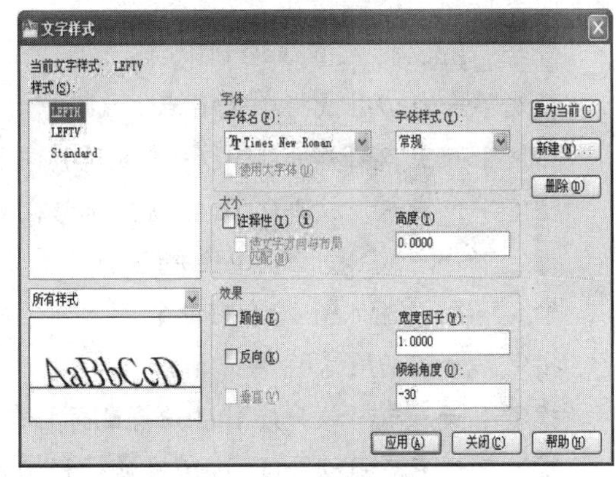

（b）　LEFTH 样式

图 5-25　设置文字样式

2）设置尺寸标注样式

单击“标注”菜单中的“标注样式”命令，新建尺寸标注样式“STYLEV”，具体设置如图 5-26 所示。

新建尺寸标注样式“STYLEH”，其文字样式设置为“LEFTH”，其余参数设置与 STYLEV 标注样式相同。

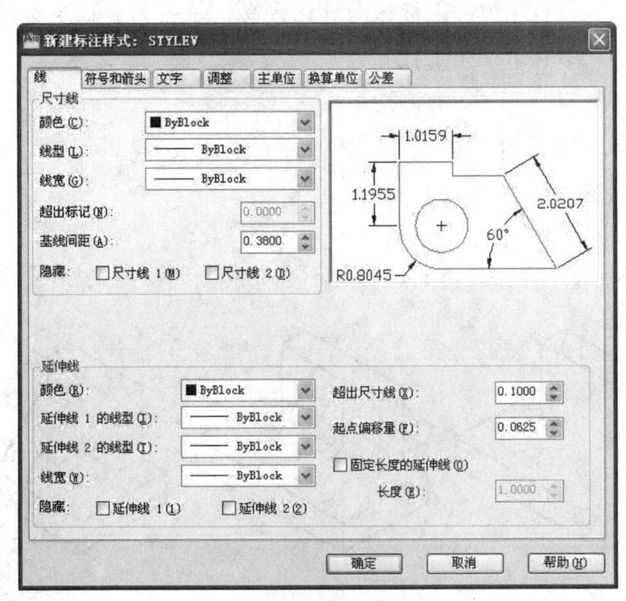

（a）“线”选项卡的设置

图 5-26　设置尺寸标注样式 STYLEV

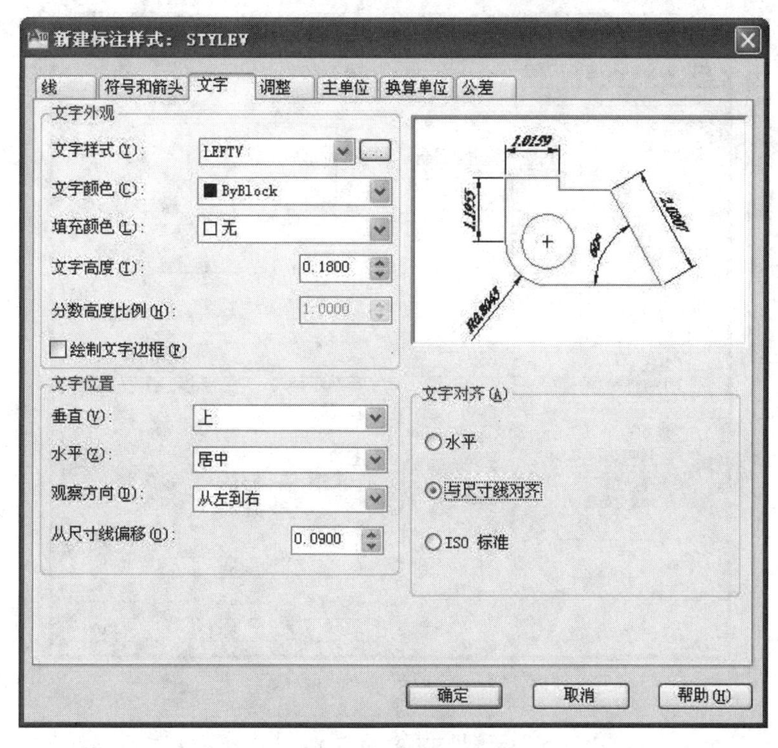

（b）“文字”选项卡的设置

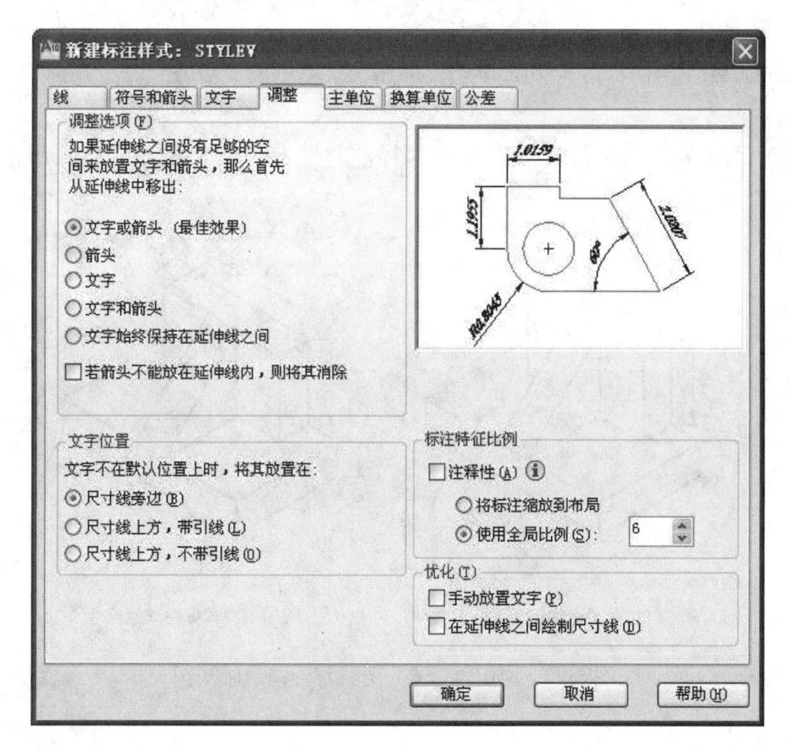

（c）“调整”选项卡的设置

图 5-26 设置尺寸标注样式 STYLEV（续）

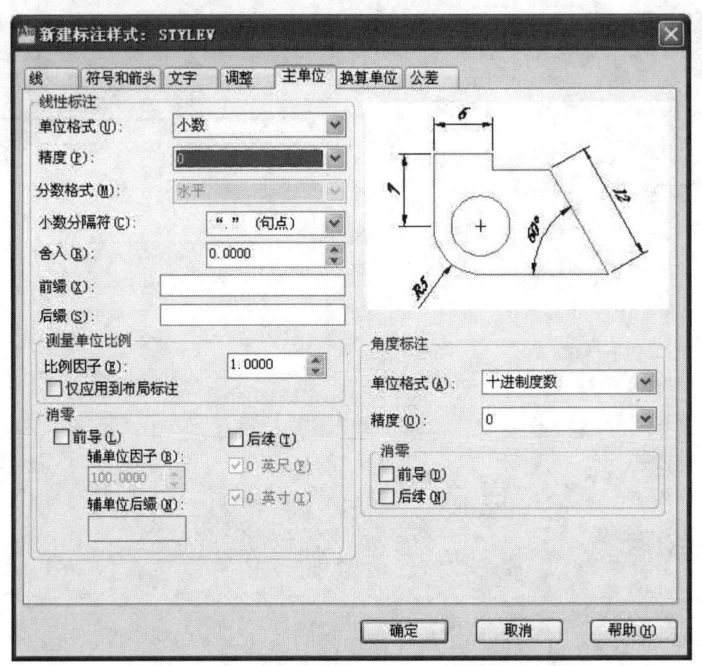

（d）“单位”选项卡的设置

图 5-26　设置尺寸标注样式 STYLEV（续）

3）标注尺寸

设置 STYLEV 为当前标注样式，单击“标注”菜单中的“对齐”命令，标注如图 5-27（a）所示的尺寸。

设置 STYLEH 为当前标注样式，单击“标注”菜单中的“对齐”命令，标注其余的尺寸，结果如图 5-27（b）所示。

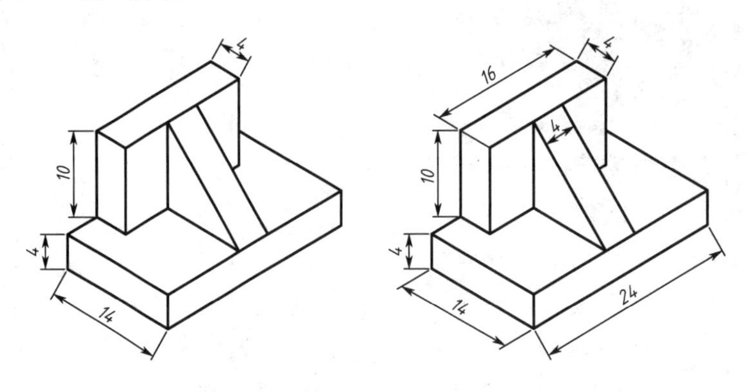

（a）STYLEV样式标注尺寸　　（b）STYLEH样式标注其他尺寸

图 5-27　应用“对齐”方式标注垫块轴测图

4）编辑尺寸

倾斜如图 5-27（b）所示标注的尺寸，使它们位于相应的投影面上。以倾斜尺寸“16”和“14”为例（图 5-28），命令行窗口的操作步骤如下：

命令:_ dimedit//输入尺寸编辑命令

输入标注编辑类型 [默认(H)/新建(N)/旋转(R)/倾斜(O)] <默认>: o

选择对象: 找到 1 个//选择尺寸标注“16”

选择对象:

输入倾斜角度 (按 Enter 键表示无): //用鼠标单击 a 点

输入倾斜角度 (按 Enter 键表示无): 指定第二点: //用鼠标单击 b 点

命令:

命令:_ dimedit//输入尺寸编辑命令

输入标注编辑类型 [默认(H)/新建(N)/旋转(R)/倾斜(O)] <默认>: o

选择对象: 找到 1 个//选择尺寸标注“14”

选择对象:

输入倾斜角度 (按Enter键 表示无): //用鼠标单击 c 点

输入倾斜角度 (按 Enter 键 表示无): 指定第二点: //用鼠标单击 d 点

采用相同的方法，倾斜其他的尺寸标注，最终完成如图 5-1 所示的垫块正等轴测图。

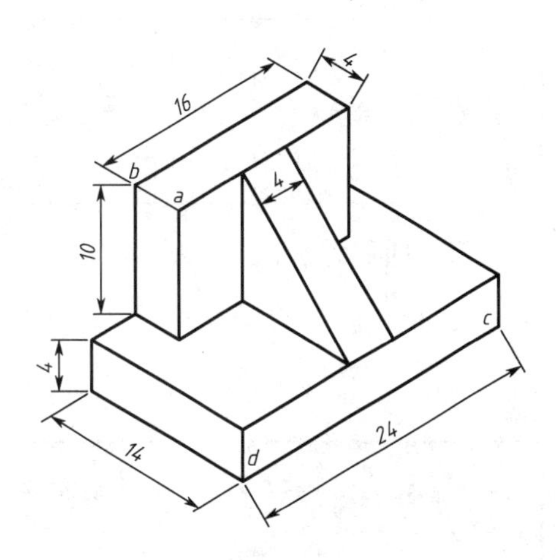

图 5-28 倾斜尺寸的示例

步骤 5 保存图形文件

单击菜单的“文件/保存”选项，完成图形文件的保存。

任务 4 项目验收与评价

一、项目验收

将完成的图形与所给项目任务进行比较，检查其质量与要求相符合的程度，并结合项目评分标准表，如表 5-5 所示，验收所绘图纸的质量。

表 5-5 评分标准表

序号	评 分 点	分值	得 分 条 件	扣 分 情 况
1	设置绘图环境	15	新建文件并保存正确（1 分）	各项得分条件错一处扣 1 分，扣完为止
			设置图层清晰（2 分）	
			设置合适的绘图界限（2 分）	
			设置轴测图绘图模式（5 分）	
			设置正确、合适的文字样式（5 分）	
2	底板	20	按所给图形尺寸正确绘制轴测图形（14 分）	
			按照遮挡关系正确修剪图形（5 分）	
			轮廓线加粗（1 分）	

续表

序号	评 分 点	分值	得 分 条 件	扣 分 情 况
3	背板	15	按所给图形尺寸正确绘制轴测图形（11 分）	各项得分条件错一处扣 1 分，扣完为止
			按照遮挡关系正确修剪图形（3 分）	
			轮廓线加粗（1 分）	
4	肋板	20	按所给图形尺寸正确绘制图形（14 分）	
			按照遮挡关系正确修剪图形（5 分）	
			轮廓线加粗（1 分）	
5	标注尺寸	30	尺寸标注准确（5 分）	
			尺寸标注样式合适（8 分）	
			尺寸标注位置、角度正确（15 分）	
			尺寸布图合理（2 分）	

二、项目评价

针对项目工作综合考核表，如表 5-6 所示，给出学生在完成整个项目过程中的综合成绩。

表 5-6　项目工作综合考核表

		考核内容	项目分值	自我评价	小组评价	教师评价
考核事项	专业能力 60%	1. 工作准备 图纸识读、分析是否正确，项目实施的计划是否合理、完备	10			
		2. 工作过程 主要技能应用是否准确、工作过程是否认真、严谨，安全措施是否到位	10			
		3. 工作成果 根据表 5-5 的评分标准评估工作成果质量	40			
	综合能力 40%	1. 技能点收集能力 是否明确本项目所用的技能点，并准确收集这些技能的操作方法	10			
		2. 交流沟通能力 在项目计划、实施及评价过程中是否具有良好、广泛的交流与沟通能力	10			
		3. 分析问题能力 对图纸的识读是否准确，在项目实施过程中是否能发现问题、分析问题，最后解决问题	10			
		4. 团结协作能力 是否能与小组其他成员合理分工、团结协作，认真负责地完成任务	10			
备注	轴测图的绘制必须严格按照轴测图形成原理来完成，手绘图时要掌握各种绘图工具的使用方法，先用细实线绘图，再用粗实线描清轮廓线，最后擦除不必要的图线；在机房使用计算机绘图时必须在轴测绘图模式下进行。另外，还应注意安全与卫生问题，遵守绘图室及机房的规章制度。本项目可以小组或个人形式完成					

项 目 小 结

本项目的实训内容是轴测图的基础知识和绘制方法。通过本项目的技能实训，同学们应该掌握轴测图的种类、形成原理及投影特性；学会识读组合体的正等轴测图，能够根据几何体三视图熟练画出其正等轴测图；能够应用 AutoCAD 软件的正等轴测绘图模式，绘制组合体的正等轴测图，会设置合理的文字、尺寸标注样式，并正确为轴测图形注写文字、标注尺寸，从而实现完整轴测图的绘制任务。

拓 展 训 练

（1）根据如图 5-29 所示的三视图，绘制实体的正等轴测图。

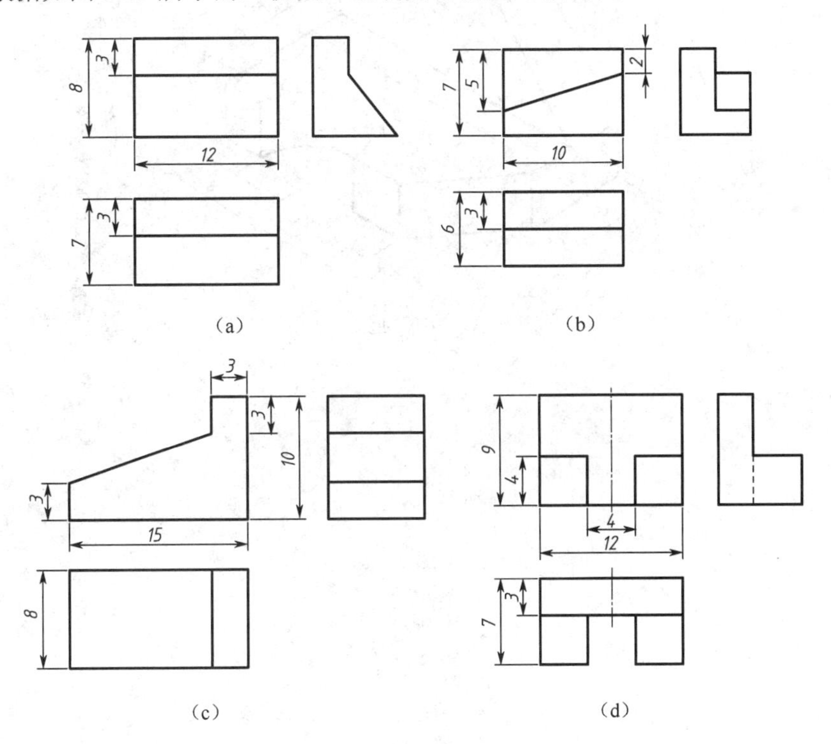

图 5-29 拓展训练（一）

（2）绘制如图 5-30、图 5-31 所示的正等轴测图。

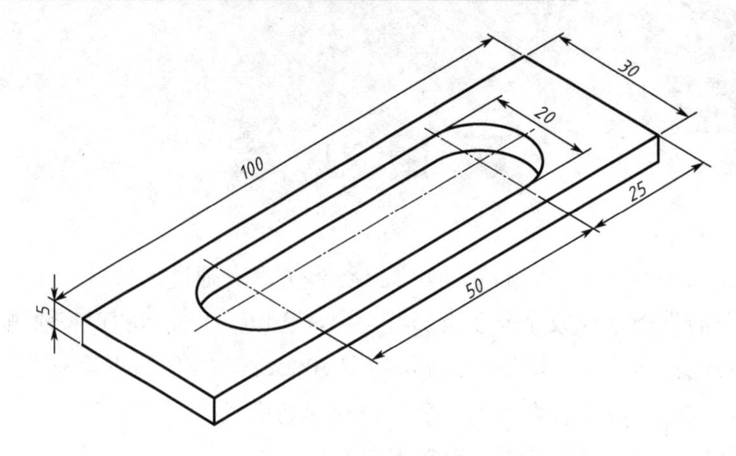

图 5-30　拓展训练（二）

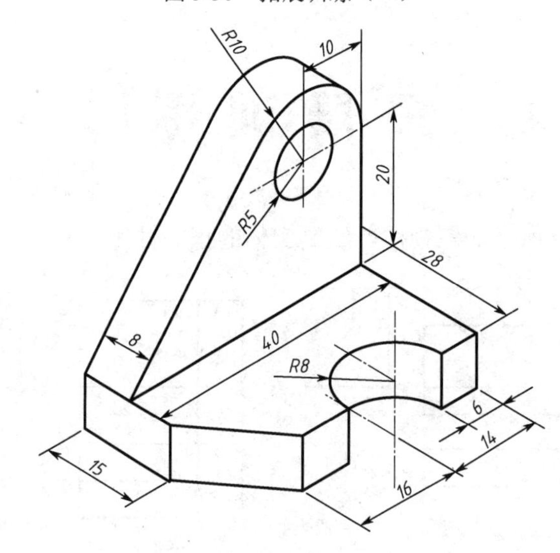

图 5-31　拓展训练（三）

项目 6

创建支架三维模型

日常生活中，人们所见到的事物都占据着一定的空间、具有一定的体积和形状，任何事物都是立体的、三维的。因此，三维模型比二维图形更能真实地表现对象，虽然三维模型与实际物体仍然存在差距，但它比二维图形更接近实物。三维模型已经应用于各种不同的领域：在医疗行业使用它们制作器官的精确模型；电影行业将它们用于表现活动的人物、物体及现实电影；视频游戏产业将它们作为计算机与视频游戏中的资源；在科学领域将它们用于制作化合物的精确模型；建筑业将它们用来展示建筑物或者风景表现；工程界将它们用于设计新设备、交通工具、结构，以及其他应用领域；地球科学领域应用其构建三维地质模型。

项目任务分析

在本项目中，读者通过绘制如图 6-1 所示的支架三维模型，可以体验 AutoCAD 软件强大的三维造型功能。利用 AutoCAD，可以方便地绘制、编辑三维实体，可以进行布尔运算构建复杂的三维模型。AutoCAD 的三维工作空间提供了灵活的三维视角和坐标切换，使构建三维模型变得更加容易。

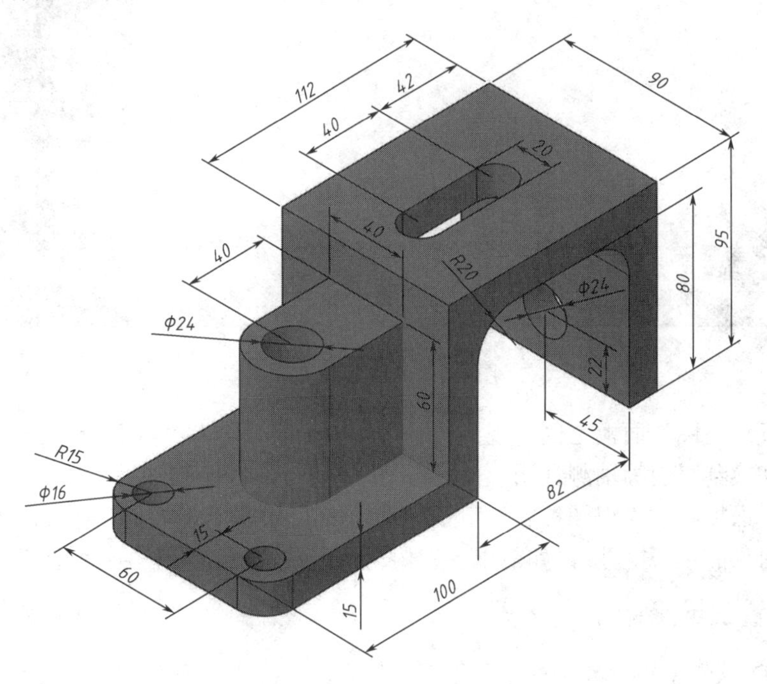

图 6-1　支架的三维实体模型

任务 1　技能实训

技能 1　切换三维工作空间

创建三维模型时可以切换至 AutoCAD 三维工作空间，默认情况下，AutoCAD 使观察点位于三维坐标系的 Z 轴上，因而屏幕上显示 XY 坐标平面。绘制三维图形时，需改变观察的方向，这样才能看到模型 X、Y、Z 轴的形状。

【实例 6-1】切换到东南等轴测视图。

（1）单击“状态”栏上的按钮，从弹出的快捷菜单中选择“三维建模”选项，或选择菜单命令“工具”/“工作空间”/“三维建模”，进入三维建模空间，如图 6-2 所示，默认情况下，三维建模空间包含功能区及“工具选项板”窗口。

图 6-2　三维工作空间

（2）打开“视图”面板上的“视图控制”下拉列表，如图 6-3 所示。选择“东南等轴测”选项，切换到东南等轴测视图。

“视图”面板上的“视图控制”下拉列表提供了 10 种标准视点，用户通过这些视点就能获得三维对象的 10 种视图，如前视图、俯视图、左视图、东南等轴测图等。

技能 2　设置三维坐标系

AutoCAD 软件采用世界坐标系和用户坐标系。世界坐标系简称 WCS，用户坐标系简称 UCS。默认情况下，AutoCAD 坐标系是世界坐标系，该坐标系是一个固定坐标系。用户也可以在三维空间中建立自己的坐标系，该坐标系是一个可变动的坐标系，坐标轴正向按右手螺旋法则确定。三维绘图时，UCS 坐标系特别有用，因为我们可以在任意位置、沿任意方向建立 UCS，从而使得三维绘图变得更加容易。

二维线框
未保存的视图
俯视
仰视
左视
右视
前视
后视
西南等轴测
东南等轴测
东北等轴测
西北等轴测
视图管理器...

图 6-3 “视图控制”下拉列表

在 AutoCAD 中，大多数二维命令只能在当前坐标系的 *XY* 平面或与 *XY* 平面平行的平面内执行。若用户想在三维空间的某一平面内使用二维命令，则应在此平面位置创建新的 UCS。

【实例 6-2】改变坐标原点，结果如图 6-4 所示。

利用 UCS 命令改变坐标原点，命令行窗口的操作步骤如下：

命令：UCS

指定 UCS 的原点或[面（F）/命名（NA）/对象（OB）/上一个（P）/视图(V)/世界（W）X/Y/Z/Z 轴（ZA）]<世界>：//捕捉 A 点

指定 X 轴上的点或<接受>：//按 Enter 键

【实例 6-3】将 UCS 坐标系绕 *X* 轴旋转 90°，结果如图 6-5 所示。

命令行窗口的操作步骤如下：

命令：UCS

指定 UCS 的原点或【面（F）/命名（NA）/对象（OB）/上一个（P）/视图（V）/世界（W）X/Y/Z/Z 轴（ZA）】<世界>：//输入“X”，指定 X 轴

指定绕 X 轴的旋转角度<90>：//输入旋转角度“90”

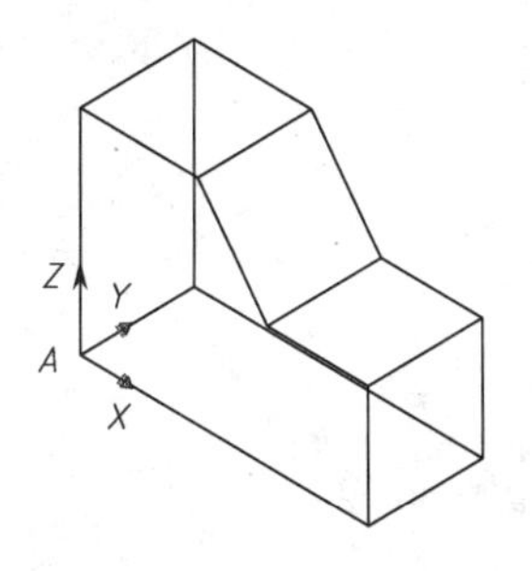

图 6-4 改变坐标原点

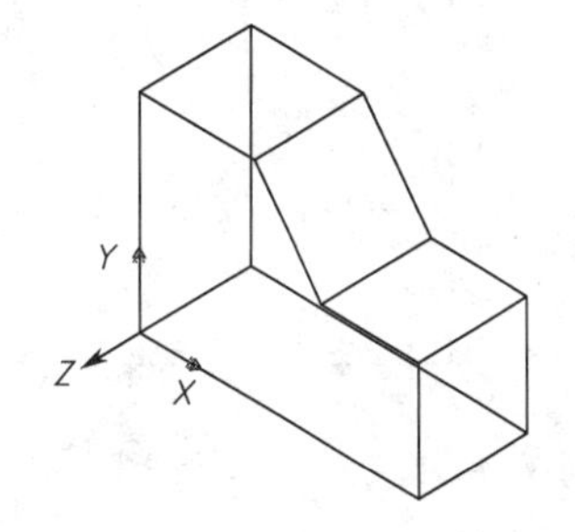

图 6-5 将 UCS 坐标系绕 *X* 轴旋转 90°

【实例 6-4】利用三点定义新坐标系，结果如图 6-6 所示。

命令行窗口的操作步骤如下：

命令：UCS

指定 UCS 的原点或【面(F)/命名(NA)/对象(OB)/上一个(P)视图(V)/世界(W)X/Y/Z/Z 轴(ZA)】<世界>：//捕捉 B 点

指定 X 轴上的点或 <接受>：//捕捉 C 点

指定 XY 平面上的点或 <接受>：//捕捉 D 点

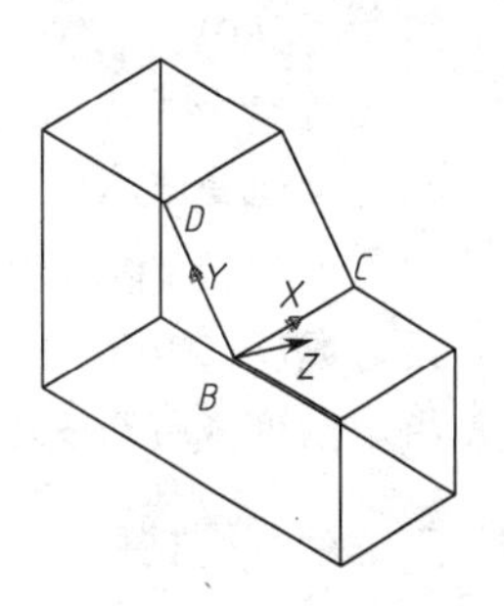

图 6-6 利用三点定义新坐标系

除用 UCS 命令改变坐标系外，也可以打开动态 UCS 功能，使 UCS 坐标系的 *XY* 平面在绘图过程中自动与某一平面对齐。

按F6键，打开动态UCS功能。启动二维或三维绘图命令，将光标移动到要绘图的实体面，该实体面亮显，表明坐标系的 *XY* 平面临时与实体面对齐，绘制对象将处于此平面内。绘图完成后，UCS坐标系又返回原来的状态。

技能3 创建三维模型

实体是具有封闭空间的几何形体，它具有质量、体积、重心、惯性矩、回转半径等体的特征。AutoCAD提供的基本三维实体，包括长方体、圆柱体、圆锥体、球体、棱锥体、楔体和圆环体。

在AutoCAD三维模型空间中，打开“建模”面板上的“长方体”下拉列表，如图6-7所示，单击图标来创建相应的基本三维实体。

一、绘制长方体

该功能用于创建长方体或立方体。

【实例6-5】绘制长、宽、高分别为30、20、10的长方体，如图6-8所示。

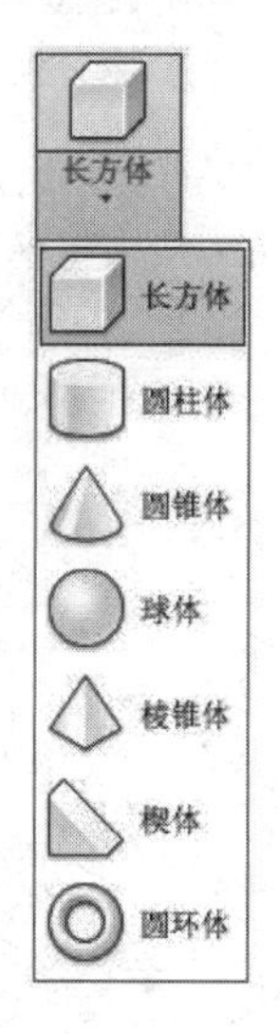

图6-7 “长方体”下拉列表

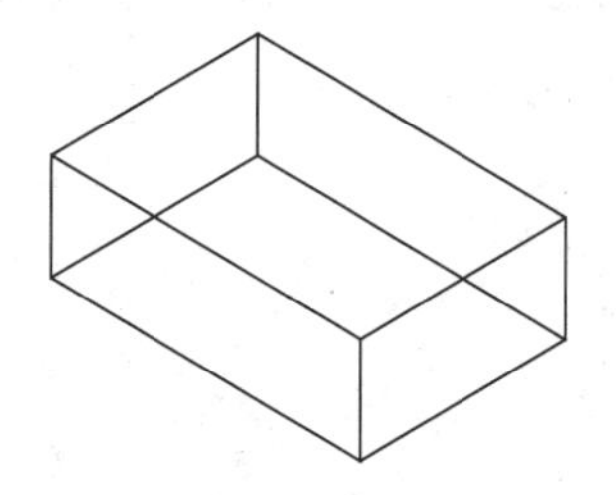

图6-8 绘制长方体

命令行窗口的操作步骤如下：

命令：_box

指定第一个角点或 [中心(C)]: //在绘图区域单击指定长方体底面的左下角点

指定其他角点或 [立方体(C)/长度(L)]: L//用于指定长方体的长、宽、高

指定长度：30//用于指定长方体的长

指定宽度：20//用于指定长方体的宽

指定高度或 [两点(2P)] <5>: 10//用于指定长方体的高

二、绘制圆柱体

该功能用于创建圆柱体。

【实例6-6】绘制底圆半径为6，高为15的圆柱体，如图6-9所示。

命令行窗口的操作步骤如下：

命令：_cylinder

指定底面的中心点或[三点(3P)/两点(2P)/切点、切点、半径(T)/椭圆(E)]://在绘图区单击确定底圆中心点

指定底面半径或 [直径(D)] <10>：6//用于指定底圆半径

指定高度或 [两点(2P)/轴端点(A)] <20.0000>：15//用于指定圆柱体的高度

三、绘制圆锥体

该功能用于创建圆锥体或圆台。

【实例 6-7】 绘制底圆半径为 5，高为 12 的圆锥体，如图 6-10 所示。

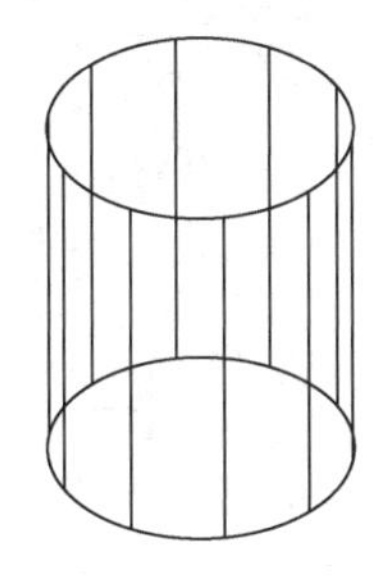

图 6-9　绘制圆柱体

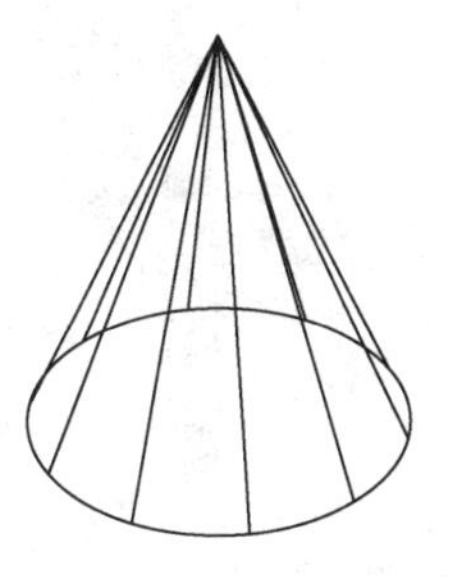

图 6-10　绘制圆锥体

命令行窗口的操作步骤如下：

命令：_cone

指定底面的中心点或[三点(3P)/两点(2P)/切点、切点、半径(T)/椭圆(E)]：//在绘图区单击确定底圆中心点

指定底面半径或 [直径(D)] <6.0000>:5//用于指定底圆半径

指定高度或 [两点(2P)/轴端点(A)/顶面半径(T)] <20.0000>：12//用于指定圆锥体的高度

四、绘制球体

该功能用于创建球体。

【实例 6-8】 绘制半径为 16 的球体，如图 6-11 所示。

命令行窗口的操作步骤如下：

命令：_sphere

指定中心点或 [三点(3P)/两点(2P)/切点、切点、半径(T)]：//在绘图区域单击指定球体的中心点

指定半径或 [直径(D)] <20.0000>：16//用于指定球体的半径

五、绘制棱锥体

该功能用于创建棱锥体。

【实例 6-9】 绘制六棱锥，底面六边形内切圆半径为 10，高为 30，如图 6-12 所示。

命令行窗口的操作步骤如下：

命令：_pyramid

4 个侧面　外切
指定底面的中心点或 [边(E)/侧面(S)]：S//设置棱锥侧面的个数
输入侧面数 <4>：6//绘制六棱锥
指定底面的中心点或 [边(E)/侧面(S)]：//在绘图区域单击指定棱锥底面的中心点
指定底面半径或 [内接(I)] <20>：10//用于指定底面六边形内切圆的半径
指定高度或 [两点(2P)/轴端点(A)/顶面半径(T)] <12.0000>：30//用于指定六棱锥的高度

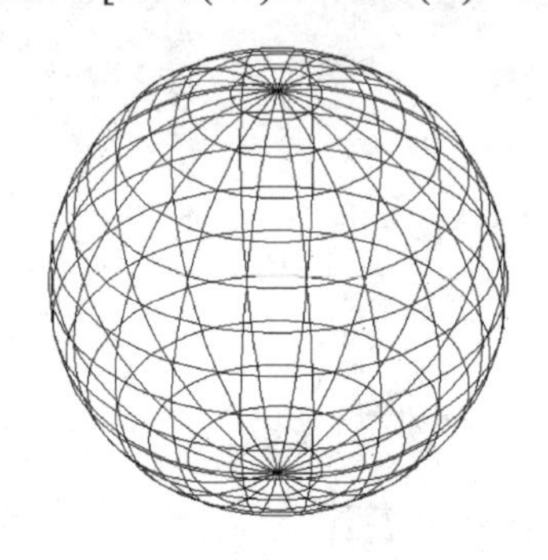

图 6-11　绘制球体

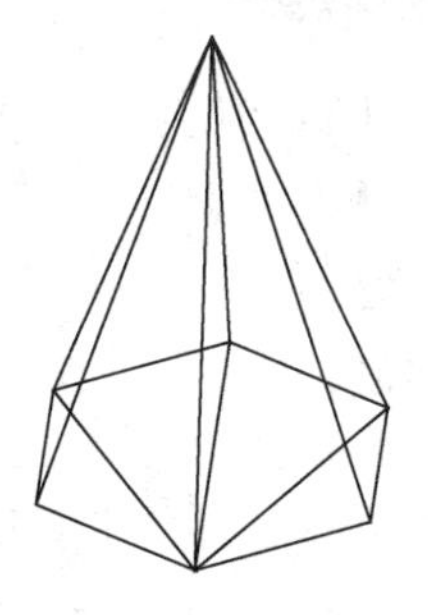

图 6-12　绘制六棱锥

六、绘制楔体

该功能用于创建楔体。

【实例 6-10】绘制楔体，底面矩形大小为 30×12，高为 20，如图 6-13 所示。

命令行窗口的操作步骤如下：
命令:_wedge
指定第一个角点或 [中心(C)]：//在绘图区域单击指定底面矩形的左下角点
指定其他角点或 [立方体(C)/长度(L)]：L//绘制底面矩形
指定长度 <10.0000>：30//用于指定底面矩形的长
指定宽度 <10.0000>：12//用于指定底面矩形的宽
指定高度或 [两点(2P)] <30.0000>：20//用于指定楔体的高

七、绘制圆环体

该功能用于创建圆环体。

【实例 6-11】绘制体半径为 20，圆管半径为 6 的圆环体，如图 6-14 所示。

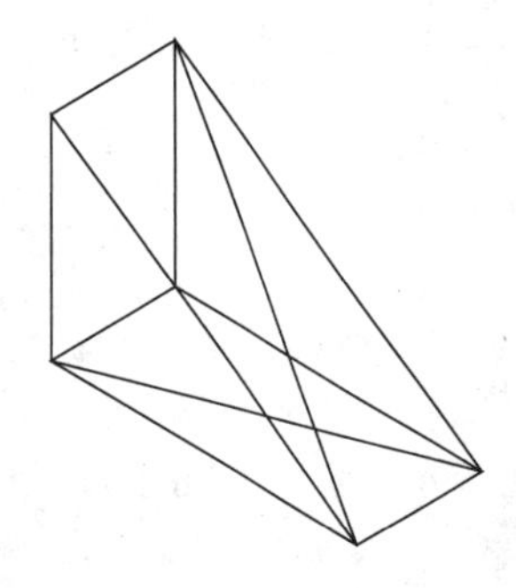

图 6-13　绘制楔体

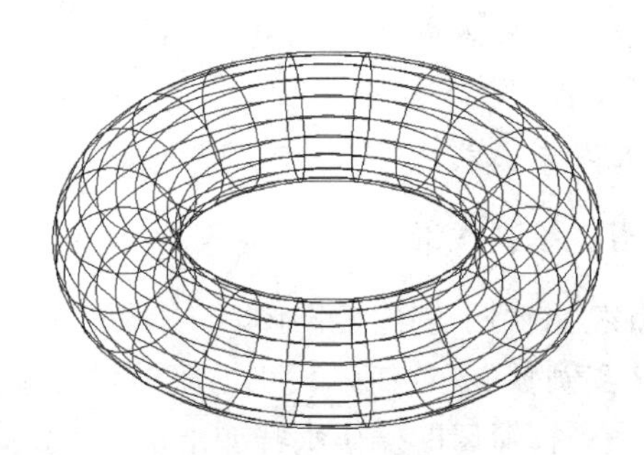

图 6-14　绘制圆环体

命令行窗口的操作步骤如下：

命令：_torus

指定中心点或 [三点(3P)/两点(2P)/切点、切点、半径(T)]：//在绘图区域单击指定圆环体的中心点

指定半径或 [直径(D)] <50.0000>：20//用于指定圆环的体半径

指定圆管半径或 [两点(2P)/直径(D)] <8.0000>：6//用于指定圆管半径

八、拉伸实体

该功能通过对二维图形的拉伸使之具有厚度来创建拉伸实体。

【实例6-12】应用拉伸功能，绘制长、宽、高分别为25、16、8的长方体。

（1）绘制25×16的矩形，如图6-15（a）所示。

命令行窗口的操作步骤如下：

命令：_rectang

指定第一个角点或 [倒角(C)/标高(E)/圆角(F)/厚度(T)/宽度(W)]：//在绘图区域单击指定矩形的一个角点

指定另一个角点或 [面积(A)/尺寸(D)/旋转(R)]：@25,16

（2）拉伸矩形，形成长方体，如图6-15（b）所示。

命令行窗口的操作步骤如下：

命令：_extrude

当前线框密度：ISOLINES=20

选择要拉伸的对象：找到 1 个//选择矩形

选择要拉伸的对象：//按Enter键

指定拉伸的高度或 [方向(D)/路径(P)/倾斜角(T)] <20.0000>：8//用于指定拉伸的高度

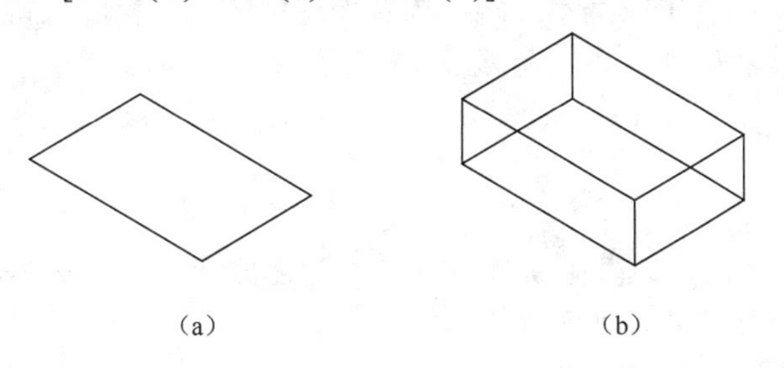

（a） （b）

图6-15 绘制拉伸实体

九、旋转实体

该功能可以通过旋转封闭的二维图形来创建旋转实体。

【实例6-13】应用旋转实体功能绘制圆柱，底圆半径为5，高为12。

（1）绘制5×12的矩形，如图6-16（a）所示。

命令行窗口的操作步骤如下：

命令：rectang

指定第一个角点或 [倒角(C)/标高(E)/圆角(F)/厚度(T)/宽度(W)]：//在绘图区域单击指定矩形的一个角点

指定另一个角点或 [面积(A)/尺寸(D)/旋转(R)]: @5,12

（2）以直角边为轴旋转矩形，形成圆台，如图 6-16（b）所示。

命令行窗口的操作步骤如下：

命令: _revolve

当前线框密度: ISOLINES=10

选择要旋转的对象: 找到 1 个//选择上一步骤中绘制的矩形

选择要旋转的对象: //按 Enter 键

指定轴起点或根据以下选项之一定义轴 [对象(O)/X/Y/Z] <对象>: //指定 a 点

指定轴端点: //指定 b 点

指定旋转角度或 [起点角度(ST)] <360>: //按 Enter 键

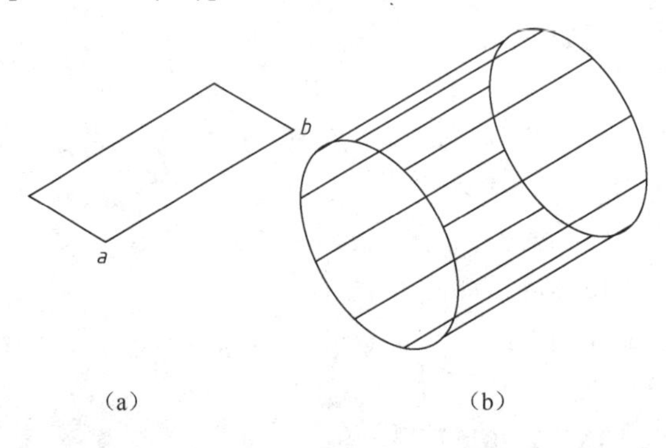

（a）　　　　　　（b）

图 6-16　绘制旋转实体

技能 4　布尔运算

前面已经学习了如何生成基本三维实体及如何由二维对象转换得到三维实体，将这些简单实体放在一起，然后进行布尔运算就能构建复杂的三维模型。

布尔运算包括并集、差集、交集。

一、并集操作

“UNION”命令将两个或多个实体合并在一起形成新的单一实体，操作对象既可以是相交的，也可以是分离开的。

【实例 6-14】并集操作，如图 6-17（b）所示。

命令行窗口的操作步骤如下：

命令: _union

选择对象: 指定对角点: 找到 2 个//框选圆柱体及长方体，如图 6-17（a）所示

选择对象: //按 Enter 键

二、差集操作

“SUBTRACT”命令将实体构成的一个选择集从另一选择集中减去。操作时，用户首先选择被减对象，构成第一选择集；然后选择要减去的对象，构成第二选择集。操作结果是第一选择集减去第二选择集后生成的新对象。

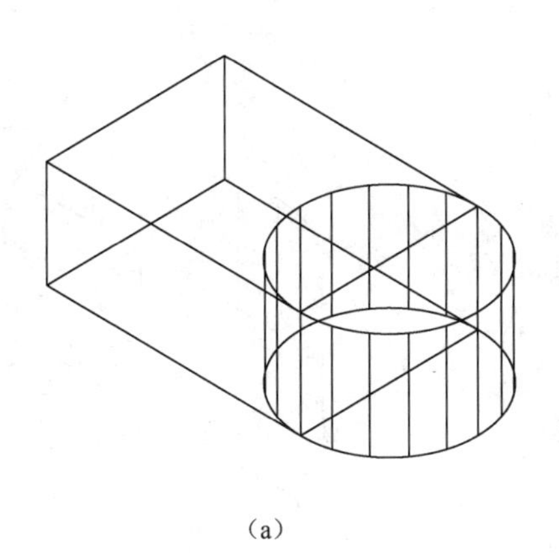

（a）

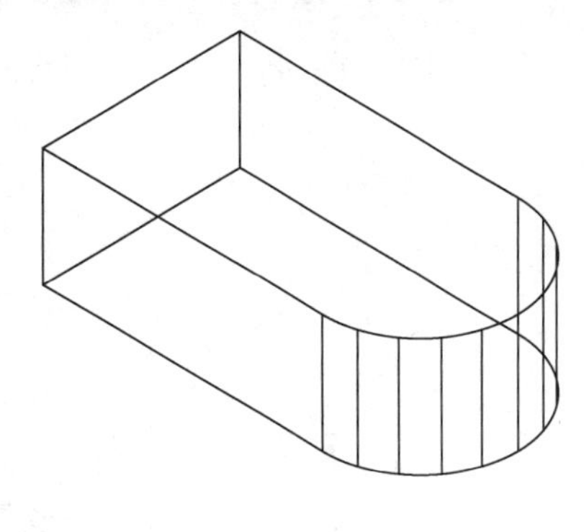

（b）

图 6-17　并集操作

【实例 6-15】差集操作，如图 6-18（b）所示。

命令行窗口的操作步骤如下：

命令：_subtract

选择要从中减去的实体、曲面和面域...

选择对象：找到 1 个 //选择长方体，如图 6-18（a）所示

选择对象：//按 Enter 键

选择要减去的实体、曲面和面域...

选择对象：找到 1 个//选择圆柱体，如图 6-18（a）所示

选择对象：//按 Enter 键

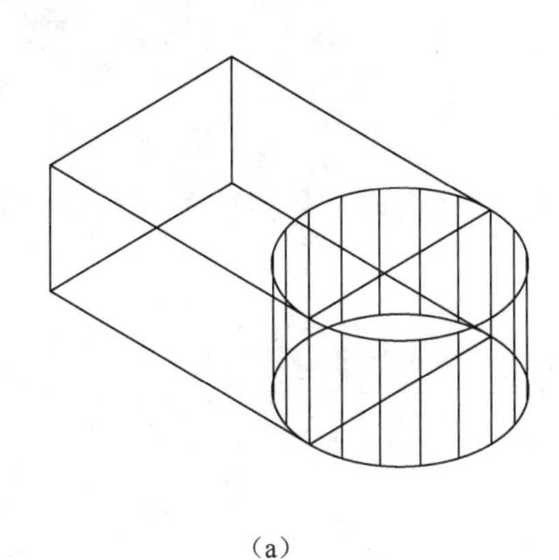

（a）

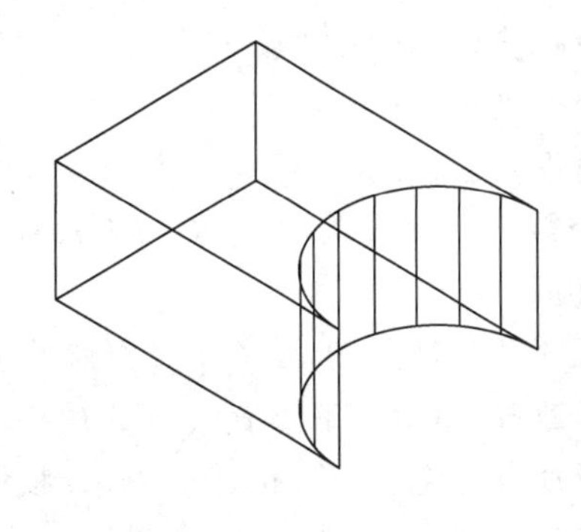

（b）

图 6-18　差集操作

三、交集操作

"INTERSECT"命令可创建由两个或多个实体的重叠部分构成的新实体。

【实例 6-16】交集操作，如图 6-19（b）所示。

命令行窗口的操作步骤如下：

命令：_intersect

选择对象：指定对角点：找到 2 个//框选圆柱体和长方体，如图 6-19（a）所示

选择对象：//按 Enter 键

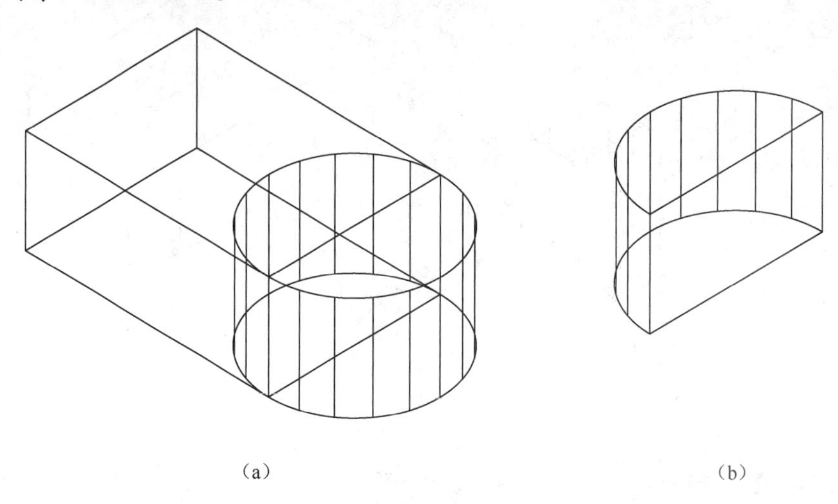

（a）　　（b）

图 6-19　交集操作

技能 5　三维实体倒角

“FILLET”、“CHAMFER”命令可以对二维对象倒圆角及斜角，对于三维实体，同样可以用这两个命令创建圆角和斜角，但此时的操作方式与二维绘图时略有不同。

【实例 6-17】在三维工作空间使用“FILLET”、“CHAMFER”命令，如图 6-20（b）所示。

1）三维实体倒圆角

命令行窗口的操作步骤如下：

命令：_fillet

当前设置：模式 = 修剪，半径 = 0.0000

选择第一个对象或 [放弃(U)/多段线(P)/半径(R)/修剪(T)/多个(M)]：//选择棱边 A，如图 6-20（a）所示

输入圆角半径：10//圆角半径

选择边或 [链(C)/半径(R)]：//选择棱边 B

选择边或 [链(C)/半径(R)]：//选择棱边 C

选择边或 [链(C)/半径(R)]：//按 Enter 键

2）三维实体倒斜角

命令行窗口的操作步骤如下：

命令：_chamfer

当前倒角距离 1 = 0.0000，距离 2 = 0.0000

选择第一条直线或 [放弃(U)/多段线(P)/距离(D)/角度(A)/修剪(T)/方式(E)/多个(M)]：//选择棱边 E，平面 D 高亮显示，该面是倒角基面

基面选择...

输入曲面选择选项 [下一个(N)/当前(OK)] <当前(OK)>：//按 Enter 键

指定基面的倒角距离：5//指定基面内的倒角距离

指定其他曲面的倒角距离<5.0000>: 10//指定另一平面内的倒角距离
选择边或 [环(L)]: //选择棱边 E，如图 6-20（a）所示
选择边或 [环(L)]: //选择棱边 F
选择边或 [环(L)]: //选择棱边 G
选择边或 [环(L)]: //选择棱边 H
选择边或 [环(L)]: //按 Enter 键

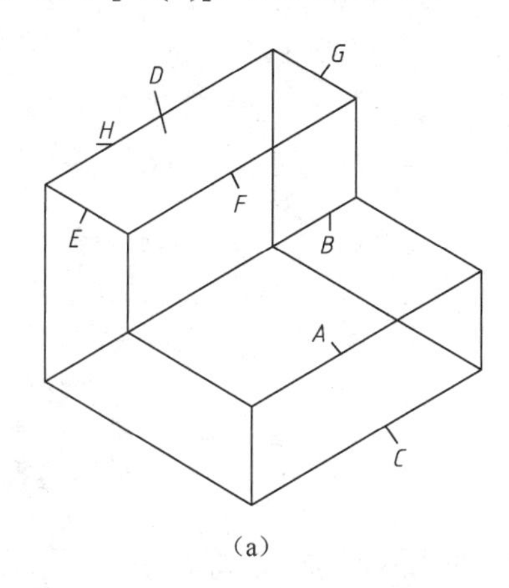

（a）

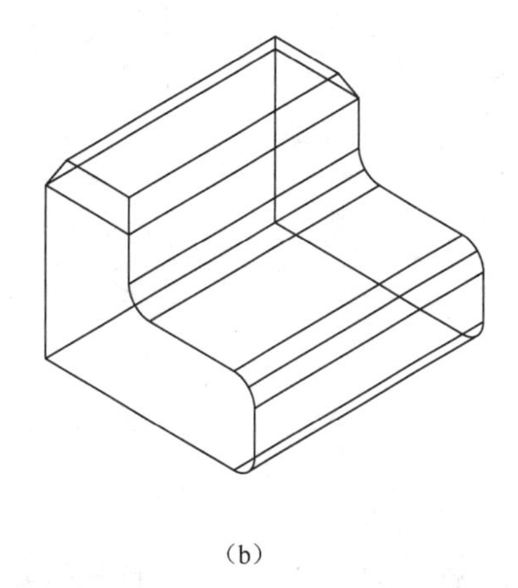
（b）

图 6-20　三维实体倒角

技能 6　显示三维实体

一、三维动态观察实体

在三维建模过程中，常需要从不同方向观察模型。除用标准视点观察模型外，AutoCAD 还提供了多种观察模型的方法。“3DFORBIT”命令可以使用户利用单击并拖动鼠标的方法将三维模型旋转起来，该命令使三维视图的操作及可视化变得十分容易。

选择菜单命令“视图”/“动态观察”/“自由动态观察”，启动“3DFORBIT”命令。AutoCAD 围绕待观察的对象形成一个辅助圆，该圆被 4 个小圆分成 4 等份，如图 6-21 所示。使用“3DFORBIT”命令时，可以选择观察全部的对象或是模型中的一部分对象。当用户想观察整个模型的部分对象时，应先选择这些对象，然后启动“3DFORBIT”命令。此时，仅所选的对象显示在屏幕上。若选中的对象没有处在动态观察器的大圆内，右击选取“范围缩放”选项。

启动“3DFORBIT”命令，辅助圆的圆心是观察目标点，当用户按住鼠标左键并拖动时，待观察的对象（或目标点）静止不动，而视点绕着 3D 对象旋转，显示结果是视图在不断转动。当光标移至圆的不同位置时，其形状将发生变化，不同形状的光标表明了当前视图的旋转方向。

（1）球形光标。

光标位于辅助圆内时，形状为球形，此时，可以假设一个球体将目标对象包裹起来。单击并拖动鼠标，就使球体沿光标拖动的方向旋转，因而模型视图也就旋转起来。

（2）圆形光标。

移动光标到辅助圆外，光标变为圆形。按住鼠标左键并将光标沿辅助圆拖动，就使三

维视图旋转，旋转轴垂直于屏幕并通过辅助圆心。

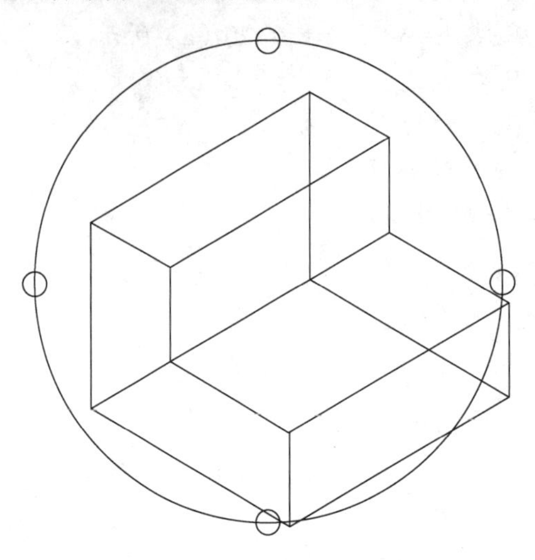

图 6-21　自由动态观察

（3）水平椭圆形光标。

当把光标移动到左、右小圆的位置时，其形状变为水平椭圆。单击并拖动鼠标，使视图绕着一个铅垂轴线转动，此旋转轴线经过辅助圆心。

（4）竖直椭圆形光标。

将光标移到上、下两个小圆的位置时，其形状变为竖直椭圆形。单击并拖动鼠标，将使视图绕着一个水平轴线转动，此旋转轴线经过辅助圆心。

当“3DFORBIT”命令激活时，右击，弹出快捷菜单，如图 6-22 所示。

此菜单中常用选项的功能如下。

（1）其他导航模式：对三维视图执行平移、缩放操作。

（2）平行模式：激活平行投影模式。

（3）透视模式：激活透视投影模式，透视图与眼睛观察到的图像极为接近。

（4）视觉样式：提供了以下四种模型显示方式：

① 三维隐藏：用三维线框表示模型，并隐藏不可见线条。

② 三维线框：用直线和曲线表示模型。

③ 概念：着色对象，效果缺乏真实感，但可以清晰显示模型细节。

④ 真实：对模型表面进行着色，显示已附着于对象的材质。

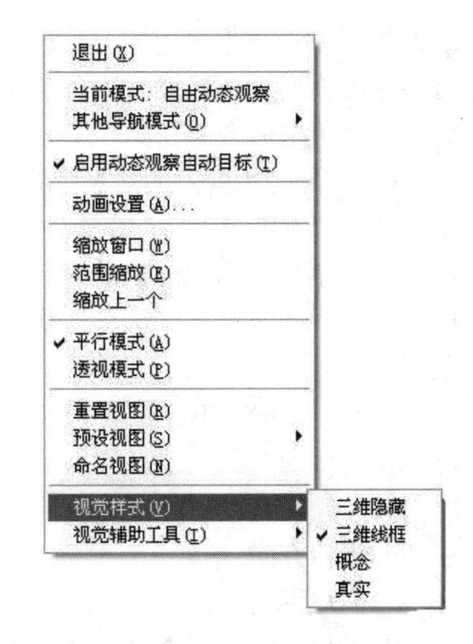

图 6-22　快捷菜单

二、视觉样式

AutoCAD 提供了五种标准的视觉样式来控制三维模型的显示模式。打开“视图”面板上的“视觉样式”下拉列表（图 6-23），即可看到所有的五种视觉样式。

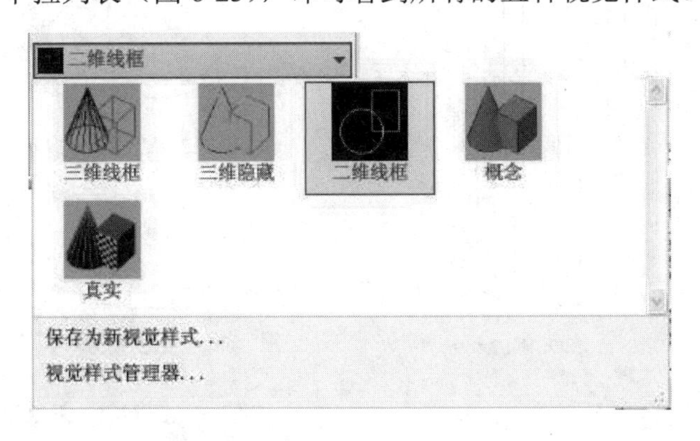

图 6-23 “视觉样式”下拉列表

（1）二维线框：此样式是三维模型空间的默认视觉样式，将三维模型通过表示模型边界的直线和曲线，以二维形式显示。

（2）三维线框：此样式是将三维模型以三维线框的模式显示。

（3）三维隐藏：又称为消隐，此样式将三维模型以三维线框形式显示，但不显示隐藏线。

（4）概念：此样式是将三维模型以概念的形式显示。

（5）真实：此样式是将三维模型实现体着色，同时显示出三维线框。

如图 6-24 所示是相同三维模型在不同视觉样式下的显示效果。

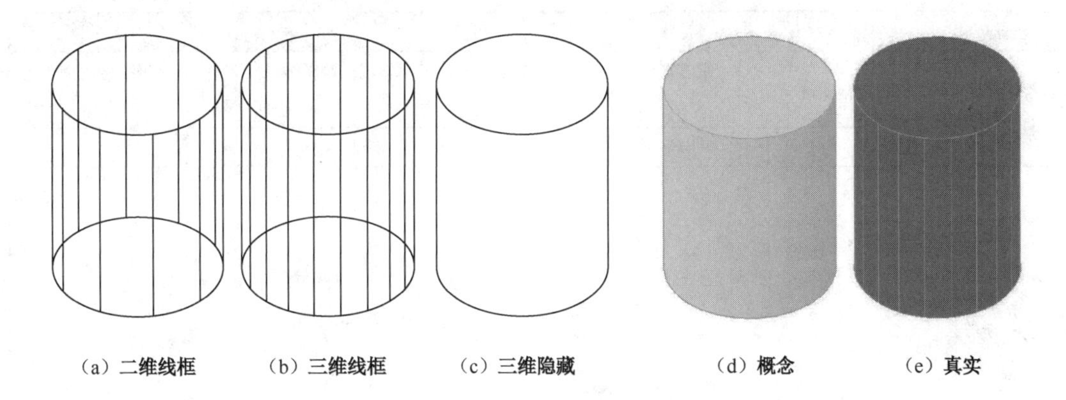

（a）二维线框　（b）三维线框　（c）三维隐藏　（d）概念　（e）真实

图 6-24 视觉样式显示效果

三、与实体显示有关的系统变量

与实体显示有关的系统变量有三个：ISOLINES、FACETRES 及 DISPSILH。

（1）ISOLINES：此变量用于设定实体表面网格线的数量，如图 6-25 所示。

（2）FACETRES：用于设置实体消隐或渲染后的表面网格密度。此变量值的范围为 0.01~10.0，数值越大表明网格越密，消隐或渲染后表面越光滑，如图 6-26 所示。

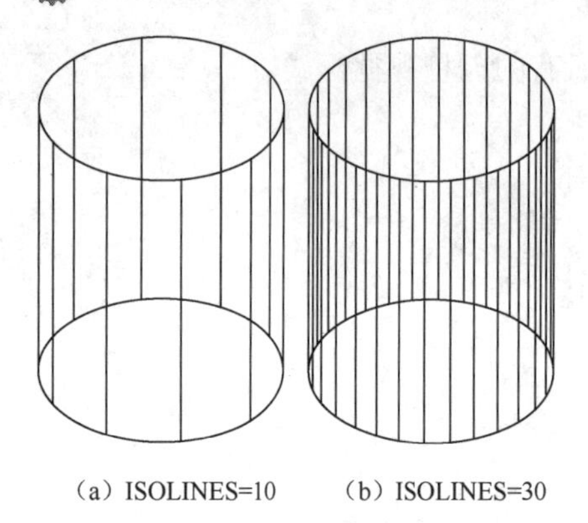

（a）ISOLINES=10　　（b）ISOLINES=30

图 6-25　ISOLINES 变量

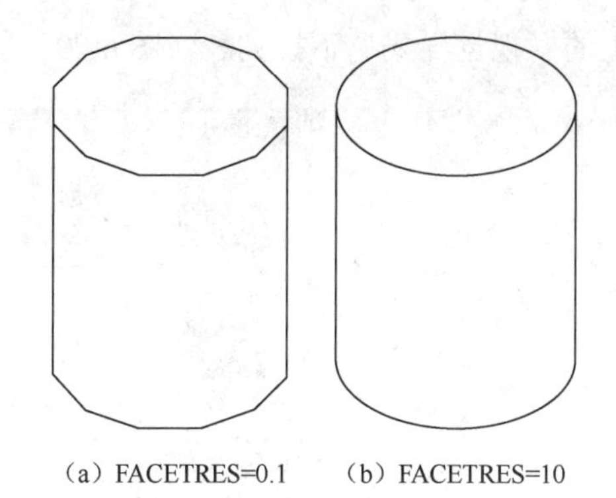

（a）FACETRES=0.1　　（b）FACETRES=10

图 6-26　FACETRES 变量

 任务 2　项目的计划与决策

一、项目计划

良好的开端是提升工作效率、提高工作成效的有力保证。根据在任务 1 中掌握的各种技能制订绘制支架三维实体模型（图 6-1）的步骤，填写表 6-1。

表 6-1　项目计划表

组名		组长		组员	
绘图前项目分析	组合体拆分	组合形体相对位置分析	CAD 绘图环境分析	绘图方法、步骤分析	三维绘图命令分析
支架三维实体模型的绘制步骤					

二、项目决策

项目实施的一般程序如下：

1. 新建文件

打开 CAD 软件绘制图形时，建立新文件，新文件的文件名为“支架模型图.Dwg”。

2. 进入三维建模工作空间

进入三维绘图环境，切换至AutoCAD软件的三维工作空间，按需要设置相应的视图和视觉样式，确定坐标系。

3. 绘制支架的实体模型

（1）绘制主支架、底板、立板。

（1）绘制实心圆柱体。

（3）将圆柱体放在主支架、底板、立板相应的位置上，运用布尔运算构建完整的支架三维实体模型。

4. 显示支架的实体模型

根据实际需要，应用“显示三维实体”中所掌握的技能，可采用多种方式显示所绘支架的实体模型。

5. 保存图形文件

每项实施步骤中的具体内容由学生小组讨论决策，并填写表6-2。

表6-2　项目实施中具体的作图方法决策表

<table>
<tr><td colspan="2">组名</td><td></td><td>组长</td><td></td><td>组员</td><td></td></tr>
<tr><td colspan="3" rowspan="2">设置三维绘图环境</td><td colspan="2">视图</td><td>视觉样式</td><td>坐标系</td></tr>
<tr><td colspan="2"></td><td></td><td></td></tr>
<tr><td rowspan="7">应用CAD绘制支架三维实体模型的具体过程</td><td colspan="2">绘制主支架</td><td colspan="4"></td></tr>
<tr><td colspan="2">绘制底板</td><td colspan="4"></td></tr>
<tr><td colspan="2">绘制立板</td><td colspan="4"></td></tr>
<tr><td colspan="2">绘制圆柱体</td><td colspan="4"></td></tr>
<tr><td colspan="2">放置圆柱体</td><td colspan="4"></td></tr>
<tr><td colspan="2">做布尔运算</td><td colspan="4"></td></tr>
<tr><td colspan="2">按需显示实体模型</td><td colspan="4"></td></tr>
</table>

任务3　项目实施

步骤1　新建文件，以“支架模型图.dwg”为名保存

（1）启动AutoCAD 2010，单击菜单的“文件/新建”选项，打开“创建新图形”对话框，单击“确定”按钮，创建新的绘图文件，采用默认的绘图环境。

（2）单击菜单的“文件/保存”选项，打开“图形另存为”对话框，将文件名改为“支架模型图.dwg”，保存于桌面，单击“确定”按钮。

步骤2　进入三维建模工作空间

进入三维建模工作空间，详细步骤参照“实例6-1”。

步骤 3　创建支架实体模型

1）绘制主支架板

在 *YZ* 平面按如图 6-27（a）所示绘制基本图形，并创建面域，拉伸面域形成主支架板，如图 6-27（b）所示。

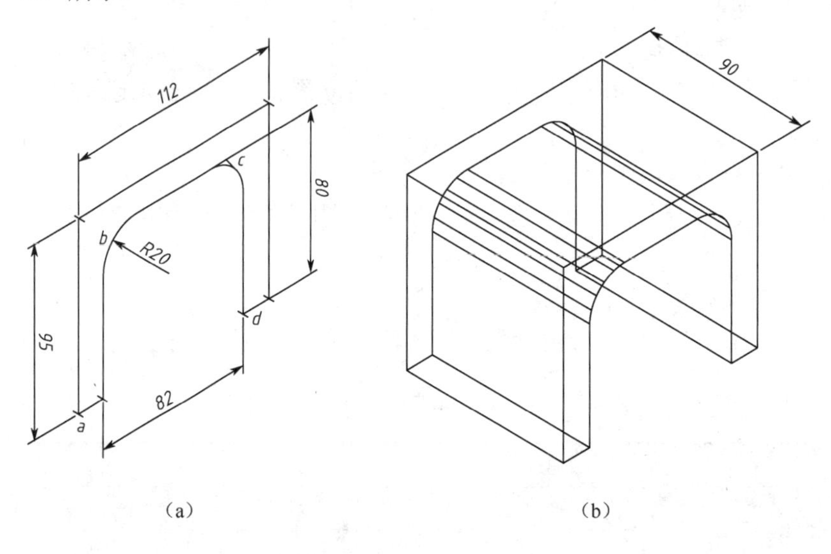

（a）　（b）

图 6-27　绘制主支架板

命令行窗口的操作步骤如下：

命令: LINE//绘制如图 6-27（a）所示的基本图形

指定第一点://在绘图区域单击，确定 a 点

指定下一点或 [放弃(U)]: 95//鼠标指向 Z 轴正方向

指定下一点或 [放弃(U)]: 112//鼠标指向 Y 轴正方向

指定下一点或 [闭合(C)/放弃(U)]: 95//鼠标指向 Z 轴负方向

指定下一点或 [闭合(C)/放弃(U)]: 15//鼠标指向 Y 轴负方向

指定下一点或 [闭合(C)/放弃(U)]: 80//鼠标指向 Z 轴正方向

指定下一点或 [闭合(C)/放弃(U)]: 82//鼠标指向 Y 轴负方向

指定下一点或 [闭合(C)/放弃(U)]: 80//鼠标指向 Z 轴负方向

指定下一点或 [闭合(C)/放弃(U)]: c

命令: FILLET//倒圆角

当前设置: 模式 = 修剪，半径 = 0.0000

选择第一个对象或 [放弃(U)/多段线(P)/半径(R)/修剪(T)/多个(M)]: r

指定圆角半径 <0.0000>: 20

选择第一个对象或 [放弃(U)/多段线(P)/半径(R)/修剪(T)/多个(M)]://选择直线 ab

选择第二个对象，或按住 Shift 键选择要应用角点的对象://选择直线 bc

命令:FILLET

当前设置: 模式 = 修剪，半径 = 20.0000

选择第一个对象或 [放弃(U)/多段线(P)/半径(R)/修剪(T)/多个(M)]://选择直线 bc

选择第二个对象，或按住 Shift 键选择要应用角点的对象://选择直线 cd
命令: REGION//创建面域
选择对象: 指定对角点: 找到 10 个//选择刚才所绘制的所有图线
选择对象: //按 Enter 键
已提取 1 个环
已创建 1 个面域
命令:
命令: EXTRUDE//拉伸面域
当前线框密度: ISOLINES=10
选择要拉伸的对象: 找到 1 个//选择基本图形
选择要拉伸的对象: //按 Enter 键
指定拉伸的高度或 [方向(D)/路径(P)/倾斜角(T)]: 90

2）绘制键槽

在 *XY* 平面内按照如图 6-28（a）所示，绘制基本图形并创建面域，拉伸面域成为键槽，如图 6-28（b）所示。再将键槽放置到主支架板的恰当位置上，可采用如图 6-28（c）所示的辅助线法。具体操作步骤可参考绘制主支架板的过程，由读者自行完成。

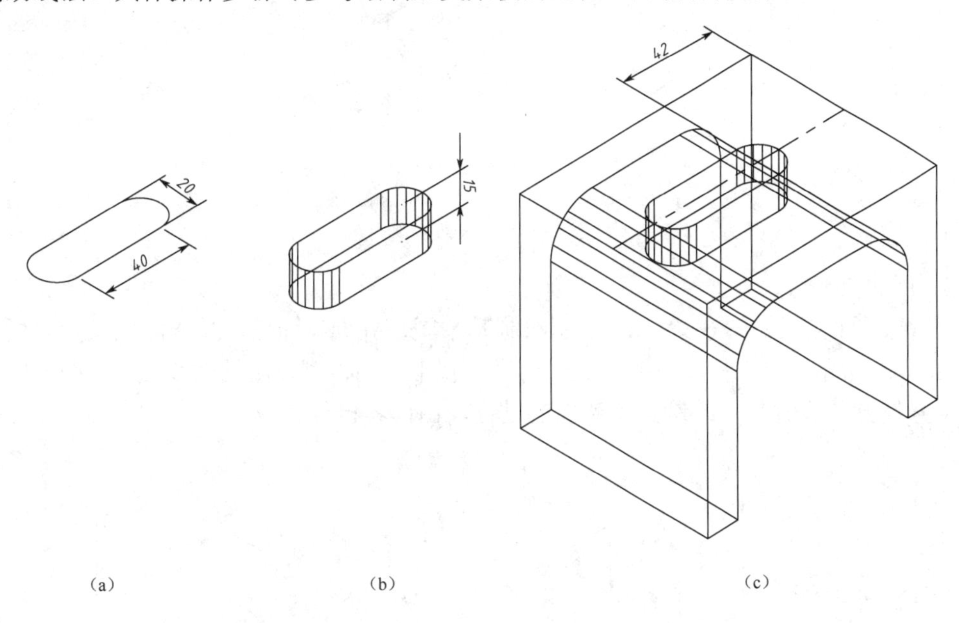

图 6-28　绘制键槽

3）创建底板

绘制长方体并进行三维图形倒圆角绘制，结果如图 6-29 所示。

命令行窗口的操作步骤如下：
命令: BOX//绘制长方体
指定第一个角点或 [中心(C)]: //单击选择 A 点
指定其他角点或 [立方体(C)/长度(L)]: @–90,–100,15
命令:

命令: FILLET//三维图形倒圆角
当前设置: 模式 = 修剪，半径 =20.0000
选择第一个对象或 [放弃(U)/多段线(P)/半径(R)/修剪(T)/多个(M)]://单击选择棱边 B
输入圆角半径 <20.0000>: 15
选择边或 [链(C)/半径(R)]: //单击选择棱边 C
选择边或 [链(C)/半径(R)]: //按 Enter 键
已选定 2 个边用于圆角。

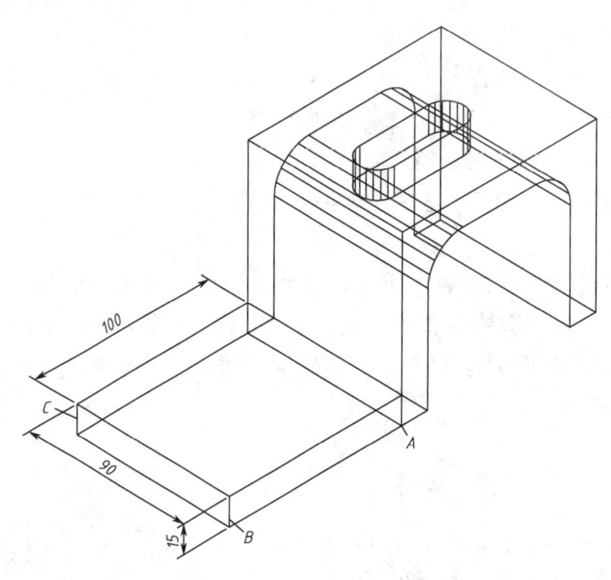

图 6-29　绘制底板

4）创建立板

在 *XY* 平面按照如图 6-30（a）所示绘制基本图形并创建面域，拉伸面域成为立板，如图 6-30（b）所示。将立板放置到底板的恰当位置上，同样可以用辅助线法，如图 6-30（c）所示。具体操作步骤参考绘制主支架板的过程，由读者自行完成。

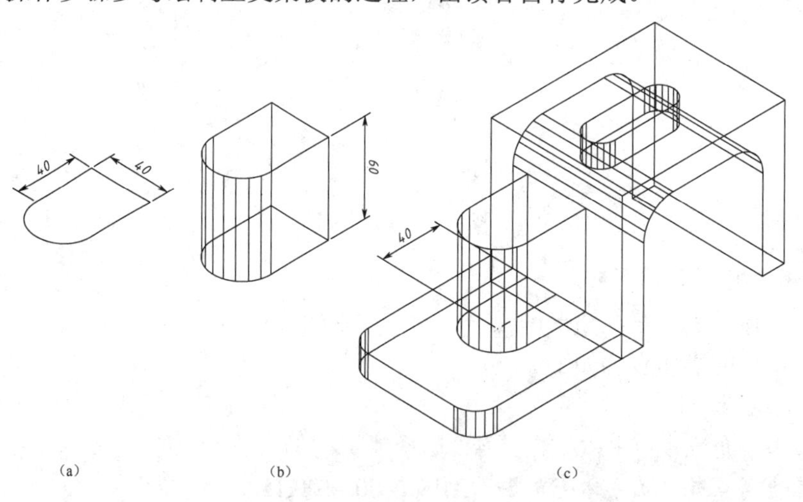

图 6-30　绘制立板

5）创建圆柱体

绘制三个圆柱体，规格及方向如图 6-31 所示。再将圆柱体分别复制、放置到已绘制完成的模型中相应的位置上，同样可以采用辅助线法，结果如图 6-32 所示。

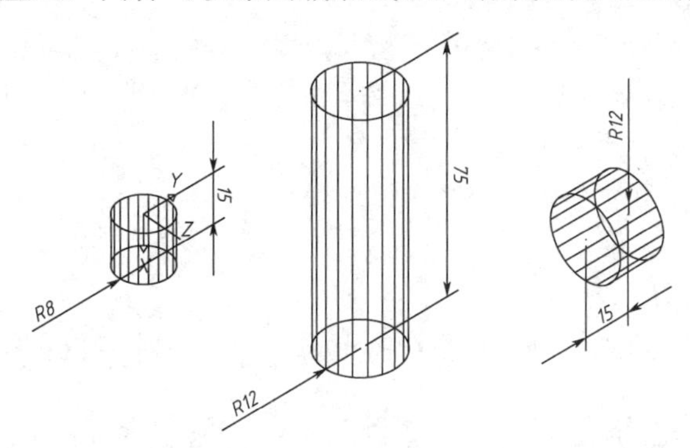

图 6-31 绘制圆柱体

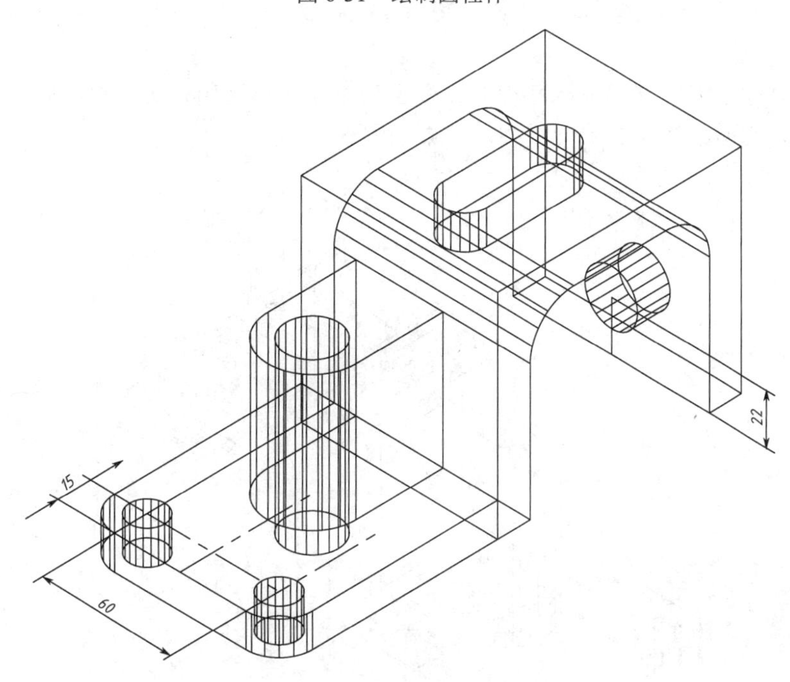

图 6-32 圆柱体归位

命令行窗口的操作步骤如下：

命令：CYLINDER

指定底面的中心点或[三点(3P)/两点(2P)/切点、切点、半径(T)/椭圆(E)]：//在绘图区单击确定底圆中心点

指定底面半径或 [直径(D)] <10>：8

指定高度或 [两点(2P)/轴端点(A)] <20.0000>：15

命令：CYLINDER

指定底面的中心点或[三点(3P)/两点(2P)/切点、切点、半径(T)/椭圆(E)]：//在绘图区单击确定底圆中心点

指定底面半径或 [直径(D)] <10>: 12

指定高度或 [两点(2P)/轴端点(A)] <20.0000>: 60

命令:

命令: UCS

指定 UCS 的原点或[面（F）/命名（NA）/对象（OB）/上一个（P）/视图（V）/世界（W）X/Y/Z/Z 轴（ZA）]<世界>: X

指定绕 X 轴的旋转角度<90>: 90

命令:

命令: CYLINDER

指定底面的中心点或[三点(3P)/两点(2P)/切点、切点、半径(T)/椭圆(E)]: //在绘图区单击确定底圆中心点

指定底面半径或 [直径(D)] <10>: 12

指定高度或 [两点(2P)/轴端点(A)] <20.0000>: 15

6）布尔运算

利用并集运算将主支架板、底板、立板合为一体。再利用差集运算将圆柱和键槽从支架主体中减去，形成完整的支架模型，结果如图 6-33 所示。

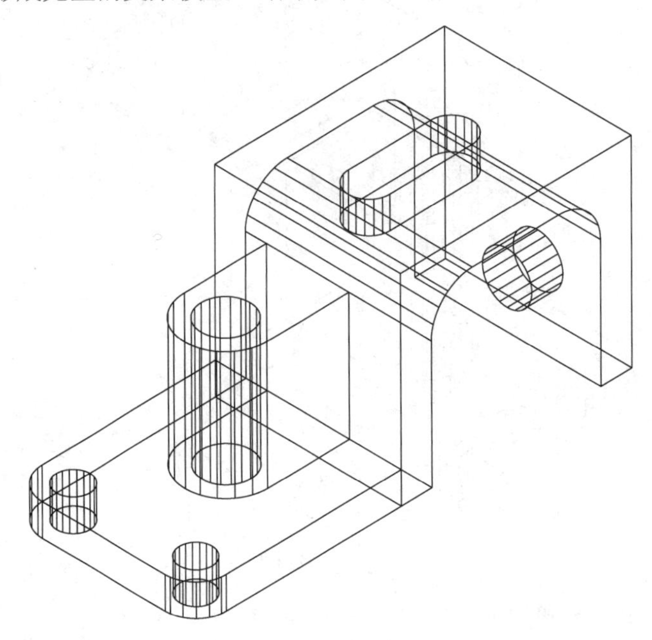

图 6-33 支架模型

命令行窗口的操作步骤如下:

命令: UNION//并集运算

选择对象: 找到 1 个，总计 3 个//单击选择主支架板、底板、立板

选择对象: //按 Enter 键

命令: SUBTRACT//差集运算

选择要从中减去的实体、曲面和面域……

选择对象：找到 1 个 //单击支架主体
选择对象：//按 Enter 键
选择要减去的实体、曲面和面域……
选择对象：找到 1 个，总计 5 个//选择 4 个圆柱体和键槽
选择对象：//按 Enter 键

步骤 4　显示支架实体模型

打开“视图”面板中的“视觉样式”下拉列表，选择三维隐藏、概念及真实样式。选择效果如图 6-34 所示。也可根据需要切换到其他的视图或角度观察支架模型。

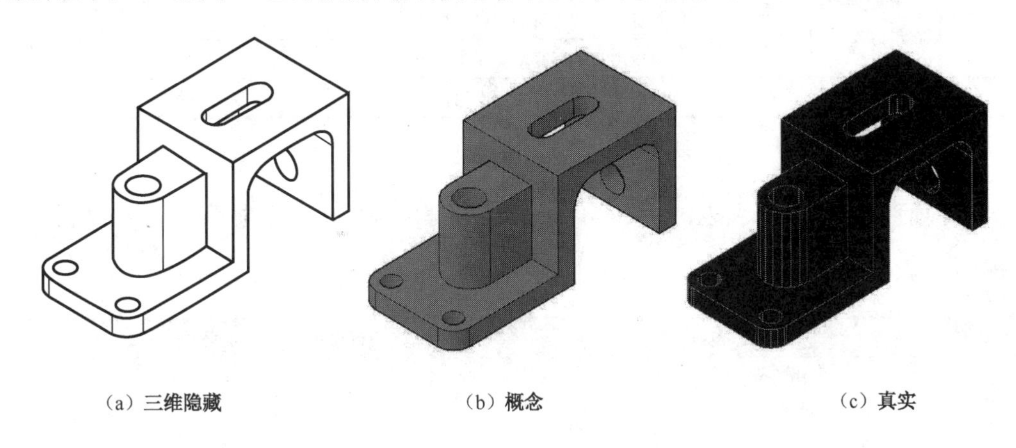

（a）三维隐藏　　（b）概念　　（c）真实

图 6-34　显示支架模型

步骤 5　保存图形文件

单击菜单“文件/保存”选项，完成图形文件的保存。

任务 4　项目评价与展示

一、项目验收

将完成的图形与所给项目任务进行比较，检查其质量与要求相符合的程度，并结合项目评分标准表，如表 6-3 所示，验收所绘图纸的质量。

表 6-3　评分标准表

序号	评分点	分值	得分条件	扣分情况
1	设置绘图环境	12	新建文件并保存正确（1 分）	各项得分条件错一处扣 1 分，扣完为止
			能切换到三维建模空间（3 分）	
			在绘图过程中能根据需要切换视图（4 分）	
			在绘图过程中能根据需要确定坐标系（4 分）	

续表

序号	评分点	分值	得分条件	扣分情况
2	主支架	20	按所给图形尺寸正确绘制主支架实体（10 分）	
			绘制键槽，并将其放到正确的位置（10 分）	
3	底板	15	按所给图形尺寸正确绘制底板长方体（10 分）	
			底板与主支架相对位置正确（5 分）	
4	立板	15	按所给图形尺寸正确绘制立板（10 分）	
			立板与主支架、底板相对位置正确（5 分）	
5	圆柱体及布尔运算	28	按所给图形尺寸正确绘制各种圆柱（8 分）	
			将圆柱体放到正确的位置（10 分）	
			正确应用布尔运算，完成支架模型的绘制（10 分）	
6	显示效果	10	能熟练从各种角度观察支架模型（10 分）	

二、项目评价

针对项目工作综合考核表，如表 6-4 所示，给出学生在完成整个项目过程中的综合成绩。

表 6-4　项目工作综合考核表

		考核内容	项目分值	自我评价	小组评价	教师评价
考核事项	专业能力 60%	1．工作准备 模型识读、分析是否正确；项目实施的计划是否合理、细致	10			
		2．工作过程 主要技能应用是否准确、到位；工作过程是否认真、严谨；安全、卫生措施是否到位	10			
		3．工作成果 根据表 6-3 的评分标准评估工作成果质量，同时要兼顾工作效率	40			
	综合能力 40%	1．技能点收集能力 是否明确本项目所用的技能点，并准确收集这些技能的操作方法	10			
		2．交流沟通能力 在项目计划、实施及评价过程中是否具有良好、广泛的交流与沟通能力	10			
		3．分析问题能力 对模型的识读是否准确，在项目实施过程中发现的问题是否能通过沟通与分析，最终解决问题	10			
		4．团结协作能力 是否能与小组其他成员合理分工、团结协作，认真负责地完成任务	10			
备注	应用 AutoCAD 软件绘制三维实体模型，应该在三维建模工作空间中实现。绘图前应对三维模型进行分析，制订高效的绘图计划。绘图时应能灵活运用创建、编辑三维模型的方法及布尔运算。另外，使用计算机的过程中应注意安全与卫生问题，遵守实训室的规章制度。本项目可以小组或个人形式完成					

项 目 小 结

本项目的实训内容是应用 AutoCAD 软件绘制、编辑与显示三维模型。通过本项目的技能训练，同学们应该能正确分析、识读三维模型；掌握在三维建模工作空间中绘制、编辑三维基本模型及组合体；会运用布尔运算构建复杂实体模型；并能根据需要采用不同的视觉样式和视角展示三维模型。

拓 展 训 练

绘制如图 6-35 所示的 4 个三维实体模型。

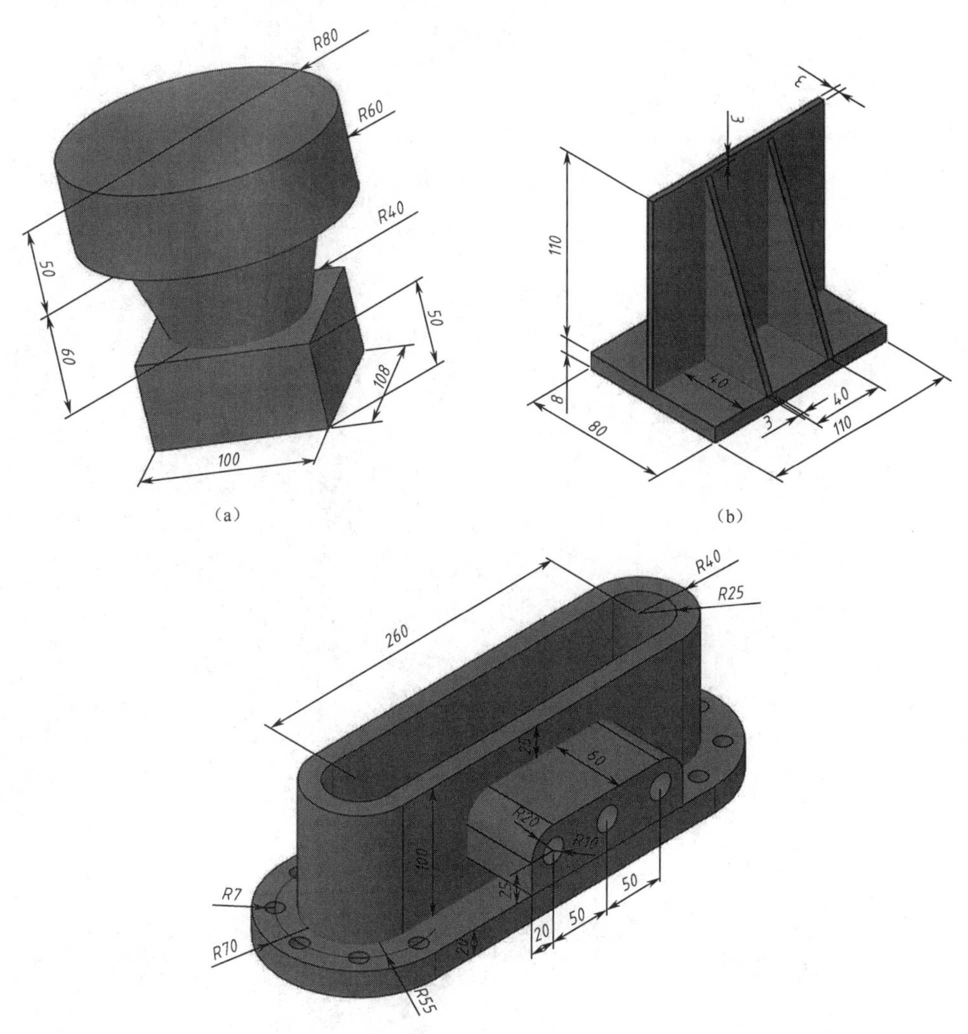

图 6-35 项目拓展

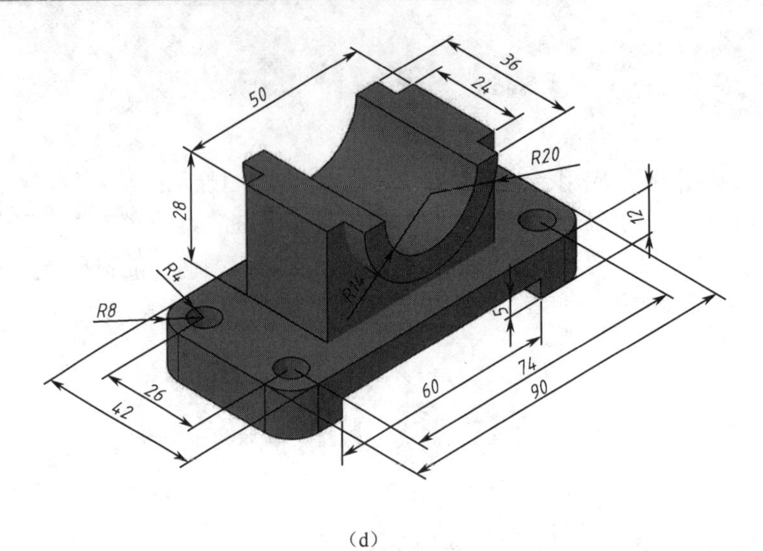

（d）

图 6-35　项目拓展（续）

项目 7 传动轴零件图的绘制

机械制图中以零件图来表达单个零件的结构、尺寸及技术要求。它是制造、检验零件的依据，是指导零件生产的重要技术文件。

项目任务分析

本项目将通过传动轴零件图的绘制，使读者明确零件图的基本内容、技术要求、图样的基本表示法、如何识读零件图、如何绘制零件图，掌握 CAD 软件中图块的创建和使用、尺寸公差、形位公差的标注等各技能点。使用 CAD 软件进行传动轴零件图的绘制，保存为“*.dwg”格式文件。图纸采用国标 A3 图幅横放，采用 1∶1.5 比例绘制，图框格式为留装订边，标题栏采用国标 GB/T 10609.1-1989 中的标题栏格式，绘制断面图时应遵循国标 GB/T 17452-1998 和 GB/T 4458.6-2002 中的有关规定（图 7-1）。

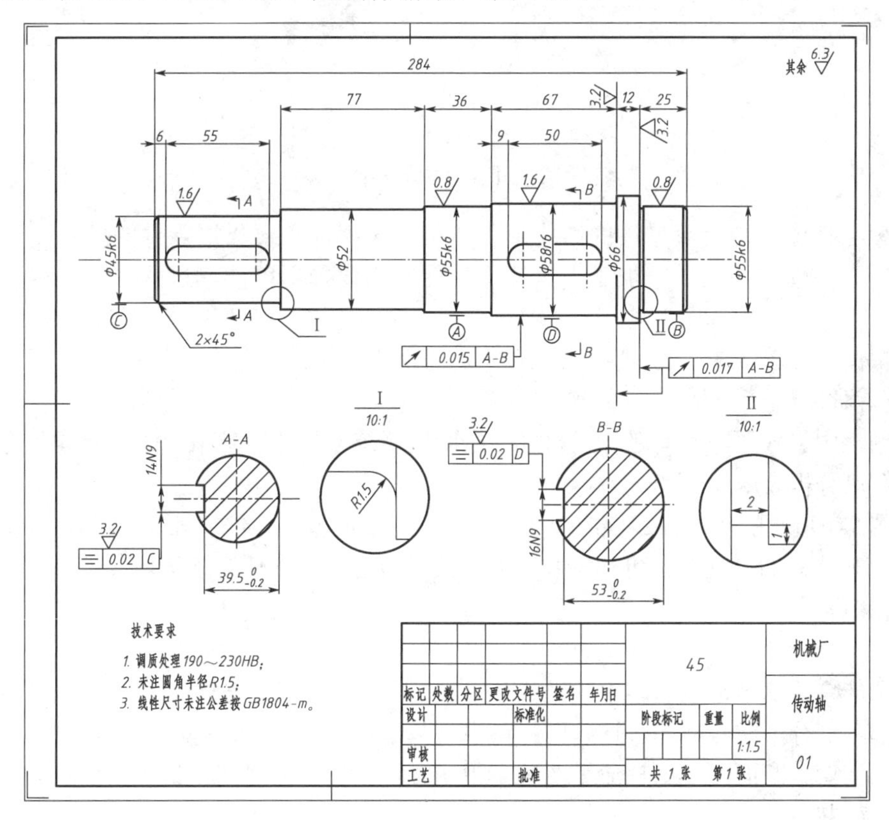

图 7-1 传动轴零件图图纸

任务 1　技能实训

技能 1　识读零件图

零件是组成机器的最小单元（图 7-2），零件图（图 7-1）是表达单个零件结构、大小及技术要求的图样，是在制造和检验机器零件时所用的图样，是指导零件生产的重要技术文件。

图 7-2　不同类型的零件实体

识读零件图就是看懂零件的结构形状、尺寸大小，还要弄清零件的技术要求、自然概况等，以方便零件的生产加工。识读零件图时仍要采用以前学过的形体分析法和线面分析法。

在识读零件图（图 7-1）时，应从以下四方面来分析。

1. *看标题栏*

标题栏中记载了零件的名称、材料、绘图比例等零件的自然概况，可对零件有初步了解，进而可分析其用途。

如图 7-1 所示的传动轴零件图，从其标题栏可知该零件为传动轴，材料为 45 钢，绘图比例为 1∶1.5。通过其名称可知该零件的主要作用是用于支承转动零件（齿轮、带轮等）和传递转矩。

2. *看各图形*

为了能完整清晰地表达零件的结构和形状，零件图上往往绘制多个不同类型的图样表示零件的各部分形状和结构。这些图样可以是基本视图，也可以是向视图、局部视图、斜视图、剖面图、断面图及局部放大图等。识图时首先找到主视图，识读主视图，再根据投影规律分析其各图样。

如图 7-1 所示的传动轴零件图，轴横放，采用主视图来表达它的整体结构形状，用移出断面反映两个键槽的深度，用局部放大图表示细部结构形状。

3. 看尺寸标注

尺寸是零件加工的重要依据，尺寸看不懂或看错尺寸将造成废品。因此，看尺寸一定要认真、仔细。看尺寸首先要弄清径向尺寸基准和长度尺寸基准，再从基准出发找出各部分的定位、定形尺寸及总体尺寸。

如图 7-1 所示的传动轴零件图，传动轴的径向尺寸基准是轴心线，长度尺寸基准为右端面，总长度为 284mm 。

4. 看技术要求

为了控制零件的质量，在零件图上应给出必要的技术要求，如表面粗糙度、尺寸公差、形位公差、热处理等，这些技术要求都是按国标规定的各种符号、代号、标记标注在图形上的。当零件表面需要全部进行某种热处理时，可用文字注写在标题栏附近的空白处加以统一说明。看技术要求时必须逐项识读，清楚分析各项的意义，把握对技术要求较高的部位和要素。

如图 7-1 所示的传动轴零件图，从所注表面粗糙度的情况看，直径为 55mm 的两段轴的 *Ra* 值均为 0.8μm ，在加工表面中要求是最高的，只有经过精心的磨削才能达到。图中尺寸ϕ45k6、ϕ55k6、ϕ58r6、16n9 表达了轴与其他零件的配合关系。对于零件的宏观几何形状和相对位置公差也要加以限制，如 | ↗ | 0.015 | A-B | 表示ϕ58 轴外圆表面对公共基准线 *A-B* 的圆跳度为 0.015mm； | ⌯ | 0.02 | C | 表示键槽中心平面对基准 *C* 的对称度为 0.02mm。由“技术要求”文字可知该零件需要进行调质处理。在对零件加工时一定要满足图纸上标注的各种技能要求，从而保证零件的质量。

总之，一张完整的零件图应包括如下四个方面的内容：一组表达零件的图形、一组尺寸、技能要求及标题栏。在识读时，将零件的结构、尺寸、技术要求等综合起来，才能对零件有一个全面的认识，从而达到读懂零件图的要求。在识读零件图时，上述步骤不能截然分开，应交替进行。

技能 2　图样的基本表示法

对于一些结构较复杂的零件，仅用前面学过的三视图无法清晰表达出零件的内外形状，因此，在零件图上往往使用多个不同种类的图示方法来表示零件的外部形状、内部形状及断面形状等。在国标《技术制图》、《机械制图》中给出了图样的基本表示法。

一、视图

1. 基本视图

在三投影体系的基础上，再增设三个相互垂直的投影面，从而构成正六面体。正六面体的六个面称为基本投影面。将机件放在正六面体中，由前、后、左、右、上、下六个方向，分别向六个基本投影面投射所得的视图称为基本视图。基本视图除了前面介绍过的主视图、俯视图和左视图外，还有以下三种视图。

（1）后视图：从后向前投射所得的视图，与主视图的投射方向相反。

（2）仰视图：从下向上投射所得的视图，与俯视图的投射方向相反。

（3）右视图：从右向左投射所得的视图，与左视图的投射方向相反。

将六面体按如图 7-3 所示的方式展开，得到在同一个平面的 6 个基本视图，它们的配置关系如图 7-4 所示。

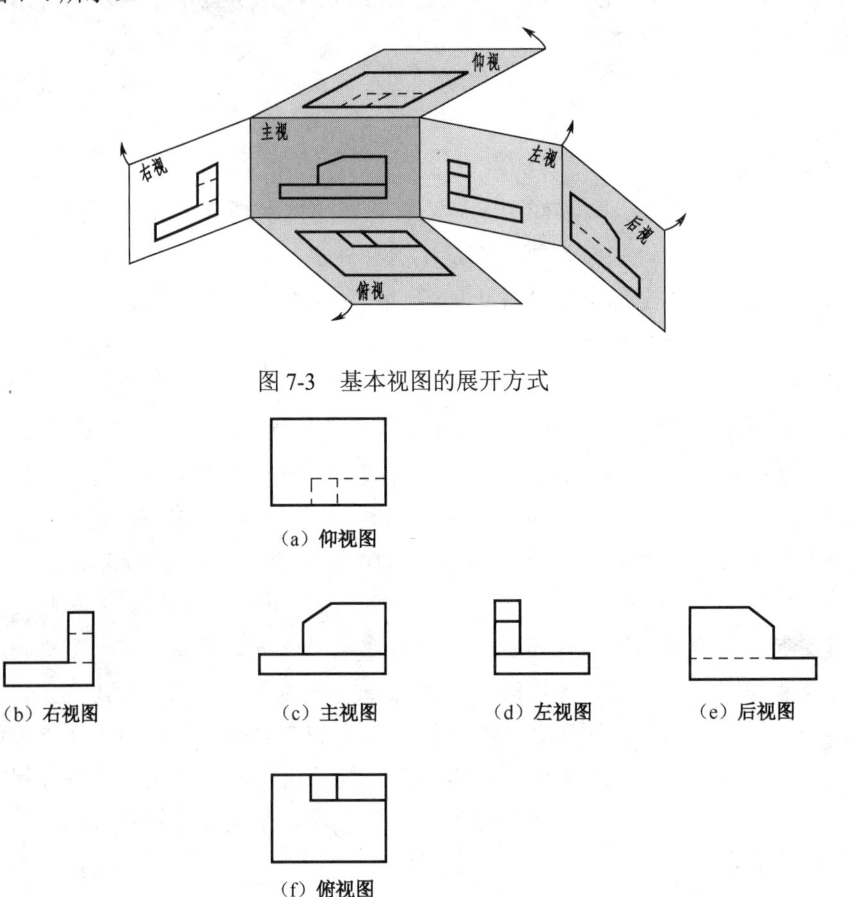

图 7-3　基本视图的展开方式

（a）仰视图

（b）右视图　（c）主视图　（d）左视图　（e）后视图

（f）俯视图

图 7-4　基本视图的配置关系

六个基本视图之间要满足“长对正、高平齐、宽相等”的投影关系。绘制机件图样时要根据零件的结构特点选择视图，一般应优先考虑选用主、俯、左三个基本视图，再选其他视图。

2. 向视图

向视图是可以自由配置的视图（图 7-5）。在向视图的上方标注字母，在相应视图附近用箭头指明投射方向，并标注相同的字母。表示投射方向的箭头尽可能配置在主视图上，表示后视投射方向的箭头才配置在其他视图上。

3. 局部视图

局部视图是将物体的某一部分向基本投影面投射所得的视图（图 7-6）。

局部视图可按基本视图的配置形式配置，也可按向视图的配置形式配置。当按向视图配置时，用带字母的箭头指明要表达的部位和投射方向，并注明视图名称。局部视图的范围用波浪线表示，当表示的局部结构是完整的且外轮廓封闭时，波浪线可省略。

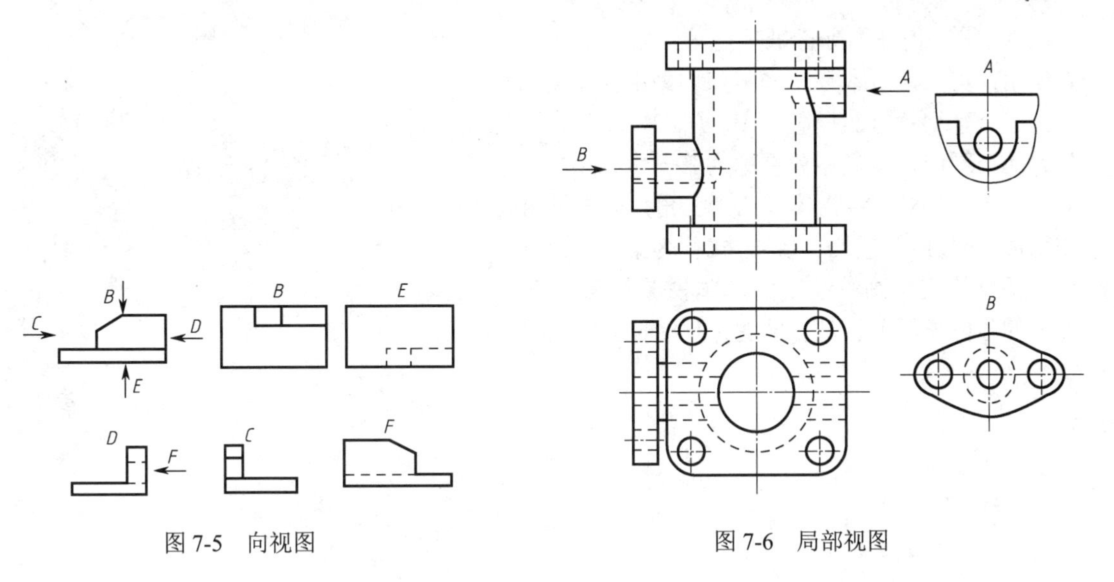

图 7-5 向视图　　图 7-6 局部视图

4. 斜视图

当物体的表面与投影面成倾斜位置时，其投影不反映实形，需要增设一个与倾斜表面平行的辅助投影面，将倾斜部分向辅助投影面投射。这种机件向不平行于基本投影面的平面投射所得的视图称为斜视图（图 7-7）。

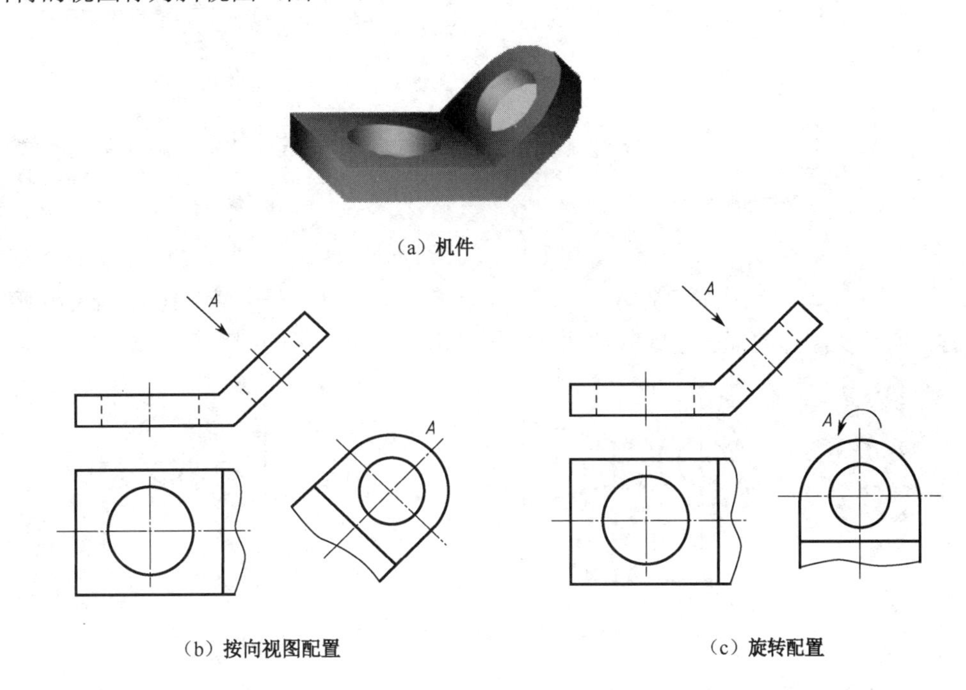

（a）机件

（b）按向视图配置　　（c）旋转配置

图 7-7 斜视图

斜视图通常按投射方向配置和标注，允许将斜视图旋转配置，但需在斜视图上方注明。斜视图的断裂边界用波浪线或双折线表示。

5. 第三角画法简介

我国国标《技术制图图样画法视图》（GB/T 17451-1998）规定优先采用第一角画法绘

制机件图样，但在国际标准规定第三角画法与第一角画法等效使用，美国、日本等一些国家均采用第三角画法。

三个互相垂直的投影面 *V*、*H*、*W*，将 *W* 面左侧空间划分为四个区域，按顺序分别称为第一角、第二角、第三角、第四角（图 7-8）。将物体放在第三角，使投影面处在观察者和物体之间进行投射。这种方式称为第三角画法。

采用第三角画法绘制的基本视图与第一角画法的基本视图的各自视图形状是相同的，但相对于主视图的位置不同（图 7-9）。

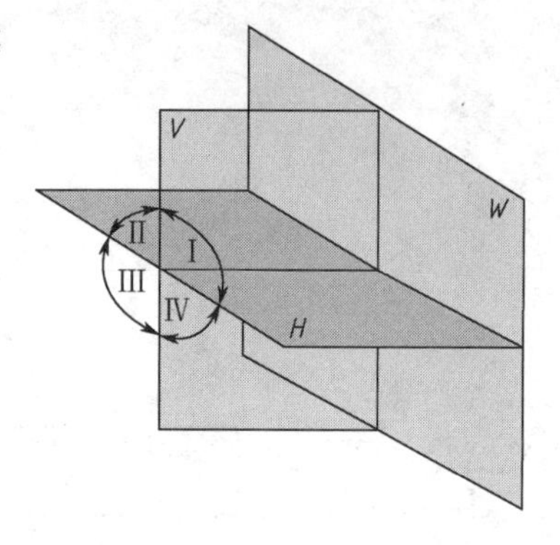

图 7-8　投影面的四个分角

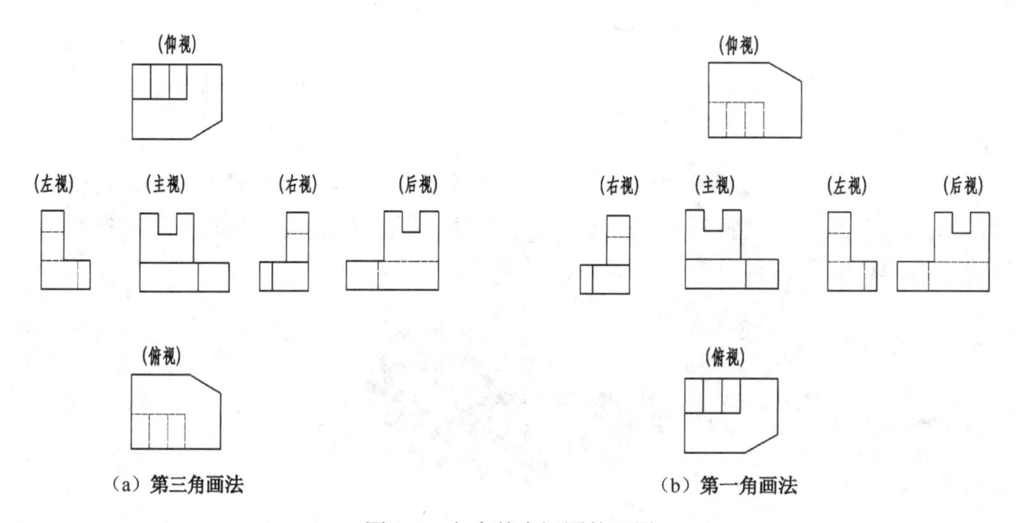

图 7-9　六个基本视图的配置

无论是第一角画法还是第三角画法均有各自的识别符号（图 7-10）。当采用第三角画法时，必须在图样的标题栏或其他适当位置画出第三角投影的识别符号（图 7-11）。

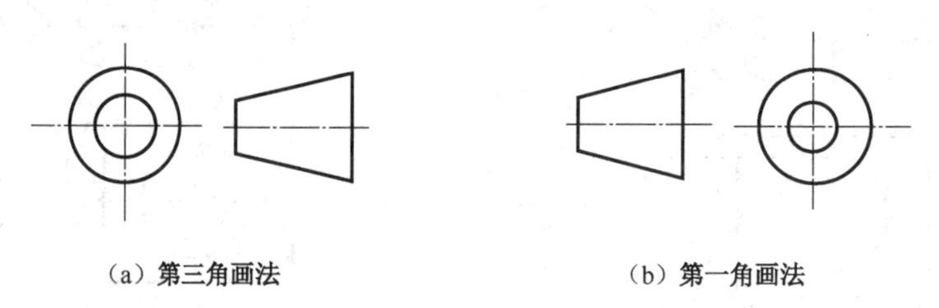

（a）第三角画法　　（b）第一角画法

图 7-10　第一角画法和第三角画法的识别符号

二、剖视图

在绘制图样时，用虚线表示机件上不可见的内部结构形状，机件不可见的内部结构形状越复杂，虚线越多，由于在这样的图样中虚、实线交叉重叠，影响图样的清晰度，不便看图，也不便画图和标注尺寸。为解决这一问题，国标中规定使用剖视图来表达机件上不可见的内部结构，如图 7-12（b）所示。

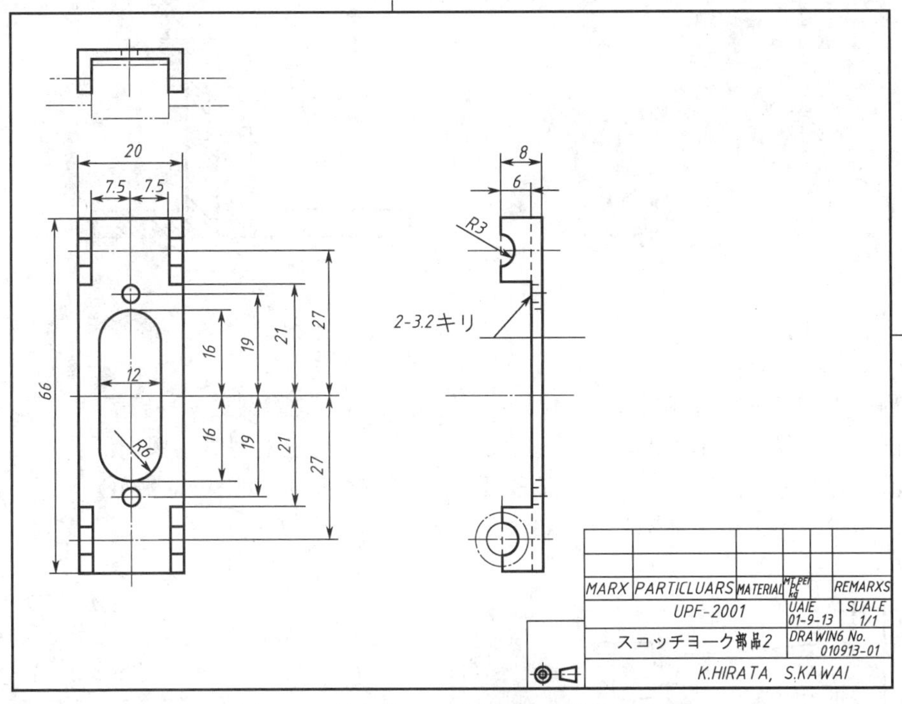

图 7-11　带有第三角投影识别符号的零件图

1. 剖视图的形成

假设用一剖切面剖开物体，将处在观察者和剖切面之间的部分移去，将其余部分向投影面投射所得的图形，称为剖视图，简称剖视（图 7-12）。

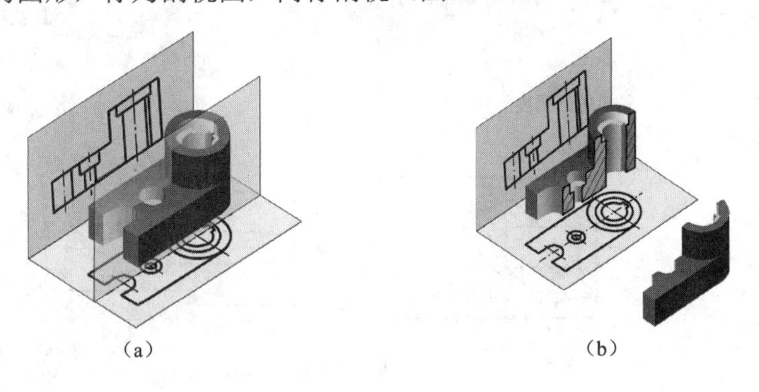

（a）　　　　（b）

图 7-12　剖视图的形成

2. 剖视图的种类

1）全剖视图

对于外形较简单，内形较复杂，而图形又不对称的机件，往往用剖切面完全剖开物体得到其全剖视图（图 7-13）。

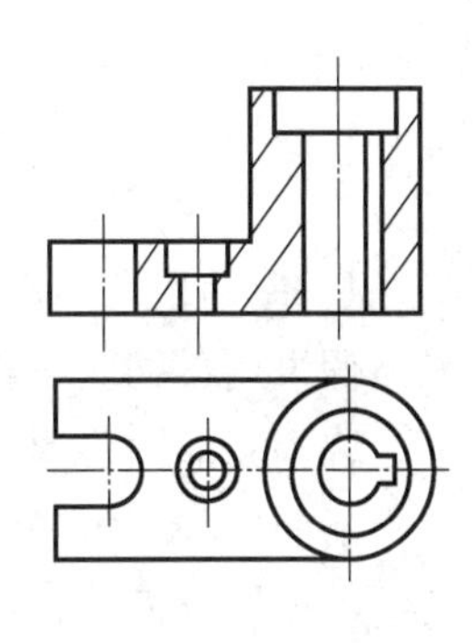

图 7-13　全剖视图

2）半剖视图

对于内、外形都需要表达，而形状对称或基本对称的机件，以其对称线为界，一半画视图，一半画剖视，形成半剖视（图 7-14）。

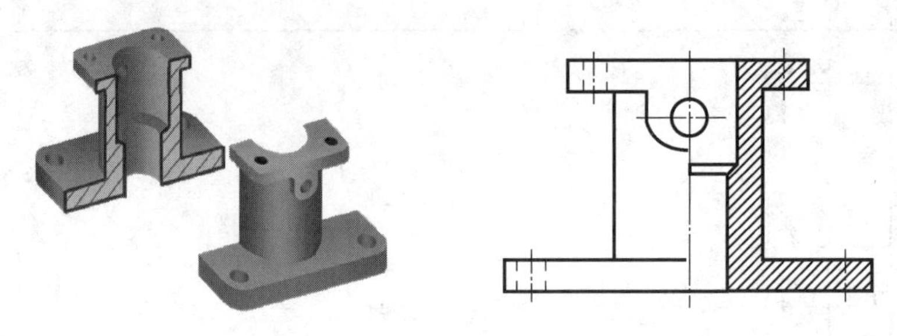

图 7-14　半剖视图

3. 局部剖视图

用剖切平面局部剖开物体所得的剖视图称为局部剖。局部剖是一种较灵活的表示方法，适用范围较广，只有局部内形需要剖切表示，而不宜采用全剖视时，用局部剖，如图 7-15（a）所示。当不对称机件的内、外形都需要表达，用局部剖，如图 7-15（b）所示。实心杆上有孔、槽时，应采用局部剖视，如图 7-15（c）所示。

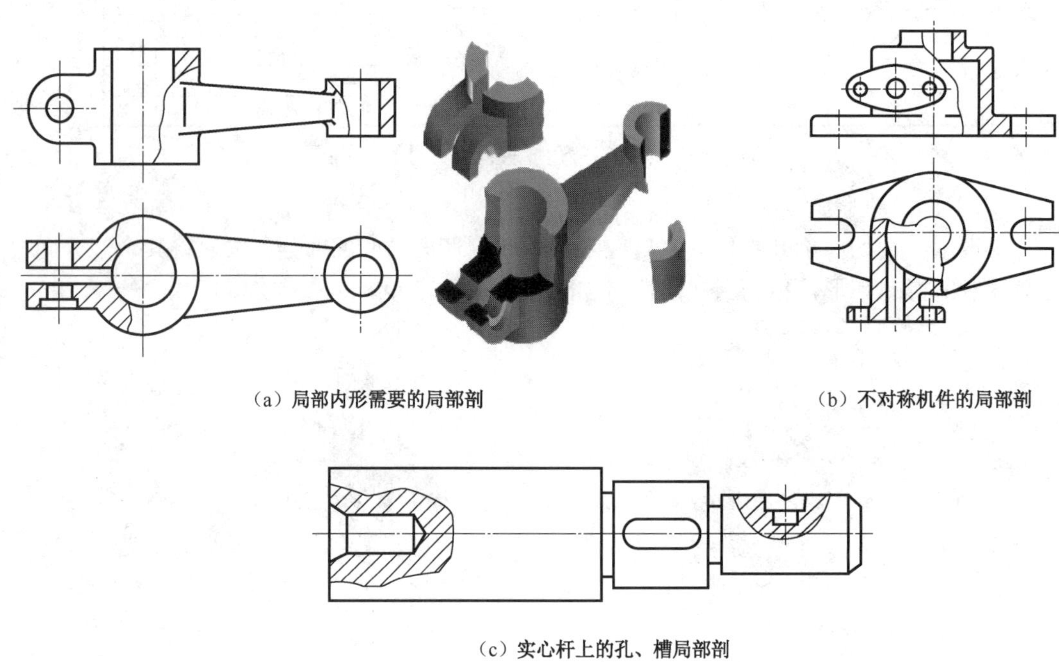

（a）局部内形需要的局部剖　（b）不对称机件的局部剖

（c）实心杆上的孔、槽局部剖

图 7-15　局部剖视图

三、断面图

1. 断面图的形成

假设用剖切面将物体的某处切断，只画出该剖切面与物体接触部分（剖面区域）的图形，称为断面图（图 7-16）。它通常用来表示物体上某一局部的断面形状。

断面图与剖视图的区别在于断面图只画出物体被切处的断面形状，剖视图还画出断面后的可见部分投影。

2. 断面图的种类

1）移出断面图

移出断面图是画在视图之外的，其轮廓线用粗实线绘制。移出断面图一般配置在剖切线的延长线上或其他适当的位置，如图 7-16（b）所示。

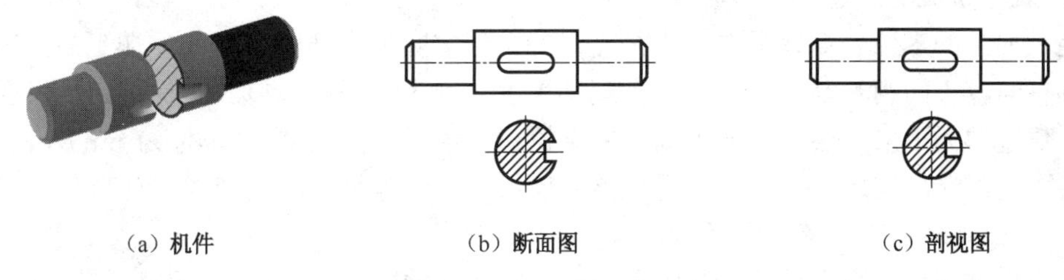

图 7-16 断面图的形成

2）重合断面图

重合断面图画在视图之内，其轮廓线用细实线绘制。当视图中的轮廓线与断面图的图线重合时，视图中的轮廓线仍应连续画出（图 7-17）。

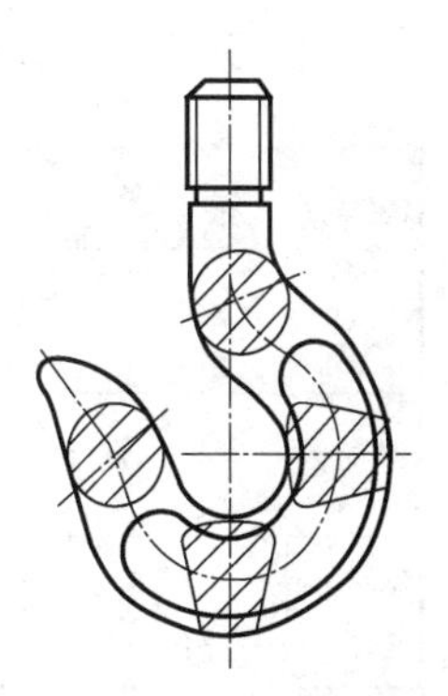

图 7-17 重合断面图

四、局部放大图

当机件上部分结构的图形过小，在视图中表达不清晰时，可用大于原图的比例画出，并将它放置在图纸的适当位置。用这种方法画出的图形称为局部放大图（图 7-18）。

在视图上用细实线圈出被放大的部分，在被放大部位的附近画出局部放大图。局部放大图可画成视图、剖视图、断面图。同一物体上有几个放大部分，应用罗马数字依次标明被放大部分，并在局部放大图上方标注相应的罗马数字和所采用的比例（图 7-18）。

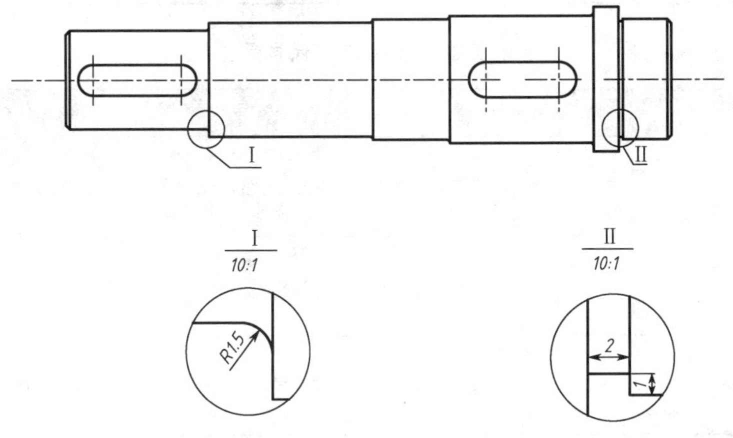

图 7-18 局部放大图

技能 3 零件图上的技术要求

为了控制零件质量，在零件图上除了有图形并标注尺寸外，还需要各项技术要求，包括零件的表面粗糙度，重要尺寸的尺寸公差和形位公差、螺纹公差、齿轮公差等专用公差及特殊的加工、检验和试验要求、材料和热处理要求。下面对各项技术要求相关内容进行简单介绍。

一、表面粗糙度

1. 表面粗糙度的意义及参数

经过加工的零件表面肉眼看上去是光滑的，但实际上是凸凹不平的。加工后，零件表面上具有的较小间距和峰谷所组成的微观不平度，称为表面粗糙度。国标规定，表面粗糙度以参数值的大小来评定，生产中优先使用轮廓算术平均偏差 *Ra*（单位为 μm）。*Ra* 值越大，表面越粗糙；反之，表面越光滑平整，但加工工序越复杂，生产成本越高。

2. 表面粗糙度代（符）号及其注法

表面粗糙度代号由表面粗糙度符号及标注在其上的参数构成。表面粗糙度符号如表 7-1 所示，表面粗糙度代号标注如表 7-2 所示。

表 7-1　表面粗糙度符号

符　号	意　义
	用任何方法获得的表面
	用去除材料的方法获得的表面
	用不去除材料的方法获得的表面
	横线上用于标注的有关参数和说明
	表示所有表面具有相同的表面粗糙度要求

表 7-2　表面粗糙度代号标注

符　号	意　义
3.2	用任何方法获得的表面粗糙度，*Ra* 值的上限值为 3.2μm
3.2	用去除材料的方法获得的表面粗糙度，*Ra* 值的上限值为 3.2μm
3.2	用不去除材料的方法获得的表面粗糙度，*Ra* 值的上限值为 3.2μm
3.2 1.6	用去除材料的方法获得的表面粗糙度，*Ra* 值的上限值为 3.2μm，*Ra* 值的下限值为 1.6μm

3. 表面粗糙度的注法示例（图 7-19）

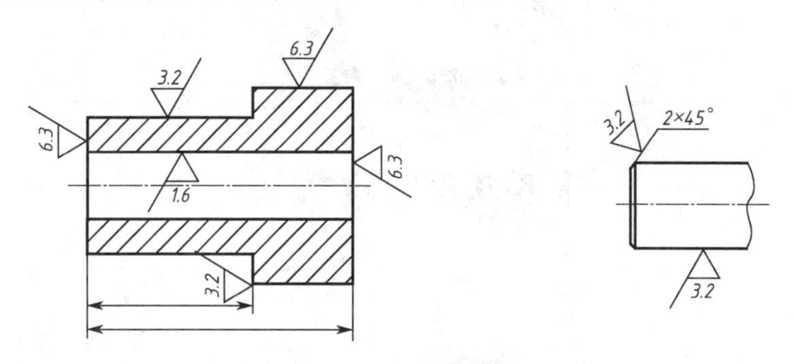

图 7-19　表面粗糙度的注法示例

观察以上两个图形中粗糙度代号可知，粗糙度符号的尖端必须从材料外指向被标注的表面。

二、尺寸极限与配合

在工业生产中，同一批零件不经挑选和辅助加工，任取一个就可顺利装到机器上，并满足机器的性能要求，这就是零件的互换性。为了保证零件具有这样的互换性，由设计者根据极限与配合标准，确定零件合理的配合要求和尺寸极限。

1. 公差的基本概念

生产零件时，零件尺寸不可能绝对准确，总会与设计时的尺寸有一定误差，为了使零件具有良好的互换性，须将零件的尺寸误差控制在一定范围内。

设计时确定的尺寸称为基本尺寸。零件制成后实际测得的尺寸称为实际尺寸。允许零件实际尺寸变化的两个界限值称为极限尺寸。允许实际尺寸的最大值称为最大极限尺寸，允许实际尺寸的最小值称为最小极限尺寸。最大极限尺寸与基本尺寸之差称为上偏差，最小极限尺寸与基本尺寸之差称为下偏差。零件尺寸允许的变动量称为尺寸公差，简称公差，其数值等于最大极限尺寸与最小极限尺寸之差，或等于上偏差与下偏差之差。上、下偏差统称为极限偏差，其数值可为正值、负值或零，但公差是绝对值，没有正负之分，也不可能为零。合格零件的实际尺寸大小应在最大极限尺寸和最小极限尺寸之间。

如图 7-20 所示的轴的尺寸 $\phi 60^{+0.015}_{-0.008}$ 中，ϕ60 是基本尺寸，+0.015 是上偏差，−0.008 是下偏差，最大极限尺寸为 60+0.015=60.015，最小极限尺寸为 60−0.008=59.992，零件加工后的实际尺寸只要在这两个数之间，就是合格的。

2. 在零件图中极限的标注

如图 7-21 所示，在基本尺寸后标注出公差带代号（基本偏差代号和标准公差等级数字）。图中，ϕ30H8 表示基本尺寸为ϕ30，基本偏差为 H，公差等级为 8 级的孔；ϕ30f7 表示基本尺寸为ϕ30，基本偏差为 *f*，公差等级为 7 级的轴。

如图 7-22 所示，标注出基本尺寸及上、下偏差值，上偏差应标注在基本尺寸右上方，下偏差与基本尺寸标注在同一底线上，字体应比基本尺寸小一号。

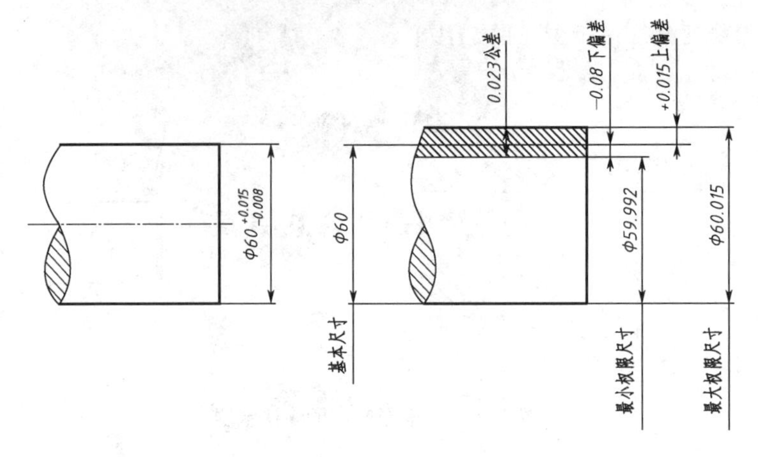

图 7-20　公差的基本概念

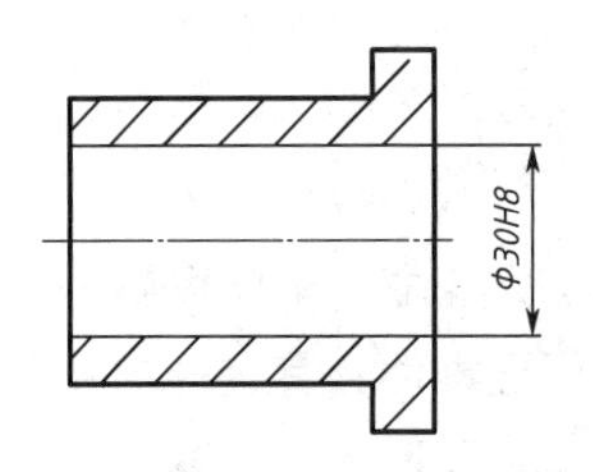

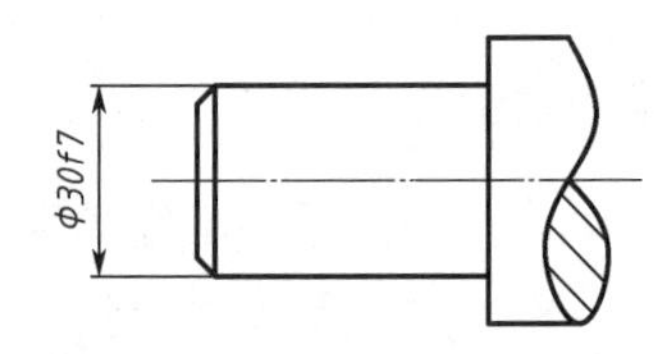

图 7-21　公差代号的标注

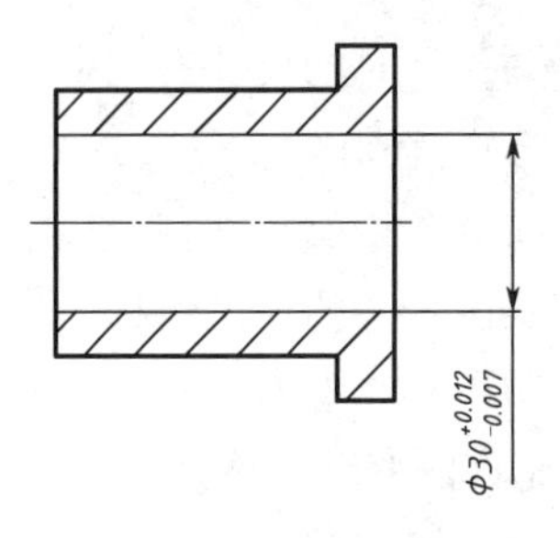

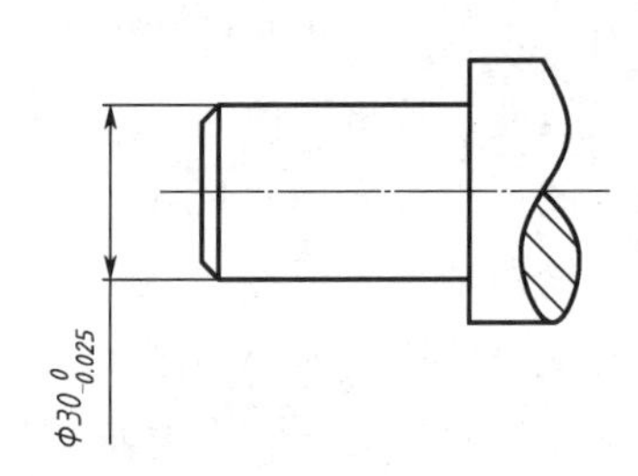

图 7-22　偏差数值的标注

3. 在装配图中的配合标注

配合是指基本尺寸相同的，相互结合的孔、轴公差带之间的关系。在装配图上，以分数形式标注孔、轴公差带代号的组合来表示配合代号，如图 7-23 所示，ϕ30H8/f7 表示基本尺寸为ϕ30，基孔制，基本偏差为 f，公差等级为 7 级的轴与公差等级为 8 级基准孔的配合。

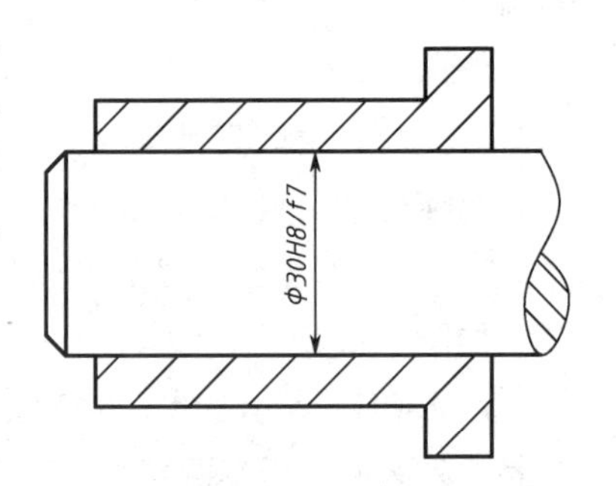

图 7-23　配合代号的标注

三、形状和位置公差

在工业生产中，为了保证零件具有互换性，仅仅保证零件的尺寸公差是不够的，还要保证形位公差，这样的零件才是合格的零件。

1. 基本概念

生产完成的零件不仅尺寸有误差，其几何形状、实际位置与理想位置之间都有误差，其中，形状误差的允许变动量称为形状公差，位置误差的允许变动量称为位置公差，形状和位置公差简称形位公差。

2. 形位公差特征项目符号

国标中规定形位公差的特征项目符号，如表 7-3 所示。

表 7-3 形位公差特征项目符号

类别	项目	符号	类别	项目	符号	类别	项目	符号
形状公差	直线度	—	形状或位置公差	线轮廓度	⌒	位置公差 定位	同轴度	◎
				面轮廓度	⌓		对称度	⌯
	平面度	▱	位置公差 定向	平行度	//		位置度	⌖
	圆度	○		垂直度	⊥	位置公差 跳动	圆跳动	↗
	圆柱度	⌭		倾斜度	∠		全跳动	⌰

3. 形位公差的标注格式

在标注时，形位公差要求在矩形方框中给出，该方框由两格或多格组成，框格中的内容从左到右依次为公差特征项目符号、公差值、基准。如图 7-24 所示，图中标注的形位公差含义如下：

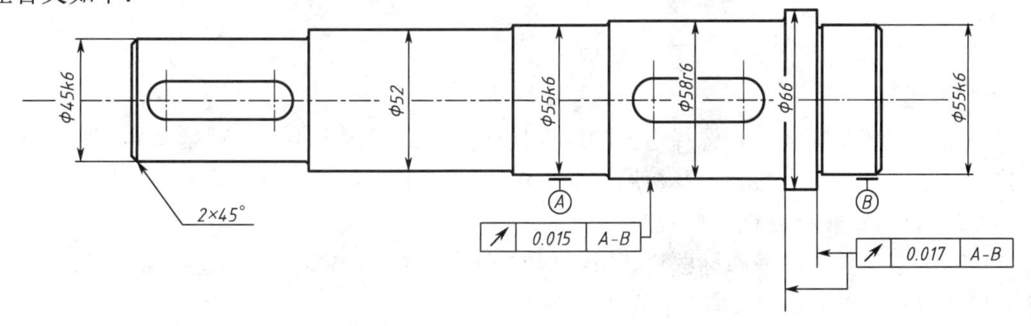

图 7-24 形位公差标注示例

（1）[↗ | 0.015 | A-B]：ϕ58 的外圆表面对公共基准线 *A-B* 的径向圆跳动公差为 0.015。

（2）[↗ | 0.017 | A-B]：ϕ66 的外圆表面对公共基准线 *A-B* 的径向圆跳动公差为 0.017。

四、热处理

在机器零件的生产、制造过程中，为改善机件材料的力学性能、加工工艺性能及使用性能，提高机件的耐疲劳性、耐腐蚀性、耐磨性及表面美观性等，常对机件采用热处理的方法。热处理可分为退火、正火、淬火、回火、调质及表面热处理等。

当机件表面需要全部进行某种热处理时，可在技术要求中用文字统一加以说明。当机件表面需要局部进行热处理时，可在技术要求中用文字加以说明，也可在零件图上标注。

需要将机件局部热处理或局部镀（涂）覆时，应用粗点画线画出其范围并标注相应的尺寸，也可将其要求注写在表面粗糙度符号长边的横线上，如图 7-25 所示。

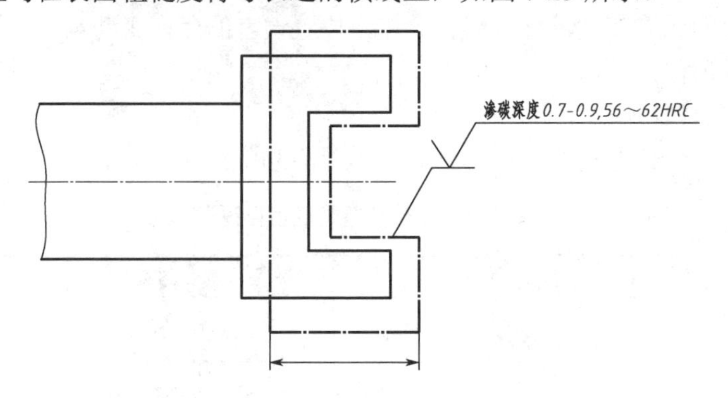

图 7-25　表面局部热处理标注

技能 4　绘制零件图的步骤和方法

在绘制零件图前，首先要了解零件的用途、结构特点、材料及相应的加工方法，再分析零件的结构形状，确定零件的视图表达方案，然后进行图形绘制。

现以传动轴（7-26）零件图为例，介绍零件图的具体绘制步骤和方法。

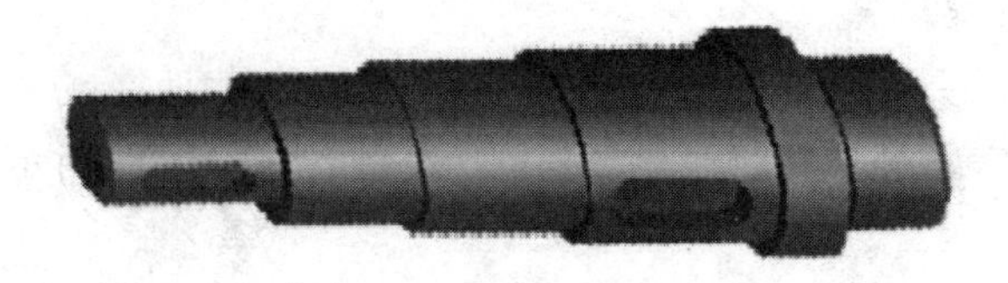

图 7-26　传动轴

1. 定图幅

根据视图数量和大小，选择适当的绘图比例，确定图幅大小。传动轴零件图需要绘制出其主视图、轴的两个断面图及两局部放大图，绘图比例为 1：1.5，采用 A3 图幅。

2. 画出图框和标题栏

传动轴零件图的图框和标题栏，如图 7-27 所示，为 A3 图幅横放，留有装订边的图纸，标题栏采用 GB/T 10609.1-1989 中的规定格式。

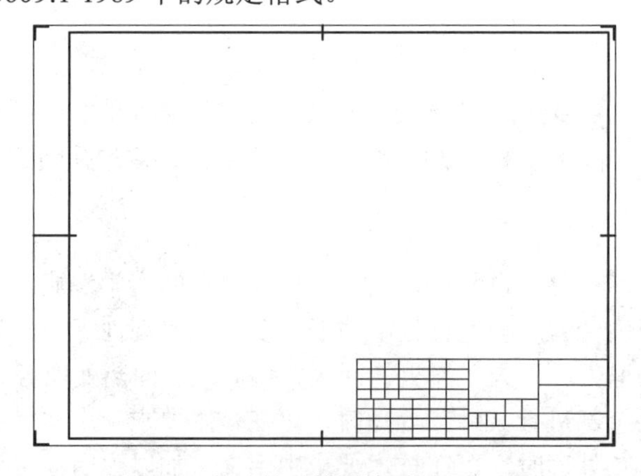

图 7-27　传动轴零件图的图框和标题栏

3. 布置视图

根据各视图的轮廓尺寸，画出确定各视图位置的基线。画图基线包括对称线、轴线、某一基面的投影线。应在各视图之间留出标注尺寸的位置。如图 7-28 所示，其中较长的水平线是传动轴主视图的轴线，其余两组相交的直线为两个断面图的中心线。

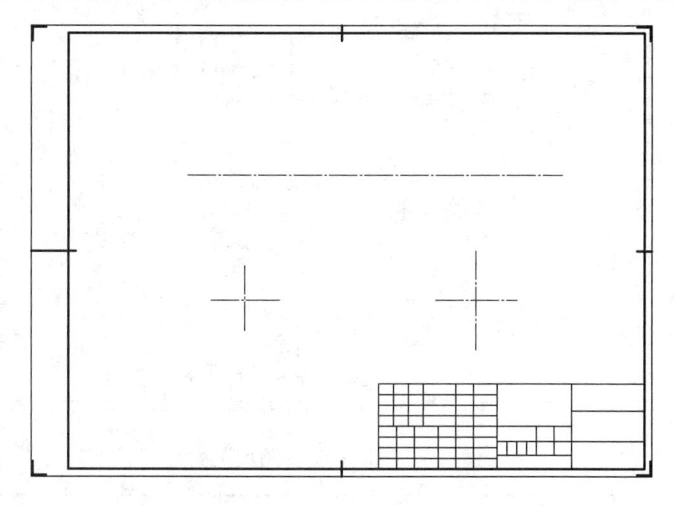

图 7-28 各视图位置的基线

4. 画底稿

按投影关系，逐个画出各个形体，先画主要形体，后画次要形体；先定位置，后定形状。如图 7-29 所示为传动轴零件图初稿。

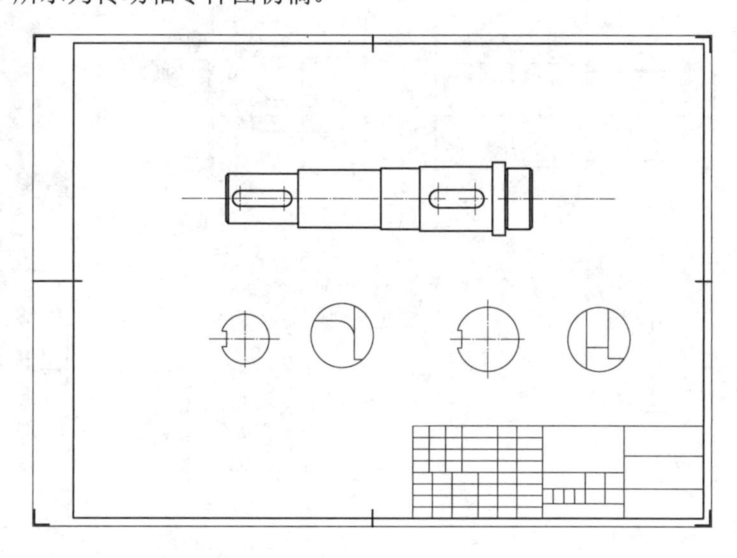

图 7-29 传动轴零件图初稿

5. 加深

检查无误后，加深并画剖面线。如图 7-30 所示为传动轴零件图加深稿。

6. 完成零件图

对加深后的零件图进行标注，包括尺寸标注、表面粗糙度标注、尺寸公差标注、文字标注，填写技术要求和标题栏中的文字。如图 7-31 所示的传动轴零件图完成稿。

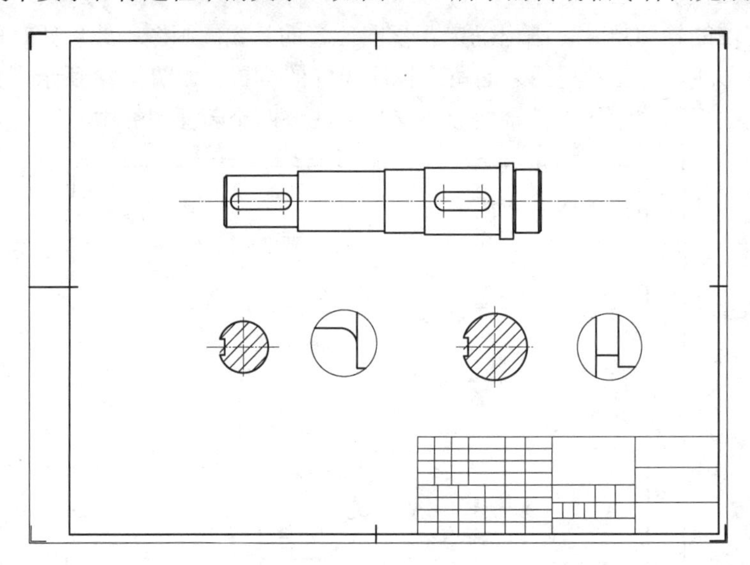

图 7-30　传动轴零件图加深稿

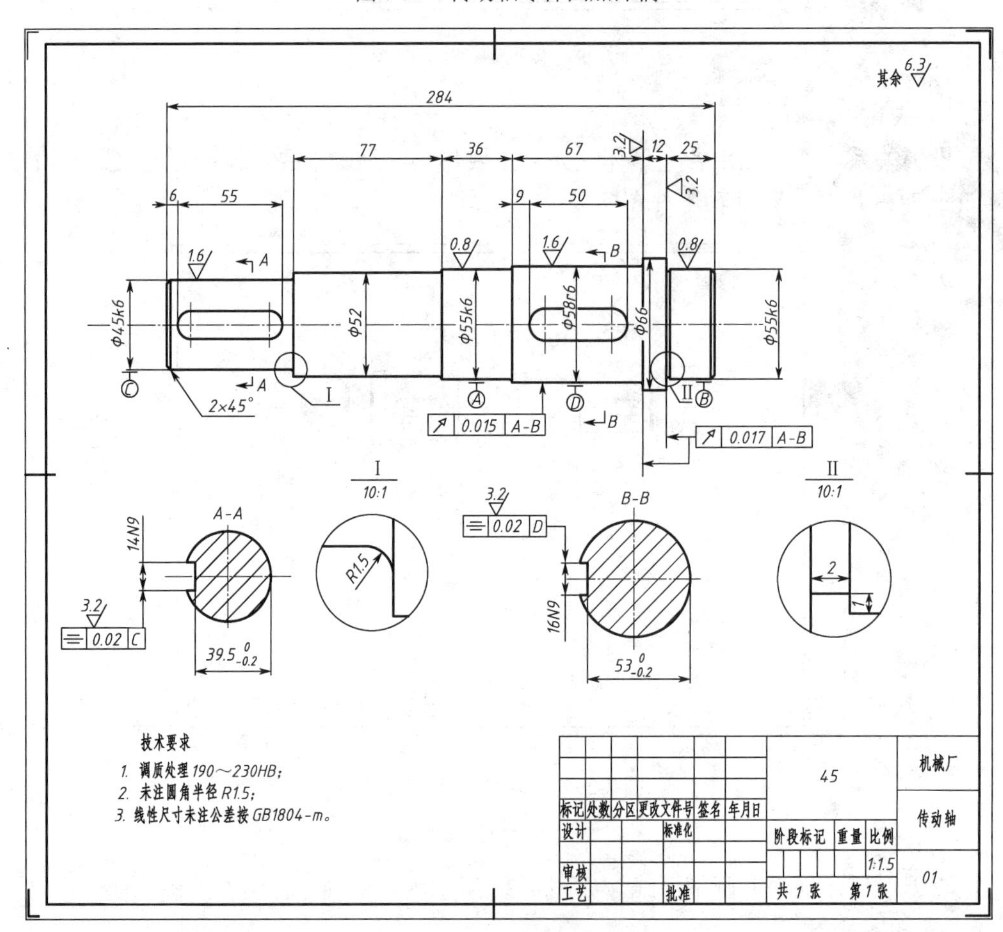

图 7-31　传动轴零件图完成稿

技能 5　创建和使用图块

在使用 CAD 软件绘制零件图时，要标注多个粗糙度符号和基准。为减少重复操作，加快绘图速度，往往将粗糙度符号和基准图形创建成图块，可反复插入使用。

图块是以一个名称命名的一组对象的总称，可作为一个单独的、完整的对象操作。要创建和使用一个图块，首先要绘制好组成图块的图形实体，然后再对其进行创建。如果需要使用带有属性的块，则在创建块时要先定义块属性再定义块。最后根据需要将已创建好的图块按缩放比例和旋转角度插入指定的位置，以满足工程图需要。

图块分为内部块和外部块两类，在创建图块过程中使用不同的 CAD 命令。内部块是只能在创建该块图形的文件内部使用而不能应用于其他图形文件的图块。通常在绘制较复杂的图形时，会用到内部图块。外部块是以图形文件的形式保存在计算机的图块中，可以在其他图形文件中一样打开、编辑和插入，外部块应用较为广泛。

一、设置图块属性

有的图块不仅有图形，还有非图形的文本信息，就像附在商品上的标签一样。如粗糙度图块除了有表示粗糙度符号的图形外，还有标注在粗糙度上的参数，这个参数作为粗糙度图块的属性，与粗糙度符号图形一起构成一个整体，在插入图块时用户可以根据提示，输入不同的属性值，一起插入图形中的适当位置。

【命令功能】

该命令用于为图块定义属性。

【输入命令】

菜单栏：选择“绘图”→“块”→“定义属性”命令。
命令行：ATTDEF。

【命令操作】

执行上述命令之一后，系统会弹出如图 7-33 所示的“属性定义”对话框，在该对话框中进行各选项的设置。

二、定义内部图块

【命令功能】

该命令用于创建在已打开的图形中保存的内部图块。

【输入命令】

菜单栏：选择“绘图” →“块”→“创建”命令。
绘图工具栏：单击“创建块”按钮。
命令行：BLOCK。

【命令操作】

执行上述命令之一后，系统会弹出如图 7-34 所示的“块定义”对话框，在该对话框中进行各选项的设置。

【实例 7-1】创建粗糙度属性图块，块名为粗糙度，属性值为 0.8，如图 7-32 所示。

命令行窗口的操作步骤如下：

命令: _line 指定第一点: //绘制图块图形

指定下一点或 [放弃(U)]: @-100，0

指定下一点或 [放弃(U)]: @50，-100

指定下一点或 [闭合(C)/放弃（U）]: c

命令: _lengthen

选择对象或 [增量（DE）/百分数(P)/全部(T)/动态(DY)]: de

输入长度增量或 [角度(A)] <100.0000>:100

选择要修改的对象或 [放弃(U)]:

选择要修改的对象或 [放弃(U)]:

命令: _attdef //定义图块属性，在“属性定义”对话框中设置各选项，如图 7-33 所示

命令: _block//定义图块，在“块定义”对话框中设置各选项，如图 7-34 所示

选择对象: 指定对角点: 找到 4 个

选择对象:

图 7-32　粗糙度图块

图 7-33　图块“属性定义”对话框

图 7-34　图块“块定义”对话框

三、定义外部图块

【命令功能】

该命令用于创建以图形文件的形式保存在计算机中的外部图块。

【输入命令】

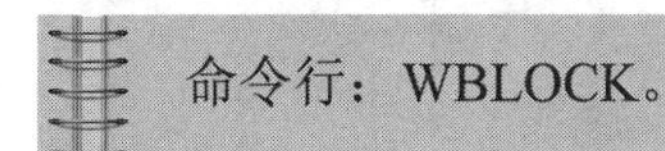

命令行：WBLOCK。

【命令操作】

在命令行输入 WBLOCK 后，按 Enter 键，系统会弹出如图 7-34 所示的“写块”对话框，在该对话框中进行各选项的设置。

【实例 7-2】将实例 7-1 创建的粗糙度属性图块定义为外部块。

命令行窗口的操作步骤如下：

命令: wblock//定义外部图块，在“写块”对话框中设置各选项，如图 7-35 所示

图 7-35 “写块”对话框

四、插入图块

【命令功能】

该命令用于将已创建好的图块按要求缩放或旋转插入指定的位置。

【输入命令】

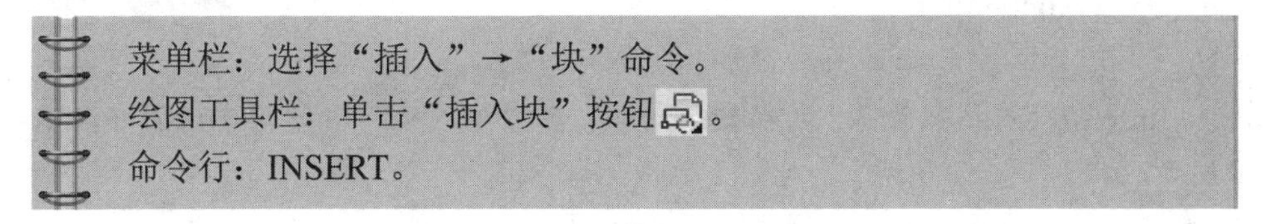

菜单栏：选择“插入”→“块”命令。

绘图工具栏：单击“插入块”按钮。

命令行：INSERT。

【命令操作】

执行上述命令之一后，系统会弹出如图 7-37 所示的“插入”对话框，在该对话框中进行各选项的设置。

【实例 7-3】将实例 7-2 创建的粗糙度外部块插入传动轴图中，如图 7-36 所示。

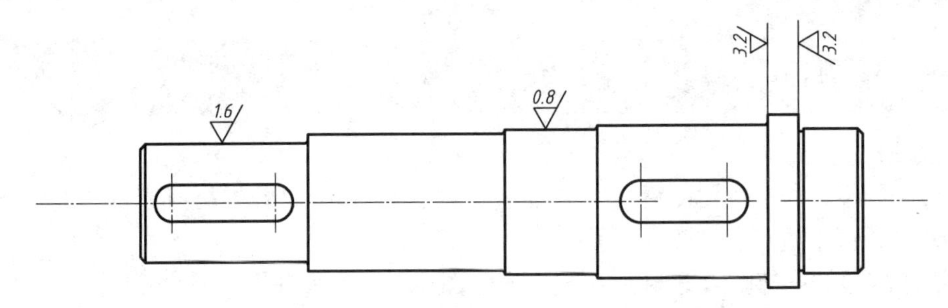

图 7-36　插入粗糙度图块后的传动轴图形

命令行窗口的操作步骤如下：

命令: _insert//插入参数为 1.6 的粗糙度图块，在“插入块”对话框中设置各选项，如图 7-37 所示。单击“浏览”按钮，查找到粗糙度图块

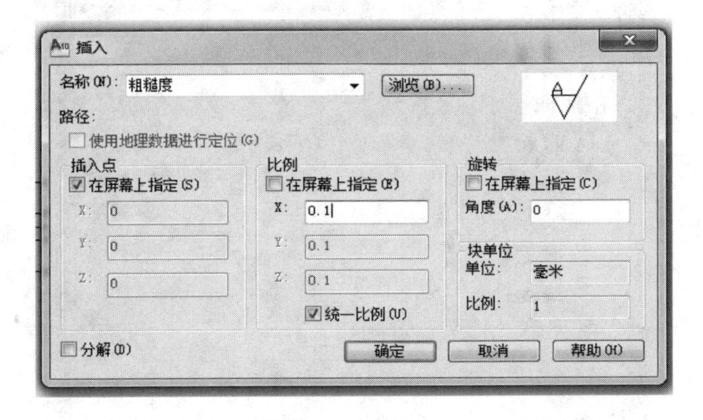

图 7-37　插入图块

指定插入点或 [基点（B）/比例（S）/旋转（R）]: //单击插入点

输入属性值粗糙度参数 <0.8>: 1.6

命令: _insert//插入参数为 0.8 的粗糙度图块，在插入块对话框中设置各选项，如图 7-37 所示

指定插入点或 [基点（B）/比例（S）/旋转（R）]:

输入属性值

粗糙度参数 <0.8>:

命令:

命令: _insert//插入参数为 3.2 的粗糙度图块，在“插入块”对话框中设置各选项，如图 7-38 所示

指定插入点或 [基点（B）/比例（S）/旋转（R）]:

输入属性值

粗糙度参数 <0.8>: 3.2

命令: _insert//插入右边参数为 3.2 的粗糙度图块，在“插入块”对话框中设置各选项，如图 7-38 所示

指定插入点或 [基点（B）/比例（S）/旋转（R）]:

//单击插入点，位置如图 7-39（a）所示

输入属性值

粗糙度参数 <0.8>: 3.2

命令:

命令: _mirror//将上述插入图块按水平方向镜像，镜像后如图 7-39（b）所示

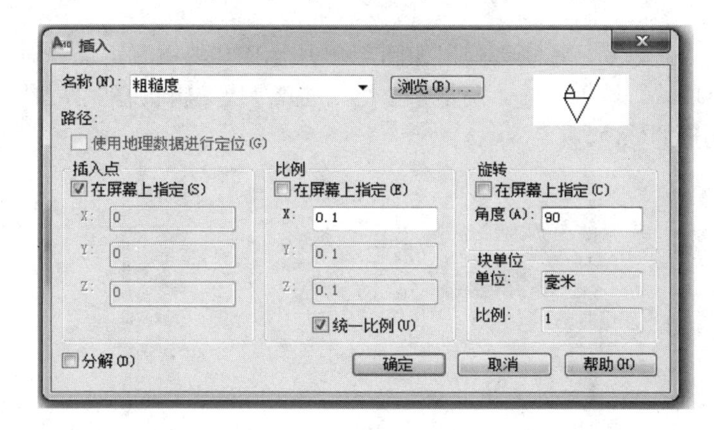

图 7-38 插入图块

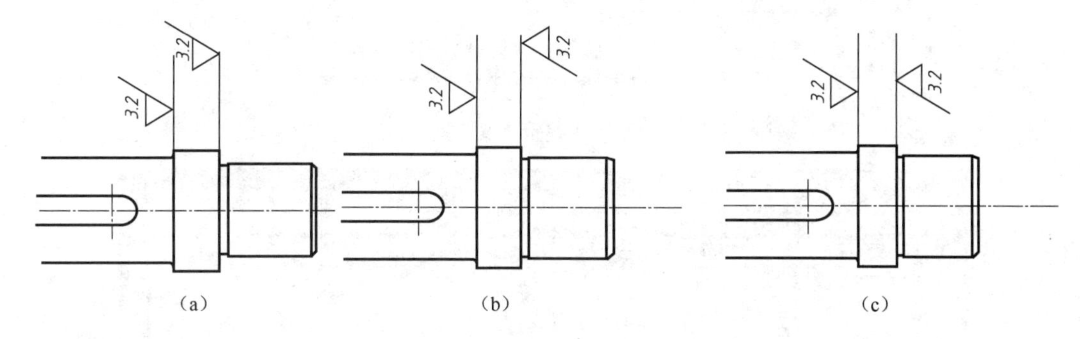

（a） （b） （c）

图 7-39 镜像后图像

选择对象: 指定对角点: 找到 0 个

选择对象: 找到 1 个

选择对象: 指定镜像线的第一点: 指定镜像线的第二点:

要删除源对象吗? [是（Y）/否（N）] <N>:Y

命令: _mirror//将上述插入图块按垂直方向镜像，镜像后如图 7-39（c）所示

选择对象: 找到 1 个

选择对象:

指定镜像线的第一点: 指定镜像线的第二点:

要删除源对象吗? [是（Y）/否（N）] <N>:Y

五、块编辑

【命令功能】

该命令用于修改已创建好的图块图形，可重新绘制图块图形。

【输入命令】

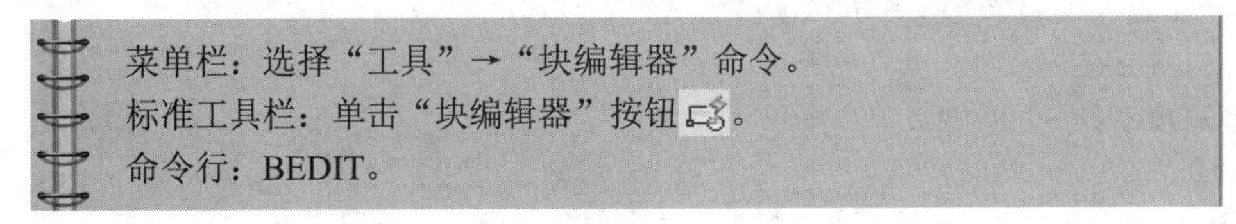
菜单栏：选择“工具”→“块编辑器”命令。
标准工具栏：单击“块编辑器”按钮。
命令行：BEDIT。

【命令操作】

执行上述命令之一后，系统会弹出如图 7-40 所示的“块编辑定义”对话框，在该对话框中选中要编辑的块，然后单击“确定”按钮，进入“块编辑状态”界面（图 7-41），在该界面中进行块图形的修改。

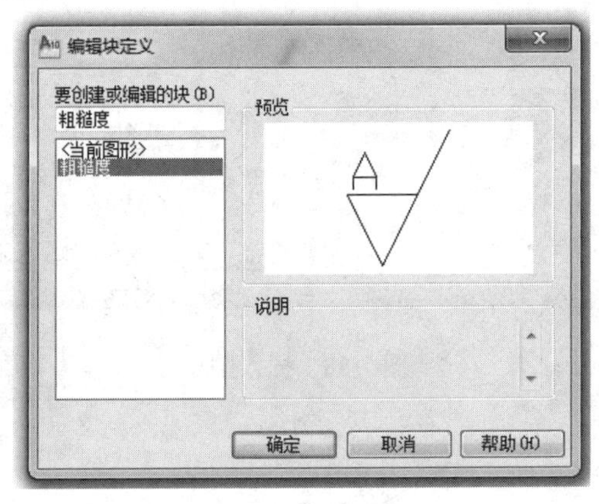

图 7-40 “块编辑定义”对话框

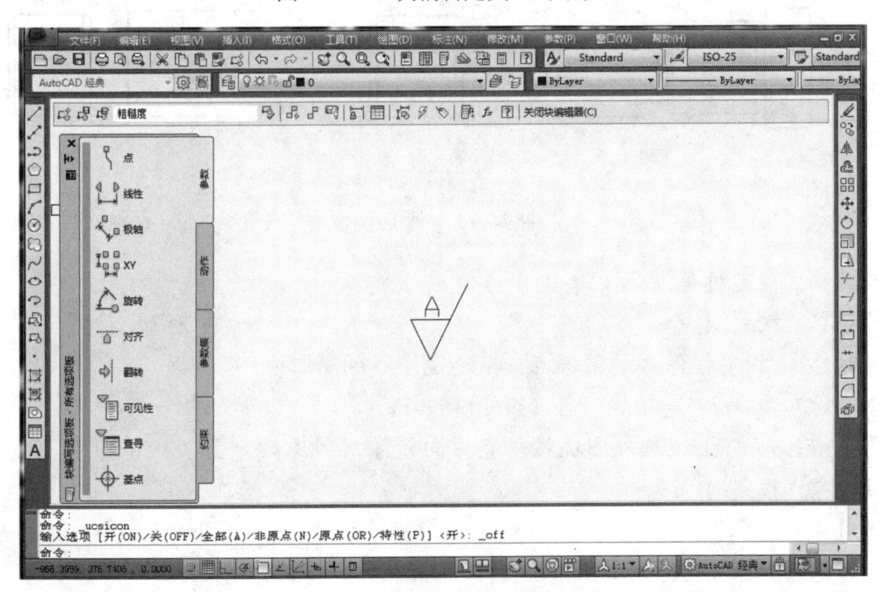

图 7-41 “块编辑状态”界面

六、块属性编辑

【命令功能】

该命令用于修改已创建好的属性图块的属性值、文字的高度、所在图层及文字颜色等。

【输入命令】

> 菜单栏：选择“修改” →“对象”→“属性”→“单个”命令。
> 命令行：EATTEDIT。

【命令操作】

执行上述命令之一后，系统会弹出“增强属性块编辑器”对话框，在该对话框中选中“属性”选项卡可修改属性值（图 7-42），选中“文字选项”选项卡可修改文字样式、文字高度等（图 7-43），选中“特性”选项卡可修改图层、线型、颜色等（图 7-44）。

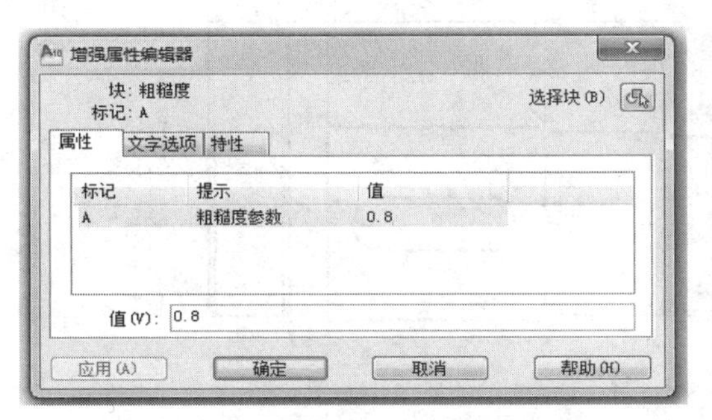

图 7-42 “增强属性编辑器/属性”选项卡

图 7-43 “增强属性编辑器/文字选项”选项卡

图 7-44 “增强属性编辑器/特性”选项卡

技能 6 尺寸标注

工程制图中非常重要的一个环节是正确进行尺寸标注。在前面的项目中已介绍过一些尺寸标注的方法，为了更快地进行图样的尺寸标注，在本项目中将用到连续标注，并要对零件图进行公差标注，下面详细介绍这两种标注命令的使用。

一、连续标注

【命令功能】

该命令用于标注一系列首尾相连的尺寸，后一个尺寸标注均把前一个标注的第二条尺寸界线作为它的第一条尺寸界线，适用于长度尺寸、角度尺寸等的标注。但要在使用该命令前先标注出一个相关的尺寸。

【输入命令】

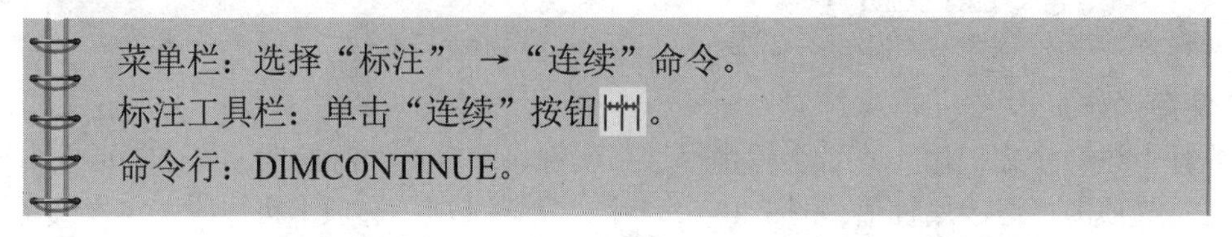
菜单栏：选择“标注” →“连续”命令。
标注工具栏：单击“连续”按钮。
命令行：DIMCONTINUE。

【实例 7-4】利用“连续标注”命令标注如图 7-45 所示的图形尺寸。

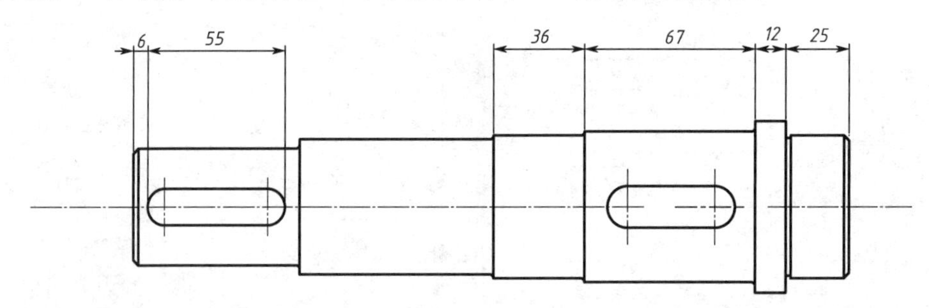

图 7-45　“连续标注”实例

命令行窗口的操作步骤如下：

命令: _dimlinear
指定第一条延伸线原点或 <选择对象>:
指定第二条延伸线原点:
指定尺寸线位置或[多行文字(M)/文字(T)/角度(A)/水平(H)/垂直(V)/旋转(R)]:
标注文字 =25
命令: _dimcontinue
指定第二条延伸线原点或 [放弃(U)/选择(S)] <选择>:
标注文字 =12
指定第二条延伸线原点或 [放弃(U)/选择(S)] <选择>:
标注文字 =67
指定第二条延伸线原点或 [放弃(U)/选择(S)] <选择>:
标注文字 =36
指定第二条延伸线原点或 [放弃(U)/选择(S)] <选择>:
选择连续标注:
命令: _dimlinear
指定第一条延伸线原点或 <选择对象>:
指定第二条延伸线原点:

指定尺寸线位置或[多行文字(M)/文字(T)/角度(A)/水平(H)/垂直(V)/旋转(R)]:
标注文字 =6
命令: _dimcontinue
指定第二条延伸线原点或 [放弃(U)/选择(S)] <选择>:
标注文字 =55
指定第二条延伸线原点或 [放弃(U)/选择(S)] <选择>:
选择连续标注

二、公差标注

在零件图上除了有图形并标注尺寸外，还需要标注零件的尺寸公差及形位公差。

1. 公差代号标注

通过修改“尺寸样式”中“主单位”选项卡的“后缀”选项，来标注公差尺寸（图7-48）。

2. 极限偏差标注

通过修改“尺寸样式”中“公差”选项卡的各选项，来标注极限偏差（图7-49）。

3. 形位公差标注

通过设置“引线标注”中“公差”选项来标注形位公差（图7-50）

【实例7-5】进行如图7-46所示的图形公差标注。

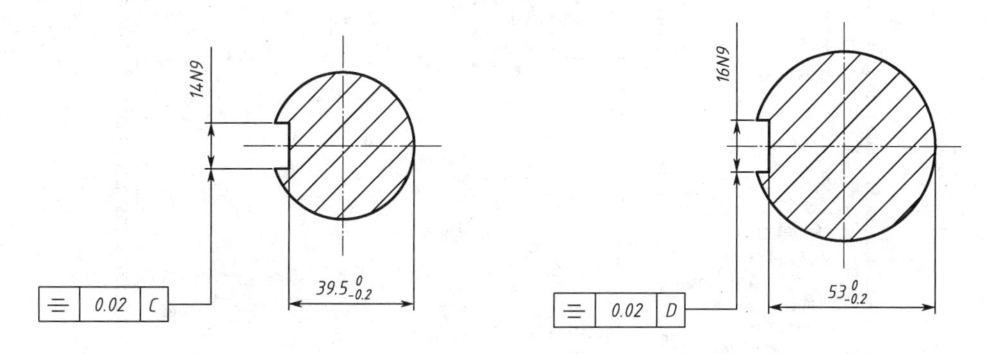

图7-46 “公差标注”实例

命令行窗口的操作步骤如下：

命令: '_dimstyle//打开标注样式管理器。新建“公差”、“极限偏差”两个标注样式（图7-47）。“公差”样式的“主单位”选项卡设置如图7-48所示，“极限偏差”样式的“公差”选项卡设置如图7-49所示

命令: _dimlinear//以“公差”样式为当前样式
指定第一条延伸线原点或 <选择对象>:
指定第二条延伸线原点:
指定尺寸线位置或[多行文字(M)/文字(T)/角度(A)/水平(H)/垂直(V)/旋转(R)]:
标注文字 =14
命令: _dimlinear
指定第一条延伸线原点或 <选择对象>:
指定第二条延伸线原点:

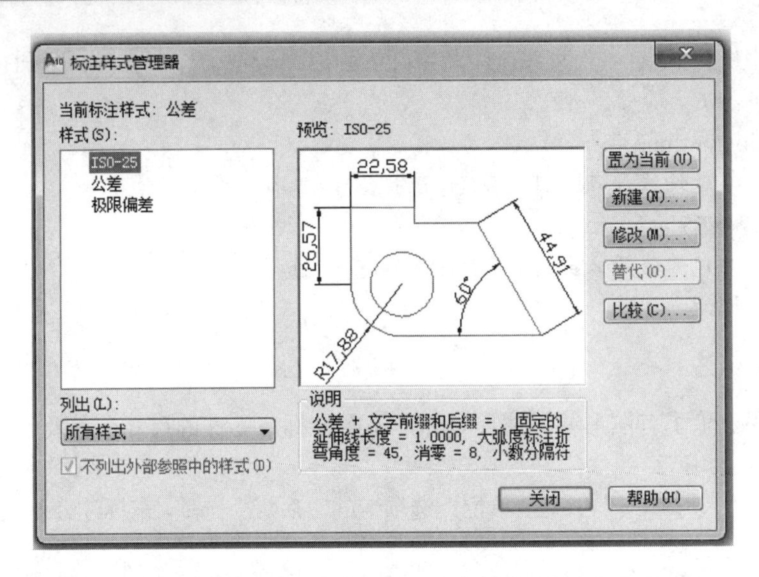

图 7-47　标注样式管理器

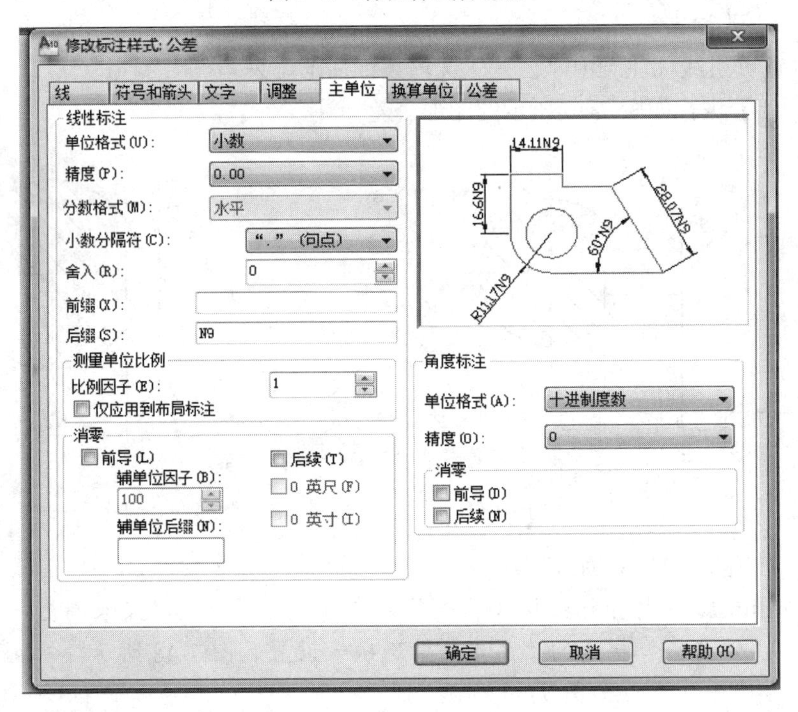

图 7-48　“公差”样式设置

指定尺寸线位置或[多行文字(M) /文字(T)/角度(A)/水平(H)/垂直(V)/旋转(R)]:
标注文字 ＝16
命令: _dimlinear//以“极限偏差”样式为当前样式
指定第一条延伸线原点或 <选择对象>:
指定第二条延伸线原点:
指定尺寸线位置或[多行文字(M)/文字(T)/角度(A)/水平(H)/垂直(V)/旋转(R)]:

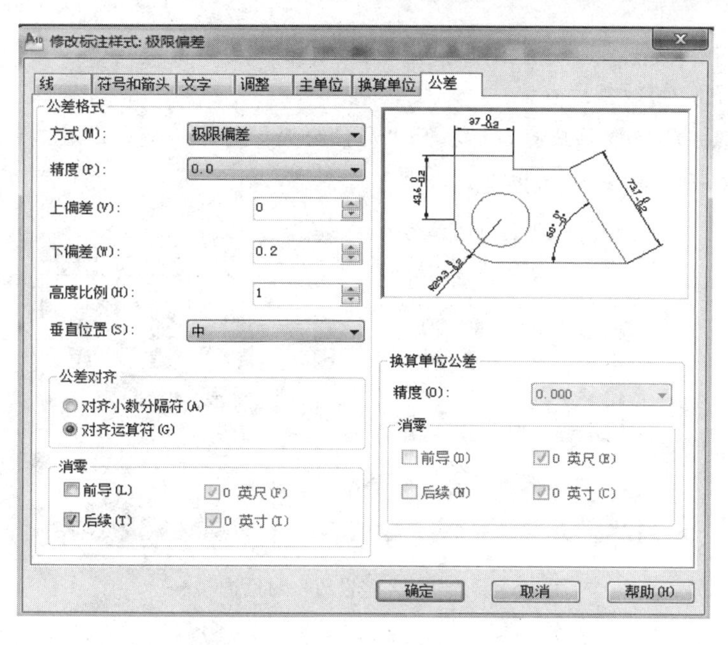

图 7-49 “极限偏差”样式设置

标注文字 =39.5

命令: _dimlinear

指定第一条延伸线原点或 <选择对象>:

指定第二条延伸线原点:

指定尺寸线位置或[多行文字(M)/文字(T)/角度(A)/水平(H)/垂直(V)/旋转(R)]:

标注文字 =53

命令: qleader//用“引线标注”命令标注形位公差

指定第一个引线点或 [设置(S)] <设置>: s//打开引线设置，在对话框中，选中“注释”选项卡中的“公差”单选按钮（图 7-50），单击“确定”按钮

图 7-50 “引线设置”对话框

指定第一个引线点或 [设置(S)] <设置>://拾取第一点

指定下一点: //拾取第二点

指定下一点: // 拾取第三点，并打开“形位公差”对话框进行设置，如图 7-51 所示，单击“确定”按钮，标注出 [⌯|0.02|C]

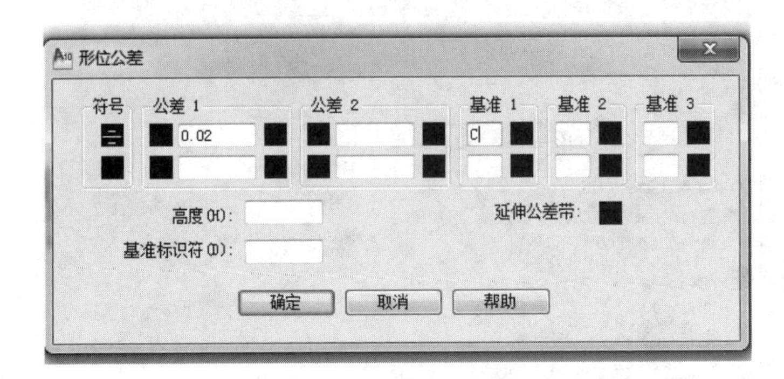

图 7-51 “形位公差设置”对话框（一）

命令: qleader

指定第一个引线点或 [设置(S)] <设置>://拾取第一点

指定下一点: //拾取第二点

指定下一点: // 拾取第三点，打开“形位公差”对话框进行设置，如图 7-52 所示，单击“确定”按钮，标注出 [⌯|0.02|D]

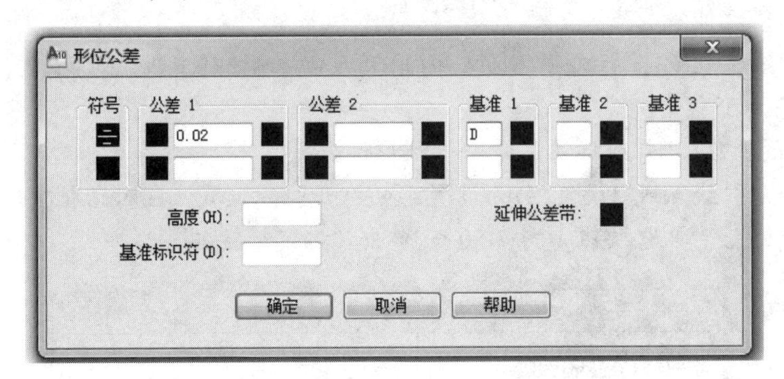

图 7-52 “形位公差”设置对话框（二）

任务 2 项目的计划与决策

一、项目计划

在每个项目实施之前，必须做好项目实施计划，以便确保项目实施过程的安全性、条理性、准确性和精确性。根据在任务 1 中掌握的各种技能制订绘制传动轴零件图（图 7-1）的步骤，填写表 7-4。

表 7-4 项目计划表

组名		组长		组员		
作图前分析	基准	定形尺寸	定位尺寸	已知线段	中间线段	连接线段
使用CAD绘制曲柄传动轴零件图的步骤						

二、项目决策

项目实施一般程序如下：

1. 新建文件

打开 CAD 软件绘制图形时，建立新文件，新文件的文件名为“传动轴零件图.dwg”。

2. 设置绘图环境

采用 CAD 软件绘制图形时，首先要设置好绘图环境，确定绘图区域，图形必须绘制在绘图区域内。设置图层，图样中不同类型的图线绘制在不同的图层中。

3. 插入国标图框和标题栏

本项目采用国标 A3 图幅横放，视图采用 1：1.5 比例绘制，图框格式为留装订边。按国家标准规定的格式，在图纸的右下角绘制标题栏。

4. 绘制传动轴零件图

根据主视图和断面图的轮廓尺寸，先确定各视图位置的基线，再画主视图，最后画断面图和局部放大图。

5. 标注尺寸

要求标注传动轴的真实尺寸，且为传动轴最后完工尺寸。尺寸界线不能压任何图形线，尺寸数字不可被任何图线通过。标注尺寸要正确、完整、清晰。

6. 标注公差、基准和粗糙度

标注完整的尺寸公差和形位公差，创建基准图块、粗糙度图块并插入适当位置。

7. 注写文字

为传动轴零件图注写技术要求和标题栏文字。要求字高根据图形大小而定，汉字采用长仿宋体，文字间隔均匀，排列整齐。

8. 保存图形文件

每项实施步骤中的具体内容由学生小组讨论决策，并填写表 7-5。

表 7-5　项目实施中具体的作图方法决策表

<table>
<tr><td colspan="2">组名</td><td></td><td>组长</td><td></td><td>组员</td><td colspan="2"></td></tr>
<tr><td colspan="2" rowspan="2">设置绘图环境</td><td colspan="2">图层名</td><td colspan="2">图层颜色</td><td>图层线型</td><td>图层线宽</td></tr>
<tr><td colspan="2"></td><td colspan="2"></td><td></td><td></td></tr>
<tr><td rowspan="5">使用CAD绘制传动轴零件图的命令和技巧</td><td>绘制轴线及定位线</td><td colspan="6"></td></tr>
<tr><td>绘制主视图外轮廓线</td><td colspan="6"></td></tr>
<tr><td>绘制主视图键槽</td><td colspan="6"></td></tr>
<tr><td>绘制断面图</td><td colspan="6"></td></tr>
<tr><td>绘制局部放大图</td><td colspan="6"></td></tr>
</table>

任务 3　项目实施

步骤 1　新建文件，以“传动轴零件图.dwg”为名保存

（1）启动 AutoCAD 2010，单击菜单的“文件/新建”选项，打开“创建新图形”对话框，单击“确定”按钮，创建新的绘图文件，采用默认的绘图环境。

（2）单击菜单的“文件/保存”选项，打开“图形另存为”对话框，将文件名改为“传动轴零件图.dwg”，保存于桌面，单击“确定”按钮。

步骤 2　设置绘图环境：图层、线型、颜色

（1）设置绘图区域。

单击“格式”菜单中的“图形界限”命令，设置绘图区域为 420×297（A3 图纸）。

（2）设置图层。

单击“格式”菜单中的“图层”命令，打开“图层特性管理器”，创建表 7-6 中的图层。

表 7-6　图层表

图层	颜色	线型	线宽
标注	绿色	Continuous	默认
轮廓线	白色	Continuous	0.5
填充线	蓝色	Continuous	默认
中心线	红色	Center	默认
文字	青色	Continuous	默认

步骤 3　插入国标图框和标题栏

（1）选择菜单“文件/打开”选项，打开“Gb_a3-Named Plot Styles.dwt”。

（2）选中图框和标题栏，选择菜单“编辑/带基点复制”选项，选中图框左下角为基点。

命令行窗口的操作步骤如下：

命令: _copybase 指定基点:

选择对象: 找到 1 个

选择对象:

（3）选择菜单“窗口/传动轴零件图.dwg”选项，转换到已建的传动轴零件图文件中。

（4）选择菜单“编辑/粘贴”选项，输入“0，0”点为插入点，将国标 A3 图框和标题栏插入传动轴零件图文件中（图 7-53）。

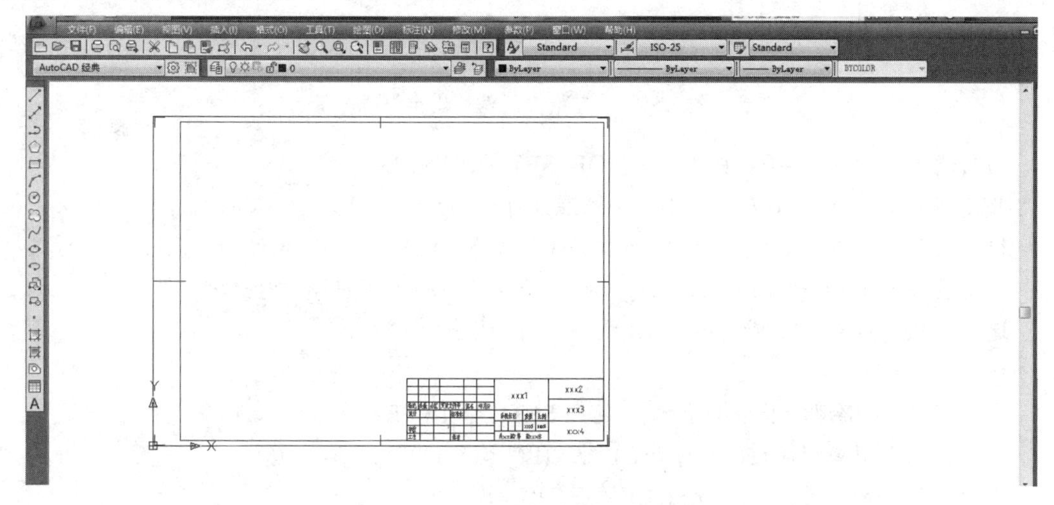

图 7-53 插入国标图框和标题栏

命令行窗口的操作步骤如下：

命令: _open

命令: _pasteclip //忽略块 GB_A3 title block 的重复定义

指定插入点: 0,0

步骤 4 绘制传动轴零件图

（1）绘制主视图轴线及定位线。

将图层切换到“中心线”层，利用“直线”命令，绘制中心线和基准线。

命令行窗口的操作步骤如下：

命令: _line 指定第一点: //绘制水平中心线如图 7-54 所示

指定下一点或 [放弃(U)]: 350

指定下一点或 [放弃(U)]:

命令: _line 指定第一点: //绘制左端面线如图 7-54 所示

指定下一点或 [放弃(U)]:100

指定下一点或 [放弃(U)]:

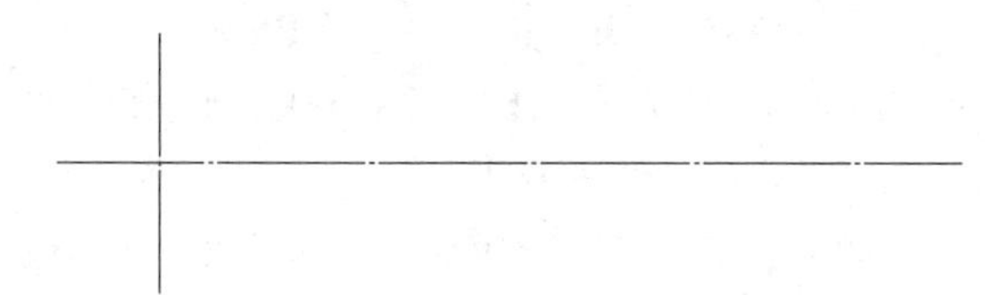

图 7-54 中心线及左端面线

命令: _offset//以左端面线为基线向右偏移出 4 条定位线，如图 7-55 所示

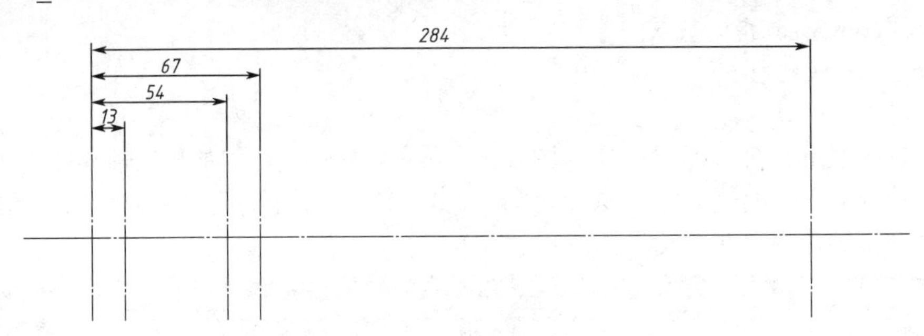

图 7-55　以左端面线偏移出定位线

当前设置: 删除源=否　图层=源　OFFSETGAPTYPE=0
指定偏移距离或 [通过(T)/删除(E)/图层(L)] <0.0000>:　13
选择要偏移的对象，或 [退出(E)/放弃(U)] <退出>:
指定要偏移的那一侧上的点，或 [退出(E)/多个(M)/放弃(U)] <退出>:
选择要偏移的对象，或 [退出(E)/放弃(U)] <退出>:
命令:　OFFSET
当前设置: 删除源=否　图层=源　OFFSETGAPTYPE=0
指定偏移距离或 [通过(T)/删除(E)/图层(L)] <13.0000>:　54
选择要偏移的对象，或 [退出(E)/放弃(U)] <退出>:
指定要偏移的那一侧上的点，或 [退出(E)/多个(M)/放弃(U)] <退出>:
选择要偏移的对象，或 [退出(E)/放弃(U)] <退出>:
命令:　OFFSET
当前设置: 删除源=否 图层=源 OFFSETGAPTYPE=0
指定偏移距离或 [通过(T)/删除(E)/图层(L)] <54.0000>:　67
选择要偏移的对象，或 [退出(E)/放弃(U)] <退出>:
指定要偏移的那一侧上的点，或 [退出(E)/多个(M)/放弃(U)] <退出>:
选择要偏移的对象，或 [退出(E)/放弃(U)] <退出>:
命令:　OFFSET//偏移出右端面线
当前设置: 删除源=否　图层=源　OFFSETGAPTYPE=0
指定偏移距离或 [通过(T)/删除(E)/图层(L)] <67.0000>:　284
选择要偏移的对象，或 [退出(E)/放弃(U)] <退出>:
指定要偏移的那一侧上的点，或 [退出(E)/多个(M)/放弃(U)] <退出>:
选择要偏移的对象，或 [退出(E)/放弃(U)] <退出>:
命令: _offset//以右端面线为基线向左偏移出 6 条定位线，如图 7-56 所示
当前设置: 删除源=否　图层=源　OFFSETGAPTYPE=0
指定偏移距离或 [通过(T)/删除(E)/图层(L)] <284.0000>:　25
选择要偏移的对象，或 [退出(E)/放弃(U)] <退出>:
指定要偏移的那一侧上的点，或 [退出(E)/多个(M)/放弃(U)] <退出>:
选择要偏移的对象，或 [退出(E)/放弃(U)] <退出>:

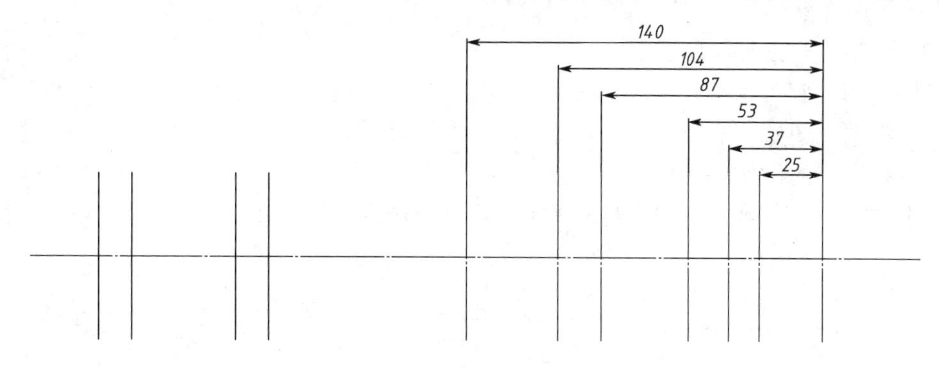

图 7-56 以右端面线偏移出定位线

命令: OFFSET
当前设置: 删除源=否 图层=源 OFFSETGAPTYPE=0
指定偏移距离或 [通过(T)/删除(E)/图层(L)] <25.0000>: 37
选择要偏移的对象，或 [退出(E)/放弃(U)] <退出>:
指定要偏移的那一侧上的点，或 [退出(E)/多个(M)/放弃(U)] <退出>:
选择要偏移的对象，或 [退出(E)/放弃(U)] <退出>:
命令: _offset
当前设置: 删除源=否 图层=源 OFFSETGAPTYPE=0
指定偏移距离或 [通过(T)/删除(E)/图层(L)] <37.0000>: 53
选择要偏移的对象，或 [退出(E)/放弃(U)] <退出>:
指定要偏移的那一侧上的点，或 [退出(E)/多个(M)/放弃(U)] <退出>:
选择要偏移的对象，或 [退出(E)/放弃(U)] <退出>:
命令: OFFSET
当前设置: 删除源=否 图层=源 OFFSETGAPTYPE=0
指定偏移距离或 [通过(T)/删除(E)/图层(L)] <53.0000>: 87
选择要偏移的对象，或 [退出(E)/放弃(U)] <退出>:
指定要偏移的那一侧上的点，或 [退出(E)/多个(M)/放弃(U)] <退出>:
选择要偏移的对象，或 [退出(E)/放弃(U)] <退出>:命令: OFFSET
当前设置: 删除源=否 图层=源 OFFSETGAPTYPE=0
指定偏移距离或 [通过(T)/删除(E)/图层(L)] <87.0000>: 104
选择要偏移的对象，或 [退出(E)/放弃(U)] <退出>:
指定要偏移的那一侧上的点，或 [退出(E)/多个(M)/放弃(U)] <退出>:
选择要偏移的对象，或 [退出(E)/放弃(U)] <退出>:
命令: OFFSET
当前设置: 删除源=否 图层=源 OFFSETGAPTYPE=0
指定偏移距离或 [通过(T)/删除(E)/图层(L)] <104.0000>: 140
选择要偏移的对象，或 [退出(E)/放弃(U)] <退出>:
指定要偏移的那一侧上的点，或 [退出(E)/多个(M)/放弃(U)] <退出>:
选择要偏移的对象，或 [退出(E)/放弃(U)] <退出>:

（2）绘制主视图外轮廓线。

将图层切换到“轮廓线”层，利用“直线”、“镜像”、“删除”等命令及“正交”模式，绘制主视图外轮廓线。

命令行窗口的操作步骤如下：

命令: _line 指定第一点://绘制水平中心线以上的主视图外轮廓线，如图 7-57 所示

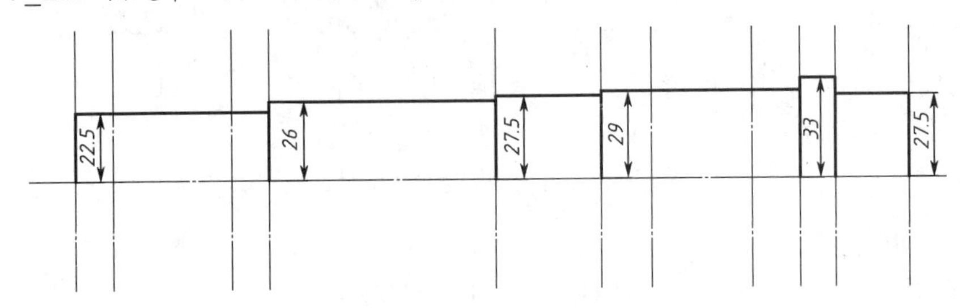

图 7-57　水平中心线以上的主视图外轮廓线

指定下一点或 [放弃(U)]: 22.5 <正交 开>
指定下一点或 [放弃(U)]:
指定下一点或 [闭合(C)/放弃(U)]:
命令: LINE 指定第一点:
指定下一点或 [放弃(U)]: 2
指定下一点或 [放弃(U)]:
指定下一点或 [闭合(C)/放弃(U)]:
命令: LINE 指定第一点:
指定下一点或 [放弃(U)]: 27.5
指定下一点或 [放弃(U)]:
指定下一点或 [闭合(C)/放弃(U)]:
命令: LINE 指定第一点:
指定下一点或 [放弃(U)]: 29
指定下一点或 [放弃(U)]:
指定下一点或 [闭合(C)/放弃(U)]:
命令: _line 指定第一点:
指定下一点或 [放弃(U)]: 33
指定下一点或 [放弃(U)]:
指定下一点或 [闭合(C)/放弃(U)]:
指定下一点或 [闭合(C)/放弃(U)]:
命令: _line 指定第一点:
指定下一点或 [放弃(U)]: 27.5
指定下一点或 [放弃(U)]:
指定下一点或 [闭合(C)/放弃(U)]:
命令: _erase//删除不必要的定位线，如图 7-58 所示
选择对象: 找到 1 个

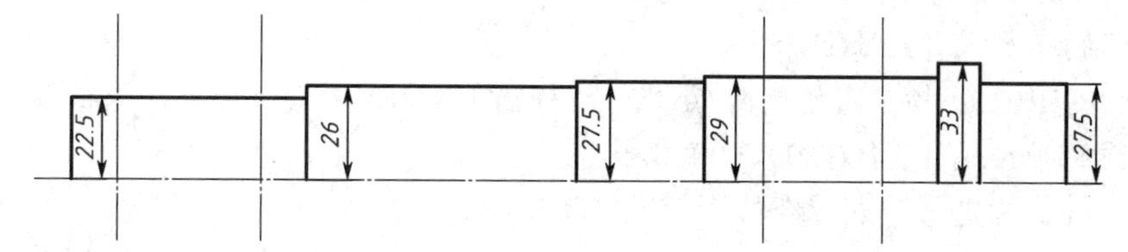

图 7-58 删除不必要定位轴线后的主视图外轮廓线

选择对象：找到 1 个，总计 2 个
选择对象：找到 1 个，总计 3 个
选择对象：找到 1 个，总计 4 个
选择对象：找到 1 个，总计 5 个
选择对象：找到 1 个，总计 6 个
选择对象：找到 1 个，总计 7 个
命令：_mirror//绘制水平中心线下方的主视图轮廓线，如图 7-59 所示

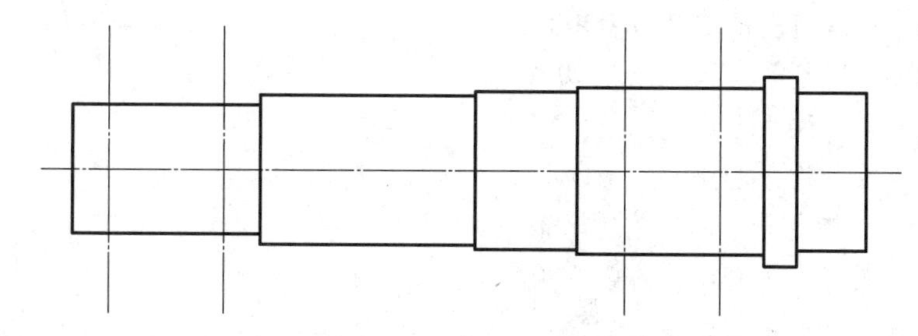

图 7-59 镜像后的主视图外轮廓线

选择对象：指定对角点：找到 13 个//选中水平中心线上方的 13 条主视图外轮廓线
选择对象：
指定镜像线的第一点：指定镜像线的第二点：//以水平中心线为镜像线
要删除源对象吗？[是(Y)/否(N)] <N>:
（3）绘制主视图键槽。
利用"圆"、"直线"、"修剪"等命令进行绘制。
命令行窗口的操作步骤如下：
命令：_circle//绘制左键槽的圆，以其定位线与水平中心线交点为圆心，如图 7-60 所示

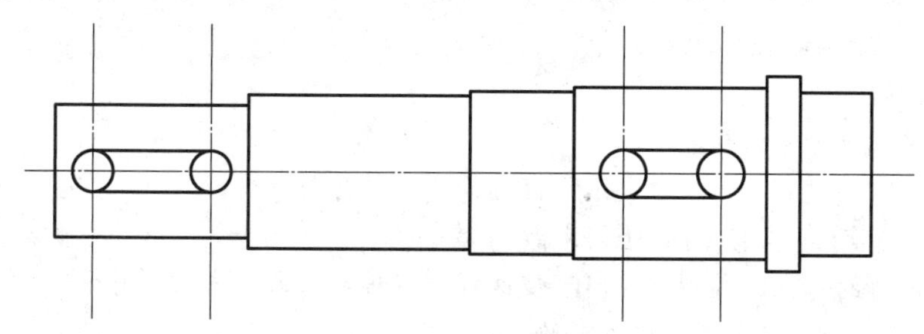

图 7-60 键槽轮廓线绘制

指定圆的圆心或 [三点(3P）/两点(2P)/切点、切点、半径(T)]:

指定圆的半径或 [直径(D)]: 7
命令: CIRCLE 指定圆的圆心或 [三点(3P)/两点(2P)/切点、切点、半径(T)]:
指定圆的半径或 [直径(D)] <7.0000>:
命令: _line 指定第一点://绘制切线
指定下一点或 [放弃(U)]:
指定下一点或 [放弃(U)]:
命令: _line 指定第一点:
指定下一点或 [放弃(U)]:
指定下一点或 [放弃(U)]:
命令: _circle//绘制右键槽的圆，以其定位线与水平中心线交点为圆心，如图 7-60 所示
指定圆的圆心或 [三点(3P)/两点(2P)/切点、切点、半径(T)]:
指定圆的半径或 [直径(D)] <7.0000>: 8
命令: CIRCLE 指定圆的圆心或 [三点(3P)/两点(2P)/切点、切点、半径(T)]:
指定圆的半径或 [直径(D)] <8.0000>:
命令: l LINE 指定第一点: //绘制切线
指定下一点或 [放弃(U)]:
指定下一点或 [放弃(U)]:
命令: LINE 指定第一点:
指定下一点或 [放弃(U)]:
指定下一点或 [放弃(U)]:
命令: _trim//修剪键槽多余圆弧线，如图 7-61 所示

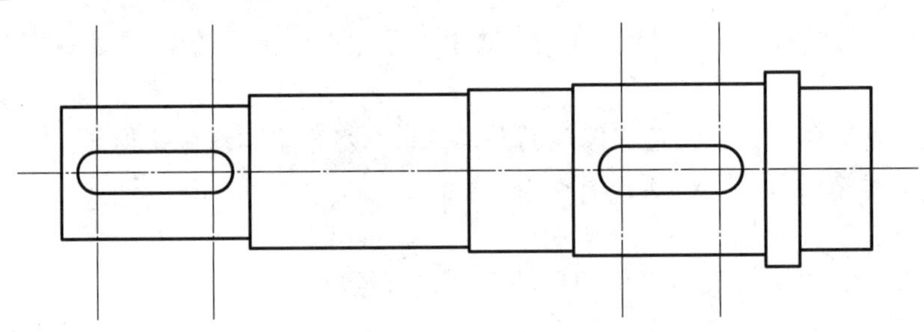

图 7-61 修剪后的键槽轮廓线

当前设置:投影=UCS，边=无
选择剪切边...
选择对象或 <全部选择>:
选择要修剪的对象，或按住 Shift 键选择要延伸的对象，或
[栏选(F)/窗交(C)/投影(P)/边(E)/删除(R)/放弃(U)]:
选择要修剪的对象，或按住 Shift 键选择要延伸的对象，或
[栏选(F)/窗交(C)/投影(P)/边(E)/删除(R)/放弃(U)]:
选择要修剪的对象，或按住 Shift 键选择要延伸的对象，或
[栏选(F)/窗交(C)/投影(P)/边(E)/删除(R)/放弃(U)]:

选择要修剪的对象，或按住 Shift 键选择要延伸的对象，或
[栏选(F)/窗交(C)/投影(P)/边(E)/删除(R)/放弃(U)]:
选择要修剪的对象，或按住 Shift 键选择要延伸的对象，或
[栏选(F)/窗交(C)/投影(P)/边(E)/删除(R)/放弃(U)]:
选择要修剪的对象，或按住 Shift 键选择要延伸的对象，或
[栏选(F)/窗交(C)/投影(P)/边(E)/删除(R)/放弃(U)]:
选择要修剪的对象，或按住 Shift 键选择要延伸的对象，或
[栏选(F)/窗交(C)/投影(P)/边(E)/删除(R)/放弃(U)]:
选择要修剪的对象，或按住 Shift 键选择要延伸的对象，或
[栏选(F)/窗交(C)/投影(P)/边(E)/删除(R)/放弃(U)]:
选择要修剪的对象，或按住 Shift 键选择要延伸的对象，或
[栏选(F)/窗交(C)/投影(P)/边(E)/删除(R)/放弃(U)]:

（4）绘制断面图。

利用“圆”、“直线”、“修剪”、“偏移”等命令进行断面图的绘制。

命令行窗口的操作步骤如下：

命令: _line 指定第一点://绘制断面图轴线，如 7-62 所示

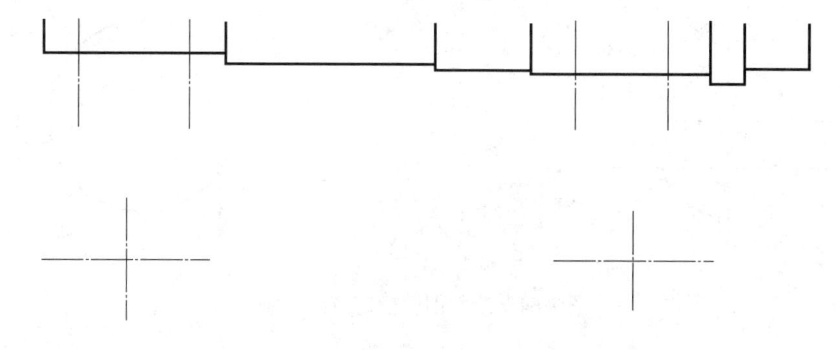

图 7-62 断面图轴线

指定下一点或 [放弃(U)]: <正交 开>
指定下一点或 [放弃(U)]:
命令: LINE 指定第一点:
指定下一点或 [放弃(U)]:
指定下一点或 [放弃(U)]:
命令: _line 指定第一点:
指定下一点或 [放弃(U)]:
指定下一点或 [放弃(U)]:
命令: LINE 指定第一点:
指定下一点或 [放弃(U)]:
指定下一点或 [放弃(U)]:
命令: _circle //绘制断面圆，如图 7-63 所示
指定圆的圆心或 [三点(3P)/两点(2P)/切点、切点、半径(T)]:

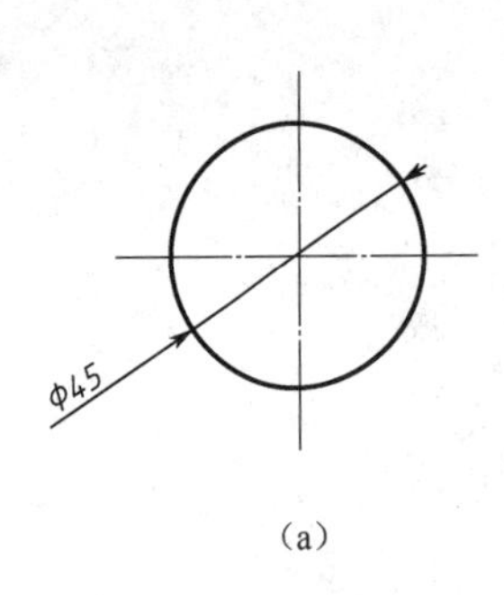

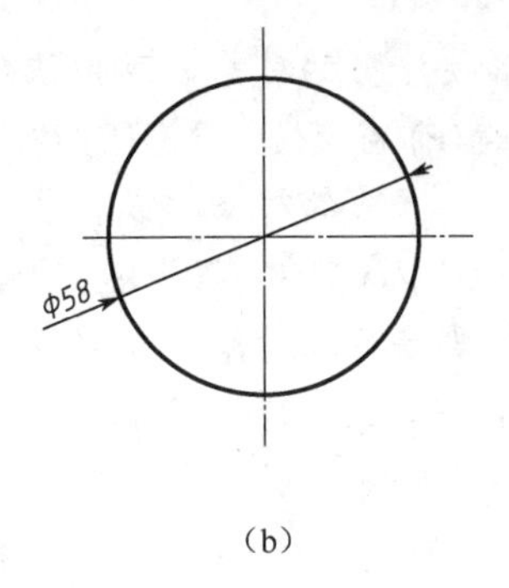

(a)　　　　　　(b)

图 7-63　断面圆绘制

指定圆的半径或 [直径(D)]: 45/2
命令: _circle
指定圆的圆心或 [三点(3P)/两点(2P)/切点、切点、半径(T)]:
指定圆的半径或 [直径(D)] <22.5000>: 58/2
命令: _offset//绘制键槽定位线如图 7-64 所示，从垂直中心线向左偏移

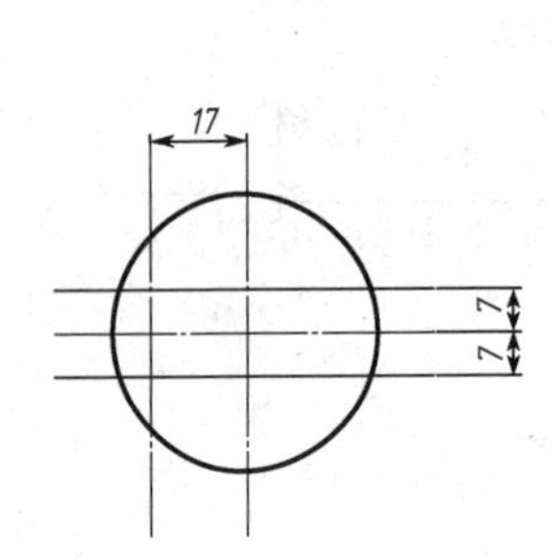

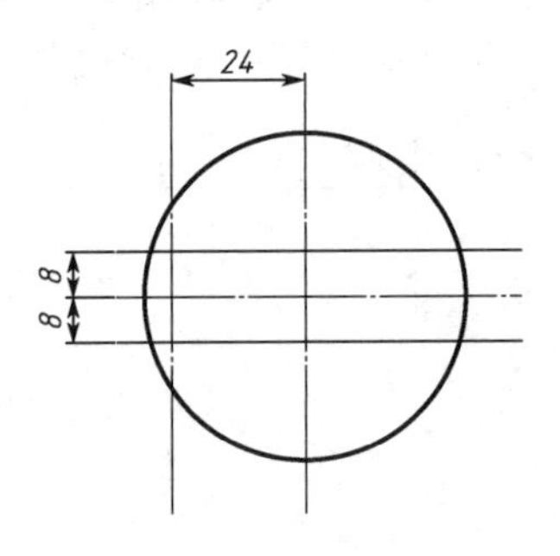

图 7-64　断面图键槽定位线绘制

当前设置: 删除源=否　图层=源　OFFSETGAPTYPE=0
指定偏移距离或 [通过(T)/删除(E)/图层(L)] <通过>:　17
选择要偏移的对象，或 [退出(E)/放弃(U)] <退出>:
指定要偏移的那一侧上的点，或 [退出(E)/多个(M)/放弃(U)] <退出>:
选择要偏移的对象，或 [退出(E)/放弃(U)] <退出>:
命令:　OFFSET
当前设置: 删除源=否　图层=源　OFFSETGAPTYPE=0
指定偏移距离或 [通过(T)/删除(E)/图层(L)] <17.0000>:　24
选择要偏移的对象，或 [退出(E)/放弃(U)] <退出>:
指定要偏移的那一侧上的点，或 [退出(E)/多个(M)/放弃(U)] <退出>:
选择要偏移的对象，或 [退出(E)/放弃(U)] <退出>:
命令: _offset//从水平中心线向上和向下偏移
当前设置: 删除源=否　图层=源　OFFSETGAPTYPE=0
指定偏移距离或 [通过(T)/删除(E)/图层(L)] <24.0000>:　7
选择要偏移的对象，或 [退出(E)/放弃(U)] <退出>:

指定要偏移的那一侧上的点，或 [退出(E)/多个(M)/放弃(U)] <退出>:
选择要偏移的对象，或 [退出(E)/放弃(U)] <退出>:
指定要偏移的那一侧上的点，或 [退出(E)/多个(M)/放弃(U)] <退出>:
选择要偏移的对象，或 [退出(E)/放弃(U)] <退出>:
命令: OFFSET
当前设置: 删除源=否 图层=源 OFFSETGAPTYPE=0
指定偏移距离或 [通过(T)/删除(E)/图层(L)] <7.0000>: 8
选择要偏移的对象，或 [退出(E)/放弃(U)] <退出>:
指定要偏移的那一侧上的点，或 [退出(E)/多个(M)/放弃(U)] <退出>:
选择要偏移的对象，或 [退出(E)/放弃(U)] <退出>:
指定要偏移的那一侧上的点，或 [退出(E)/多个(M)/放弃(U)] <退出>:
选择要偏移的对象，或 [退出(E)/放弃(U)] <退出>:
命令: _line 指定第一点: //绘制完成的断面图，如图 7-65 所示

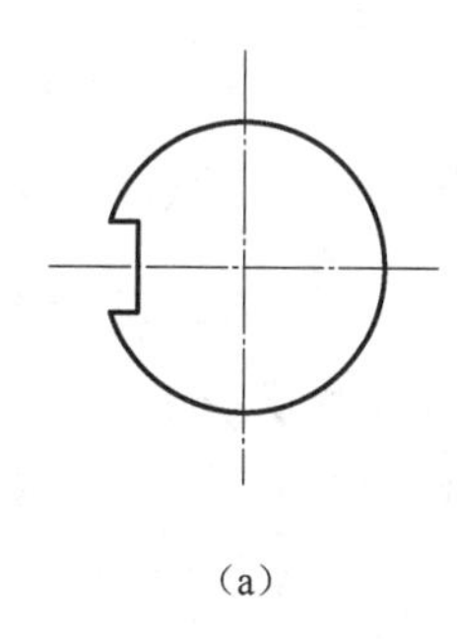
(a)

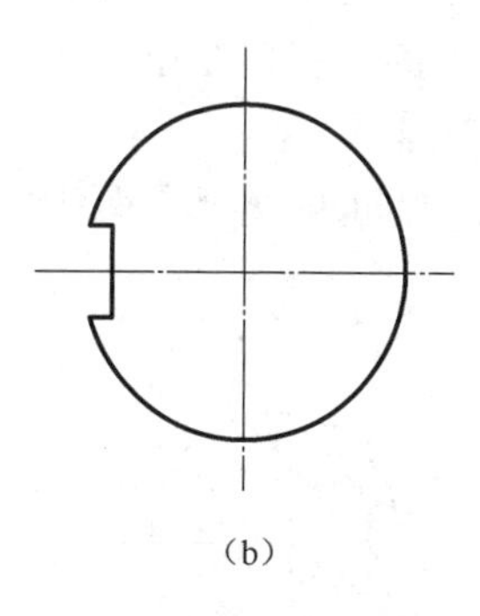
(b)

图 7-65 绘制完成的断面图

指定下一点或 [放弃(U)]:
指定下一点或 [放弃(U)]:
指定下一点或 [闭合(C)/放弃(U)]
指定下一点或 [闭合(C)/放弃(U)]:
命令: _line 指定第一点:
指定下一点或 [放弃(U)]:
指定下一点或 [放弃(U)]:
指定下一点或 [闭合(C)/放弃(U)]:
指定下一点或 [闭合(C)/放弃(U)]:
命令: _trim//修剪多余圆弧线
当前设置:投影=UCS，边=无
选择剪切边...
选择对象或 <全部选择>:
选择要修剪的对象，或按住 Shift 键选择要延伸的对象，或
[栏选(F)/窗交(C)/投影(P)/边(E)/删除(R)/放弃(U)]:
选择要修剪的对象，或按住 Shift 键选择要延伸的对象，或

[栏选(F)/窗交(C)/投影(P)/边(E)/删除(R)/放弃(U)]:
选择要修剪的对象，或按住 Shift 键选择要延伸的对象，或
[栏选(F)/窗交(C)/投影(P)/边(E)/删除(R)/放弃(U)]:
选择要修剪的对象，或按住 Shift 键选择要延伸的对象，或
[栏选(F)/窗交(C)/投影(P)/边(E)/删除(R)/放弃(U)]:
选择要修剪的对象，或按住 Shift 键选择要延伸的对象，或
[栏选(F)/窗交(C)/投影(P)/边(E)/删除(R)/放弃(U)]:
命令: _erase//删除多余定位线
选择对象: 找到 1 个
选择对象: 找到 1 个，总计 2 个
选择对象: 找到 1 个，总计 3 个
选择对象: 找到 1 个，总计 4 个
选择对象: 找到 1 个，总计 5 个
选择对象: 找到 1 个，总计 6 个
选择对象:
命令: _bhatch//填充剖面线如图 7-66 所示，图案填充设置如图 7-67 所示

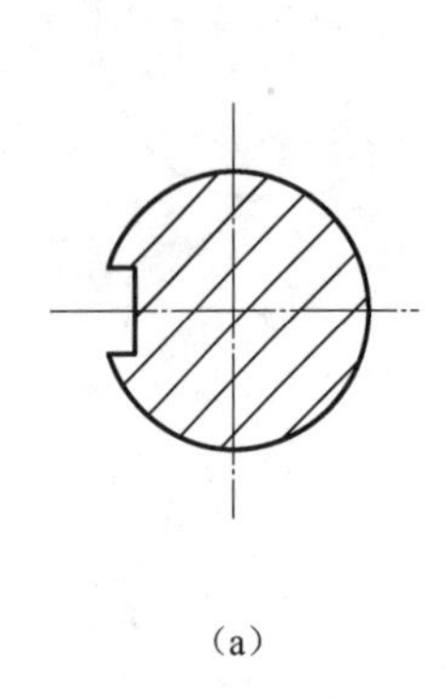
(a)

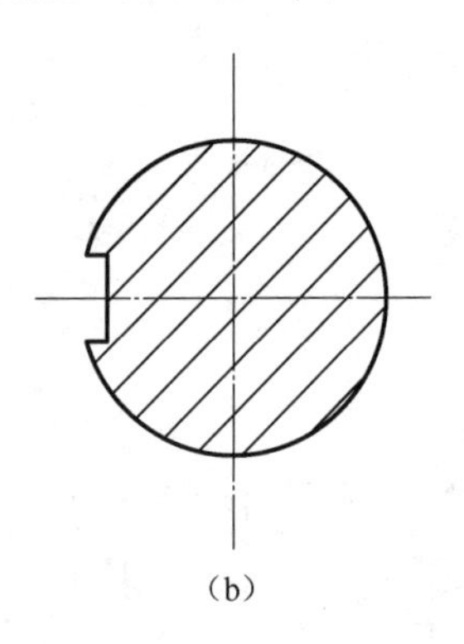
(b)

图 7-66　填充断面图的剖面线

拾取内部点或 [选择对象(S)/删除边界(B)]:　正在选择所有对象...
正在选择所有可见对象...
正在分析所选数据...
正在分析内部孤岛...
拾取内部点或 [选择对象(S)/删除边界(B)]:
正在分析内部孤岛...
拾取内部点或 [选择对象(S)/删除边界(B)]:
命令: _bhatch
拾取内部点或 [选择对象(S)/删除边界(B)]:　正在选择所有对象...
正在选择所有可见对象...
正在分析所选数据...
正在分析内部孤岛...

图 7-67　图案填充设置

拾取内部点或 [选择对象(S)/删除边界(B)]:
正在分析内部孤岛...
拾取内部点或 [选择对象(S)/删除边界(B)]:
（5）绘制局部放大图。
按 10：1 的放大比例绘制主视图中的两处指定部位。
命令行窗口的操作步骤如下：
命令: _circle //绘制左边的局部放大图，如图 7-68 所示
指定圆的圆心或 [三点(3P)/两点(2P)/切点、切点、半径(T)]:
指定圆的半径或 [直径(D)] <29.0000>: 30
命令: _line 指定第一点:
指定下一点或 [放弃(U)]:
指定下一点或 [放弃(U)]:
命令:　LINE 指定第一点:
指定下一点或 [放弃(U)]:
指定下一点或 [放弃(U)]:
命令:　LINE 指定第一点:
指定下一点或 [放弃(U)]:
指定下一点或 [放弃(U)]:
命令: _trim
当前设置:投影=UCS，边=无

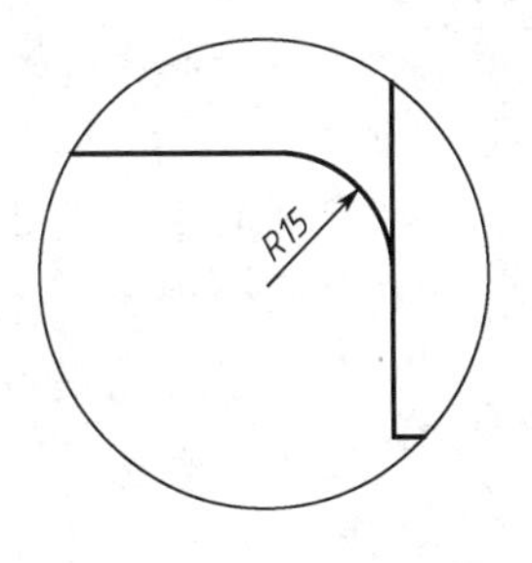

图 7-68　左边局部放大图

选择剪切边...
选择对象或 <全部选择>:
选择要修剪的对象，或按住 Shift 键选择要延伸的对象，或
[栏选(F)/窗交(C)/投影(P)/边(E)/删除(R)/放弃(U)]:
选择要修剪的对象，或按住 Shift 键选择要延伸的对象，或
[栏选(F)/窗交(C)/投影(P)/边(E)/删除(R)/放弃(U)]:
选择要修剪的对象，或按住 Shift 键选择要延伸的对象，或
[栏选(F)/窗交(C)/投影(P)/边(E)/删除(R)/放弃(U)]:
选择要修剪的对象，或按住 Shift 键选择要延伸的对象，或
[栏选(F)/窗交(C)/投影(P)/边(E)/删除(R)/放弃(U)]:
选择要修剪的对象，或按住 Shift 键选择要延伸的对象，或
[栏选(F)/窗交(C)/投影(P)/边(E)/删除(R)/放弃(U)]:
选择要修剪的对象，或按住 Shift 键选择要延伸的对象，或
[栏选(F)/窗交(C)/投影(P)/边(E)/删除(R)/放弃(U)]:
选择要修剪的对象，或按住 Shift 键选择要延伸的对象，或
[栏选(F)/窗交(C)/投影(P)/边(E)/删除(R)/放弃(U)]:
命令: _fillet
当前设置: 模式 = 修剪，半径 = 0.0000
选择第一个对象或 [放弃(U)/多段线(P)/半径(R)/修剪(T)/多个(M)]: r
指定圆角半径 <0.0000>: 15
选择第一个对象或 [放弃(U)/多段线(P)/半径(R)/修剪(T)/多个(M)]:
选择第二个对象，或按住 Shift 键选择要应用角点的对象:
** 拉伸 **
指定拉伸点或 [基点(B)/复制(C)/放弃(U)/退出(X)]:
命令: _circle //绘制右边的局部放大图，如图 7-69 所示
指定圆的圆心或 [三点(3P)/两点(2P)/切点、切点、半径(T)]:
指定圆的半径或 [直径(D)] <20.0000>: 30
命令: _line 指定第一点:
指定下一点或 [放弃(U)]:
指定下一点或 [放弃(U)]:

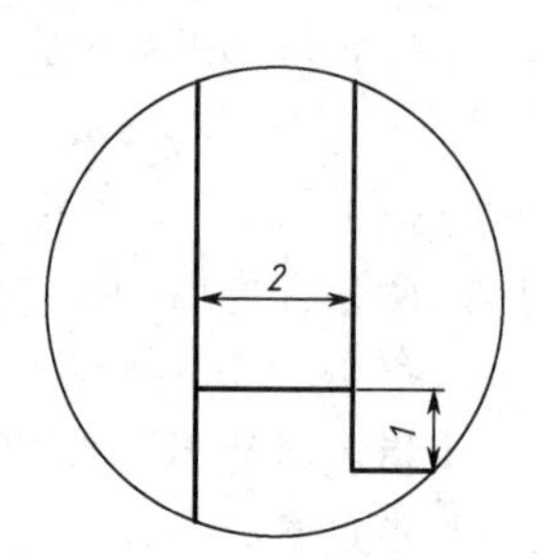

图 7-69　右边局部放大图

命令: _offset
当前设置: 删除源=否　图层=源　OFFSETGAPTYPE=0
指定偏移距离或 [通过(T)/删除(E)/图层(L)] <通过>:　20
选择要偏移的对象，或 [退出(E)/放弃(U)] <退出>:
指定要偏移的那一侧上的点，或 [退出(E)/多个(M)/放弃(U)] <退出>:
选择要偏移的对象，或 [退出(E)/放弃(U)] <退出>:
命令: _line 指定第一点:
指定下一点或 [放弃(U)]:
指定下一点或 [放弃(U)]:

命令: _offset

当前设置: 删除源=否　图层=源　OFFSETGAPTYPE=0

指定偏移距离或 [通过(T)/删除(E)/图层(L)] <20.0000>:　10

选择要偏移的对象，或 [退出(E)/放弃(U)] <退出>:

指定要偏移的那一侧上的点，或 [退出(E)/多个(M)/放弃(U)] <退出>:

选择要偏移的对象，或 [退出(E)/放弃(U)] <退出>:

命令: _trim

当前设置:投影=UCS，边=无

选择剪切边...

选择对象或 <全部选择>:

选择要修剪的对象，或按住 Shift 键选择要延伸的对象，或

[栏选(F)/窗交(C)/投影(P)/边(E)/删除(R)/放弃(U)]:

选择要修剪的对象，或按住 Shift 键选择要延伸的对象，或

[栏选(F)/窗交(C)/投影(P)/边(E)/删除(R)/放弃(U)]:

选择要修剪的对象，或按住 Shift 键选择要延伸的对象，或

[栏选(F)/窗交(C)/投影(P)/边(E)/删除(R)/放弃(U)]:

选择要修剪的对象，或按住 Shift 键选择要延伸的对象，或

[栏选(F)/窗交(C)/投影(P)/边(E)/删除(R)/放弃(U)]:

选择要修剪的对象，或按住 Shift 键选择要延伸的对象，或

[栏选(F)/窗交(C)/投影(P)/边(E)/删除(R)/放弃(U)]:

选择要修剪的对象，或按住 Shift 键选择要延伸的对象，或

[栏选(F)/窗交(C)/投影(P)/边(E)/删除(R)/放弃(U)]:

选择要修剪的对象，或按住 Shift 键选择要延伸的对象，或

[栏选(F)/窗交(C)/投影(P)/边(E)/删除(R)/放弃(U)]:

选择要修剪的对象，或按住 Shift 键选择要延伸的对象，或

[栏选(F)/窗交(C)/投影(P)/边(E)/删除(R)/放弃(U)]:

命令: _.erase 找到 1 个

（6）主视图倒角。

用“倒角”、“圆角”、“直线”等命令，按局部放大图进行倒角，如图 7-70 所示。

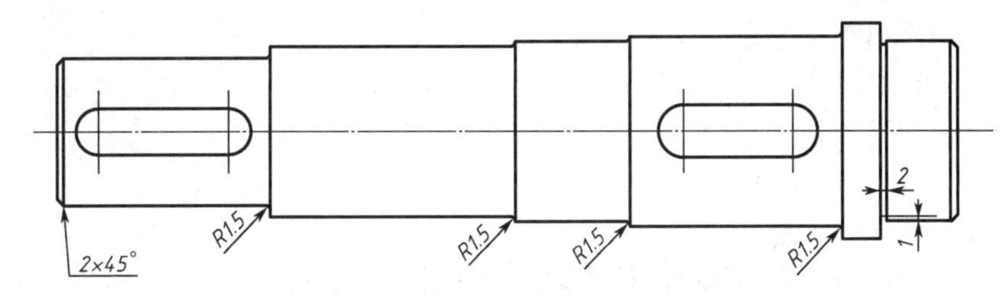

图 7-70　主视图倒角

命令行窗口的操作步骤如下:

命令: _fillet//倒圆角

当前设置：模式 = 修剪，半径 = 15.0000
选择第一个对象或 [放弃(U)/多段线(P)/半径(R)/修剪(T)/多个(M)]: r
指定圆角半径 <15.0000>: 1.5
选择第一个对象或 [放弃(U)/多段线(P)/半径(R)/修剪(T)/多个(M)]: m
选择第一个对象或 [放弃(U)/多段线(P)/半径(R)/修剪(T)/多个(M)]:
选择第二个对象，或按住 Shift 键选择要应用角点的对象:
选择第一个对象或 [放弃(U)/多段线(P)/半径(R)/修剪(T)/多个(M)]:
选择第二个对象，或按住 Shift 键选择要应用角点的对象:
选择第一个对象或 [放弃(U)/多段线(P)/半径(R)/修剪(T)/多个(M)]:
选择第二个对象，或按住 Shift 键选择要应用角点的对象:
选择第一个对象或 [放弃(U)/多段线(P)/半径(R)/修剪(T)/多个(M)]:
选择第二个对象，或按住 Shift 键选择要应用角点的对象:
选择第一个对象或 [放弃(U)/多段线(P)/半径(R)/修剪(T)/多个(M)]:
选择第二个对象，或按住 Shift 键选择要应用角点的对象:
选择第一个对象或 [放弃(U)/多段线(P)/半径(R)/修剪(T)/多个(M)]:
选择第二个对象，或按住 Shift 键选择要应用角点的对象:
选择第一个对象或 [放弃(U)/多段线(P)/半径(R)/修剪(T)/多个(M)]:
选择第二个对象，或按住 Shift 键选择要应用角点的对象:
选择第一个对象或 [放弃(U)/多段线(P)/半径(R)/修剪(T)/多个(M)]:
选择第二个对象，或按住 Shift 键选择要应用角点的对象:
选择第一个对象或 [放弃(U)/多段线(P)/半径(R)/修剪(T)/多个(M)]:
命令: _line 指定第一点:
指定下一点或 [放弃(U)]:
指定下一点或 [放弃(U)]:
命令: LINE 指定第一点:
指定下一点或 [放弃(U)]:
指定下一点或 [放弃(U)]:
命令: LINE 指定第一点:
指定下一点或 [放弃(U)]:
指定下一点或 [放弃(U)]:
命令: LINE 指定第一点:
指定下一点或 [放弃(U)]:
指定下一点或 [放弃(U)]:
命令: _chamfer//倒直角
(“修剪”模式) 当前倒角距离 1 =1.0000，距离 2 = 2.0000
选择第一条直线或[放弃(U)/多段线(P)/距离(D)/角度(A)/修剪(T)/方式(E)/多个(M)]: m
选择第一条直线或 [放弃(U)/多段线(P)/距离(D)/角度(A)/修剪(T)/方式(E)/多个(M)]:d
指定第一个倒角距离 <2.0000>: 2
指定第二个倒角距离 <2.0000>: 2

选择第一条直线或 [放弃(U)/多段线(P)/距离(D)/角度(A)/修剪(T)/方式(E)/多个(M)]:
选择第二条直线，或按住 Shift 键选择要应用角点的直线:
选择第一条直线或 [放弃(U)/多段线(P)/距离(D)/角度(A)/修剪(T)/方式(E)/多个(M)]:
选择第二条直线，或按住 Shift 键选择要应用角点的直线:
选择第一条直线或 [放弃(U)/多段线(P)/距离(D)/角度(A)/修剪(T)/方式(E)/多个(M)]:
选择第二条直线，或按住 Shift 键选择要应用角点的直线:
选择第一条直线或 [放弃(U)/多段线(P)/距离(D)/角度(A)/修剪(T)/方式(E)/多个(M)]:
选择第二条直线，或按住 Shift 键选择要应用角点的直线:
选择第一条直线或 [放弃(U)/多段线(P)/距离(D)/角度(A)/修剪(T)/方式(E)/多个(M)]:
命令
命令: _line 指定第一点:
指定下一点或 [放弃(U)]:
指定下一点或 [放弃(U)]:
命令: LINE 指定第一点:
指定下一点或 [放弃(U)]:
指定下一点或 [放弃(U)]:
命令:
命令: _offset//按右侧局部放大绘制
当前设置: 删除源=否 图层=源 OFFSETGAPTYPE=0
指定偏移距离或 [通过(T)/删除(E)/图层(L)] <2.0000>: 2
选择要偏移的对象，或 [退出(E)/放弃(U)] <退出>:
指定要偏移的那一侧上的点，或 [退出(E)/多个(M)/放弃(U)] <退出>:
选择要偏移的对象，或 [退出(E)/放弃(U)] <退出>:
指定要偏移的那一侧上的点，或 [退出(E)/多个(M)/放弃(U)] <退出>:
选择要偏移的对象，或 [退出(E)/放弃(U)] <退出>:
命令: OFFSET
当前设置: 删除源=否 图层=源 OFFSETGAPTYPE=0
指定偏移距离或 [通过(T)/删除(E)/图层(L)] <2.0000>: 1
选择要偏移的对象，或 [退出(E)/放弃(U)] <退出>:
指定要偏移的那一侧上的点，或 [退出(E)/多个(M)/放弃(U)] <退出>:
选择要偏移的对象，或 [退出(E)/放弃(U)] <退出>:
指定要偏移的那一侧上的点，或 [退出(E)/多个(M)/放弃(U)] <退出>:
选择要偏移的对象，或 [退出(E)/放弃(U)] <退出>:
命令: _trim
当前设置:投影=UCS，边=无
选择剪切边...
选择对象或 <全部选择>:
选择要修剪的对象，或按住 Shift 键选择要延伸的对象，或
[栏选(F)/窗交(C)/投影(P)/边(E)/删除(R)/放弃(U)]:

选择要修剪的对象，或按住 Shift 键选择要延伸的对象，或
[栏选(F)/窗交(C)/投影(P)/边(E)/删除(R)/放弃(U)]:
选择要修剪的对象，或按住 Shift 键选择要延伸的对象，或
[栏选(F)/窗交(C)/投影(P)/边(E)/删除(R)/放弃(U)]:
选择要修剪的对象，或按住 Shift 键选择要延伸的对象，或
[栏选(F)/窗交(C)/投影(P)/边(E)/删除(R)/放弃(U)]:
选择要修剪的对象，或按住 Shift 键选择要延伸的对象，或
[栏选(F)/窗交(C)/投影(P)/边(E)/删除(R)/放弃(U)]:
选择要修剪的对象，或按住 Shift 键选择要延伸的对象，或
[栏选(F)/窗交(C)/投影(P)/边(E)/删除(R)/放弃(U)]:
选择要修剪的对象，或按住 Shift 键选择要延伸的对象，或
[栏选(F)/窗交(C)/投影(P)/边(E)/删除(R)/放弃(U)]:

（7）缩放图形。

按 1∶1.5 比例缩放主视图和断面图。

命令行窗口的操作步骤如下：

命令: _scale
选择对象: 指定对角点: 找到 59 个//选中主视图
选择对象: 指定对角点: 找到 7 个，总计 66 个//选中左边断面图
选择对象: 指定对角点: 找到 7 个，总计 73 个//选中右边断面图
选择对象:
指定基点:
指定比例因子或 [复制(C)/参照(R)] <1.0000>: 2/3
命令: _move 找到 14 个//调整断面图位置
指定基点或 [位移(D)] <位移>:
指定第二个点或 <使用第一个点作为位移>:

步骤 5　标注尺寸

（1）设置标注样式。

① 修改“ISO-25”样式，选中“主单位”选项卡，将“线性标注”组中“精度”设为“0”，“小数分隔符”设为“句号”，将“测量单位比例”组中“比例因子”设为“1.5”。

② 新建名为“直径”的标注样式，以“ISO-25”为基础样式，选中“主单位”选项卡中“线性标注”组中的“前缀”文本框，输入“%%C”。

（2）标注线性尺寸及倒角尺寸。

将图层切换到“标注”层，利用“ISO-25”样式来标注线性尺寸和倒角尺寸，如图 7-70 所示。

（3）利用“ISO-25”样式来标注放大图尺寸，放大图尺寸数字应在标注后按照实际尺寸进行修改，如图 7-70 所示。

（4）利用“直径”样式来标注主视图上的ϕ52、ϕ66，如图 7-71 所示。

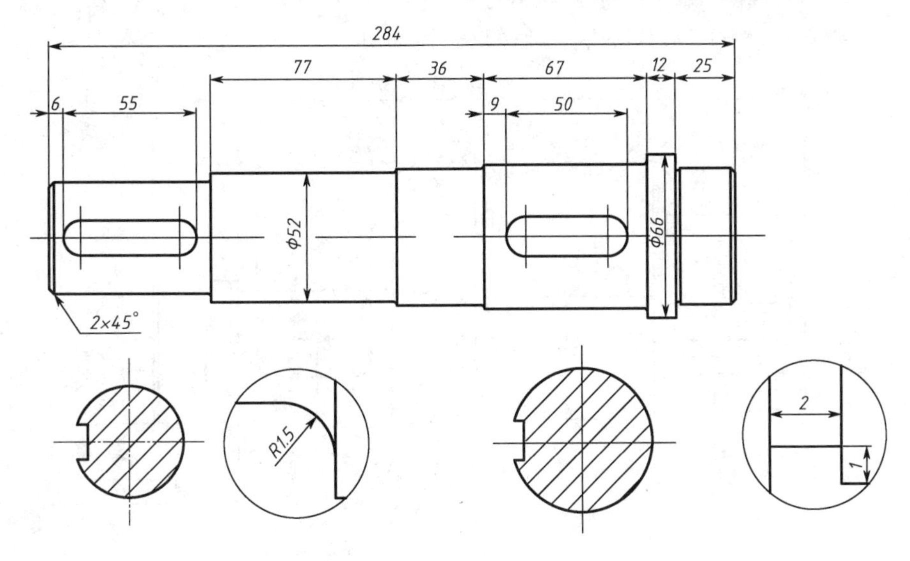

图 7-71 线性尺寸标注

步骤 6 标注公差、基准及粗糙度

（1）设置标注样式。

① 新建名为“直径公差”的标注样式，以“ISO-25”为基础样式，选中“主单位”选项卡，在“线性标注”组中的“前缀”文本框输入“%%C”，“后缀”文本框输入“k6”。

② 新建名为“公差”的标注样式，以“ISO-25”为基础样式，选中“主单位”选项卡，在“线性标注”组中“后缀”文本框输入“N9”。

③ 新建名为“极限偏差”的标注样式，以“ISO-25”为基础样式，选中“公差”选项卡，将“公差格式”组中“方式”设为“极限偏差”，“精度”设为“0.0”，将“上偏差”设为“0”，“下偏差”设为“0.2”。再选中“主单位”选项卡，在“线性标注”组中“精度”设为“0.0”。

（2）标注直径公差。

利用“直径公差”样式来标注ϕ45k6、ϕ55k6，ϕ58r6，如图 7-72 所示。

（3）标注公差。

利用“公差”样式来标注 14N9、16N9，如图 7-72 所示。

（4）标注极限偏差。

利用“极限偏差”样式来标注 $39.5^{\ 0}_{-0.2}$、$53^{\ 0}_{-0.2}$，如图 7-72 所示。

（5）标注形位公差。

利用“ISO-25”样式来标注形位公差，如图 7-72 所示。

命令行窗口的操作步骤如下：

命令: QLEADER

指定第一个引线点或 [设置(S)] <设置>: S//打开“引线设置”对话框，单击“公差”按钮

指定第一个引线点或 [设置(S)] <设置>:

指定下一点:

指定下一点: //打开“形位公差”对话框，按如图 7-73 所示进行设置

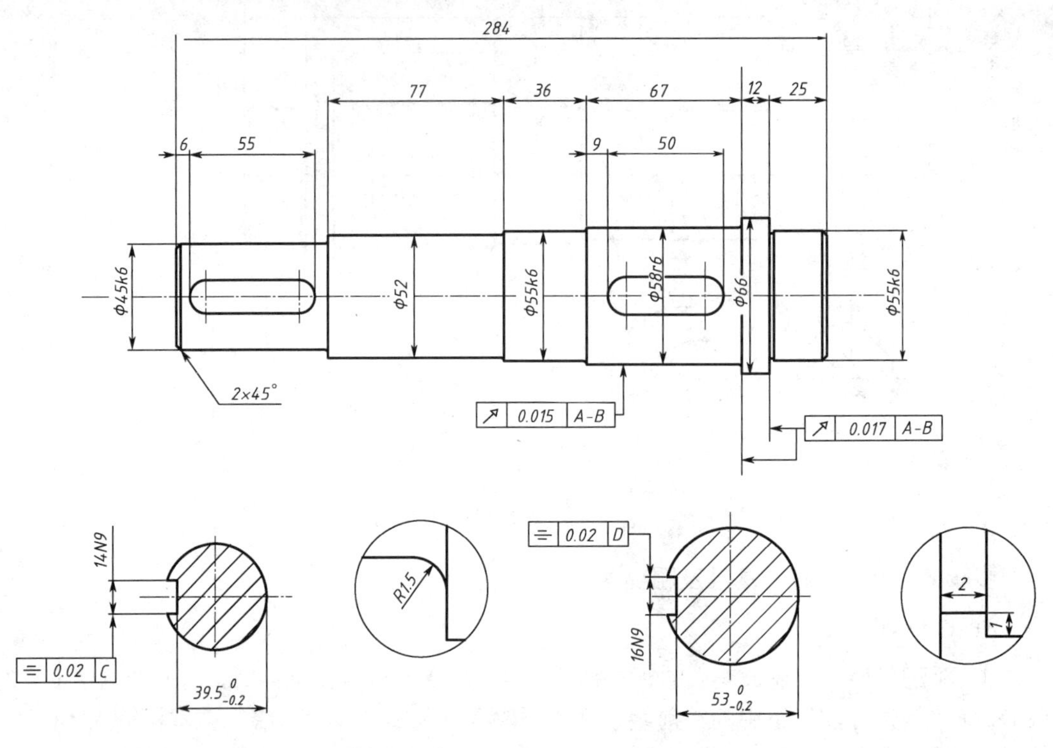

图 7-72 “公差”标注

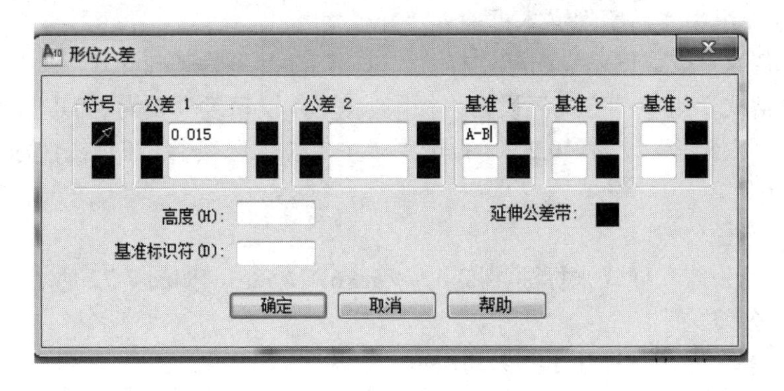

图 7-73 “形位公差”对话框设置（一）

命令: QLEADER
指定第一个引线点或 [设置(S)] <设置>: S
指定第一个引线点或 [设置(S)] <设置>:
指定下一点:
指定下一点: //打开“形位公差”对话框，按如图 7-74 所示进行设置
命令: QLEADER
指定第一个引线点或 [设置(S)] <设置>: S
指定第一个引线点或 [设置(S)] <设置>:
指定下一点:

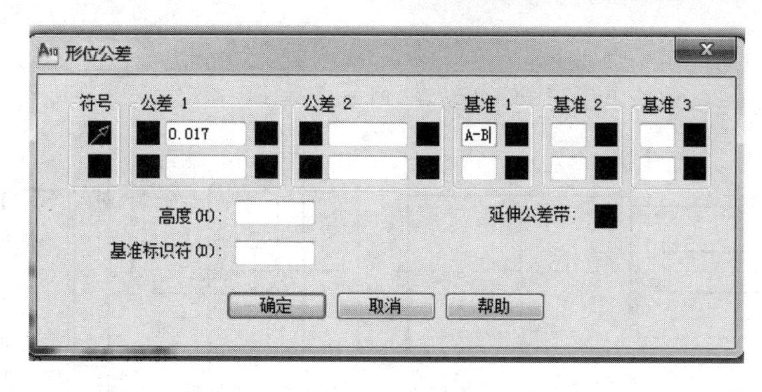

图 7-74 “形位公差”对话框设置（二）

指定下一点: //打开“形位公差”对话框，按如图 7-75 所示进行设置

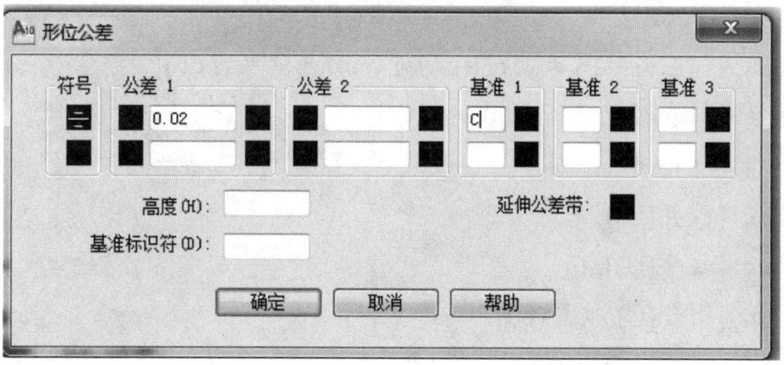

图 7-75 “形位公差”对话框设置（三）

命令: QLEADER
指定第一个引线点或 [设置(S)] <设置>: S
指定第一个引线点或 [设置(S)] <设置>:
指定下一点:
指定下一点: //打开“形位公差”对话框，按如图 7-76 所示进行设置

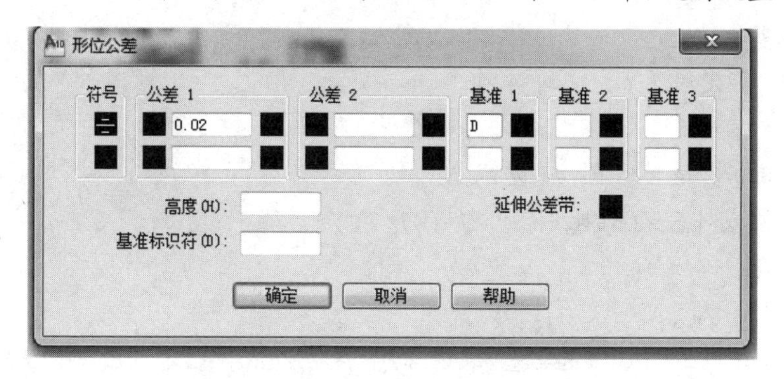

图 7-76 “形位公差”对话框设置（四）

（6）标注公差基准。

将公差基准定义成带属性的内部块，然后插入适当位置，插入过程中输入不同的属性值。

命令行窗口的操作步骤如下：

命令: _circle //绘制基准图形，如图 7-77 所示

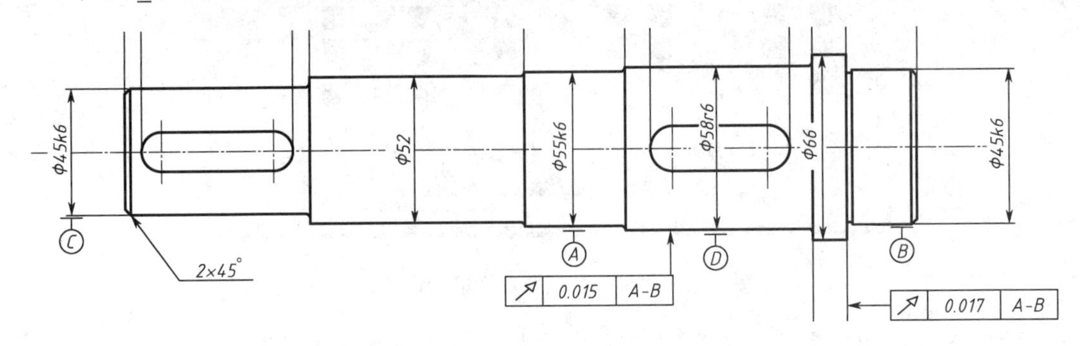

图 7-77　公差基准标注

指定圆的圆心或 [三点(3P)/两点(2P)/切点、切点、半径(T)]:

指定圆的半径或 [直径(D)] <4.5000>: 4

命令: _line 指定第一点:

指定下一点或 [放弃(U)]: 4

指定下一点或 [放弃(U)]: 6

指定下一点或 [闭合(C)/放弃(U)]:

命令: _move

选择对象: 找到 1 个

选择对象:

指定基点或 [位移(D)] <位移>:　指定第二个点或 <使用第一个点作为位移>:

命令: _attdef//定义块属性，对话框设置如图 7-78 所示

指定起点://指定属性值所在位置

命令: _block //创建块，块名为基准

指定插入基点:

选择对象: 指定对角点: 找到 4 个

选择对象:

命令: _insert//在适当位置插入基准 A

指定插入点或 [基点(B)/比例(S)/旋转(R)]:

输入属性值

输入基准符 <A>: A

命令: _move 找到 1 个//选中基准 A，向下移动 2mm，结果如图 7-77 所示。

指定基点或 [位移(D)] <位移>:　指定第二个点或 <使用第一个点作为位移>: 2

同理可插入基准 *B*、*C*、*D*，如图 7-77 所示。

图 7-78 “属性定义”对话框（一）

（7）标注粗糙度。

将粗糙度定义成带属性的内部块，然后插入适当位置，在插入过程中输入不同的属性值，根据粗糙度符号方向不同进行旋转。

将粗糙度图形边长为 6 的正三边形一边拉长，“属性定义”对话框的设置如图 7-79 所示，完成样式如图 7-80 所示。注意：图框右上角处有一值为 6.3 的粗糙度符号。

图 7-79 “属性定义”对话框（二）

（8）其他标注。

标注出截取断面部位及放大的部位，并在断面图和局部放大图上方标注出相应的符号，局部放大图要标注出所采用的比例，如图 7-81 所示。

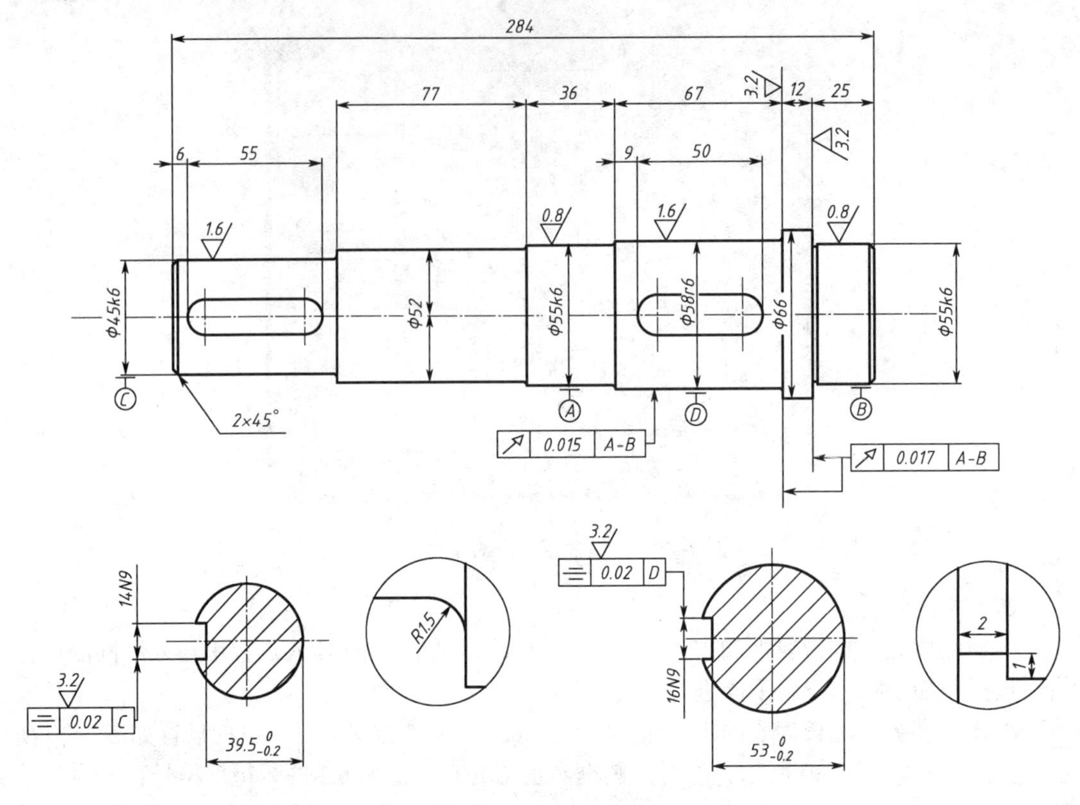

图 7-80　粗糙度标注

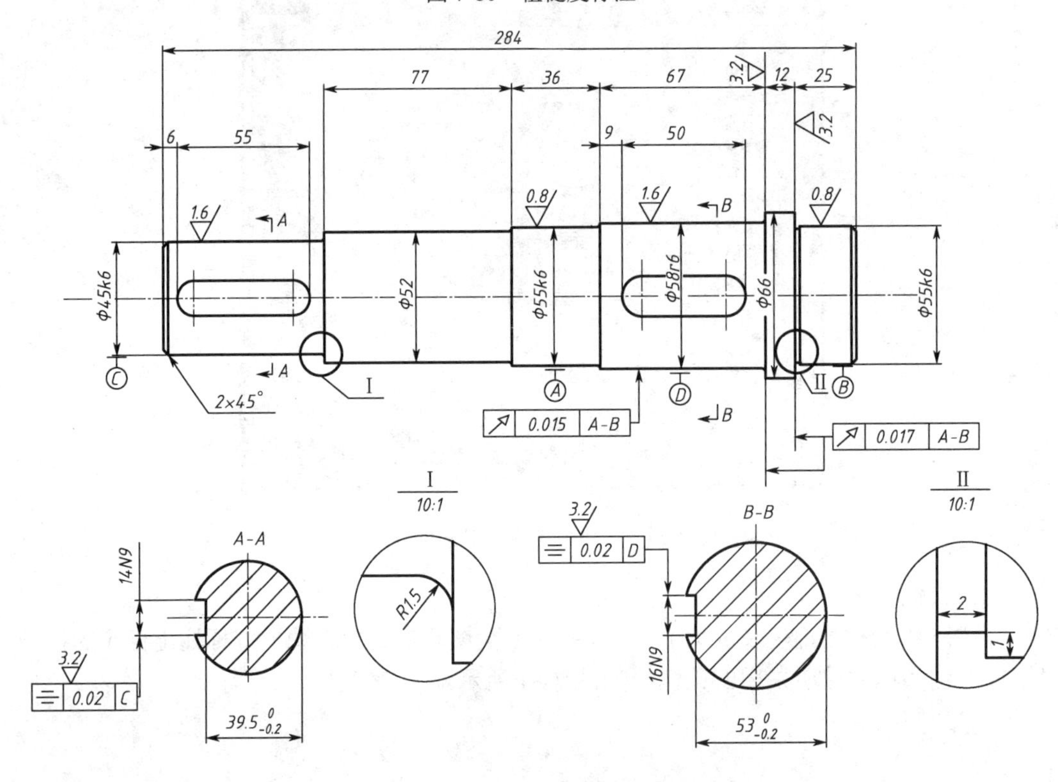

图 7-81　断面图、局部放大图部位标注

步骤 7　注写文字

（1）设置文字样式。

单击“格式”菜单中的“文字样式”命令，打开“文字样式”对话框，新建名为“技术要求字”的样式，如图 7-82 所示。并将此样式设为当前样式。

图 7-82　文字样式设置

（2）注写技术要求文字。

将图层切换到“文字”层，单击“绘图”菜单中的“文字”命令，注写技术要求等文字。

（3）注写标题栏文字。

修改标题栏中文字，将“XXX1”值设为“45”，将“XXX2”值设为“机械厂”，将“XXX3”值设为“传动轴”，将“XXX4”值设为“01”，将“XXX5”值删除，将“XXX6”值设为“1∶1.5”，将“XXX7”值设为“1”，将“XXX8”值设为“1”。

命令行窗口的操作步骤如下：

命令: _eattedit//打开“增强属性编辑器”对话框，修改 XXX1～XXX8 的值，如图 7-83 所示

选择块

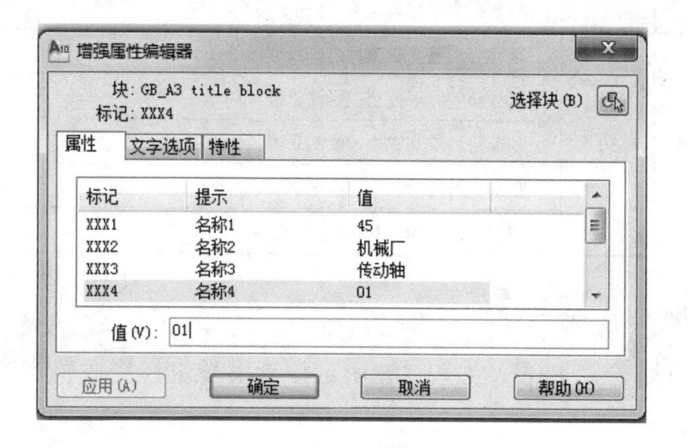

图 7-83　“增强属性编辑器”对话框

步骤 8　保存图形文件

单击菜单的“文件/保存”选项，完成图形文件的保存（图 7-1）。

任务 4　项目验收与评价

一、项目验收

将完成的图形与所给项目任务进行比较，检查其质量与要求相符合的程度，并结合项目评分标准表，如表 7-7 所示，验收所绘图纸的质量。

表 7-7　评分标准表

序号	评分点	分值	得分条件	扣分情况
1	设置绘图环境	25	新建文件并保存正确（2 分）	各项得分条件错一处扣 1 分，扣完为止
			图层清晰（5 分）	
			文字样式符合制图标准（2 分 ）	
			尺寸标注样式符合制图标准（12 分 ）	
			图幅正确（1 分）	
			正确插入图框和标题栏（3 分）	
2	主视图	20	按所给图形尺寸正确绘制图形（10 分 ）	
			粗线、细线等线型分清（3 分）	
			倒角完整、正确（7 分）	
3	断面图	10	按所给图形尺寸正确绘制图形（6 分）	
			剖面填充正确（4 分）	
4	放大图	5	按所给尺寸和比例正确绘制图形（5 分）	
5	注写文字	10	注写文字大小、字型合理，注写正确（5 分）	
			标题栏文字修改正确（5 分）	
6	标注尺寸	30	尺寸标注符合制图标准，尺寸准确（6 分）	
			尺寸公差、形位公差标注正确（10 分）	
			基准符号绘制成块，绘制正确（5 分）	
			粗糙度符号绘制成块，绘制正确（5 分）	
			图形比例正确（4 分）	

二、项目评价

针对项目工作综合考核表，如表 7-8 所示，给出学生在完成整个项目过程中的综合成绩。

表 7-8 项目工作综合考核表

<table>
<tr><th colspan="2"></th><th>考核内容</th><th>项目分值</th><th>自我评价</th><th>小组评价</th><th>教师评价</th></tr>
<tr><td rowspan="7">考核事项</td><td rowspan="3">专业能力 60%</td><td>1. 工作准备
绘图工具准备是否妥当、图纸识读是否正确、项目实施的计划是否完备</td><td>10</td><td></td><td></td><td></td></tr>
<tr><td>2. 工作过程
主要技能应用是否准确，工作过程是否认真、严谨，安全措施是否到位</td><td>10</td><td></td><td></td><td></td></tr>
<tr><td>3. 工作成果
根据表 7-7 的评分标准评估工作成果质量</td><td>40</td><td></td><td></td><td></td></tr>
<tr><td rowspan="4">综合能力 40%</td><td>1. 技能点收集能力
是否明确本项目所用的技能点，并准确收集这些技能的操作方法</td><td>10</td><td></td><td></td><td></td></tr>
<tr><td>2. 交流沟通能力
在项目计划、实施及评价过程中与他人的交流沟通是否顺利、得当</td><td>10</td><td></td><td></td><td></td></tr>
<tr><td>3. 分析问题能力
对图纸的识读是否准确，在项目实施过程中是否能发现问题、分析问题并解决问题</td><td>10</td><td></td><td></td><td></td></tr>
<tr><td>4. 团结协作能力
是否能与小组其他成员分工协作，团队合作完成任务</td><td>10</td><td></td><td></td><td></td></tr>
<tr><td>备注</td><td colspan="6">零件图的绘制必须严格按国家标准完成，在机房使用计算机绘图时必须注意安全，遵守机房纪律。本项目可以小组或个人形式完成</td></tr>
</table>

项 目 小 结

本项目的训练内容是全书的另一重点内容。通过本项目的技能实训使读者掌握识读和绘制工程零件图的方法，明确视图、剖视图、断面图等图样的基本表示法，掌握零件图上的各项技术要求的意义，学会使用 AutoCAD 软件创建图块功能及标注公差基准、表面粗糙度，使用“引线标注”命令标注形位公差等，从而完成整个图纸的绘制工作。

拓 展 训 练

（1）利用 CAD 软件绘制如图 7-84 所示的零件图，图幅选用 A3 幅图，比例为 1∶2，图框、标题栏格式尺寸采用图标形式，标注字高为 5，技术要求字体为仿宋，字高自行设计。拓展训练（一）图中明细表如图 7-85 所示。

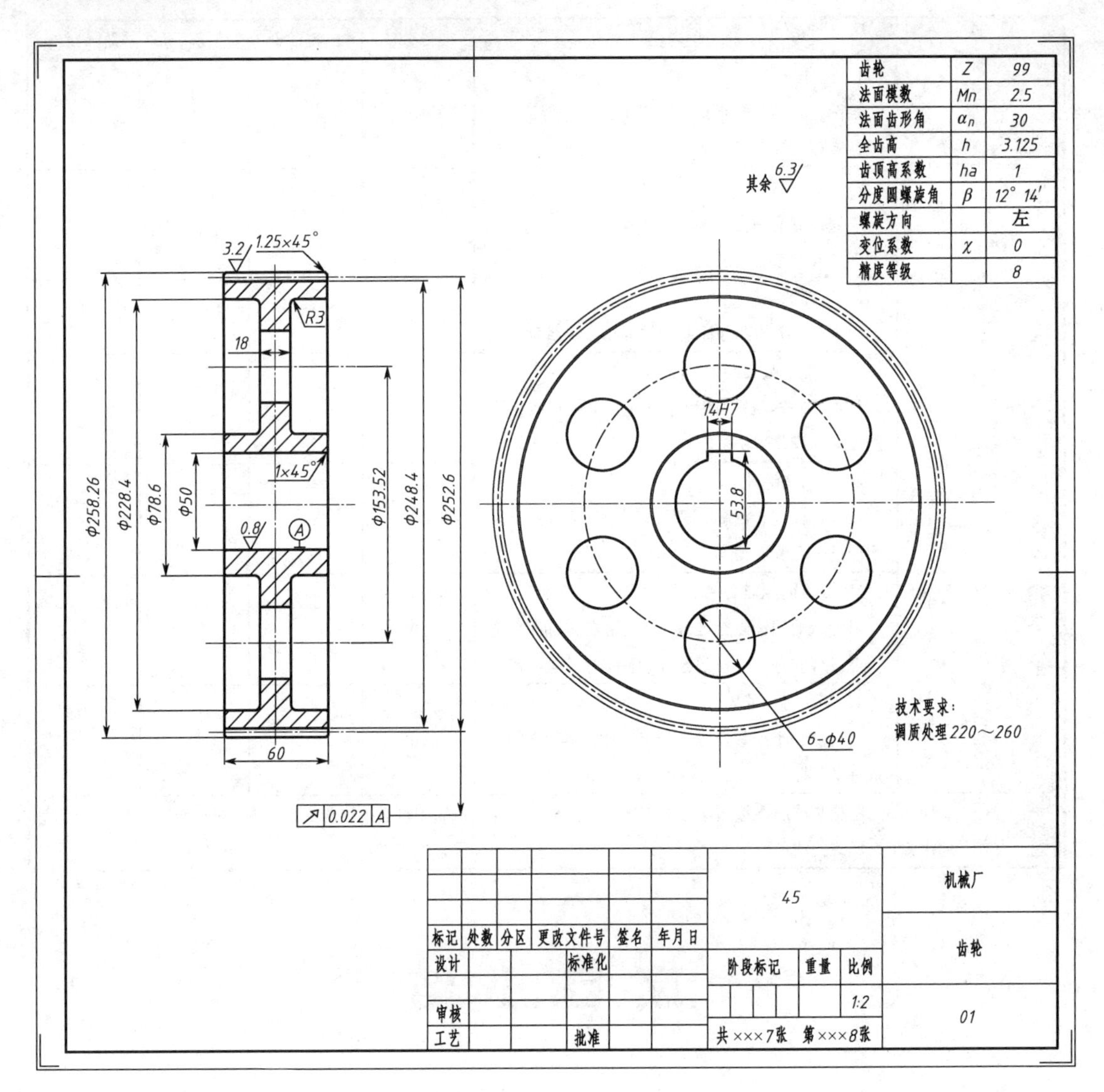

图 7-84　拓展训练（一）

齿轮	Z	99
法面模数	Mn	2.5
法面齿形角	α_n	3.0
全齿高	h	3.125
齿顶高系数	h_α	1
分度圆螺旋角	β	12° 14′
螺旋方向		左
变位系数	χ	0
精度等级		8

图 7-85　拓展训练一图中明细表

（2）利用 CAD 软件绘制如图 7-86 所示的零件图，图幅选用 A3 幅图，比例为 1∶1，图框、标题栏格式尺寸采用图标形式，标注字高为 5，技术要求字体为仿宋，字高自行设计。拓展训练（二）图中技术要求，如图 7-87 所示。

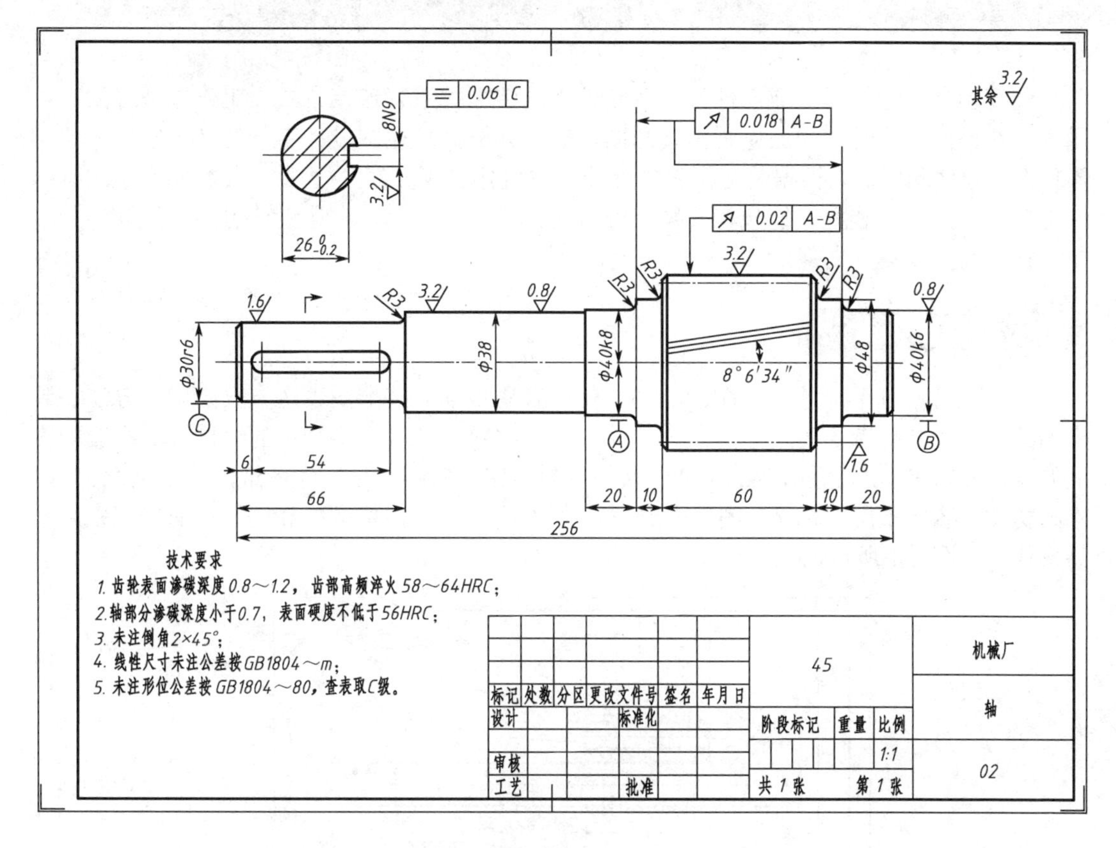

图 7-86 拓展训练（二）

技术要求

1. 齿轮表面渗碳深度 0.8～1.2，齿部高频淬火 58～64HRC；
2. 轴部分渗碳深度小于 0.7，表面硬度不低于 56HRC；
3. 未注倒角 2×45°；
4. 线性尺寸未注公差按 GB1804～m；
5. 未注形位公差按 GB1804～80，查表取C级。

图 7-87 拓展训练（二）图中技术要求

项目 8 千斤顶装配图的绘制

装配图是表达机器（或部件）中各零件之间装配关系、连接方式、工作原理等的技术图样。在设计产品时，一般先画出装配图，然后再根据装配图设计零件的具体结构，绘制零件图。零件制成后，根据装配图将零件装配成机器（或部件）。因此，装配图既是制订装配工艺规程，进行装配、检验、安装及维修的技术文件，也是表达设计思想、指导生产和交流技术的重要技术文件。

项目任务分析

本项目将通过千斤顶装配图的绘制，使读者逐步掌握装配图表达方案的确定方法、装配图的画法、装配图中的尺寸注法、装配图中的零部件序号、明细栏的编排方法及装配图上的技术要求等。最后利用 AutoCAD 软件编制出完整的千斤顶装配图纸，保存为“*.dwg”格式文件，图纸采用国标 A3 图幅竖放，绘图比例为 1∶1，标题栏和明细栏的格式采用简易格式，如图 8-1 所示。

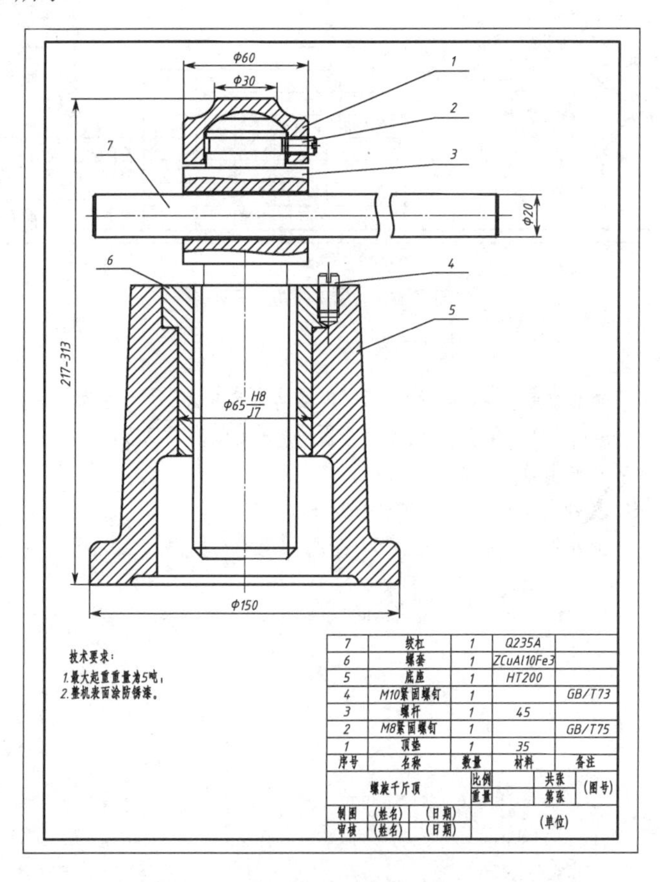

图 8-1　千斤顶装配图

任务1 技能实训

技能1 装配图的表达方案

如图8-1所示，一张完整的装配图应具备以下内容：

（1）一组图形：表达机器（或部件）的工作原理、装配关系，各组成零件的相对位置、连接方式，主要零件的结构形状，以及传动路线等。千斤顶由于结构比较简单，因此，仅通过主视图并采用剖视的方法就可以表达清楚。而如图8-3所示的铣床尾座装配图则通过三视图及其他视图才能将装配体表达得更加完整、清楚。

（2）必要的尺寸：装配图上仅需要标注表示机器（或部件）规格和装配、安装时所必需的尺寸。

（3）技术要求：用符号标注或文字说明，指明零件在装配、安装、调试和使用中的技术要求。

（4）零件序号和明细栏：在图纸的右下角处画出标题栏，表明装配体的名称、图号、比例和责任者签字等；在图形中为每个不同的零件编写序号，并在标题栏上方按序号编制成零件明细栏。

装配图要正确、清楚地表达装配体的结构、工作原理及零件间的装配关系，需具备以上4个内容，但并不要求把每个零件的各部分结构均完整表达出来。图样的基本表示法对装配图同样适用。由于表达的侧重点不同，国家标准对装配图还做了专门的规定。

在按画法规定绘制装配图前，必须先恰当确定表达方案。

装配图同零件图一样，要以主视图的选择为中心来确定整个一组视图的表达方案。表达方案的确定要依据装配体的工作原理和零件之间的装配关系。现以如图8-2所示的铣床尾座为例，介绍装配图表达方案的选择原则。

一、主视图的选择原则

（1）应选择能反映装配体的工作位置和总体结构特征的方位作为主视图的投射方向。

（2）应选择能反映该装配体的工作原理和主要装配线的方位作为主视图的投射方向。

（3）应选择能尽量多地反映该装配体内部零件间相对位置关系的方位作为主视图的投射方向。

如图8-2所示，根据上述原则，铣床尾座选择主视图投射方向“*A*”，尾座的四条装配干线都不在同一平面内。通过图8-2（b）可知，尾座的工作原理主要是顶紧工件，主要装配干线为顶紧机构，因此，主视图的投射方向应选择“*A*”向。从图8-2（a）中可知，主视图可表达夹紧、放松工件的顶紧机构，同时，通过其他视图又将夹紧机构的螺杆13、调高机构中的定位螺杆8，以及倾角机构中的锁紧螺栓M10×35三者在装配体上的相对位置表示清楚。

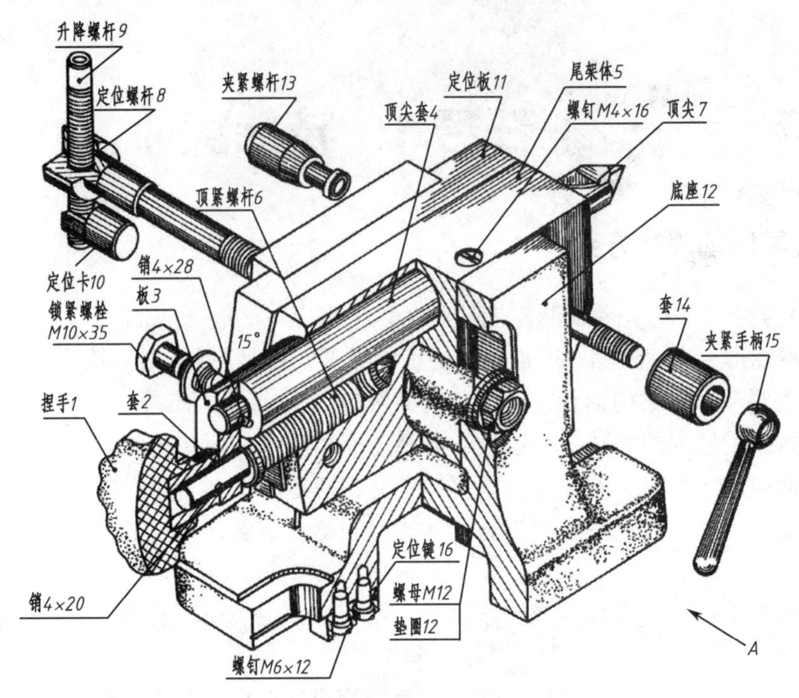

（a）铣床尾座轴测图

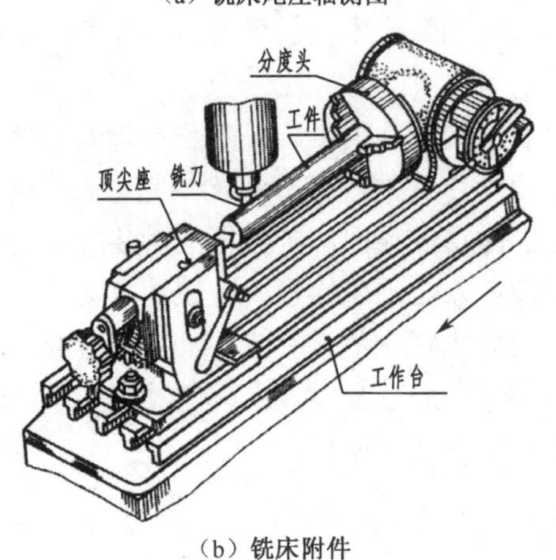

（b）铣床附件

图 8-2　铣床尾座及附件

二、其他视图的选择

为补充表达主视图上没有而又必须表达的内容，对其他尚未表达清楚的部位必须再选择相应的视图进一步说明。所选择的视图要重点突出，相互配合，避免重复。

如图 8-3 所示的左视图是沿定位螺杆 8 的轴线作全剖视，配合主视图突出表达升降结构的工作原理和各零件的装配关系的。

B-B 断面突出表达了夹紧机构零件组的装配关系和夹紧原理。

C-C 剖视将顶尖在正平面内转动的角度表示清楚。

K 向局部视图表明了锁紧螺栓 M10×35 的活动范围。

俯视图一方面表达了铣床尾座的外部形状，更重要地是突出表明了定位板 11 与尾架体 5 通过螺栓 M10×35 的连接情况及其各装配线在水平面上的相对位置。

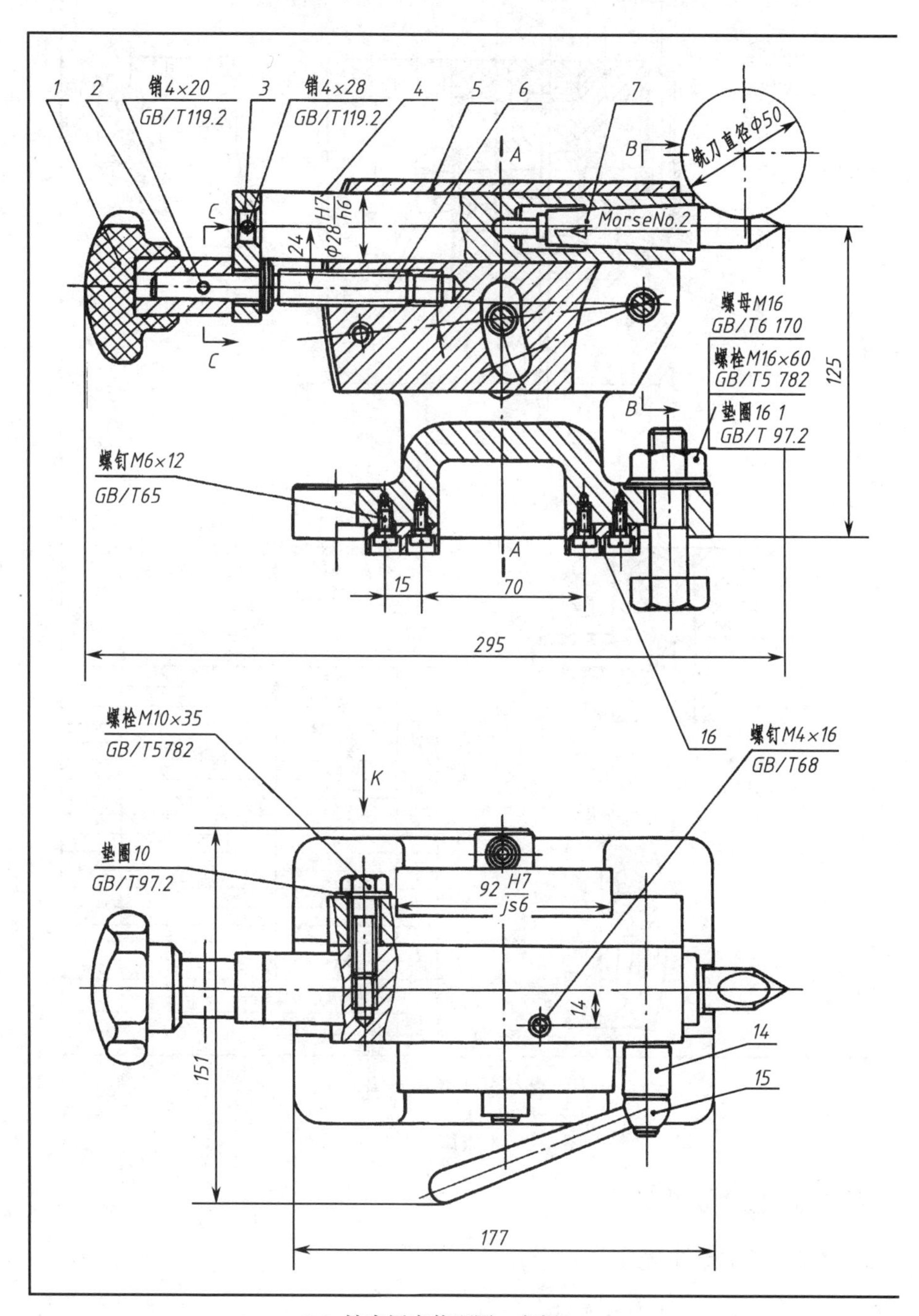

(a) 铣床尾座装配图—左侧

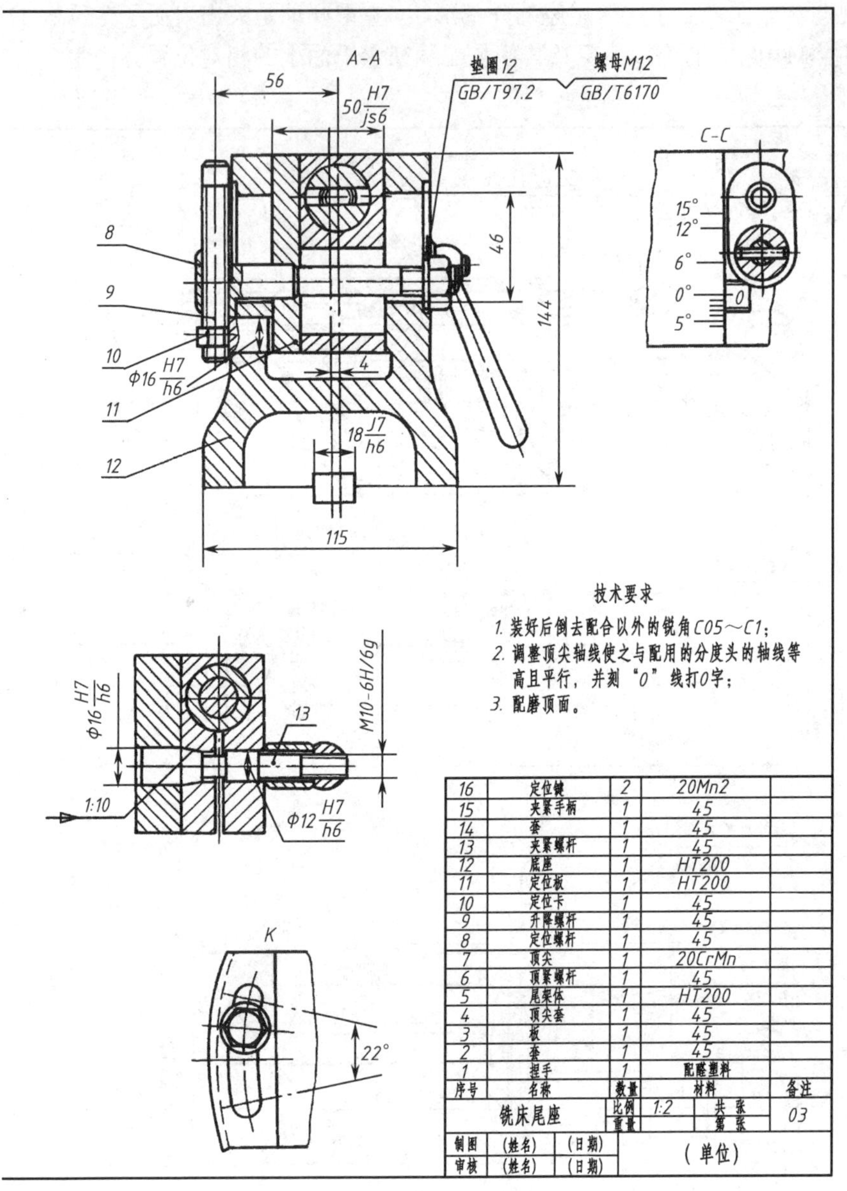

（b）铣床尾座装配图—右侧

图 8-3　铣床尾座装配图

技能 2　装配图的画法规定

一、装配图画法的基本规定

1. 零件间接触面、配合面的画法

相邻两零件的接触面和基本尺寸相同的配合面只画一条线；不接触的表面和非配合表面即使间隙很小也应画两条线。

2. 剖面线画法

相邻两金属零件剖面线的倾斜方向应相反，或方向一致而间隔不等；各视图上，同一零件

的剖面线方向和间隔应相同；断面厚度在 2 mm 以下的图形允许以涂黑来代替剖面符号。

二、装配图的简化画法规定

（1）装配图中若干相同的零、部件组，可仅详细画出一组，其余只需用细点画线表示出其位置，如图 8-4 所示。

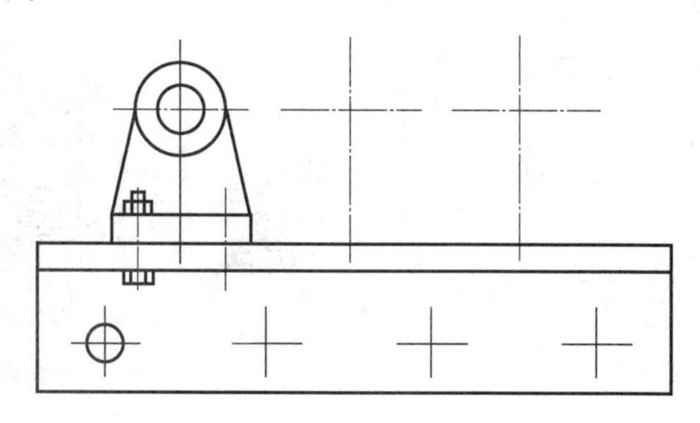

图 8-4 简化画法（一）

（2）在装配图中，可用粗实线表示带传动中的带，用细点画线表示链传动中的链，如图 8-5 所示。

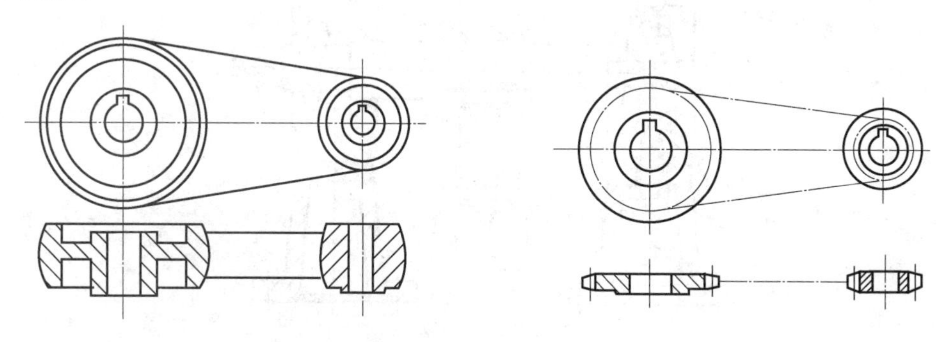

图 8-5 简化画法（二）

（3）在装配图中，当剖切平面通过的某些部件为标准产品或该部件已由其他图形表示清楚时，可按不剖绘制。

（4）在装配图中，零件的倒角、圆角、凹坑、凸台、沟槽、滚花、刻线及其他细节等可不画出。

（5）在装配图中可省略螺栓、螺母、销等紧固件的投影，而用细点画线和指引线指明它们的位置。此时，表示紧固件组的公共指引线应根据其不同类型从被连接件的某一端引出，如螺钉、螺柱、销连接从其装入端引出，螺栓连接从其装有螺母一端引出，如图 8-6 所示。

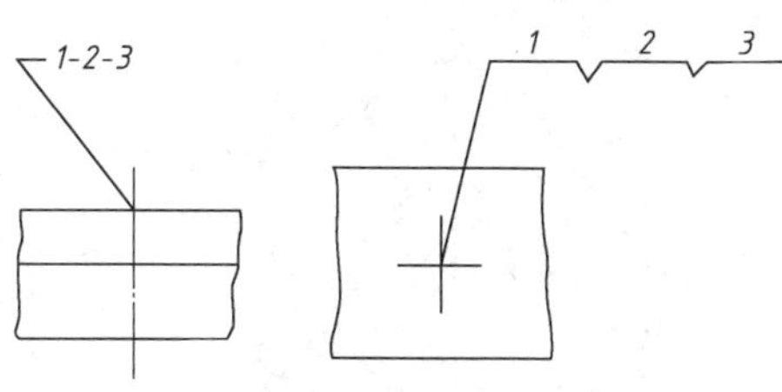

图 8-6 简化画法（三）

（6）在能够清楚表达产品特征和装配关系的条件下，装配图中可以仅画出其简化后的轮廓，如图 8-7 所示。

（7）在装配图中，对于紧固件，以及轴、连杆、球、钩子、键、销等实心零件，若按纵向剖切，且剖切平面通过其对称平面或轴线时，则这些零件均按不剖绘制。如需要特别表明零件的构造，如凹槽、键槽、销孔等，则可用局部剖视表示，如图 8-8 所示。

（8）在装配图中可假设沿某些零件的结合面剖切或假设将某些零件拆卸后绘制，需要说明时可加标注“拆去××等”。结合面不画剖面线，但被剖到的螺栓必须画出剖面线，如图 8-9 所示的 *A-A* 剖视图。

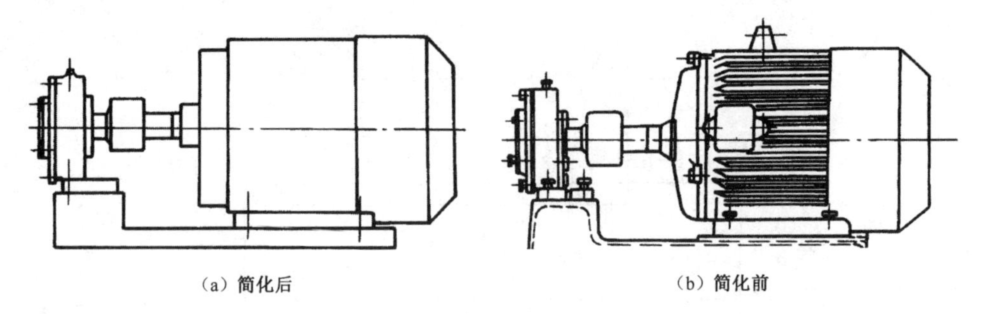

图 8-7　简化画法（四）

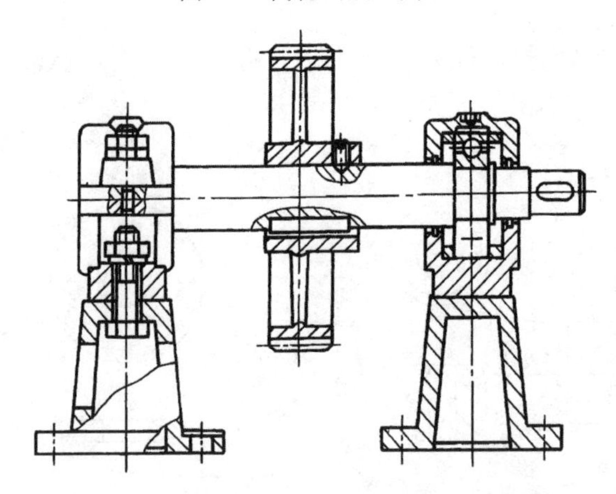

图 8-8　简化画法（五）

（9）在装配图中，可以单独画出某一零件的视图，但必须标注清楚投射方向和名称，并注上相同的字母，如图 8-9 所示。

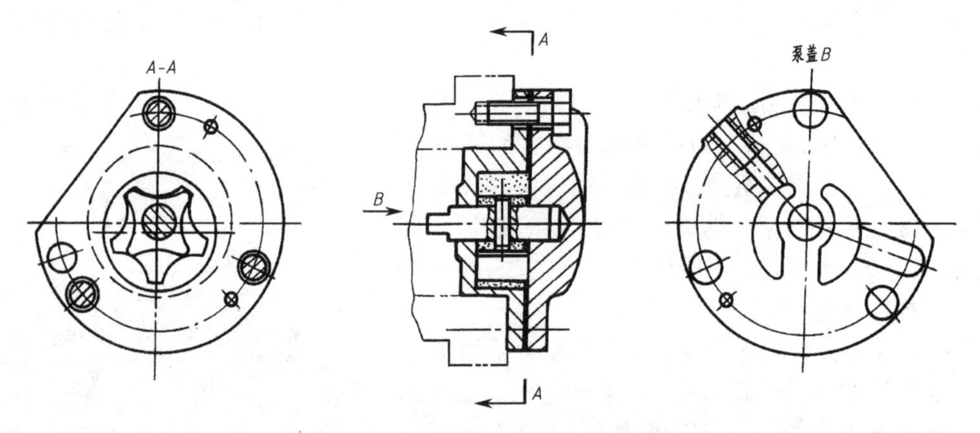

图 8-9　简化画法（六）

技能3 装配图中的尺寸注法

装配图与零件图的作用不同，对尺寸标注的要求也不同。装配图是设计和装配机器（或部件）时用的图样，因此，不必把零件制造时所需要的全部尺寸都标注出来。

一般装配图应标注下面几类尺寸。

一、性能（规格）尺寸

性能尺寸是表示装配体的工作性能或产品规格的尺寸。这类尺寸是设计产品的依据，如图8-3所示，铣床尾座上顶针轴线到底面的高度为125，它表明该尾座只限于工件最大回转半径为125mm，即限定了固定在尾座上的被加工工件的直径尺寸。

二、装配尺寸

装配尺寸用以保证机器（或部件）装配性能的尺寸。装配尺寸有以下两种。

1. 配合尺寸

零件间有配合要求的尺寸，如图8-1所示的配合尺寸ϕ65H8/j7、图8-3所示的配合尺寸ϕ16H7/h6。

2. 相对位置尺寸

表示装配体在装配时需要保证的零件间较重要的距离尺寸和间隙尺寸，如图8-3所示的调高机构与顶紧机构中心距尺寸为56，顶紧机构与底座定位键中心偏移距离尺寸为4等。

三、安装尺寸

安装尺寸是表示零、部件安装在机器上或机器安装在固定基础上，所需要的对外安装时连接用的尺寸，如图8-3所示的键宽尺寸18J7/h6等。

四、总体尺寸

总体尺寸是表示装配体所占有空间大小的尺寸，即长度、宽度和高度尺寸，如图8-1所示的尺寸217-313、ϕ150，图8-3所示的尺寸295、151、144，均为总体尺寸。总体尺寸可提供包装、运输和安装使用时所需要占有空间的大小。

五、其他重要尺寸

其他重要尺寸是根据装配体的结构特点和需要，必须标注的重要尺寸，如运动件的极限位置尺寸、零件间的主要定位尺寸、设计计算尺寸等。如图8-3所示的*K*向视图尺寸22，表示螺栓的活动范围。

总之，在装配图上标注尺寸要根据情况做具体分析。上述五类尺寸并不是每张装配图都必须全部标出，而是按需要来标注。

技能4 装配图中的零部件序号、明细栏和技术要求

一、零部件序号的编排

为便于看图、管理图样和组织生产，装配图上需对每个不同的零、部件进行编号，这种编号称为序号。对于较复杂的较大部件来说，所编序号应包括所属较小部件及直属较大部件的零件。

1. 序号的编排形式

序号的编排有两种形式，如下所示。

（1）将装配图上所有的零件，包括标准件和专用件一起，依次统一编排序号。如图 8-1 所示，零件按逆时针方向编排序号。

（2）将装配图上所有标准件的标记直接注写在图形中的指引线上，而将专用件按顺序进行编号。如图 8-3 所示的专用件按顺时针方向排列，标准件的标记直接注出，不编入序号。

2. 序号的编排方法

（1）序号应编注在视图周围，按顺时针或逆时针方向顺次排列，在水平和铅垂方向应排列整齐。

（2）零件序号和所指零件之间用指引线连接，注写序号的指引线应自零件的可见轮廓线内引出，末端画一圆点；若所指的零件很薄或涂黑的剖面不宜画圆点时，可在指引线末端画出箭头，并指向该零件的轮廓，如图 8-10（a）所示。

（3）指引线相互不能相交，不能与零件的剖面线平行。指引线一般应画成直线，必要时允许曲折一次，如图 8-10（b）所示。

（4）对于一组紧固件，以及装配关系清楚的零件组，允许采用公共指引线，如图 8-10（c）所示。

（5）每一种零、部件（无论件数多少），一般只编一个序号，必要时多处出现的相同零部件允许重复采用相同的序号标注。

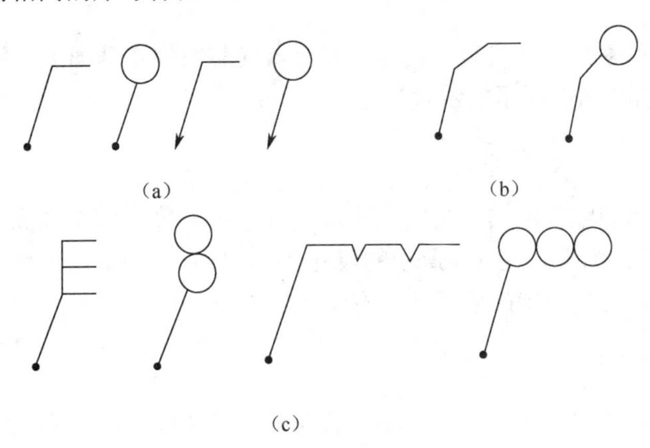

图 8-10　序号标注方法

二、零件明细栏的编制

零件明细栏一般放在标题栏上方，并与标题栏对齐。填写序号时应由下向上排列，这样便于补充编排序号时被遗漏的零件。当标题栏上方位置不够时，可在标题栏左方继续列表由下向上接排。明细栏的内容如图 8-1 和图 8-3 所示。

三、装配图的技术要求

各类不同的机器（或部件），其性能不同，技术要求也各不相同。因此，在拟定机器（或部件）装配图的技术要求时，应做具体分析。在零件图中已经注明的技术要求，装配图中不再重复标注。技术要求一般填写在图纸下方的空白处。

具体的技术要求应包括以下几个方面（参看图 8-1、图 8-3 的技术要求）：

1. 装配要求

装配后必须保证准确度（一般指位置公差），装配时的加工说明（如组合后加工），指定的装配方法和装配后要求（如转动灵活、密封处不得漏油等）。

2. 检验要求

基本性能的检验方法和条件，装配后必须保证准确度的各种检验方法说明等。

3. 使用要求

对产品的基本性能、维护保养、操作等方面的要求。

任务 2　项目的计划与决策

一、项目计划

1. 了解千斤顶的工作原理及其各部分的装配关系

螺旋千斤顶是简单的起重工具，工作时，用可调节力臂长度的绞杠带动螺杆在螺套中做旋转运动，螺旋作用使螺杆上升，装在螺杆头部的顶垫顶起重物。装配顺序应按图 8-11 进行装配。

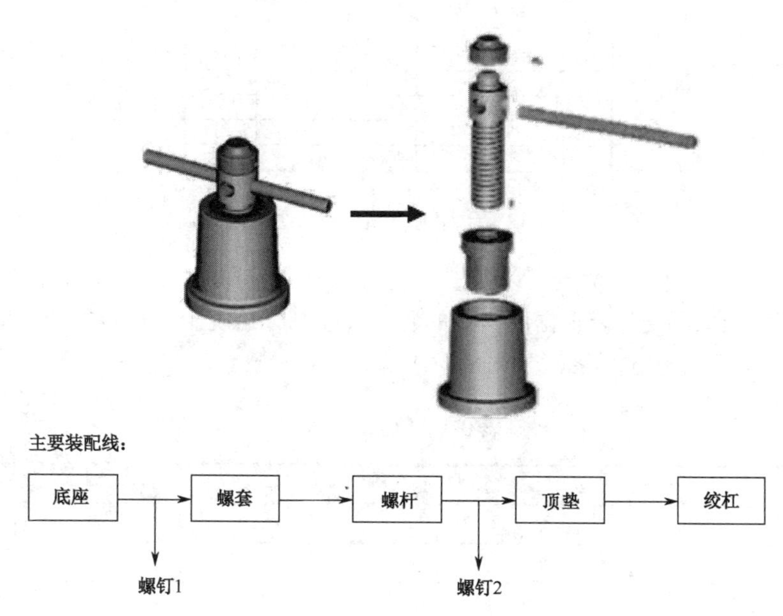

图 8-11　千斤顶的装配次序

2. 分析视图，看懂零件的结构形状

分析视图，了解千斤顶中各零件的主要作用，帮助看懂其零件结构。我们可以借助剖面线的方向、间距的不同来区分不同的零件，也可以对照明细栏仔细分析不同的零件所处的位置，帮助我们读懂视图。

3. 分析尺寸和技术要求

找出装配图中的性能（规格）尺寸、装配尺寸、安装尺寸、总体尺寸和其他重要尺寸。如 217-313 为高度方向上的总体尺寸；而两者之差 96mm 则为千斤顶的最大举升高度，也就是性能尺寸；而ϕ65H8/j7 则为装配图的装配尺寸，体现其配合关系。技术要求则为千斤顶的装配要求及使用要求。

4. 根据千斤顶的零件图绘制装配图

根据千斤顶各部分的零件图尺寸在 CAD 中绘制完成并组合为装配图，如图 8-12 所示。

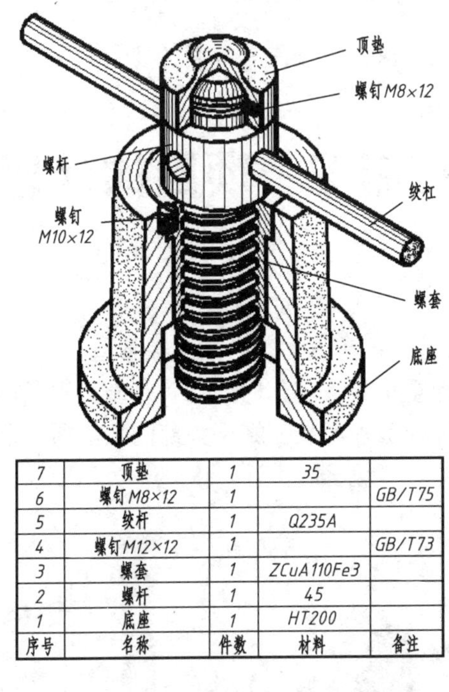

7	顶垫	1	35	
6	螺钉 M8×12	1		GB/T75
5	绞杆	1	Q235A	
4	螺钉 M12×12	1		GB/T73
3	螺套	1	ZCuA110Fe3	
2	螺杆	1	45	
1	底座	1	HT200	
序号	名称	件数	材料	备注

图 8-12　千斤顶的轴测图及明细栏

在此环节中，创设企业情景，以学生小组为一个企业项目组，由项目经理即小组长负责，带领全组人员共同交流，根据已掌握的各种技能制订绘制千斤顶装配图（图 8-1）的步骤，填写表 8-1。每组选出一名代表，讲解本组方案。

表 8-1　项目计划表

<table>
<tr><td>组名</td><td></td><td>组长</td><td></td><td>组员</td><td></td></tr>
<tr><td rowspan="2">作图前分析</td><td colspan="2">工作原理</td><td colspan="2">零部件结构</td><td>尺寸和技术要求</td></tr>
<tr><td colspan="2"></td><td colspan="2"></td><td></td></tr>
<tr><td>使用 CAD 绘制千斤顶装配图的步骤</td><td colspan="5"></td></tr>
</table>

二、项目决策

项目实施一般程序如下：

1. 新建文件

打开 CAD 软件绘制图形时，建立新文件，新文件的文件名为“千斤顶装配图.Dwg”。

2. 设置绘图环境

采用 CAD 软件绘制图形时，首先要设置好绘图环境，确定绘图区域，图形必须绘制在绘图区域内。设置图层，图样中不同类型的图线绘制在不同的图层中。

3. 绘制图框、标题栏和明细栏

本项目采用国标 A3 图幅竖放，视图采用 1∶1 比例绘制，图框格式为不留装订边，绘制满足要求的图框。在图纸的右下角按要求绘制标题栏和明细栏。

4. 绘制千斤顶装配图图形

先绘制组成千斤顶装配图的零件图，如顶垫、螺杆、底座、绞杠、螺套等，然后按相对位置组合在一起，再绘制紧固螺钉。为了更清楚表达图形，可适当绘制局部剖视图等。

5. 编排零件序号并填写标题栏、明细栏文字

根据装配图零部件序号编排方法编排该装配图中各零部件序号，并填写明细栏、标题栏文字。

6. 标注尺寸

按装配图尺寸标注要求标注尺寸，应正确、完整、清晰。标注尺寸界线不能压任何图形线，尺寸数字不可被任何图线通过。

7. 保存图形文件

每项实施步骤中的具体内容由学生小组讨论决策，并填写表 8-2。

表 8-2 项目实施中具体的作图方法决策表

<table>
<tr><td colspan="2">组名</td><td></td><td>组长</td><td></td><td>组员</td><td colspan="2"></td></tr>
<tr><td colspan="2">图框尺寸（mm×mm）</td><td colspan="2"></td><td colspan="2">标题栏、明细栏尺寸（mm×mm）</td><td colspan="2"></td></tr>
<tr><td colspan="2" rowspan="2">设置绘图环境</td><td colspan="2">图层名</td><td colspan="2">图层颜色</td><td>图层线型</td><td>图层线宽</td></tr>
<tr><td colspan="2"></td><td colspan="2"></td><td></td><td></td></tr>
<tr><td rowspan="7">使用CAD绘制千斤顶装配图的步骤命令和技巧</td><td>绘制顶垫</td><td colspan="6"></td></tr>
<tr><td>绘制螺杆</td><td colspan="6"></td></tr>
<tr><td>绘制底座</td><td colspan="6"></td></tr>
<tr><td>绘制绞杠</td><td colspan="6"></td></tr>
<tr><td>绘制螺套</td><td colspan="6"></td></tr>
<tr><td>组合</td><td colspan="6"></td></tr>
<tr><td>局部剖视图</td><td colspan="6"></td></tr>
</table>

任务 3　项目实施

步骤 1　新建文件，以“千斤顶装配图.dwg”为名保存

（1）启动 AutoCAD 2010，单击菜单的“文件/新建”选项，打开“创建新图形”对话框，单击“确定”按钮，创建新的绘图文件，采用默认的绘图环境。

（2）单击菜单的“文件/保存”选项，打开“图形另存为”对话框，将文件名改为“千斤顶装配图.dwg”，保存于桌面，单击“确定”按钮。

步骤 2　设置绘图环境

1）设置绘图区域

单击“格式”菜单中的“图形界限”命令，设置绘图区域为 297×420（A3 图纸）。

2）设置图层

单击“格式”菜单中的“图层”命令，打开“图层特性管理器”，创建表 8-3 中的图层。

表 8-3　图层表

图层	颜色	线型	线宽
粗实线	白色	Continuous	0.3mm
细实线	绿色	Continuous	0.15mm
标注	品红	Continuous	0.15mm
中心线	黄色	acadiso04	0.15mm
虚线	青色	acadiso02	0.15mm

步骤 3　绘制图框、标题栏和明细栏

根据图 8-13、图 8-14 所给的尺寸绘制图框和标题栏及明细栏。

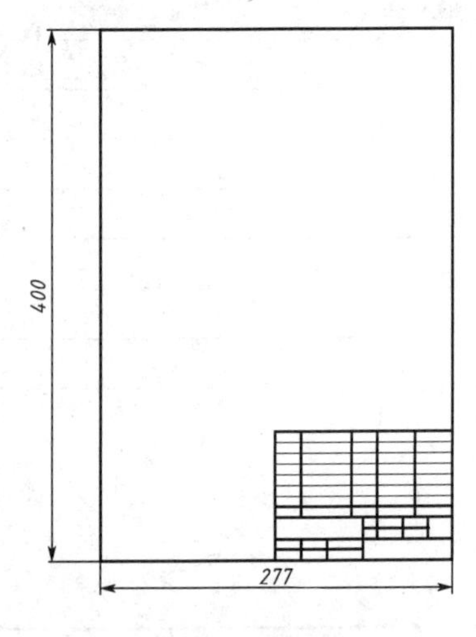

图 8-13　图框格式

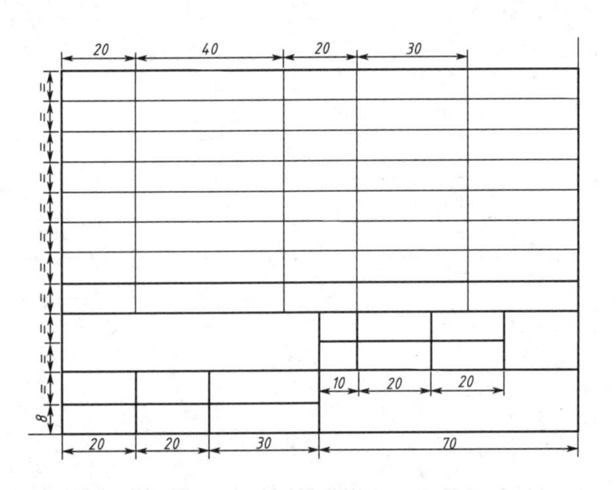

图 8-14　标题栏和明细栏格式

步骤 4　绘制千斤顶装配图图形

（1）根据图 8-15 所给的尺寸绘制千斤顶的顶垫，具体操作步骤由读者自行完成。

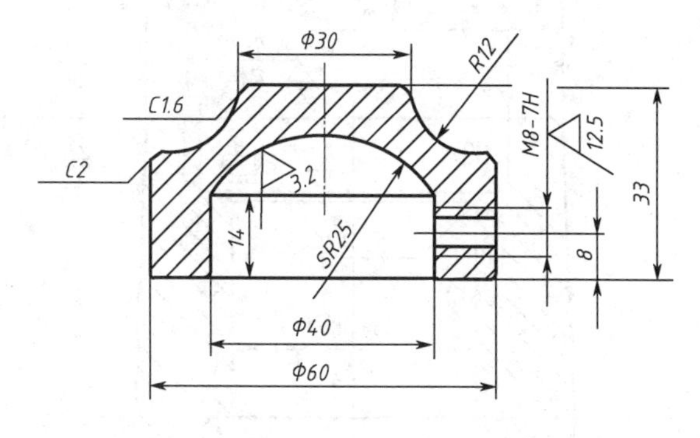

图 8-15　顶垫

（2）根据图 8-16 所给的尺寸绘制千斤顶的螺杆，具体操作步骤由读者自行完成。

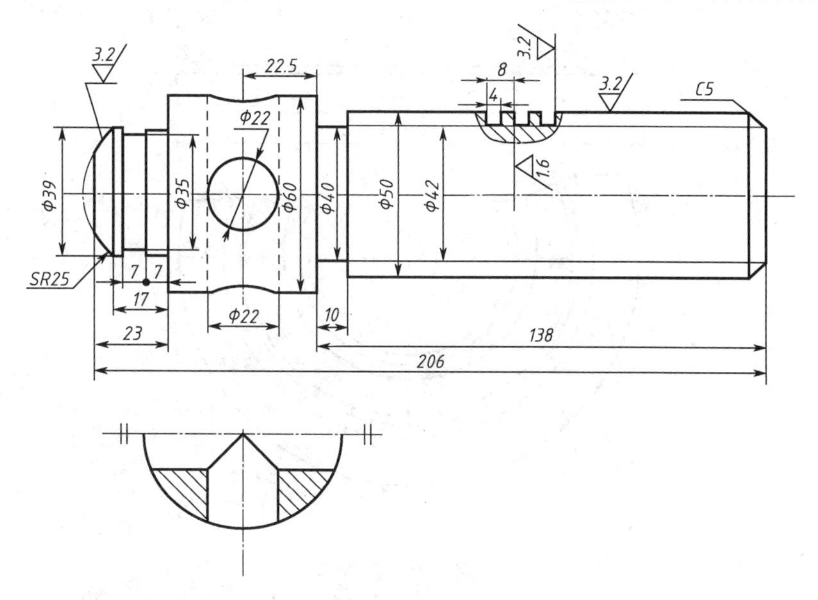

图 8-16　螺杆

（3）根据图 8-17 所给的尺寸绘制千斤顶的底座，具体操作步骤由读者自行完成。

（4）根据图 8-18 所给的尺寸绘制千斤顶的绞杠，具体操作步骤由读者自行完成。

（5）根据图 8-19 所给的尺寸绘制千斤顶的螺套，具体操作步骤由读者自行完成。

（6）将所有绘制好的图形创建为图块并按装配图的要求组合到一起，如图 8-20 所示。具体操作步骤由读者自行完成。

在此步骤中的操作要点如下：

①组合时善于使用移动按钮，按要求将图形移动到精确对齐的位置。

②组合后删除多余的中心线及虚线。

③分析装配图，确定最优表达方案，某些工件需剖开，如图 8-16 所示的螺旋杆，为了表达清楚绞杠的装配位置，应将其改为局部剖视图。

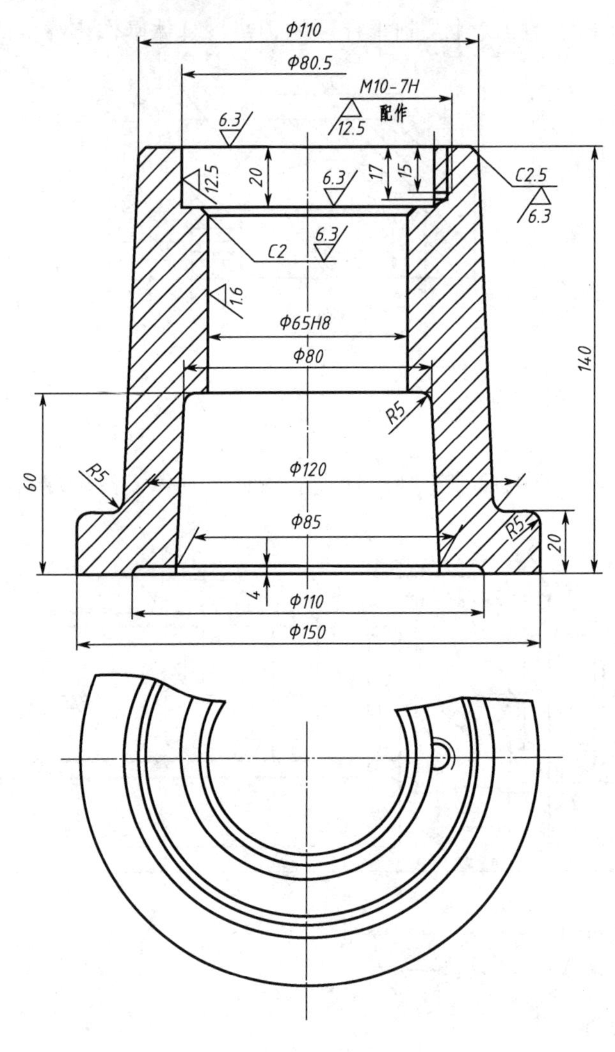

图 8-17　底座

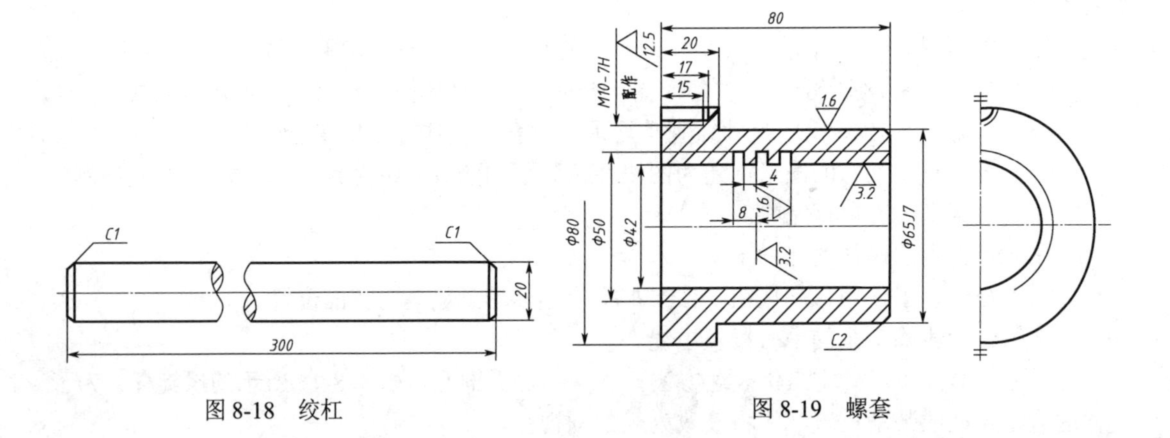

图 8-18　绞杠

图 8-19　螺套

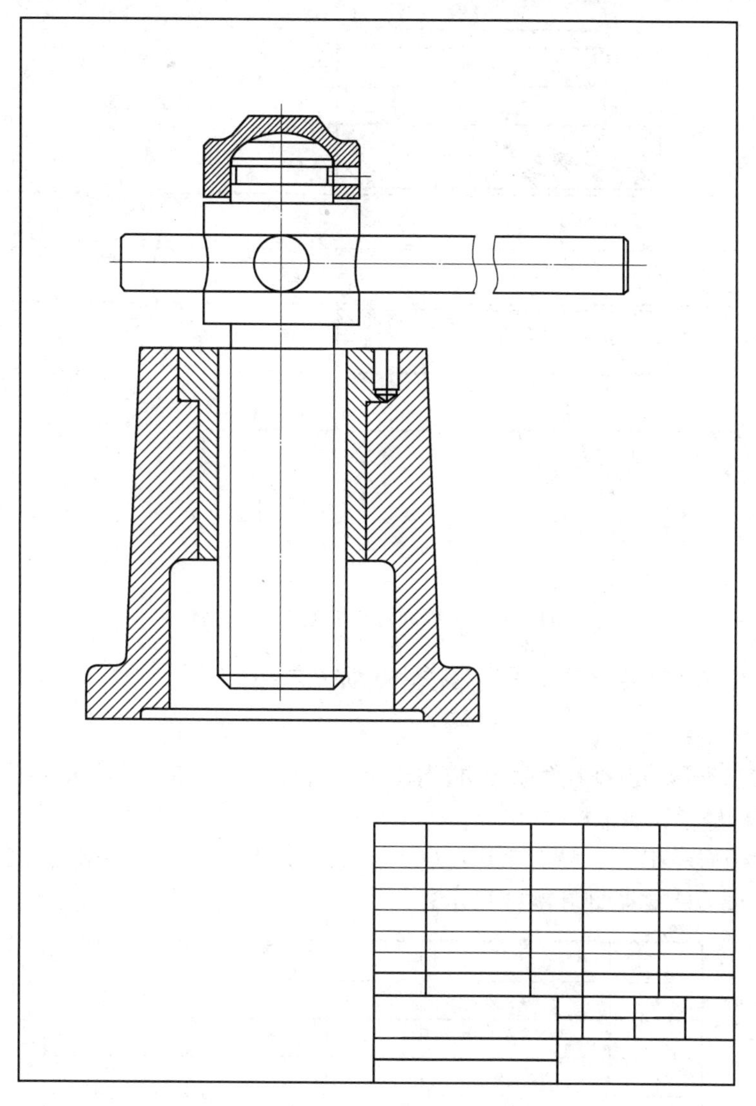

图 8-20　组合完成的装配图

（7）根据孔径的大小绘制出 M8 及 M10 紧固螺钉的简图。

由于螺钉为标准件，我们只需画出简图即可，无需保证足够高的作图精度。绘制完成后如图 8-21、图 8-22 所示。

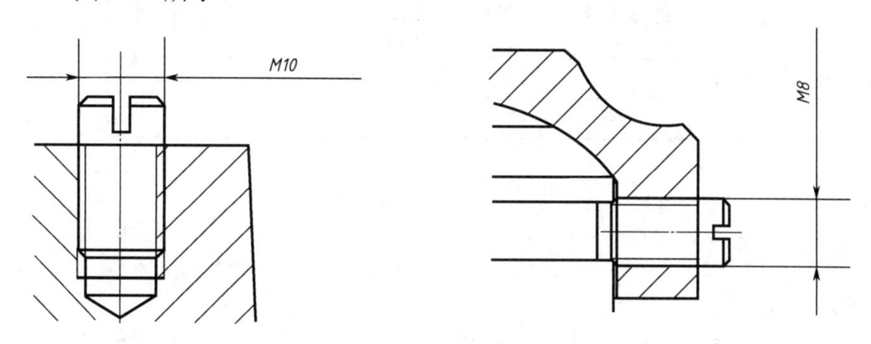

图 8-21　M8 及 M10 紧固螺钉

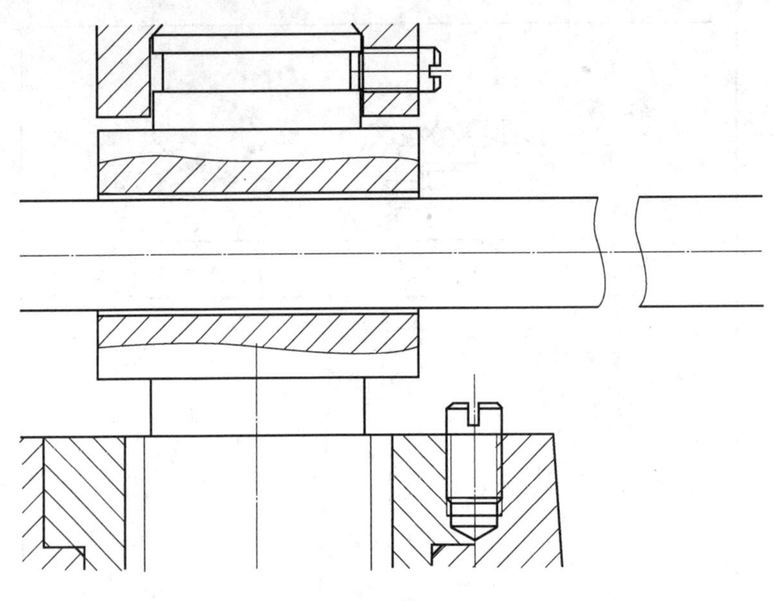

图 8-22 紧固螺钉在装配图中的位置

步骤 5 编排零件序号并填写标题栏、明细栏文字

1）编排零件序号

按之前章节介绍的编排零件序号的要求进行零部件序号的编排，具体方法这里不再重复。

2）填写标题栏、明细栏文字

标题栏中图形名称为“螺旋千斤顶”，字高为 6；图号和单位字高为 3.5；其余字高均为 3，填写完成后的效果如图 8-23 所示。

7	绞杠	1	Q235A	
6	螺套	1	ZCuA110Fe3	
5	底座	1	HT200	
4	M10紧固螺钉	1		GB/T73
3	螺杆	1	45	
2	M8紧固螺钉	1		GB/T75
1	顶垫	1	35	
序号	名称	数量	材料	备注

<table>
<tr><td colspan="3" rowspan="2">螺旋千斤顶</td><td>比例</td><td></td><td>共 张</td><td rowspan="2">（图号）</td></tr>
<tr><td>重量</td><td></td><td>第 张</td></tr>
<tr><td>制图</td><td>（姓名）</td><td>（日期）</td><td colspan="4" rowspan="2">（单位）</td></tr>
<tr><td>审核</td><td>（姓名）</td><td>（日期）</td></tr>
</table>

图 8-23 标题栏和明细栏

步骤 6 标注尺寸

1）设置标注样式

（1）修改“ISO-25”样式，设置“文字”选项卡中的文字高度为“7”，文字对齐为

“ISO 标准”，同时修改文字样式，将“倾斜角度”设为“15°”。设置“主单位”选项卡中角度的精度设为“0.00”。设置“线”选项中“起点偏移量”为“0”。

（2）新建名为“直径”的标注样式，以“ISO-25”为基础样式，选中“主单位”选项卡，在“线性标注”组中“前缀”文本框输入“%%C”。

2）按之前章节所要求的进行尺寸标注

3）装配图中尺寸公差代号的标注方法

命令行窗口的操作步骤如下：

命令: _dimlinear//单击线性标注按钮

指定第一条延伸线原点或 <选择对象>:

指定第二条延伸线原点:

指定尺寸线位置或[多行文字(M) /文字(T)/角度(A)/水平(H)/垂直(V)/旋转(R)]: m//打开如图 8-24 所示的对话框，输入多行文字：%%C65H8^J7，用鼠标选择 H8^J7，单击“叠加”按钮，单击“确定”按钮，完成效果如图 8-25 所示

图 8-24　公差代号文字编辑

$\phi 65\frac{H8}{J7}$

图 8-25　标注效果

指定尺寸线位置

或[多行文字(M) /文字(T)/角度(A)/水平(H)/垂直(V)/旋转(R)]:

标注文字 ＝65

命令: _line 指定第一点: //在 H7 和 J6 之间补画一条直线，完成标注，如图 8-1 所示

指定下一点或 [放弃(U)]:

指定下一点或 [放弃(U)]:

步骤 7　保存图形文件

检查图纸绘制是否符合国家标准，是否清晰准确，布局是否合理等，最终完成全图（图 8-1）。单击菜单的“文件/保存”选项，完成图形文件的保存。

任务4　项目验收与评价

一、项目验收

将完成的图形与所给项目任务进行比较，检查其质量与要求相符合的程度，并结合项目评分标准表，如表8-4所示，检查修改所绘图纸。

表8-4　评分标准表

<table>
<tr><th>序号</th><th>评分点</th><th>分值</th><th>得分条件</th><th>扣分情况</th></tr>
<tr><td rowspan="4">1</td><td rowspan="4">设置绘图环 境</td><td rowspan="4">15</td><td>新建文件并保存正确（2分）</td><td rowspan="17">各项得分条件错一处扣1分，扣完为止</td></tr>
<tr><td>图层清晰（5分）</td></tr>
<tr><td>尺寸标注样式符合制图标准（6分）</td></tr>
<tr><td>图幅设置正确（2分）</td></tr>
<tr><td rowspan="3">2</td><td rowspan="3">图框、标题栏、明细栏的绘制</td><td rowspan="3">10</td><td>图框绘制正确（2分）</td></tr>
<tr><td>标题栏绘制正确（4分）</td></tr>
<tr><td>明细栏绘制正确（4分）</td></tr>
<tr><td rowspan="5">3</td><td rowspan="5">各零部件图的绘制</td><td rowspan="5">45</td><td>顶垫图形绘制正确（8分）</td></tr>
<tr><td>螺杆图形绘制正确（14分）</td></tr>
<tr><td>底座图形绘制正确（10分）</td></tr>
<tr><td>绞杆图形绘制正确（5分）</td></tr>
<tr><td>螺套图形绘制正确（8分）</td></tr>
<tr><td rowspan="2">4</td><td rowspan="2">组合装配图</td><td rowspan="2">10</td><td>各零部件组合装配图正确（5分）</td></tr>
<tr><td>紧固螺钉绘制正确（5分）</td></tr>
<tr><td rowspan="2">5</td><td rowspan="2">注写文字</td><td rowspan="2">10</td><td>注写文字大小、字型合理（5分）</td></tr>
<tr><td>文字注写正确（5分）</td></tr>
<tr><td rowspan="2">6</td><td rowspan="2">标注尺寸</td><td rowspan="2">10</td><td>尺寸标注符合制图标准，尺寸准确（8分）</td></tr>
<tr><td>尺寸公差正确（2分）</td></tr>
</table>

二、项目评价

针对项目工作综合考核表，如表8-5所示，给出学生在完成整个项目过程中的综合成绩。

表 8-5 项目工作综合考核表

		考核内容	项目分值	自我评价	小组评价	教师评价
考核事项	专业能力60%	1．工作准备 图纸识读是否正确、项目实施的计划是否完备	10			
		2．工作过程 主要技能应用是否准确，工作过程是否认真、严谨，安全措施是否到位	10			
		3．工作成果 根据表 8-4 的评分标准评估工作成果质量	40			
	综合能力40%	1．技能点收集能力 是否明确本项目所用的技能点，并准确收集这些技能的操作方法	10			
		2．交流沟通能力 在项目计划、实施及评价过程中与他人的交流沟通是否顺利、得当	10			
		3．分析问题能力 对图纸的识读是否准确，在项目实施过程中是否能发现问题、分析问题并解决问题。	10			
		4．团结协作能力 是否能与小组其他成员分工协作、团队合作完成任务	10			
备注	装配图的绘制必须严格按国家标准完成，在机房使用计算机绘图时必须注意安全，遵守机房纪律。本项目可以小组或个人形式完成					

项 目 小 结

装配图是表达机器或部件的图样，是表达设计思想、指导装配和进行技术交流的重要技术文件。一般在设计过程中用的装配图称为设计装配图，主要是表达机器和部件的结构形状、工作原理、零件间的相互位置和配合、连接、传动关系，以及主要零件的基本形状；在产品生产过程中用的装配图称为装配工作图，主要是表达产品的结构、零件间的相对位置和配合、连接、传动关系，主要是用来把加工好的零件装配成整体，作为装配、调速和检验的依据。会读、会画装配图，对同学们在之后的其他专业课及以后的实际工作中有着重要的意义。

拓 展 训 练

（1）外部块命令在装配图中的应用。

在装配图中，很多的零件都是标准件，如轴承、弹簧、螺钉、螺栓等，我们可以将该零件的视图制成公用图块库，在绘制装配图时采用块插入的方法将其插入到装配图中，可极大提高绘制装配图的效率。下面以顶垫为例介绍外部块命令的用法。

首先绘制出顶垫的零件图，如图 8-26 所示。

命令：wblock//可直接输入 w，打开“写块”对话框，如图 8-27 所示，单击“拾取点”按钮

指定插入基点：//指定 A 点，返回“写块”对话框，单击“选择对象”按钮

选择对象：//选择全部图形

选择对象：//按 Enter 键，返回“写块”对话框，输入文件名和路径“c:\千斤顶装配图\图块\顶垫”，最后单击“确定”按钮

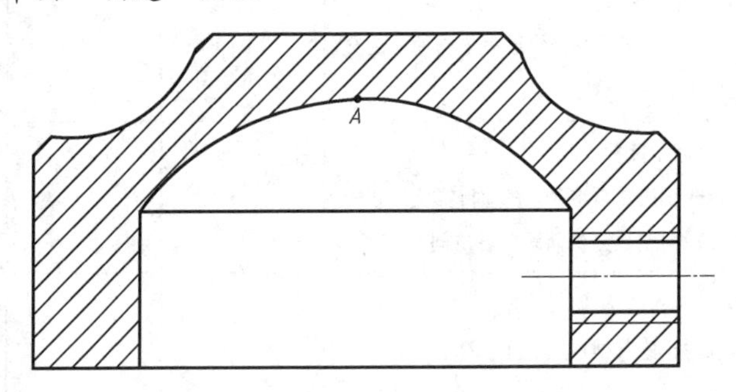

图 8-26　顶垫的零件图

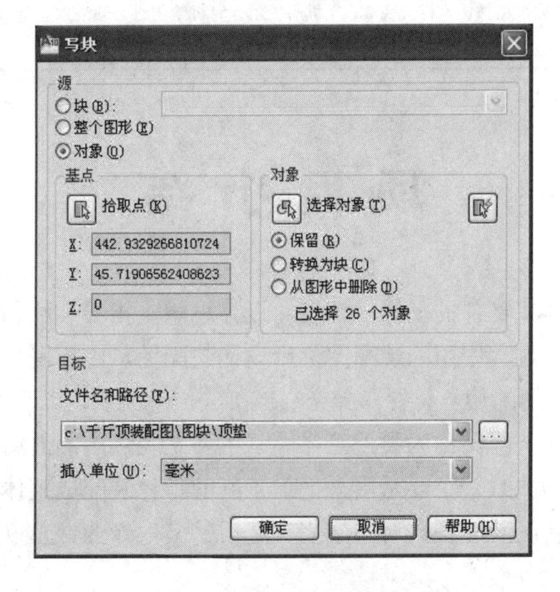

图 8-27　“写块”对话框

这样，我们就成功创建了顶垫的外部块。请同学们自己将所有的零件图创建成外部块，并在新的图形文件中插入这些块，并组合成装配图。

（2）绘制铣床尾座装配图，结果如图 8-28 所示，铣床尾座装配图标题栏、明细栏如图 8-29 所示，可参考图 8-3。

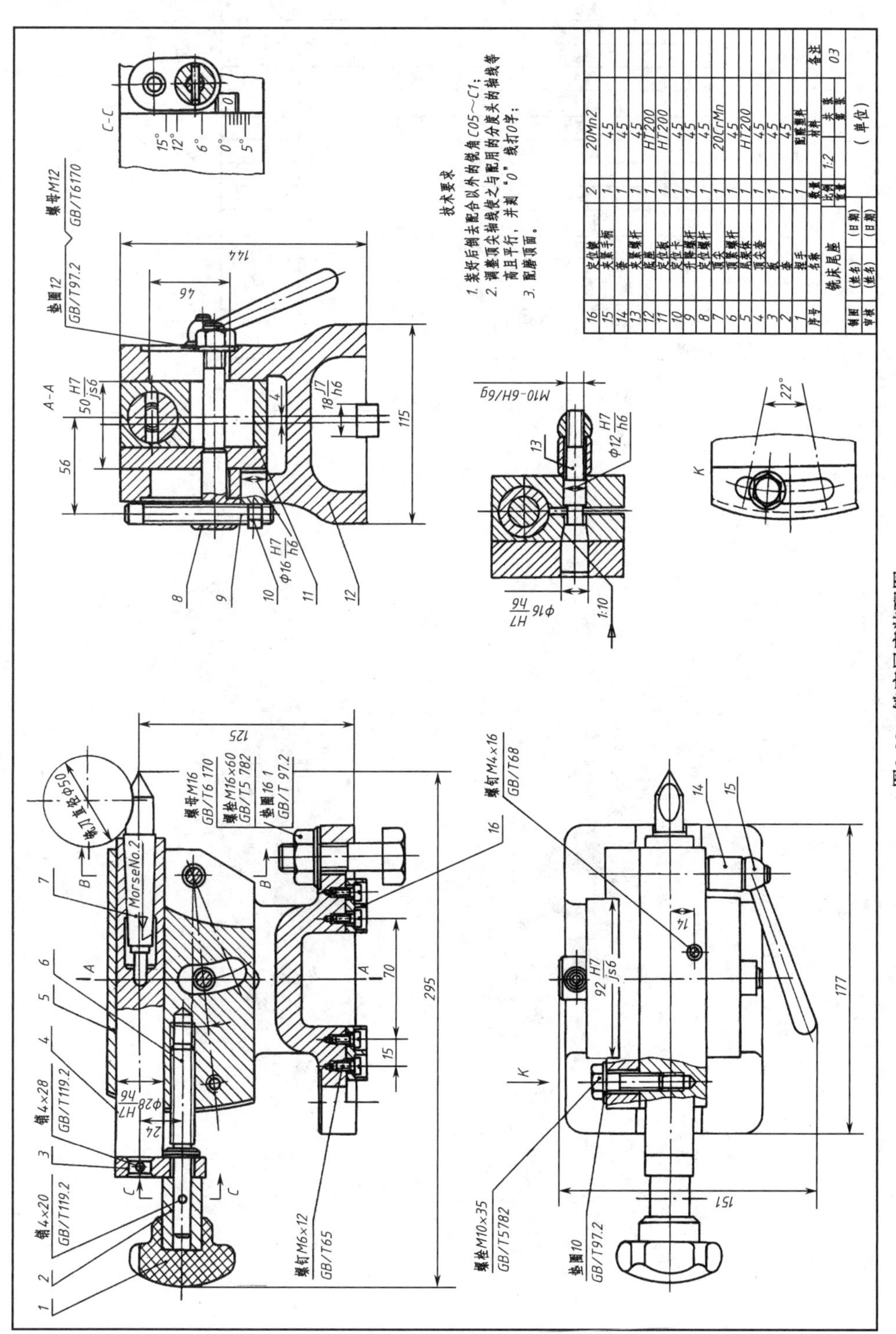

图8-28 铣床尾座装配图

<table>
<tr><td>16</td><td>定位键</td><td>2</td><td>20Mn2</td><td></td></tr>
<tr><td>15</td><td>夹紧手柄</td><td>1</td><td>45</td><td></td></tr>
<tr><td>14</td><td>套</td><td>1</td><td>45</td><td></td></tr>
<tr><td>13</td><td>夹紧螺杆</td><td>1</td><td>45</td><td></td></tr>
<tr><td>12</td><td>底座</td><td>1</td><td>HT200</td><td></td></tr>
<tr><td>11</td><td>定位板</td><td>1</td><td>HT200</td><td></td></tr>
<tr><td>10</td><td>定位卡</td><td>1</td><td>45</td><td></td></tr>
<tr><td>9</td><td>升降螺杆</td><td>1</td><td>45</td><td></td></tr>
<tr><td>8</td><td>定位螺杆</td><td>1</td><td>45</td><td></td></tr>
<tr><td>7</td><td>顶尖</td><td>1</td><td>20CrMn</td><td></td></tr>
<tr><td>6</td><td>顶紧螺杆</td><td>1</td><td>45</td><td></td></tr>
<tr><td>5</td><td>尾架体</td><td>1</td><td>HT200</td><td></td></tr>
<tr><td>4</td><td>顶尖套</td><td>1</td><td>45</td><td></td></tr>
<tr><td>3</td><td>板</td><td>1</td><td>45</td><td></td></tr>
<tr><td>2</td><td>套</td><td>1</td><td>45</td><td></td></tr>
<tr><td>1</td><td>捏手</td><td>1</td><td>酚醛塑料</td><td></td></tr>
<tr><td>序号</td><td>名称</td><td>数量</td><td>材料</td><td>备注</td></tr>
</table>

<table>
<tr><td colspan="3" rowspan="2">铣床尾座</td><td>比例</td><td>1:2</td><td>共 张</td><td rowspan="2">03</td></tr>
<tr><td>重量</td><td></td><td>第 张</td></tr>
<tr><td>制图</td><td>(姓名)</td><td>(日期)</td><td colspan="4" rowspan="2">(单位)</td></tr>
<tr><td>审核</td><td>(姓名)</td><td>(日期)</td></tr>
</table>

图 8-29　铣床尾座装配图标题栏、明细栏